Eine Arbeitsgemeinschaft der Verlage

Böhlau Verlag · Wien · Köln · Weimar
Verlag Barbara Budrich · Opladen · Toronto
facultas.wuv · Wien
Wilhelm Fink · München
A. Francke Verlag · Tübingen und Basel
Haupt Verlag · Bern · Stuttgart · Wien
Julius Klinkhardt Verlagsbuchhandlung · Bad Heilbrunn
Mohr Siebeck · Tübingen
Nomos Verlagsgesellschaft · Baden-Baden
Ernst Reinhardt Verlag · München · Basel
Ferdinand Schöningh · Paderborn · München · Wien · Zürich
Eugen Ulmer Verlag · Stuttgart
UVK Verlagsgesellschaft · Konstanz, mit UVK / Lucius · München
Vandenhoeck & Ruprecht · Göttingen · Bristol
vdf Hochschulverlag AG an der ETH Zürich

Dietmar Ernst / Ulrich Sailer
(Hrsg.)

Nachhaltige Betriebswirtschaftslehre

UVK Verlagsgesellschaft mbH · Konstanz
mit UVK/Lucius · München

Online-Angebote oder elektronische Ausgaben sind erhältlich unter
www.utb-shop.de.

Bibliografische Information der Deutschen Bibliothek
Die Deutsche Bibliothek verzeichnet diese Publikation in der Deutschen
Nationalbibliografie; detaillierte bibliografische Daten sind im Internet über
<http://dnb.ddb.de> abrufbar.

Einbandgestaltung: Atelier Reichert, Stuttgart
Cover-Illustration: © iStockphoto / mashuk
Druck und Bindung: fgb · freiburger graphische betriebe, Freiburg

UVK Verlagsgesellschaft mbH
Schützenstr. 24 · 78462 Konstanz
Tel. 07531-9053-0 · Fax 07531-9053-98
www.uvk.de

UTB-Nr. 3977
ISBN: 978-3-8252-3977-0

Vorwort

Unter einer nachhaltigen Betriebswirtschaft verstehen wir das ökonomische Handeln von Unternehmen, das wirtschaftlichen Erfolg und die Verantwortung für Menschen, die Gesellschaft und die Umwelt in Einklang bringt. Sich für sein eigenes Handeln verantwortlich zu fühlen, ist zuallererst eine normative Entscheidung. Diese Entscheidung haben wir für uns, 14 Professorinnen und Professoren der Hochschule für Wirtschaft und Umwelt Nürtingen-Geislingen (HfWU), getroffen. Wir wollen mit diesem Grundlagenbuch zur Nachhaltigen Betriebswirtschaftslehre Studierenden der Betriebswirtschaftslehre und bereits in Verantwortung stehenden Betriebswirten zeigen, dass die ökonomische, soziale und ökologische Vereinbarkeit ihrer Entscheidungen betriebswirtschaftlich sinnvoll ist und gleichzeitig einen Beitrag zur Lösung gesamtwirtschaftlicher Herausforderungen leistet.

Wer sich mit Nachhaltigkeit beschäftigt, sieht sich häufig genötigt, dies zu rechtfertigen. Der Begriff der Nachhaltigkeit ist omnipräsent und wird in allen Bereichen gebraucht, oft sogar missbraucht. Manch einer geht schon deshalb auf Distanz, weil er sich nicht vorwerfen lassen möchte, er sei Opportunist und schwimme auf der Nachhaltigkeitswelle mit. Es gibt aber auch Anhänger der Nachhaltigkeit, die die Wirtschaft und damit auch die Betriebswirtschaft als Quelle vielfachen Übels sehen und sich deshalb bewusst konfrontativ zur Betriebswirtschaftslehre aufstellen. Andere sehen die Nachhaltigkeit weniger in der Verantwortung der Betriebswirtschaft, sondern ausschließlich beim Gesetzgeber. Wenn Gesellschaft und Politik höhere Umweltschutzanforderungen wünschen, sind Gesetze zu erlassen und die Unternehmen müssen sich daran halten. Nachhaltigkeit ist dann nicht viel mehr als die Einhaltung zusätzlicher gesetzlicher Vorschriften. Schließlich werden die Verfechter nachhaltigen Handelns oftmals auch schlichtweg als naive Weltverbesserer abgetan, mit denen man sich inhaltlich nicht weiter zu beschäftigen braucht. Zu Recht stellt sich die Frage, warum wir uns in der Betriebswirtschaftslehre mit der Nachhaltigkeit beschäftigen.

Sollten wir die Diskussion um die Nachhaltigkeit ablehnen, nur weil dies zurzeit scheinbar eine Mode ist? Wir beschäftigen uns vielmehr damit, weil wir überzeugt sind, dass die Nachhaltigkeit inhaltlich für die Betriebswirtschaft bedeutsam ist und nachhaltiges Wirtschaften einen Wettbewerbsvorteil darstellt. Die aktuelle Mode mag manchmal hilfreich sein (z.B. politische Akzeptanz, Förderung nachhaltiger Initiativen, etc.), manchmal auch nachteilig, wenn Begriffe abgenutzt sind und die sich wiederholenden Belehrungen desensibilisieren statt zu sensibilisieren. Wir beschäftigen uns also weder deshalb mit der Nachhaltigkeit, weil es gerade eine Mode ist, noch beschäftigen wir uns gerade deshalb nicht mit ihr. Mode sollte kein wissenschaftlich relevantes Kriterium sein, sich mit etwas zu beschäftigen.

Wir sehen die Nachhaltigkeit auch nicht im Widerspruch zur klassischen Betriebswirtschaft und ihrer Lehren, sondern als Weiterentwicklung. Das Erkennen der Notwendigkeit, sich auf ändernde Rahmenbedingungen bestmöglich einzustellen, führt stets zu einer Weiterentwicklung. Kritik ist somit nicht störend, sondern fördernd. Gerade als Betriebswirte sehen wir in der Diskussion um die Nachhaltigkeit enorme Chancen. Schließlich haben wir es stets als unseren „USP" angesehen, mit knappen Ressourcen bestmögliche Ergebnisse zu erzielen. Betriebswirte sind Spezialisten im Umgang mit knappen Ressourcen. Nun geht es nicht nur um knappe Finanzmittel, sondern auch um knappe Rohstoffe, um eine begrenzte Umwelt, um knappe Arbeitskräfte, um knappe Fürsorge, usw. Wir müssen also weiterlernen, um auch mit diesen neuen Knappheiten umzugehen.

Wir sehen die Verantwortung für eine nachhaltige Entwicklung nicht nur beim Gesetzgeber. Der Gesetzgeber setzt lediglich die Rahmenbedingungen für nachhaltiges Wirtschaften. Erfolgreiches nachhaltiges Wirtschaften bleibt Aufgabe der Unternehmen und ist Maßgabe in einem hoch kompetitiven globalen Umfeld. Oder anders ausgedrückt: Nachhaltiges Wirtschaften ist ein Selbstzweck und eine Überlebensaufgabe. Die letzte, etwas herablassende Kritik, man sei ein Weltverbesserer, kann man durchaus auch als Lob verstehen. Innovatives Handeln zielt stets auf eine Verbesserung und nicht auf eine Beibehaltung bestehender Konventionen ab. Gerade Nachhaltigkeit in Verbindung mit Innovation ist die Grundlage, bestehende ökonomische, gesellschaftliche und ökologische Herausforderungen zu bewältigen. Sollte durch die Beschäftigung mit der Nachhaltigkeit, durch die Integration der Nachhaltigkeit in der Ausbildung von Betriebswirten und damit deren Befähigung, eine umfassendere Verantwortung zu übernehmen, die Welt sich tatsächlich verbessern, dann wäre ein großes Ziel erreicht. Dies ist für uns ein Ansporn.

Das vorliegende Buch entstand aus einem gemeinsamen Projekt von 14 Professorinnen und Professoren der Hochschule für Wirtschaft und Umwelt Nürtingen-Geislingen. Beteiligt waren mehrheitlich Betriebswirte, aber auch Juristen und Umweltingenieure. Die Nachhaltige Betriebswirtschaft ist ein offenes und weites Feld, dessen Konturen sich allenfalls erst abzeichnen. Das Buch soll einen Beitrag dazu leisten, dieses Feld zu entdecken und zu erschließen. Hierfür wird die Nachhaltige Betriebswirtschaftslehre zunächst wissenschaftlich eingeordnet und die wesentlichen, für das Management relevanten Felder beleuchtet. Dies umfasst die Einordnung in das strategische Management, die Anforderungen der Nachhaltigkeit an das Personalmanagement, das Innovationsmanagement, das internationale Management sowie das betriebliche Umweltmanagement. Mit dem Fokus auf die Unternehmenssteuerung wird die Nachhaltigkeit im Finanzmanagement, im Controlling samt der bereits in der Praxis benutzten Instrumente zur Umsetzung der Nachhaltigkeit sowie bei der rechtlichen Umsetzung des Nachhaltigkeitsmanagements dargelegt. Anschließend erfährt der Leser, wie die Wertschöpfungskette und auch das Marketing nachhaltig ausgestaltet werden können. Schließlich soll noch ein Ausblick gegeben werden, wie sich ein nachhaltiges Management weiter entwickeln kann.

Wir bedanken uns für die hervorragende Zusammenarbeit mit dem UVK Verlag, insbesondere mit Herrn Dr. Schechler. Die Herausgeber freuen sich über Rückmeldungen von der Leserschaft, jedweder Art.

Prof. Dr. Dr. Dietmar Ernst (dietmar.ernst@hfwu.de)

Prof. Dr. Ulrich Sailer (ulrich.sailer@hfwu.de)

.

Inhaltsübersicht

Inhalt

Abbildungsverzeichnis

Tabellenverzeichnis

1 Nachhaltigkeit – eine Einführung

von Prof. Dr. Ulrich Sailer

Lernziele

Die Leser

- ■ kennen den Begriff der Nachhaltigkeit und dessen Herkunft,
- ■ wissen, wie sich die Nachhaltigkeit über den Brundtland-Bericht hin zum 3-Säulen-Modell entwickelt hat,
- ■ erkennen das Spannungsfeld zwischen der traditionellen betriebswirtschaftlichen Modellwelt und der Nachhaltigen Betriebswirtschaft.

Schlagwortliste

■ Greenwashing ■ Brundtland-Bericht ■ 3-Säulen-Modell ■ Corporate Social Responsibility (CSR) ■ Corporate Citizenship ■ Compliance

Sollte man den Begriff der Nachhaltigkeit überhaupt noch benutzen? Er wird inflationär für höchst unterschiedliche Zwecke verwendet, daher auch als „Gummiwort" verspottet und nicht selten sogar eher missbraucht anstatt gebraucht. Oft wissen wir nicht, was ein Verfasser nun konkret mit diesem Begriff meint. Der eine verwendet die Nachhaltigkeit schlichtweg als Synonym für etwas längerfristig oder dauerhaft Wirkendes. Ein anderer benutzt diesen Begriff unter der ganzen Last des → Brundtland-Berichts, → des 3-Säulen-Modells und den Empfehlungen der Enquete-Kommission des Deutschen Bundestags. Und ein Dritter verwendet die Nachhaltigkeit, weil es sich heute einfach gehört, dass Produkte und Dienstleistungen nachhaltig sein müssen. Wer würde sie sonst kaufen wollen?

Gerade diese Beliebigkeit im Gebrauch, die Funktionalisierung des Begriffs und auch das missbräuchliche → „Greenwashing" bewirken, dass nicht wenige die Nachhaltigkeit als verbrauchten Modebegriff abstempeln und in ihrem Sprachgebrauch bewusst darauf verzichten. Und wer sich in der Wissenschaft mit der Nachhaltigkeit beschäftigt, sieht sich daher oft genötigt, leicht entschuldigend zu begründen, weshalb man diesen Begriff trotzdem benutzt. Auch die Autoren der „Nachhaltigen Betriebswirtschaftslehre" haben genau dieses diskutiert. Nachdem nun also auch die Betriebswirtschaftslehre „nachhaltig gemacht wird", wird mancher hämisch anmerken, dass dies nun ja auch noch kommen musste. Wenn uns schon nachhaltige Urlaubsreisen, ein biologisch-nachhaltiger Wein und nachhaltiger Strom angeboten werden, dann komme irgendjemand auch auf die Idee, eine Nachhaltige Betriebswirtschaft anzupreisen. Aber ist eine gute Betriebswirtschaftslehre nicht an sich schon nachhaltig? Wird in der BWL nicht seit jeher angestrebt, gesunde Unternehmen zu entwickeln und zu nachhaltigem Wachstum zu führen? Die Betriebswirtschaft habe es doch daher überhaupt nicht nötig, sich von den Anhängern der Nachhaltigkeit seine Beschränktheit aufzeigen zu lassen. Schnell kommt man zu ideologischen Debatten über Sozialromantiker und Weltverbesserer, die die Chance des Zeitgeistes ergreifen wollen, um sich an der Betriebswirtschaftslehre zu rächen. Es ist nachvollziehbar, dass sich mancher aufgrund dieser Gemengelage lieber vom Begriff der Nachhaltigkeit distanziert. Die Gefahr, missverstanden oder in eine falsche Schublade gesteckt zu werden, ist doch recht groß.

Wir sehen, die Nachhaltigkeit lässt sich nicht unbefangen benutzen. Wir sehen aber unsere Verantwortung darin, die Chancen, die aus einer kritischen Diskussion der Nachhaltigkeit für eine Weiterentwicklung der Betriebswirtschaftslehre resultieren, zu ergreifen. Dabei ist die Nachhaltige Betriebswirtschaftslehre weder ein geschlossenes Konzept noch eine Ideologie. Keinesfalls wird die herkömmliche BWL über Bord geworfen oder als gänzlich einseitig und unvollständig diskreditiert. Wir sehen dies vielmehr als evolutorische Weiterentwicklung, bei der vieles aus der klassischen BWL bestätigt, zahlreiches ergänzt und manches aber auch verworfen wird.

Was versteht man nun aber unter der Nachhaltigkeit, mit der wir die Betriebswirtschaftslehre erweitern wollen? Wenn wir den Begriff googeln, finden sich in nicht mal einer halben Sekunde mehr als 15 Millionen Treffer. Beim englischen Pendant „sustainability" haben wir sogar weit über 100 Millionen Treffer. Aber woher kommt dieser Begriff? *Sustain* ist dem lateinischen *sustinere* entliehen, das mit aufrechterhalten, tragen, bewahren oder zurückhalten übersetzt werden kann. Nachhaltigkeit drückt damit Strukturen aus, die tragfähig sind und die über genügend Reserven für die Zukunft verfügen.[1] Als Ursprung der Nachhaltigkeit wird dabei regelmäßig die Forstwirtschaft genannt, in der schon vor Jahrhunderten die Grenzen des kurzfristigen Raubbaus angeprangert wurden.

---

[1] Vgl. Grober, U. (2010), S. 19 f.

1

Aufgrund der langen Regenerationsdauer und der geringen Wachstumsraten des Waldbestandes ist die Notwendigkeit eines pfleglichen Umgangs mit dem Rohstoff Holz offensichtlich, um eine langfristige Versorgung sicherzustellen. Es darf nur so viel Holz geschlagen werden, wie an Art und Menge wieder nachwächst. Die Nachhaltigkeit spiegelt auch heute das Selbstverständnis in der Forstwirtschaft wider.

Wenn über Nachhaltigkeit gesprochen wird, wird häufig Bezug auf den sogenannten → Brundtland-Bericht von 1987 genommen. Gro Harlem Brundtland, geb. 1939, ist eine norwegische, sozialdemokratische Politikerin, die in den 1970er Jahren Umweltministerin und später mehrfach, bis 1996, Ministerpräsidentin Norwegens war. Dem Terroranschlag vom 22. Juli 2011 auf der norwegischen Insel Utoya entkam sie knapp, da sie die Insel nur kurz zuvor verlassen hatte. Brundtland hatte ab 1983 den Vorsitz der von den Vereinten Nationen eingesetzten „World Commission on Environment and Development" inne. Der Abschlussbericht dieser Kommission trägt den Titel „Our Common Future" und wird zumeist als → Brundtland-Bericht bezeichnet. Er ist dafür bekannt, dass er das Leitbild einer Nachhaltigen Entwicklung entworfen und den Begriff der Nachhaltigkeit geprägt hat. Hier heißt es: „Nachhaltige Entwicklung ist eine Entwicklung, welche die Bedürfnisse der gegenwärtigen Generation befriedigt, ohne die Fähigkeit zukünftiger Generationen zu gefährden, ihre eigenen Bedürfnisse zu befriedigen."[2] Die Nachhaltigkeit drückt damit ein Bewusstsein der Verantwortung für spätere Generationen und für die Umwelt aus. Man beschränkt sich und verzichtet auf Optionen, um zukünftigen Generationen eigene Optionen zu ermöglichen.

Wenige Jahre später, im Juni 1992, fand in Rio de Janeiro die erste UNO-Konferenz für Umwelt und Entwicklung statt, bei der rund 10.000 Teilnehmer aus 178 Ländern Handlungsvorgaben für eine nachhaltige globale Entwicklung erarbeiteten. Hierbei wurde die Nachhaltigkeit zum Leitprinzip der Politik ernannt. Dies wird von der Erkenntnis getragen, dass ein globaler Schutz der Umwelt nur möglich ist, wenn auch soziale und wirtschaftliche Aspekte berücksichtigt werden. Daraus erwuchs das → „3-Säulen-Modell der Nachhaltigkeit", welches eine ökonomische, eine ökologische und eine soziale Säule enthält. Wird einer der Aspekte ignoriert, fällt die Nachhaltigkeit in sich zusammen. Wenig überraschend begann daraufhin die Diskussion, welche der Säulen nun die wichtigste sei und wie mit Zielkonflikten zwischen den Säulen umzugehen sei. Sollte man also etwa Umweltverschmutzung zulassen, wenn dadurch Ar-

---

[2] Der Brundtland-Bericht und weitere interessante Informationen hierzu finden sich etwa auf www.nachhaltigkeit.info

beitsplätze geschaffen werden? Oder sollte man auf eine demokratische Mitbe-
stimmung verzichten, weil sich die Mehrheit möglicherweise gegen ein Umwelt-
schutzprojekt richtet?

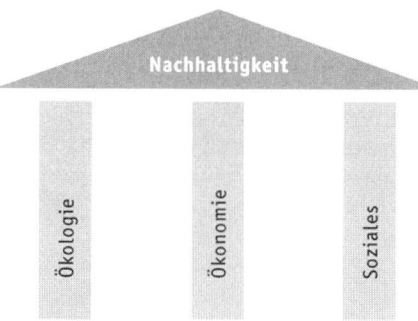

Abb. 1-1: 3-Säulen-Modell der Nachhaltigkeit

Beispiel: Beiersdorf AG

„Wir wirtschaften nachhaltig und bekennen uns zu unserer ökologischen
und sozialen Verantwortung. Unser Handeln wird neben dem ökonomischen Erfolg unseres Unternehmens auch durch aktiven Umwelt- und Arbeitsschutz sowie gesellschaftliches Engagement bestimmt. Es basiert auf
einer Kultur des Vertrauens, des fairen Umgangs und der Chancengleichheit."[3]

In nachfolgender Tabelle wird für jede der 3 Säulen die gesellschaftliche Dimension der Nachhaltigkeit die praktische Umsetzung in den Unternehmen gegenübergestellt.

---

[3] Homepage Beiersdorf AG:
http://www.sustainability.beiersdorf.com/Our-Way/Guidelines/Sustainability-
Guidelines.aspx?l=1

1

Säule	Gesellschaftliche Dimension	Betriebswirtschaftliche Dimension
Ökologische Nachhaltigkeit	Natur und Umwelt sollen für zukünftige Generationen bewahrt werden. Dies beinhaltet den Klimaschutz, den Landschaftsschutz, die Erhaltung der Artenvielfalt und den schonenden Umgang mit natürlichen Ressourcen.	geringe Schadstoffemissionen geringe Life-Cycle-Costs geringer Ressourceneinsatz Recycling Langlebigkeit ...
Ökonomische Nachhaltigkeit	Schaffung dauerhaften Wohlstands. Pfleglicher Umgang mit den für den wirtschaftlichen Erfolg notwendigen Ressourcen. Förderung von Bildung und Schaffung günstiger Rahmenbedingungen, welche den wirtschaftlichen Erfolg fördern.	Shareholder-Value Gewinnmaximierung Rendite Marktanteile Wachstum ...
Soziale Nachhaltigkeit	Schaffung einer zukunftsfähigen und lebenswerten Gesellschaft, in der sich Individuen entfalten und in der Gemeinschaft partizipieren können.	Mitarbeiterzufriedenheit sichere Arbeitsplätze Steuerzahlungen soziales Engagement ethische Verantwortung Arbeitsschutz ...

Tab. 1-1: Gesellschaftliche und betriebswirtschaftliche Dimensionen der Nachhaltigkeit

Gerade in den Wirtschaftswissenschaften wird vielfach Wert darauf gelegt, auf Basis eindeutiger Zielbeziehungen klare Entscheidungen zu treffen. Bereits in den Einführungsveranstaltungen zur Betriebswirtschaftslehre erlernt man, Zielbeziehungen zu untersuchen, Zielkonflikte zu klären und eindeutige Rangordnungen von Zielen zu erstellen. Zugegebenermaßen basiert dies doch aber auf einer recht mechanistischen Vorstellung von einem Unternehmen. Auf Basis eindeutiger Zielsysteme, exakt definierter Nebenbedingungen und vollständiger

Informationen lassen sich zwar modelltheoretisch saubere Lösungen erarbeiten, doch mit der Wirklichkeit in den Unternehmen hat dies zumeist nicht mehr viel zu tun. Im Alltag sind wir es hingegen sehr wohl gewohnt, mit Ungenauigkeiten, mit fehlenden Informationen und mit Widersprüchen umzugehen. Und auch zahlreiche Unternehmen schaffen es, einen guten Ausgleich zwischen ökonomischen, ökologischen und sozialen Belangen herzustellen, auch wenn zwischen diesen Widersprüche bestehen können. Anstatt die Ziele gegenseitig aufzurechnen, geht es vielmehr um die Ausgewogenheit und um eine tragfähige Zielbalance. Überträgt man also das → 3-Säulen-Modell auf die Unternehmen, lässt sich der Erfolg des Unternehmens nicht mehr an der Maximierung einer einzigen Spitzenkennzahl ausrichten.

Damit gelangen wir zu einer gewichtigen Erkenntnis für die Nachhaltige Betriebswirtschaftslehre. Ökologische und soziale Ziele sind nicht nur weitere Vorgaben für das Unternehmen, quasi zusätzliche Leitplanken, die den Handlungsspielraum im Management eben noch etwas weiter einengen. Es wird also nicht einfach in dem nun engeren Freiraum weitergearbeitet wie bisher. In dieser traditionellen Denkweise sollten wir nicht von einer Nachhaltigen BWL sprechen. Vielmehr verlassen wir das streng lineare Denken und die mechanistische Vorstellung vom Unternehmen. Es werden keine Einzelziele maximiert, sondern es wird eine Zielbalance angestrebt, man lebt mit Widersprüchen, unvollständigen und auch falschen Informationen. Es gilt nicht mehr nur das „Entweder-oder", sondern vielmehr das „Sowohl-als-auch".[4]

Beispiel: Siemens AG

„Nicht immer sind Entscheidungen dabei frei von Zielkonflikten – unser Anspruch ist es, diese transparent zu machen und die bestmögliche Lösung zu finden. Ein verantwortungsvoller Umgang mit den natürlichen Ressourcen, zielgerichtete Investitionen in zukunftsfähige Technologien, die profitables Wachstum ermöglichen und unseren Kunden einen Wettbewerbsvorteil bieten, sowie eine Unternehmensethik, die über das Einhalten von Recht und Gesetzen hinausgeht und Integrität in den Mittelpunkt stellt: So wirtschaften wir nachhaltig und schaffen zugleich die Grundlage für eine erfolgreiche Zukunft unseres Unternehmens."[5]

---

[4] Vgl. Sailer, U. (2012), S. 90 ff.

[5] http://www.siemens.com/sustainability/de/nachhaltigkeitsverständnis/grundsaetze.htm

1

Rüttelt man also an dieser vereinfachten, klassischen betriebswirtschaftlichen Modellwelt, stellt man liebgewonnene und im Modell gut funktionierende Strukturen infrage, muss man vieles vor einem neuen Lichte beurteilen und man wird häufig auch zu neuen Einsichten kommen. In komplexen Systemen müssen wir uns vom Irrglauben verabschieden, dass bei guten Informationen auch alles regelbar sei.[6]

Damit haben wir zwei Aspekte der Nachhaltigkeit kennengelernt. Die Nachhaltigkeit im ethischen Sinne, die das 3-Säulen-Modell und die Generationengerechtigkeit beinhaltet, und die Nachhaltigkeit im funktionalen Sinne, welche die begrenzte Steuerbarkeit komplexer, sozialer Systeme beinhaltet. Beide Aspekte der Nachhaltigkeit bedingen sich gegenseitig. In der Nachhaltigen Betriebswirtschaftslehre sind daher auch beide Aspekte enthalten. In der Praxis wie auch in der Literatur steht bisher vor allem die Nachhaltigkeit im ethischen Sinne im Vordergrund.

In vielen Unternehmen ist die Nachhaltigkeit schon eine fest etablierte Größe. Es werden Nachhaltigkeitsziele formuliert, Maßnahmen abgeleitet und in Nachhaltigkeitsberichten die Ergebnisse dargestellt. Etablierte Begriffe sind etwa die → „Corporate Social Responsibility" (freiwillige Förderung der sozialen Nachhaltigkeit), die → „Compliance" (Einhaltung gesetzlicher, gesellschaftlicher und selbst gesetzter ethischer Standards) sowie → „Corporate Citizenship" (lokales gesellschaftliches Engagement). Mittlerweile kann es sich kein größeres Unternehmen mehr erlauben, sich in der Nachhaltigkeit nicht aktiv zu positionieren. Dies kann auf der inneren Überzeugung der Entscheidungsträger basieren, oder auch auf Druck von Kunden, Mitarbeitern, Geschäftspartnern, Investoren, der Öffentlichkeit, der Internetcommunity oder der regionalen und überregionalen Politik. Schließlich werden häufig bei Ausschreibungen oder bei der Anbahnung strategischer Partnerschaften Zertifikate vorausgesetzt, welche die Erfüllung sozialer oder ethischer Anforderungen bescheinigen (z.B. ISO 14001, EFQM, SA8000). Die Nachhaltigkeit ist in den Unternehmen also angekommen. Damit wird es höchste Zeit, dass sich auch die Betriebswirtschaftslehre den vielseitigen Facetten der Nachhaltigkeit annimmt.

---

[6] Vgl. Sailer, U. (2012), S. 110

Auf den Punkt gebracht

Der Begriff der Nachhaltigkeit ist zwar durchaus ein „Gummiwort", die Autoren dieses Buches verstehen dies aber vor dem Hintergrund des Brundtland-Berichts und des 3-Säulen-Modells. Die Nachhaltigkeit ist dabei für den Betriebswirt aber nicht nur eine weitere Rahmenbedingung, sondern aus ihr erwächst ein neues Zielsystem. Damit sind ökonomische, ökologische und soziale Belange in der Betriebswirtschaftslehre zu integrieren und in eine Zielbalance zu überführen. Die oftmals dominierende mechanistische Vorstellung vom Unternehmen ist daher zu erweitern. Unternehmen sind soziale Systeme, vielgestaltig und dynamisch. In der Nachhaltigen Betriebswirtschaft muss ein Weg gefunden werden, mit dieser Komplexität umzugehen.

Literaturtipps

Eine übersichtliche historische Einordnung der Nachhaltigkeit:

Grober, U. (2010): Die Entdeckung der Nachhaltigkeit: Kulturgeschichte eines Begriffs, 3. Auflage, München.

Ein kompakter und doch umfassender Überblick über die Nachhaltigkeit:

Pufé, I. (2012): Nachhaltigkeit, Stuttgart.

Ein erweiterter, ganzheitlicher Managementansatz:

Sailer, U. (2012): Management. Komplexität verstehen: Systemisches Denken, Business Modeling, Handlungsfelder nachhaltigen Erfolgs, Stuttgart.

2 Nachhaltige Betriebswirtschaftslehre

Von Prof. Dr. Dr. Dietmar Ernst

Lernziele

Die Leser

- können die einzelnen betriebswirtschaftlichen Wissenschaftsprogramme aufzählen und wichtige Fachvertreter nennen,
- können die wichtigsten Grundgedanken der einzelnen betriebswirtschaftlichen Wissenschaftsprogramme wiedergeben,
- sind in der Lage, die einzelnen betriebswirtschaftlichen Wissenschaftsprogramme zu vergleichen,
- können die Beiträge der einzelnen betriebswirtschaftlichen Wissenschaftsprogramme zur nachhaltigen Betriebswirtschaftslehre erklären und durch Beispiele belegen,
- können das Konzept der nachhaltigen Betriebswirtschaftslehre wiedergeben und ihren Beitrag zur Entwicklung der betriebswirtschaftlichen Forschung erklären,
- kennen die Grundsätze der nachhaltigen Betriebswirtschaftslehre, können diese kritisch diskutieren und durch Beispiele belegen.

Schlagwortliste

■ Entscheidungsorientierte Betriebswirtschaftslehre ■ Faktortheoretischer Ansatz ■ Grundsätze der nachhaltigen Betriebswirtschaftslehre ■ institutionenökonomischer Ansatz ■ Nachhaltige Betriebswirtschaftslehre ■ Shareholder-Value ■ Stakeholder-Value ■ umweltorientierter Ansatz

2.1 Einführung

In folgenden Ausführungen möchten wir die Nachhaltige Betriebswirtschaftslehre als neues betriebswirtschaftliches Wissenschaftsprogramm vorstellen. Nachhaltigkeit ist ein Begriff, der auf allen Ebenen menschlichen Handelns verwendet wird. Ist die Einführung einer Nachhaltigen Betriebswirtschaftslehre dem

Zeitgeist geschuldet und der opportunistische Versuch, die Betriebswirtschaftslehre in ein Korsett zu bringen, das in der Praxis Anerkennung findet, aber zu keiner substanziellen Weiterentwicklung des Fachs beiträgt? Oder ist die Nachhaltige Betriebswirtschaftslehre ein innovativer Ansatz, der auf den bisherigen betriebswirtschaftlichen Wissenschaftsprogrammen basiert und einen Mehrwert „zur Verbesserung der Entscheidungen in der Betriebswirtschaft"[7] schafft.

Der zweite Aspekt soll im Vordergrund folgender Ausführungen stehen. Es soll gezeigt werden, dass die deutschen Wissenschaftsprogramme einen wichtigen Beitrag zur Entwicklung einer Nachhaltigen Betriebswirtschaftslehre geleistet haben. Daher sollen kurz die wichtigsten Erkenntnisse zusammengefasst werden. Im nächsten Schritt wird beleuchtet, wie sich die Betriebswirtschaftslehre in der Forschung und Praxis zu einer kapitalmarktdominierten Betriebswirtschaftslehre entwickelt hat und das Fach verändert hat. Daran anschließend wird das betriebswirtschaftliche Wissenschaftsprogramm der Nachhaltigen Betriebswirtschaftslehre vorgestellt, das einen Gegenpunkt zum Shareholder-Value-Ansatz darstellt. Erste Ansätze einer Nachhaltigen Betriebswirtschaftslehre sind auch in der Literatur zu finden.[8]

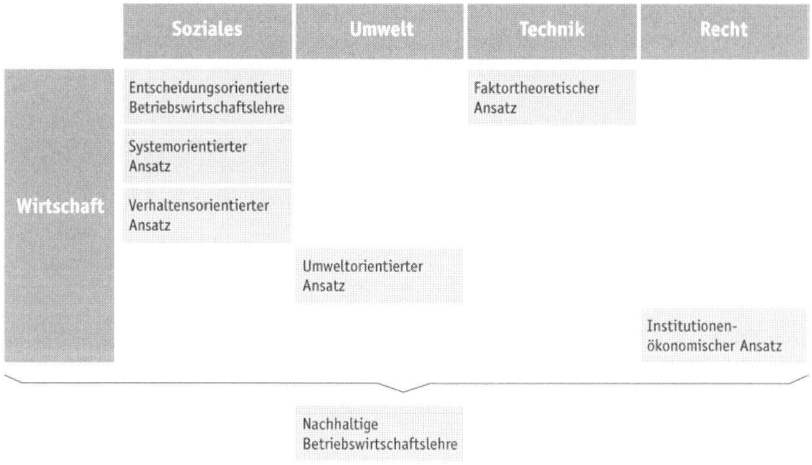

	Soziales	Umwelt	Technik	Recht
Wirtschaft	Entscheidungsorientierte Betriebswirtschaftslehre		Faktortheoretischer Ansatz	
	Systemorientierter Ansatz			
	Verhaltensorientierter Ansatz			
		Umweltorientierter Ansatz		
				Institutionenökonomischer Ansatz

Nachhaltige Betriebswirtschaftslehre

Abb. 2-1: Betriebswirtschaftliche Wissenschaftsprogramme

---

[7] Heinen, E. (1969), S. 209 f.

[8] Vgl. Hülsmann, M./Müller-Christ, G./ Haasis, H.-D. (Hrsg., 2004); Göllinger, Th. (Hrsg., 2006); Burschel, J./Losen, D./Wiendl, A. (2004)

Bevor wir mit der Analyse der betriebswirtschaftlichen Wissenschaftsprogramme beginnen, sollte kurz darauf hingewiesen werden, dass die bereits aufgeführte Definition der Nachhaltigkeit als Drei-Säulen-Konzept durchaus noch auf seine Vollständigkeit hin geprüft werden sollte. Blickt man auf die betriebswirtschaftliche Forschung, so kann man erkennen, dass die betriebswirtschaftlichen Konzepte nicht nur von sozialen Aspekten und Umweltorientierung beeinflusst sind, sondern auch stark von technologischen Faktoren und den Rechtswissenschaften geprägt werden. Technologie und Gesetzgebung bilden sowohl die Rahmenbedingungen als auch weitere Antriebskräfte für nachhaltiges Wirtschaften. Die fünf Säulen der Nachhaltigkeit (Wirtschaft, Soziales, Umwelt, Technologie und Gesetzgebung) finden ihren Ausdruck in verschiedenen betriebswirtschaftlichen Wissenschaftsprogrammen und bilden wichtige Bestandteile der Nachhaltigen Betriebswirtschaftslehre. Abb. 2-1 verdeutlicht diese Zusammenhänge.

2.2 Betriebswirtschaftliche Wissenschaftsprogramme im Lichte der Nachhaltigkeit

2.2.1 Der faktortheoretische Ansatz nach Gutenberg

Der → faktortheoretische Ansatz von Gutenberg gilt als erstes geschlossenes System innerhalb der Betriebswirtschaftslehre. Gemäß Gutenbergs faktortheoretischem Ansatz besteht die Aufgabe der Betriebswirtschaftslehre darin, „die innere Logik der Dinge aufzuspüren und die betrieblichen Sachverhalte geistig zu durchdringen. Der wissenschaftliche Weg hängt nicht von der praktischen Bedeutung des zu untersuchenden Gegenstandes ab."[9] Durch sein 3-bändiges Werk „Die Produktion", „Der Absatz" und „Die Finanzen" vollzog er die integrierende Idee einer Betriebswirtschaftslehre als Wissenschaft der Produktivitätsbeziehung. Den Mittelpunkt bildet jedoch die funktionale Produktivitätsbeziehung zwischen Faktoreinsatz und Faktorertrag. Dabei steht die Gewinnmaximierung als oberstes Zielkriterium im Vordergrund.

Erkenntnis

Das von Gutenberg benutzte Instrumentarium lehnt sich an die Volkswirtschaftslehre, genauer an die Mikroökonomik der Neoklassik, an. Es wird von vollkommener Rationalität und damit von einem idealtypischen Wirtschaftssubjekt, dem Homo oeconomicus, ausgegangen.

---

[9] Gutenberg, E. (1953), S. 340 f.

Diese Prämissen, die heute auch noch in den meisten finanzwirtschaftlichen Modellen zu finden sind, bieten den Vorteil, dass sich die komplexe Welt in ein geschlossenes System mathematischer Gleichungen reduzieren lässt und sich damit eindeutige Entscheidungen und Handlungsanweisungen ableiten lassen. Die Leistung Gutenbergs liegt in der Formalisierung und Mathematisierung der Betriebswirtschaftslehre und der Entwicklung der Disziplin zu einem normativen Ansatz. Dies ist aber gleichzeitig die Gefahr, die zu einer Abgeschlossenheit der Betriebswirtschaftslehre führt. Insbesondere die Praxisferne seiner Modellprämissen (Gewinn als einziges Zielkriterium, rationales Entscheidungsverhalten, Harmonie des Gewinnziels mit gemeinschaftlicher Wohlstandsmaximierung) gelten als Hauptkritikpunkte, deren sich die folgenden Wissenschaftsprogramme annahmen.

Beitrag des faktortheoretischen Ansatzes für eine Nachhaltige Betriebswirtschaftslehre:

Was kann vom faktortheoretischen Ansatz für eine Nachhaltige Betriebswirtschaftslehre gelernt werden? Zunächst muss man zur Kenntnis nehmen, dass nahezu alle finanzwirtschaftlichen Modelle, welche die heutige Betriebswirtschaftslehre mitprägen, auf dem neoklassischen Paradigma beruhen. Dazu zählen beispielsweise der → Shareholder-Value-Ansatz, die Portfoliotheorie, die Unternehmensbewertungstheorie, die Kapitalmarkttheorie oder die Optionspreistheorie. Trotz der langanhaltenden Kritik ist es der betriebswirtschaftlichen Forschung bis heute noch nicht gelungen, die finanzwirtschaftlichen Modelle, die primär in den 1960er und 1970er Jahren entwickelt wurden, durch realitätsnähere und ebenso normative Modelle zu ersetzen. Es muss auch festgehalten werden, dass diese Modelle für die Lösung von Spezialfragen bestens geeignet sind. Es darf jedoch, was in den letzten Jahren zu beobachten war, nicht der Fehler gemacht werden, anzunehmen, dass die komplexe Realität mit diesen Modellen zu beherrschen ist. Hier hat die zunehmende Bedeutung der Finanzmärkte auch zu einer zunehmenden finanzwirtschaftlichen Ausrichtung der betriebswirtschaftlichen Praxis geführt. Man muss von einer finanzwirtschaftsdominierten Betriebswirtschaflehre sprechen. Hier ist sicherlich ein Ansatzpunkt für eine Nachhaltige Betriebswirtschaftslehre gegeben.

2.2.2 Entscheidungsorientierte Betriebswirtschaftslehre nach Heinen

Der → entscheidungsorientierte Ansatz von Heinen misst im Gegensatz zu Gutenbergs Ansatz der praktischen Aufgabe der Betriebswirtschaftslehre eine wichtige Bedeutung bei. Sie ist wissenschaftlicher Ausgangspunkt der Betriebswirtschaftslehre. „Die grundlegende Bedeutung der Zielentscheidung zeigt sich auf beim Aufbau der Theorie der Unternehmung, die den Kern betriebswirtschaftlichen Erkenntnisstrebens darstellt. Am Anfang jeder Bemühung um eine solche Theorie steht die Frage, welcher Zielfunktion die Unternehmung entsprechen soll. Je nachdem, wie die Wahl der Zielfunktion ausfällt, wird der Aufbau der Unternehmenstheorie unterschiedlich sein."[10]

Der entscheidungsorientierte Ansatz führte zwei Neuerungen in die Betriebswirtschaftslehre ein:

▨ die realitätsnahe Berücksichtigung konkreter Entscheidungssituationen,

▨ die Öffnung hin zu sozialwissenschaftlichen Fragestellungen.

„Die entscheidungsorientierte Betriebswirtschaftslehre entlässt … den <Homo oeconomicus> der klassischen Mikroökonomie in das Reich der Fabel. Ihre Analyse des Entscheidungsverhaltens basiert auf Grundmodellen des Menschen, der Organisation und der Gesellschaft."[11] Sie stellt eine Abkehr von der Idee des Betriebes als „<vollkommenes Funktionieren> der Menschen und der Organisation".[12]

Heinen sieht seinen Ansatz als Synthese des ethisch-normativen Programms von Heinrich Nicklisch einerseits (der Betrieb darf nicht rein unter dem Aspekt der Ergiebigkeit des Faktoreinsatzes, sondern als Teileinheit der gesellschaftlichen Ordnung gesehen werden) und des Programms der Produktivitätsbeziehungen von Gutenberg andererseits. Die Entscheidungsorientierung könne als „Vereinigung beider Wege"[13] gelten.

Im Zentrum der → entscheidungsorientierten Betriebswirtschaftslehre stehen die Entscheidungen wirtschaftender Individuen. Heinen verbindet entscheidungslogische Ansätze der präskriptiven Entscheidungstheorie (welche auf den neoklassischen Paradigmen beruhen) mit Fragestellungen des Zustandekommens von Entscheidungen in der Realität, die im Zentrum der deskriptiven, eher sozialwissenschaftlich ausgerichteten Entscheidungstheorie stehen.

Ein weiterer Erkenntnisfortschritt des entscheidungsorientierten Ansatzes besteht darin, den Faktor Zeit einzubeziehen, indem er Entscheidungen über mehrere Perioden oder Abfolgen von Entscheidungen im Zeitablauf berechenbar

---

[10] Heinen, E. (1976a), S. 15

[11] Heinen, E. (1976b), S. 395 f.

[12] Albach, H. (1986), S. 589

[13] Schanz, G. (2009), S. 112

macht. Ferner ist es Heinen gelungen, Risiko und Unsicherheit zu quantifizieren und in die Entscheidungstheorie einzubeziehen. Besser als jeder andere Ansatz ermöglicht damit die entscheidungsorientierte Betriebswirtschaftslehre die konzeptionelle Integration von Entscheidungs- und Gestaltungsaufgaben.

Beitrag des entscheidungsorientierten Ansatzes für eine Nachhaltige Betriebswirtschaftslehre:

Aus heutiger Sicht stellt der entscheidungsorientierte Ansatz von Heinen einen wichtigen Schritt in Richtung Nachhaltiger Betriebswirtschaftslehre dar. Er öffnet die Betriebswirtschaftslehre hin zur ganzheitlichen Managementlehre und zum Personalwesen. Insbesondere die Bedeutung der Mitarbeiter für Unternehmen ist ein zentraler Bestandteil. Aufgrund gestiegener Anforderungsprofile an Arbeitnehmer und dem demographischen Wandel in Deutschland wird dem Personalwesen in der Betriebswirtschaftslehre eine steigende Bedeutung zukommen. Ferner nimmt sich der entscheidungsorientierte Ansatz von Heinen der Gestaltungsaufgabe an, ohne die komplexe Umwelt auf funktionsgerechte Prämissen zu reduzieren.

2.2.3   Der → systemorientierte Ansatz

Während Gutenberg die Entwicklung von Beschreibungs- und Erklärungsmodellen in die Betriebswirtschaftslehre einführte, erweiterte Heinen dieses System um Entscheidungsmodelle. Der systemorientierte Ansatz geht noch einen Schritt weiter und setzt sich zur Aufgabe, Gestaltungsmodelle für zukünftige Entwicklungen zu entwerfen. Als kybernetische Wissenschaft interessiert sich die systemorientierte Betriebswirtschaftslehre nicht „für das Seiende, sondern das Werdende, nicht für das Bestehen, sondern für das Funktionieren von Systemen."[14]

Erkenntnis

Kybernetik ist die Wissenschaft vom Strukturieren, Steuern und Regulieren komplexer Systeme durch Information und Kommunikation.

Ulrich schreibt dazu: „Das Wesen der kybernetischen Systeme besteht darin, dass sie als offene Systeme in der Lage sind, Störungen im Rahmen von Steue-

---

[14] Ulrich, H. (1971), S. 44

2

rungs- und Regelungsprozessen zu kompensieren, so dass das System selbständig in den Bereich der zulässigen Abweichungen zurückkehrt."[15]

Die systemorientierte Betriebswirtschaftslehre sieht sich als eine den Ingenieurswissenschaften verwandte Gestaltungslehre, die sich dadurch unterscheidet, dass sie sich nicht mit technischen, sondern mit sozialen Systemen beschäftigt. Der Ansatz ist bewusst interdisziplinär angelegt worden und soll die Einbeziehung nachbarwissenschaftlicher Erkenntnisse (z.b. Verhaltenswissenschaften) sicherstellen. Dabei wird auf die mathematische Geschlossenheit und Mathematisierung der Gutenberg'schen Theorie zugunsten der praktischen Relevanz und der stärkeren Betonung dynamischer Aspekte verzichtet.

Die Vorstellung, der eigentliche Betriebsprozess könne zum Zweck seiner Steuerung als Black Box betrachtet werden, präzisiert Ulrich wie folgt:

„Wir versuchen gar nicht, die Vorgänge im Innern des Systems im Einzelnen zu erfassen und entsprechende Ursache-Wirkungs-Beziehungen festzustellen, sondern begnügen uns mit dem, was wir von außen beobachten können: Inputs und Outputs. Das System selbst betrachten wir als etwas Unzugängliches, als schwarzen Kasten."[16]

Kann auf dieser Basis das von Ulrich in den Mittelpunkt gestellte Gestaltungsziel tatsächlich erreicht werden? Wenn das System „Unternehmung" als etwas „Unzugängliches" betrachtet wird, zeigt sich, wie schwierig die Gestaltungsaufgabe der Betriebswirtschaftslehre ist. Der systemorientierte Ansatz analysiert auf ehrliche Weise, dass betriebswirtschaftliche Fragestellungen nicht einfach mit mathematischen Formeln zu lösen sind, sondern sich durch Vielschichtigkeit und Komplexität auszeichnen.

Der systemtheoretisch-kybernetische Ansatz fand in der Managementlehre als St. Galler Schule Eingang. Aufgabe des Managements ist es, ein Unternehmen so aufzustellen, dass System Unternehmen sich evolutionär entwickeln und überlegene Lösungen erarbeiten kann.[17] Dies erfordert eine Selbstorganisation im Unternehmen. Die Selbstorganisation im Unternehmen wird einer rationalen, durch Komplexitätsbegrenzung geschaffenen Organisation als überlegen angesehen.

---

[15] Ulrich, H. (1971), S. 44

[16] Ulrich, H. (1970), S. 132

[17] Sailer, U. (2012), S. 119

Erkenntnis

Wichtige Elemente des systemtheoretisch-kybernetisches Ansatzes sind Dezentralisierung, Verzicht auf detaillierte Regelungen sowie die Schaffung einer Unternehmenskultur, die evolutionäre Entwicklungen der Organisation fördert.

Beitrag des systemorientierten Ansatzes für eine Nachhaltige Betriebswirtschaftslehre

Der → systemorientierte Ansatz beinhaltet zahlreiche Anhaltspunkte, die für die Ausgestaltung einer Nachhaltigen Betriebswirtschaftslehre relevant sind. Dazu zählen die Öffnung der Betriebswirtschaftslehre zu Nachbarwissenschaften und das Verständnis der Betriebswirtschaftslehre als interdisziplinäres Fach und der Erkenntnis, dass ein Unternehmen in ein System mit Wechselbeziehungen eingebettet ist. Dieser Ansatzpunkt wird explizit in der Nachhaltigkeit aufgegriffen, in der die Wechselbeziehungen des Wirtschaftens in einem ökonomischen, ökologischen und sozialen Kontext untersucht werden. Ferner ist die Erweiterung der Ansätze von Gutenberg und Heinen um eine Gestaltungsaufgabe zentral. Diese Gestaltungsaufgabe wird als evolutionärer Prozess verstanden, der im Rahmen der Selbstorganisation im Unternehmen innovative Lösungen in einem sich ständig ändernden Umfeld ermöglicht. So kann in einem globalen Wettbewerbsumfeld durch Innovationskraft die Wettbewerbsfähigkeit gesteigert werden.

2.2.4   Der → verhaltensorientierte Ansatz

Der faktortheoretische Ansatz nach Gutenberg, aber auch die meisten Entscheidungs- und Kapitalmarkttheorien basieren auf dem Rationalprinzip. Der Vorteil des Rationalprinzips ist, dass sich die Fragestellung mathematisch modellieren und darauf basierend eindeutige Entscheidungshilfen gegeben werden können. Der Preis dafür sind sehr restriktive Prämissen, die die Wirklichkeit in den Modellen nicht realitätsgetreu abbilden. Ein Beispiel dieser Prämissen ist der Homo oeconomicus, den Heinen in seinem entscheidungsorientierten Ansatz ablehnt und sich dadurch von dem Rationalprinzip abwendet. Dies greift der verhaltenswissenschaftliche Ansatz der Betriebswirtschaftslehre auf.

Erkenntnis

Die verhaltenswissenschaftlich orientierte Betriebswirtschaftslehre setzt sich zum Ziel, das tatsächliche Entscheidungsverhalten von Einzelpersonen und Unternehmen mit Hilfe der Erkenntnisse der Verhaltenswissenschaften zu erklären.

Konkret bedeutet dies, dass die Betriebswirtschaftslehre sich den Disziplinen wie Psychologie, Sozialpsychologie und Soziologie öffnet und deren Erkenntnisse einbezieht. Dadurch soll das Verhalten in Betrieben und an Märkten besser erklärt, prognostiziert und Handlungsempfehlungen abgeleitet werden.

Der entscheidungsorientierte Ansatz von Heinen und die verhaltensorientierte Betriebswirtschaftslehre haben dazu geführt, dass sich die seit Gutenberg primär theoretisch orientierte Betriebswirtschaftslehre der auf konkrete Managementprobleme ausgerichteten angelsächsischen Managementlehre annäherte.[18] Der verhaltensorientierte Ansatz findet Einfluss z.B. auch im Behavioral Finance, das Irrationalitäten an Finanzmärkten erklärt und im Zuge der Finanzmarktkrise große Bedeutung gewonnen hat.

Mit dem verhaltensorientierten Ansatz und dem faktortheoretischen Ansatz verfügt die Betriebswirtschaftslehre über zwei Ansätze, die beide einen großen Nutzen beinhalten. Mit dem verhaltensorientierten Ansatz kann das tatsächliche Verhalten in Unternehmen sehr gut erklärt werden, während der normative Ansatz mathematische Modelle zur Berechnung optimaler Lösungen bietet. In der bisherigen betriebswirtschaftlichen Forschung ist es allerdings noch nicht gelungen, beide Ansätze zu einem umfassenden betriebswirtschaftlichen Ansatz zu verbinden. Dies wird wohl auch nicht möglich sein, da die beiden Ansätze eine unterschiedliche Aufgabenstellung haben und dafür die besten Lösungsmöglichkeiten bieten.

Beitrag des verhaltensorientierten Ansatzes für eine Nachhaltige Betriebswirtschaftslehre

Welche dieser beiden Ansätze ist für die Konzeption einer Nachhaltigen Betriebswirtschaftslehre besser geeignet?

Da im Rahmen der Nachhaltigkeit sich eine der Säulen auf soziale Ziele bezieht, liefert der verhaltenswissenschaftliche Ansatz einen wichtigen Gegenpol zur

---

[18] Kirsch, W. (1979), S. 105 ff.

Shareholder-Value-orientierten Managementlehre. Der verhaltenswissenschaftliche Ansatz erkennt den Menschen in seiner Unterschiedlichkeit und Individualität an. Durch die Abkehr vom Homo oeconomicus gelingt es, den Produktionsfaktor Arbeit zu individualisieren und das Potenzial für den Erfolg eines Unternehmens einzubeziehen. Auf der anderen Seite können mit dem normativen Ansatz eine Vielzahl von Entscheidungsproblemen gelöst werden, für die der verhaltenswissenschaftliche Ansatz keine Lösungen bietet. Beispielhaft sei hier die Investitionsrechnung genannt.

2.2.5 Der → umweltorientierte Ansatz

Der umweltorientierte Ansatz stellt eine Reaktion auf die zunehmenden Umweltprobleme unserer Industriegesellschaft dar, die zu einem Umdenken in Politik, Wirtschaft und Wissenschaft geführt hat. In der betriebswirtschaftlichen Forschung lassen sich heute zwei Grundströmungen erkennen:

- die ethisch-normative ökologische Betriebswirtschaftslehre,
- der ökologieorientierte Ansatz.

Erkenntnis

Die ethisch-normative Betriebswirtschaftslehre fordert eine grundsätzliche Neuorientierung des wirtschaftlichen Denkens und Handelns, indem die Vereinbarkeit von ökologischer und betriebswirtschaftlicher Sichtweise in den Vordergrund gestellt wird.

Es geht bei diesem Ansatz weniger um das in einzelnen Bereichen „unmittelbar Machbare, sondern um eine grundsätzliche Auseinandersetzung mit dem Verhältnis von Ökonomie und Ökologie".[19] Die Klimaerwärmung ist ein Beispiel für diese Grundsatzdebatte, deren Ergebnisse über Maßnahmen der Politik in die Wirtschaft einfließen.

Erkenntnis

Beim umweltorientierten Ansatz geht es weniger um eine völlige Umorientierung des betriebswirtschaftlichen Denkens, sondern um eine Einbe-

---

[19] Freimann, J. (1987), S. 381

ziehung ökologischer Fragestellungen in die traditionelle Betriebswirtschaftslehre.

Umweltschutz und Umwelttechnologie wird als neues Element im betriebswirtschaftlichen Zielsystem verstanden, das nicht als Konkurrenzziel zum Gewinnstreben, sondern als Nebenbedingung oder auch als Möglichkeit zur Optimierung wirtschaftlicher Ziele verstanden wird.

Beitrag des umweltorientierten Ansatzes für eine Nachhaltige Betriebswirtschaftslehre

Die Nachhaltige Betriebswirtschaftslehre sieht eine starke Verankerung im umweltorientierten Ansatz. Im Rahmen der ethisch-normativen ökologischen Betriebswirtschaftslehre sollte die Nachhaltige Betriebswirtschaftslehre aktiv an der Diskussion teilnehmen, wie die Wirtschaft so gestaltet werden muss, dass auch zukünftige Generationen ein intaktes ökologisches System vorfinden. Im Rahmen des ökologieorientierten Ansatzes liegt das Hauptpotenzial der Nachhaltigen Betriebswirtschaftslehre darin, dass durch innovative Umwelttechnologien neue, umweltschonende Verfahren und Produkte entwickelt werden, die einen Beitrag zum Erreichen betrieblicher und volkswirtschaftlicher Umweltziele leisten, gleichzeitig aber auch die Technologie- und Marktführerschaft sichern, um nachhaltig wirtschaftlich erfolgreich zu sein.

2.2.6   Der institutionenökonomische Ansatz

In den 1960er Jahren erfolgte eine Abkehr der Mikroökonomik von der stringenten neoklassischen Gleichgewichtstheorie. Es entstand der institutionenökonomische Ansatz.

Die Neue Institutionenökonomik analysiert die Güterentstehung nicht vor dem technisch-wirtschaftlichen Hintergrund, sondern vor einem rechtlich-wirtschaftlichen Hintergrund.

Erkenntnis

Im Mittelpunkt der Neuen Institutionenökonomik steht nicht der Besitz an Produktionsfaktoren, sondern das Verfügungsrecht, das durch Vertrag auf ein anderes Wirtschaftssubjekt übertragen werden kann.

Innerhalb der Neuen Institutionenökonomik lassen sich vier Ausprägungen unterscheiden:[20]

▣ Informationsökonomie: analysiert die zwischen Vertragsparteien bestehende Unsicherheit.

▣ Property-Rights-Ansatz: analysiert, wie die Verteilung von Verfügungsrechten das Verhalten der Wirtschaftssubjekte beeinflusst.

▣ Transaktionskostenansatz: analysiert, wie hoch die mit der Übertragung von Verfügungsrechten verbundenen Kosten sind.

▣ Principal-Agent-Ansatz: analysiert die optimale Gestaltung eines Vertrags innerhalb einer Auftragsbeziehung, z.b. unterschiedliche Ziele und Informationsstände zwischen Principal (Shareholder) und Agent (Management).

Der institutionenökonomische Ansatz soll am Beispiel des Principal-Agent-Ansatzes näher erläutert werden. Das Principal-Agent-Problem besteht z. B. in Aktiengesellschaften (Principal: die Eigentümer; Agent: der Vorstand). Das Modell beschäftigt sich mit Kooperations- und Abhängigkeitsproblemen zweier Individuen, die am Erfolg einer Aktion beteiligt sind.

In einer Publikumsgesellschaft engagieren die Aktionäre den Vorstand, damit er in ihrem Auftrag den Shareholder-Value, d.h. den Wert des Unternehmens, maximiert. Der Vorstand kann jedoch als opportunistisch-rationales Wesen Interessen verfolgen, die im Widerspruch zu den Zielen der Aktionäre stehen.

Probleme ergeben sich für die Aktionäre vorrangig aus Informationsdefiziten, Kosten der Vertragsgestaltung und unterschiedlichem nutzenmaximierenden Verhalten der kooperierenden Individuen. Die Kontrollmöglichkeiten der Aktionäre sind aufgrund der o.g. Probleme begrenzt. Deshalb muss der Principal versuchen, das Agency-Problem durch die Schaffung von Anreizen zu entschärfen. Durch Aktienkaufoptionen gelingt es, das Zielsystem des Vorstands und der Aktionäre zu synchronisieren. Das bedeutet, dass Principal und Agent Interesse haben, den Shareholder-Value zu maximieren.

Kann die Neue Institutionenökonomik einen sinnvollen Beitrag für die Nachhaltige Betriebswirtschaftslehre leisten? Zum einen entsteht auf den ersten Blick der Verdacht, dass die Neue Institutionenökonomik die Implementierung des Shareholder-Value-Ansatzes unterstützte und wissenschaftlich legitimierte. Andererseits leistet sie einen Beitrag, die Kluft zwischen der normativen und verhaltenswissenschaftlichen Betriebswirtschaftslehre zu überwinden. So lässt sich die Neue Institutionenökonomik auch sehr gut für den Einsatz von Mitar-

---

[20] Schanz, G. (2009), S. 133 ff.

beiterbeteiligungsmodellen in Unternehmen einsetzen. Insofern ist weniger der Ansatz als vielmehr die Auswahl der betriebswirtschaftlichen Themenfelder für den Einsatz der Neuen Institutionenökonomik zu hinterfragen.

Beitrag des institutionenökonomischen Ansatzes für eine Nachhaltige Betriebswirtschaftslehre:

Unabhängig von der konkreten Anwendung hat die Neue Institutionenökonomik einen Beitrag dazu geleistet, die betriebswirtschaftliche Forschung von klassischen realwirtschaftlichen Fragestellungen zu entfremden. Dies ist bis zum Zeitpunkt der Finanzkrise wenig im Bewusstsein gewesen, zeigt aber heute im globalen Wettbewerb mit seinen Unsicherheiten und fragilen Finanzmärkten, wie wichtig es ist, sowohl auf volkswirtschaftlicher als auch auf betriebswirtschaftlicher Ebene eine starke realwirtschaftliche Basis zu besitzen. Vielleicht führt die Rückbesinnung auf realwirtschaftliche Fragestellungen zu neueren Forschungsansätzen in der Betriebswirtschaftslehre. Die Nachhaltige Betriebswirtschaftslehre würde sich dazu sehr gut eignen.

2.3 Betriebswirtschaftliche Forschung: Quo vadis?

Schlägt man die einschlägigen betriebswirtschaftlichen Lehrbücher auf, so enden die Kapitel zur betriebswirtschaftlichen Forschung mit dem volkswirtschaftlichen Ansatz der Neuen Institutionenökonomik. Wo ist die einst so prägende deutsche Betriebswirtschaftsforschung mit eigenen, neuen Ansätzen geblieben? Mit der Neuen Institutionenökonomik und der globalen Einführung des Shareholder-Value-Ansatzes endete in der Forschung und in der Praxis scheinbar die kritische Auseinandersetzung mit der Disziplin Betriebswirtschaftslehre. Das Paradigma der Shareholder-Value-Maximierung ist offensichtlich als Hauptziel des Unternehmens gesetzt, der betriebswirtschaftliche Meinungsstreit über die „richtige" Forschungskonzeption verebbt. Forschung findet nur noch in den Teildisziplinen der Betriebswirtschaftslehre statt. Der Stakeholder-Ansatz bildet keine Alternative zum Shareholder-Value-Ansatz, da er zwar das Unternehmen in einen breiteren Kontext stellt, jedoch keine Instrumente zur Unternehmenssteuerung liefert. In Wöhes Standardwerk „Einführung in die allgemeine Betriebswirtschaftslehre" ist unter der Überschrift „Dominanz des Shareholder-Ansatzes in der Unternehmenspraxis" zu lesen: „Dieses Lehrbuch folgt dem Konzept traditioneller Betriebswirtschaftslehre, wonach unternehmerisches Handeln vorrangig durch die Interessen der Eigenkapitalgeber bestimmt wird. Betriebswirtschaftliche Modellbildung folgt dem Shareholder-Ansatz, weil sich dieses Konzept in der Unternehmensrealität des marktwirtschaftlichen Wettbewerbs weitgehend durchgesetzt hat."[21]

Hat der Shareholder-Value-Ansatz in der Praxis zu so herausragenden Ergebnissen geführt, dass eine unkritische Übernahme und Beendigung weiterer Diskussionen gerechtfertigt wäre? Sieht man sich die Kursentwicklung der börsennotierten Unternehmen und die Ursachen der Finanzkrise näher an, so scheint dies nicht gerechtfertigt. Ein nüchterner Blick auf die Steuerungssysteme großer Konzerne zeigt zudem, dass diese nicht am Barwert ausgerichtet sind, sondern nach wie vor auf Periodenergebnissen beruhen (EVA, ROCE,...). Noch weniger ist es gerechtfertigt, wenn man sich vor Augen hält, dass in Deutschland ein großer Teil der Wertschöpfung und Innovationen von mittelständischen Unternehmen erzeugt werden. Diese unterliegen zwar durch den Kostendruck ihrer börsennotierten Kunden auch dem Shareholder-Value-Prinzip, weisen jedoch ein durchaus differenziertes Zielsystem auf. Es ist auch fraglich, ob in der gegenwärtigen Zeit, die durch einen Mangel an qualifizierten Fachkräften, eine hohe Verfügbarkeit von Kapital, eine Bedeutungszunahme des Wissens gegenüber dem Kapital, zunehmender Wettbewerbsdruck auf globaler Ebene, zurückgehender und sich verteuernder Ressourcen etc., die Reduzierung der Unternehmenssteuerung auf den Shareholder-Value sinnvoll ist.

2.4 Die Nachhaltige Betriebswirtschaftslehre

Erkenntnis

Die Nachhaltige Betriebswirtschaftslehre setzt sich zum Ziel, die betriebswirtschaftliche Forschung aus ihrer eindimensionalen finanzwirtschaftlichen Betrachtung des Unternehmens herauszuführen.

Steht dies im Widerspruch zu der betriebswirtschaftlichen Erkenntnis, dass es der einzige Zweck der Unternehmung sei, den Wohlstand des Eigners zu vermehren? Diese Aussage beruht auf der mikroökonomischen Denkweise des Homo oeconomicus und beleuchtet lediglich einen Teilaspekt und eine Sichtweise der Betriebswirtschaftslehre. Anzumerken ist, dass es mittlerweile eine große Anzahl von Eignern gibt, deren Ziel ein langfristiger Erfolg des Unternehmens und weniger kurzfristige und zumeist volatile Kurserfolge sind. Ferner

---

[21] Wöhe, G./Döring, U. (2010), S. 57

2

wird in der Shareholder-Value-Denkweise vernachlässigt, welches die Erfolgsfaktoren unternehmerischen Handelns sind. Es sind die Gruppen Eigner, Management und Arbeitnehmer, die als Gesamtheit den Erfolg eines Unternehmens ausmachen. Hinzukommen noch weitere Gruppen wie Kunden, Lieferanten und der Staat, die zum Erfolg beitragen. Wenn schon auf der Ebene des Shareholder-Value und der Neuen Institutionenökonomik gedacht wird, dann muss nicht nur das Principal-Agent-Problem zwischen dem Kapital und dem Management, sondern auch das Principal-Agent-Problem zwischen dem Kapital und der Arbeit sowie dem Management und der Arbeit gelöst werden. Dies ermöglicht erst einen nachhaltigen wirtschaftlichen Erfolg.

Somit kommen wir wieder auf den neuen Forschungsansatz der Nachhaltigen Betriebswirtschaftslehre zurück.

Erkenntnis

Die Nachhaltige Betriebswirtschaftslehre basiert auf den bisher entwickelten Forschungsrichtungen der Betriebswirtschaftslehre und versteht sich als konsequente Weiterentwicklung der bisherigen Forschungsansätze.

Auch in der Nachhaltigen Betriebswirtschaftslehre steht durchaus die Erkenntnis im Vordergrund, ein Unternehmen so aufzustellen, dass es auch langfristig erfolgreich ist. Dazu gehören Innovation und Marktführerschaft. Nachhaltigkeit ist keine Ubiquität, sondern ein Gut, das man sich erarbeiten muss und das Investitionen erfordert. Insofern kann auch die Nachhaltige Betriebswirtschaftslehre auf Teile des Shareholder-Value-Ansatzes zurückgreifen, aber nur dann, wenn eine Erfolgsbeteiligung bei allen beteiligten Parteien, „Kapital", „Management" und „Arbeit", gegeben ist. Bei der Problemlösung kann die Neue Institutionenökonomik einen wichtigen Beitrag leisten.

Dies setzt wiederum die Einbeziehung des verhaltenswissenschaftlichen Ansatzes voraus, da die im Unternehmen involvierten Interessengruppen nicht auf den Homo oeconomicus reduziert werden dürfen. Die Menschen müssen mit ihren individuellen Potenzialen so im Unternehmen eingesetzt werden, dass sie ihre Fähigkeiten optimal entfalten können. Die Unternehmensführung ist das Feld in der Betriebswirtschaftslehre, bei der der verhaltensorientierte Ansatz am meisten zum Tragen kommt.

Die Nachhaltige Betriebswirtschaftslehre versteht das Unternehmen als Teil eines Systems, dessen Interrelationen einen wesentlichen Erfolgsfaktor für nachhaltiges Wirtschaften darstellen.

Erkenntnis

Nachhaltig erfolgreich zu wirtschaften, bedeutet, sich auf ändernde Umweltbedingungen einstellen zu können.

Eine geschlossene Betriebswirtschaftslehre, die Wirtschaften auf Prozesse innerhalb eines Unternehmens reduziert, wird den Anforderungen an unternehmerisches Handeln in einer globalen und volatilen Welt nicht gerecht. Dies zeigt, dass die Betriebswirtschaftslehre sich an verändernde wirtschaftliche und gesellschaftliche Rahmenbedingungen anpassen muss. In der Nachkriegszeit, in der eine große Nachfrage einem relativ kleinen Angebot gegenüberstand, passte der Ansatz Gutenbergs sehr gut. Heute geht es darum, in einer Welt mit sich verknappenden und verteuernden Ressourcen sowie globalen und wettbewerbsintensiven Märkten so zu wirtschaften, dass alle Produktionsfaktoren (Arbeit, Kapital und technischer Fortschritt) so eingesetzt werden, dass Unternehmen mit einem hohen Grad an Innovationen ihre Technologie- und Marktführerschaft behaupten und ausbauen können. Dass hierzu auch ökologische Aspekte im Sinne von Ressourcen sparenden Produktionsweisen und verhaltenswissenschaftliche Aspekte im Sinne optimal ausgebildeter und eingesetzter Arbeitskräfte zählen, ist eine Voraussetzung für nachhaltig erfolgreiches Wirtschaften.

Erkenntnis

Die Nachhaltige Betriebswirtschaftslehre befasst sich mit dem langfristig erfolgreichen Wirtschaften in Unternehmen unter Berücksichtigung der Wechselbeziehungen zu anderen Betrieben und den sie umgebenden Wirtschaftsbereichen. Langfristiger Erfolg wird durch optimalen Einsatz aller Produktionsfaktoren erreicht. Die Interessen aller Anspruchsgruppen werden im Verhandlungsweg zusammengeführt, indem sie in angemessener Weise am Unternehmenshandeln und am Unternehmenserfolg teilhaben.

2.5 Grundsätze Nachhaltiger Betriebswirtschaftslehre

Die Grundsätze Nachhaltiger Betriebswirtschaftslehre lauten:

1. Die Nachhaltige Betriebswirtschaftslehre orientiert sich ebenso wie die traditionelle Betriebswirtschaftslehre an Stromgrößen wie Gewinn, Cashflow, Umsatz und bezieht technische, soziale und ökologische Ziele zur

2

Erreichung der wirtschaftlichen Ziele ein. Die wirtschaftliche Ausrichtung des Unternehmens richtet sich nicht auf kurzfristige Erfolgsziele, sondern auf die erweiterte Substanzerhaltung und die Übertragung des kaufmännischen Substanzerhaltungsdenkens auf alle Produktionsfaktoren.[22]

Beispiel

Die Analyse weltweit führender mittelständischer Unternehmen (Hidden Champions) zeigt, dass diese ähnlich sehr vermögenden Privatpersonen ihr Wachstum auf der gegebenen Substanz aufbauen und dieses graduell mehren. Risiken der Missachtung dieses Grundsatzes können bspw. bei Unternehmenskäufen beobachtet werden, die zu einem Großteil fremdfinanziert werden (Porsche – Volkswagen, Schaeffler – Continental oder LBO-Transaktionen von Private Equity Gesellschaften).

2. Die Nachhaltige Betriebswirtschaftslehre berücksichtigt die Bedeutung und begrenzte Substituierbarkeit von natürlichen Ressourcen, Humankapital und technischem Fortschritt zur Erreichung wirtschaftlicher Ziele.

Beispiel

Nachhaltiges unternehmerisches Wachstum kann nicht durch einseitige Substitution eines oder mehrerer Produktionsfaktoren erreicht werden. Wachstum auf Kosten natürlicher Ressourcen, wie es teilweise in Emerging Markets zu beobachten ist, exzessive Rationalisierungsmaßnahmen durch Personalabbau, starke Substitution von Eigenkapital durch Fremdkapital in der Unternehmensfinanzierung, Kürzungen bei Ausgaben in Forschung & Entwicklung führen vielleicht zu einem kurzfristigen wirtschaftlichen Erfolg, gefährden jedoch langfristig die Existenz des Unternehmens.

3. Die Nachhaltige Betriebswirtschaftslehre ist auf die langfristige Sicherung der Erfolgs- und Entwicklungspotentiale des Unternehmens ausgerichtet. Sie ist normativ begründet, strategisch ausgerichtet und wird umgesetzt, indem die operativen Tätigkeiten des Unternehmens an den definierten normativen Visionen und strategischen Vorgaben ausgerichtet werden.[23]

---

[22] Vgl. Müller-Christ, G./Hülsmann, M. (2003), S. 269 ff.

[23] Vgl. Freimann, J. (2006), S. 49

> **Beispiel**
>
> Dieser Grundsatz findet Ausdruck in einer langfristig angelegten Unternehmensführung, wie sie etwa im Managementmodell der St. Galler Schule entwickelt wurde. Nachhaltiges Wirtschaften ist stets Teil der Unternehmensphilosophie und -kultur, unabhängig davon, ob es bewusst in Unternehmensgrundsätzen verankert oder lediglich implizit im Managementhandeln gelebt wird.

4. Die Nachhaltige Betriebswirtschaftslehre ist eine auf Innovationen ausgerichtete Lehre und betreibt eine Strategie der kontinuierlichen Verbesserung der Ressourcenproduktivität durch Ausschöpfung der Prozessoptimierung und innovative Prozess- und Produktgestaltung.[24]

> **Beispiel**
>
> Nachhaltig wirtschaftende Unternehmen weisen ein hohes Innovationspotenzial auf und haben dadurch einen Wettbewerbsvorsprung auf globaler Ebene. Nachhaltiges Wirtschaften ist nicht Ergebnis der Innovationspolitik von Unternehmen, sondern Voraussetzung erfolgreichen Handelns.

5. Die Nachhaltige Betriebswirtschaftslehre setzt sich zum Ziel, die Ressourcenverbräuche und Emissionen, soweit die wirtschaftlichen Bedingungen des Unternehmens dies zulassen und die globalen und nationalen Nachhaltigkeitsprioritäten dies fordern, zu reduzieren.[25]

> **Beispiel**
>
> Es ist im Eigeninteresse nachhaltig agierender Unternehmen, ressourcensparend zu wirtschaften, da die Kosten für Ressourcen und die Kosten der Absicherung von Ressourcenpreisen starken Einfluss auf die Wirtschaftlichkeit des Unternehmens haben.

---

[24] Vgl. Wagner, B./Strobel, M. (1999), S. 67 f.

[25] Vgl. Stahlmann, V./Clausen J. (2000), S. 103 ff.

6. Die Nachhaltige Betriebswirtschaftslehre richtet sich an die Potenziale der Mitarbeiterinnen und Mitarbeiter für die Unternehmensaktivitäten. Sie setzt sich zum Ziel, das soziale Kapital/Humankapital, das ihr zur Verfügung steht, optimal zu nutzen und zu entwickeln. Damit werden die organisationale Lernfähigkeit des Unternehmens und damit seine wirtschaftlichen Zukunftsperspektiven verbessert.[26]

Beispiel:

Aufgrund des erwarteten Mangels an qualifizierten Facharbeitern und Akademikern wird zukünftig der Faktor „Arbeit" wieder deutlich an Bedeutung gewinnen. Das Hire-and-Fire-Prinzip, wie es bspw. bei Unternehmensberatungen oder Investmentbanken zu finden ist, widerspricht den Grundsätzen nachhaltigen Wirtschaftens.

7. Die Nachhaltige Betriebswirtschaftslehre weist eine hohe Flexibilität auf. Sie ist nicht auf vorhandene Produkten und Programme fixiert, sondern begreift ihre gesellschaftliche Aufgabe in der Lösung spezifischer Probleme ihrer Kunden, die mit intelligenten funktionsorientierten Leistungsbündeln zukunftsfähig zu lösen sind.[27]

Beispiel:

Es ist zu betonen, dass nachhaltiges Wirtschaften sich nicht als „statische" Wirtschaftsweise versteht, sondern als ein evolutionärer und innovativer Prozess der Anpassung an eine sich verändernde Umwelt. Die nachhaltige Wirtschaftsweise hat somit keinen „rein bewahrenden" Charakter, sondern vielmehr eine Gestaltungsaufgabe, die es ihr erlaubt, nachhaltig zu agieren.

8. Die Nachhaltige Betriebswirtschaftslehre führt zu Unternehmen, die im Wettbewerb bestehen. Dennoch sucht sie nach kooperativen Lösungen in Form von wertschöpfungskettenbezogenen und/oder regionalen Allianzen

---

[26] Vgl. Achouri, C. (2011), S. 253 ff.
[27] Vgl. Freimann, J. (2006), S. 51

und Netzen, in denen sie im Sinne der Nachhaltigkeit auf Lieferanten, Kunden und Kooperationspartner einwirkt.[28]

> **Beispiel**
>
> Aufgrund kürzerer Innovationszyklen, steigender F&E-Kosten, stärker segmentierter Märkte und steigenden Wettbewerbs werden vermehrt Kooperationen eingegangen. Beispiel ist in der Automobilindustrie die Zusammenarbeit im Bereich „alternativer Antriebssysteme". Es gibt aber auch in derselben Industrie Negativbeispiele. Die Beziehung zwischen Automobilproduzenten und Zulieferern ist heute noch durch den Lopez-Effekt und einen hohen Preisdruck gekennzeichnet. Diese unkooperativen Formen der Zusammenarbeit haben nur kurzfristige Erfolge, verringern jedoch langfristig die Innovationskraft und Lösungskompetenz.

9. Die Nachhaltige Betriebswirtschaftslehre versteht das Unternehmen als Koalition verschiedener Anspruchsgruppen und Unternehmensführung als einen Prozess des Ausgleichs dieser unterschiedlich durchsetzungsmächtigen und einwirkungsinteressierten Anspruchsgruppen („Stakeholder"). Dabei gilt ihr nicht eine Anspruchsgruppe gegenüber allen anderen als prinzipiell überlegen oder prioritär, sondern Ziel ist es, einen tragfähigen Anspruchsausgleich im Sinne der langfristigen Existenzsicherung des Unternehmens zu erreichen. Die Kommunikation erfolgt offen und dialogorientiert mit allen ihren Anspruchsgruppen.[29]

> **Beispiel**
>
> Die Nachhaltige Betriebswirtschaftslehre versteht sich als Gegenposition zur kurzfristigen und rein kapitalmarktorientierten Managementlehre des Shareholder-Value-Ansatzes, da sie durch die Einbeziehung aller Anspruchsgruppen dafür sorgt, dass langfristig der Wert des Unternehmens im Interesse aller Stakeholder, auch der Shareholder, steigt.

---

[28] Vgl. Kirschten, U. (2003), S. 171 ff.

[29] Vgl. Freimann, J. (2006), S. 52

10. Die Nachhaltige Betriebswirtschaftslehre nimmt die aktuellen wirtschaftli-
    chen, politischen und ökologischen Rahmenbedingungen nicht als unbe-
    einflussbare Daten hin, sondern sieht Unternehmen als wirtschaftliche
    Akteure, die im Sinne der Herstellung nachhaltigkeitsförderlicher Rah-
    menbedingungen an dem gesellschaftlichen Diskurs aktiv teilhaben und
    daraus strategische Orientierungen für ihre eigene Weiterentwicklung zie-
    hen.[30]

Beispiel

Da die Nachhaltige Betriebswirtschaftslehre Unternehmen als gestaltende
und innovative Einheiten versteht, sollten sie Interesse daran haben, die
gesetzlichen Mindestansprüche an Nachhaltigkeit zu übertreffen und sich
dadurch einen Wettbewerbsvorsprung zu sichern. In der Automobilindustrie wehrt man sich mit Lobbyismusarbeit gegen die Senkung von
CO_2-Grenzwerten, anstelle sich durch eigene Innovationen dem Zwang
zur Schadstoffreduktion zu stellen und damit Marktanteile zu sichern.

Auf den Punkt gebracht

Die Nachhaltige Betriebswirtschaftslehre basiert auf den bisher entwickelten Forschungsrichtungen der Betriebswirtschaftslehre und stellt eine konsequente Weiterentwicklung der bisherigen Forschungsansätze dar. Die
Nachhaltige Betriebswirtschaftslehre befasst sich mit dem langfristig erfolgreichen Wirtschaften in Unternehmen und berücksichtigt die Wechselbeziehungen zu anderen Betrieben und den sie umgebenden Wirtschaftsbereichen. Langfristiger Erfolg wird durch optimalen Einsatz aller
Produktionsfaktoren erreicht. Die Interessen aller Anspruchsgruppen werden im Verhandlungsweg zusammengeführt, indem sie in angemessener
Weise am Unternehmenshandeln und am Unternehmenserfolg teilhaben.

---

[30] Vgl. Schneidewind, U. (1998)

Literaturtipps

Vertiefende Ausführungen finden sich hier:

Göllinger, Th. (Hrsg.): Bausteine einer nachhaltigkeitsorientierten Betriebswirtschaftslehre, Festschrift zum 70. Geburtstag von Eberhard Seidel, Marburg.

Nachhaltigkeit in verschiedenen betriebswirtschaftlichen Funktionen:

Hülsmann, M., Müller-Christ, G., Haasis, H.-D. (Hrsg., 2004): Betriebswirtschaftslehre und Nachhaltigkeit: Bestandsaufnahme und Forschungsprogrammatik, Wiesbaden.

Literaturquellen

Achouri, C. (2011): Wenn Sie wollen, nennen Sie es Führung: Systemisches
Management im 21. Jahrhundert, München.

Albach, H. (1986): Allgemeine Betriebswirtschaftslehre. Zum Gedenken an
Erich Gutenberg, in: Zeitschrift für Betriebswirtschaft, S. 578–613.

Burschel, C. J., Losen, D., Wiendl, A. (2004): Betriebswirtschaftslehre der Nachhaltigen Unternehmung, München.

Freimann, J. (1987): Ökologie und Betriebswirtschaft, in: Schmalenbachs Zeitschrift für betriebswirtschaftliche Forschung, Bd. 39, S. 380–390.

Freimann, J. (2006): Nachhaltig wirtschaften! Wider die Orientierung des prakti-
schen wirtschaftlichen Handelns am Vorbild der Homunkuli, in: Göllinger
(Hrsg): Bausteine einer nachhaltigkeitsorientierten Betriebswirtschaftslehre,
Festschrift zum 70. Geburtstag von Eberhard Seidel, Marburg.

Göllinger, Th. (Hrsg.): Bausteine einer nachhaltigkeitsorientierten Betriebswirtschaftslehre, Festschrift zum 70. Geburtstag von Eberhard Seidel, Marburg.

Gutenberg, E. (1953): Zum Methodenstreit, in: Zeitschrift für handelswissen-
schaftliche Forschung (5), S. 327–355.

Heinen, E.(1969): Zum Wissenschaftsprogramm der entscheidungsorientierten
Betriebswirtschaftslehre, in: Zeitschrift für Betriebswirtschaftslehre (39), S.
207–220.

Heinen, E. (1976a): Die Zielfunktion der Unternehmung, Festschrift zum 65.
Geburtstag von Erich Gutenberg, hrsg. von Helmut Koch, Wiesbaden 1962,

S. 9-72; wiederabgedruckt in: Grundfragen der entscheidungsorientierten Betriebswirtschaftslehre, München, S. 13–93.

Heinen, E. (1976b): Grundfragen der entscheidungsorientierten Betriebswirtschaftslehre, München.

Hülsmann, M., Müller-Christ, G., Haasis, H.-D. (Hrsg., 2004): Betriebswirtschaftslehre und Nachhaltigkeit: Bestandsaufnahme und Forschungsprogrammatik, Wiesbaden.

Kirsch, W. (1979): Die verhaltenswissenschaftliche Fundierung der Betriebswirtschaftslehre, in: Raffée, H., Abel, B. (Hrsg.): Wissenschaftstheoretische Grundfragen der Wirtschaftswissenschaften, München.

Kirschten, U. (2003): Unternehmensnetzwerke für nachhaltiges Wirtschaften, in: Linne, G., Schwarz, M. (Hrsg.): Handbuch Nachhaltige Entwicklung – Wie ist nachhaltiges Wirtschaften machbar? Opladen, S. 171–182.

Müller-Christ, G., Hülsmann, M. (2003): Quo vadis Umweltmanagement? Entwicklungsperspektiven einer nachhaltigen Managementlehre, in: Die Betriebswirtschaft, 63. Jg., S. 257–277.

Sailer, U. (2012): Management: Komplexität verstehen: Systemisches Denken, Business Modeling, Handlungsfelder nachhaltigen Erfolgs, Stuttgart.

Schanz, G. (2009): Wissenschaftsprogramme der Betriebswirtschaftslehre, in: Bea, F. X., Schweizer, M.: Allgemeine Betriebswirtschaftslehre, Bd. 1: Grundfragen, Stuttgart, S. 81–159.

Schneidewind, U. (1998): Die Unternehmung als strukturpolitischer Akteur, Marburg.

Stahlmann, V./Clausen, J. (2000): Umweltleistung von Unternehmen – Von der Öko-Effizienz zur Öko-Effektivität, Wiesbaden.

Ulrich, H.: (1970): Die Unternehmung als produktives soziales System, 2. Aufl., Bern, Stuttgart.

Ulrich, H.: (1971): Der systemorientierte Ansatz in der Betriebswirtschaftslehre, in: Wissenschaftsprogramm und Ausbildungsziele der Betriebswirtschaftslehre, Bericht von der wissenschaftlichen Tagung in St. Gallen, hrsg. vom Verbandsvorstand durch den Tagungsleiter, Berlin.

Wagner, B., Strobel, M. (1999): Kostenmanagement mit der Flusskostenrechnung, in: Freimann, J. (Hrsg.): Werkzeuge erfolgreichen Umweltmanagements. Wiesbaden.

Wöhe, G.; Döring U. (2010): Einführung in die Allgemeine Betriebswirtschaftslehre, 23. Auflage, München.

3 Strategisches Nachhaltigkeitsmanagement

Von Prof. Dr. Erskin Blunck

Lernziele

Die Leser

- verstehen, dass der Begriff der Nachhaltigkeit im Kontext nachhaltigen Managements differenziert gesehen werden sollte,
- erkennen die Bedeutung der Definition des Organisationszwecks als eine Voraussetzungen für ein strategisches Nachhaltigkeitsmanagement,
- lernen die Aufgaben der Strategie im Rahmen des nachhaltigen Managements kennen,
- erkennen die Bedeutung der Perspektiven Strategieprozess, -inhalte und -kontext für das strategische Nachhaltigkeitsmanagement,
- vertiefen exemplarisch innovative Ansätze zur Konkretisierung der Nachhaltigkeit auf Strategieebene.

Schlagwortliste

- Strategisches Nachhaltigkeitsmanagement ■ Strategieprozess ■ Resilienz ■ Cradle-to-Cradle ■ Shared Value

3.1 Einleitung

Dieser Beitrag stellt die wesentlichen Aspekte zur Organisation eines strategischen Nachhaltigkeitsmanagements dar. Ausgehend vom Unternehmenszweck werden besondere Schwerpunkte auf die Themengebiete der Strategieentwicklung, der strategischen Inhalte sowie des strategischen Kontexts gelegt, auch wenn ein strategisches Management weitere Themen umfasst, wie z.B. Organisation, Unternehmenskultur, Information und Strategische Leistungspotentiale[31].

---

[31] Vgl. z.B. Bea, F., Haas, J. (2013), S. 22

Mit unseren Überlegungen knüpfen wir an Gedankengänge an, die bereits an anderer Stelle in diesem Sammelband dargestellt wurden, insbesondere an der von *Sailer* vorgestellten Definition der Nachhaltigkeit.

Sailer bezieht sich bei der Definition von Nachhaltigkeit auf die breit akzeptierte Begriffsdefinition der Brundtland-Kommission von 1987 und auf den 1992 auf der Konferenz von Rio entwickelten Triple Bottom Line-Ansatz der Nachhaltigkeit. Demnach wird eine nachhaltige Entwicklung durch eine ökonomische, eine soziale (in diesem Zusammenhang wird zum Teil auch von der soziokulturellen Dimension gesprochen) und eine ökologische Dimension beschrieben. Gemäß dem Triple Bottom Line-Ansatz sollen die vorgenannten drei Dimensionen der Nachhaltigkeit alle gleichgewichtig Berücksichtigung bei der Umsetzung einer nachhaltigen Entwicklung finden.

Dass Nachhaltigkeit auch auf strategischer Ebene eine wachsende Aufmerksamkeit erhält, zeigt z.B. die 2011 und 2012 mit weltweit über 4000 Führungskräften durchgeführten Erhebungen von McKinsey zum Thema Nachhaltigkeit[32]. Unter anderem wurden die Manager nach den Gründen für die zunehmende Beschäftigung mit dem Thema Nachhaltigkeit gefragt. Die häufigsten Nennungen waren

- Reduzierung des Energieverbrauchs,
- Abfallreduzierung und
- Reputationsmanagement.

Als besonders starke Hindernisse für eine erfolgreiche Umsetzung der Nachhaltigkeit werden kurzfristige Erfolgsmaßstäbe, fehlende Leistungsanreize für Nachhaltigkeit, mangelnde oder fehlende Messgrößen (Key Performance Indicators) für Nachhaltigkeit sowie Mängel in der Zuständigkeit und Verantwortlichkeit für Nachhaltigkeit genannt. [33]

Ein weiterer Indikator für die gewachsene Bedeutung von Nachhaltigkeitsstrategien ist die intensive Beschäftigung mit dem Thema Nachhaltigkeit seitens des über Jahrzehnte hinweg einflussreichen Harvard-Strategie-Vordenkers Michael Porter unter dem Begriff des → „Shared Value". Gemeinsam mit Mark Kramer zeigt Porter die Beschränkungen des Ansatzes der → Corporate Social Responsibility auf und definiert einen eigenen Ansatz, der einen starken Bezug zur Kernstrategie eines Unternehmens hat, indem das Produktangebot, die Wertkette und die Cluster betrachtet werden. [34]

---

[32] Vgl. Bonini, S. (2012)

[33] Vgl. Bonini, S. (2012), S. 2-6

[34] Vgl. Porter, M./ Kramer, M. (2011), S. 7-12

Im Folgenden wird der Frage nachgegangen, was „Nachhaltige Betriebswirtschaft" für das Thema strategisches Management bedeutet.

3.2 Einordnung Strategisches Nachhaltigkeitsmanagement

Die Entstehung des Begriffs „Strategisches Management" geht zurück auf das im Jahr 1976 von Ansoff, Declerck und Hayes veröffentlichte Buch „From Strategic Planning to Strategic Management"[35]. Somit wurde in den letzten Jahrzehnten die Planung über die Phasen Langfristplanung, Strategische Planung zum Strategischen Management weiterentwickelt. Seit 1980 bis heute stellen sich Theorie und Praxis des Strategischen Managements vermehrt gesellschaftlichen Herausforderungen, die von Bea und Haas [36] treffend u.a. mit den Schlagworten

- „Wissensgesellschaft",
- „virtuelle Organisation",
- „Selbstorganisation",
- „Unternehmen als lernende Organisation", aber auch
- „Nachhaltigkeit".

charakterisiert werden. Die letztgenannte Nachhaltigkeitsthematik, häufig auch unter dem Begriff der Sozialen Verantwortung betrachtet, scheint hier u.a. vor dem gesellschaftlichen Thema Klimawandel besondere Aufmerksamkeit zu erhalten.

Nun stellt sich die Frage, ob an dieser Stelle im Rahmen des Hauptthemas „strategisches Management" insbesondere „nachhaltige Strategien" zu untersuchen sind oder ob der Begriff des → „strategischen Nachhaltigkeitsmanagements" hier passender ist? Damit deutlich wird, was hierunter zu verstehen ist und was nicht, ist es sinnvoll etwas auszuholen: Es geht nicht darum, eine neue (Management)-Mode im Unternehmen einzuführen, sondern vielmehr den grundsätzlichen Denkansatz der Unternehmensführung in Hinblick auf die Dimensionen der Nachhaltigkeit (weiter) zu entwickeln.

Management wird häufig nach den Kriterien normativ, strategisch und operativ unterschieden.

---

[35] Vgl. Bea, F./ Haas, J. (2013), S. 6
[36] Vgl. Bea, F./ Haas, J. (2013), S. 13

▥ Normatives Management beschäftigt sich mit den generellen Zielen des Unternehmens. Es geht um die Festlegung der grundlegenden Prinzipien, Normen und Werte des Unternehmens. Die Werte eines Unternehmens finden in der Unternehmenskultur ihren Ausdruck, Prinzipien und Normen werden in der Unternehmensverfassung festgelegt.

▥ Strategisches Management beschäftigt sich mit Aufbau, Pflege und Nutzung von Erfolgspotenzialen des Unternehmens. Dabei geht es um die systematische Ausrichtung des Unternehmens an erfolgversprechenden Produkt-/Marktkombinationen und um den Aufbau der hierfür vom Unternehmen benötigten Ressourcen. Die normative und strategische Ebene des Unternehmens stellt die effektive Ausrichtung des Unternehmens sicher.

▥ Operatives Management leistet die Umsetzung der Ideen aus dem normativen und strategischen Management in konkrete real- und finanzwirtschaftliche Unternehmensprozesse. Genauere Erläuterungen zur Interaktion dieser drei Ebenen finden sich in Kapitel 10 (Instrumente zur Umsetzung der Nachhaltigkeit).

Während in nachfolgenden Kapiteln auch operative Fragestellungen betrachtet werden, befasst sich dieses Kapitel im Schwerpunkt mit dem strategischen Management sowie der Verknüpfung hin zur normativen Ebene.

Die nachfolgenden Ausführungen konkretisieren ein Strategisches Nachhaltigkeitsmanagement, das als strategisches Management mit einer besonderen Ausrichtung zur Erreichung der drei Zieldimensionen der Nachhaltigkeit beschrieben werden kann.

3.3 Dimensionen Strategisches Nachhaltigkeitsmanagement

Um der Vielschichtigkeit des Themas Unternehmensstrategie gerecht zu werden, wird die von de Wit und Meyer vorgeschlagene Strukturierung nach den Dimensionen Strategieprozess, Strategieinhalte und Strategiekontext sowie Unternehmenszweck (Purpose) hier als Ordnungselement verwendet[37]. Auch wenn nicht alle Dimensionen detailliert ausgeführt werden können und kein Anspruch auf Vollständigkeit erhoben werden sollte, wird anhand dieser Strukturierung gezeigt, an welchen Stellen Nachhaltigkeitsüberlegungen von besonders großer

---

[37] Vgl. De Wit, B. / Meyer, R. (2010), S.12 sowie S.14 unter Einbindung des ökologischen Kontexts

Bedeutung sind. Der Strategiekontext wird hierfür um die Dimension ökologischer Kontext erweitert.

Auch wenn im Folgenden die Themen nacheinander beschrieben werden, ist zu beachten, dass diese keine separaten Teile der Strategie darstellen, sondern nur unterscheidbare Dimensionen. D.h. jede strategische Herausforderung umfasst alle drei Strategiedimensionen.

Abb. 3-1: Überblick der strategischen Dimensionen[38]

3.4 Organisationszweck und Nachhaltigkeit

Bevor eine Reise geplant wird, ist es notwendig das Reiseziel zu bestimmen. Dies ist insbesondere dann erforderlich, wenn sich mehrere Personen auf den Weg machen. Ähnlich verhält es sich bei einer Organisation. Vor Gründung einer Organisation sollten sich die Beteiligten darüber verständigen, was sie erreichen wollen und weshalb eine Organisation existiert. Bei bestehenden Unternehmen sollte von Zeit zu Zeit überprüft werden, ob der ursprüngliche Or-

---

[38] Eigene Darstellung in Anlehnung an De Wit, B. / Meyer, R. (2010), S. 12 sowie S. 14 unter Einbindung des ökologischen Kontexts

ganisationszweck noch Gültigkeit hat und Zustimmung seitens wichtiger Akteure (Mitarbeiter, Unternehmensleitung, Abnehmer, Eigentümer …) erhält.

Teilweise wird dies auch als normative Ebene der Unternehmensführung bezeichnet. Je nach Formalisierungsgrad der Organisation wird hierzu ein Unter-
nehmensleitbild, Vision oder Mission Statement erarbeitet oder von der Unternehmensleitung gegenüber den Beteiligten innerhalb und außerhalb der Organisation verbal kommuniziert. Nach einigen Jahren wird ein solches Statement auf
den Prüfstand gestellt und ggf. aktualisiert.

Klassische Strategiebücher stellen den Shareholder-Value-Ansatz (Wertbildung
für den Eigentümer) sowie den Stakeholder-Ansatz (Ausgleich zwischen den
Zielen verschiedener Interessensgruppen) als Extrempositionen einander ge-
genüber.[39] Aus Nachhaltigkeitsüberlegungen ist hier jedoch der bereits in der
Einführung von Sailer beschriebene Ausgleich der Triple Bottom Line für das
Unternehmen zu adressieren.

Methodisch kann der Stakeholder-Ansatz von Freeman und Reed[40] für die Ermittlung der Umwelt-Situation verwendet werden. Dieser Ansatz wird jedoch
häufig dafür kritisiert, dass er zu suboptimalen Kompromissen führt. Eine wirklich nachhaltige Unternehmenszielsetzung geht jedoch über eine Kompromiss-
lösung im Rahmen des Stakeholder-Verfahrens hinaus. Es wird versucht das
Unternehmen so auszurichten, dass es langfristig erfolgreich für zentrale Interessensgruppen wie etwa Mitarbeiter, Kunden, Anteilseigner und Lieferanten
agiert und dabei so auf die ökologische Umwelt einwirkt, dass dies langfristig
möglich ist.

Bei einem nachhaltig ausgerichteten Unternehmen rücken die drei Zieldimensionen der Nachhaltigkeit im Sinne der Triple Bottom Line in den Vordergrund.
Ökonomische, ökologische und soziale (bzw. z.T. auch sozio-kulturell genannte)
Ziele in Einklang zu bringen, wird als Zielsystem auf der obersten Ebene verstanden. Uneinigkeit herrscht jedoch darüber, wie diese Ziele erreicht werden
können und in welchem Verhältnis diese zueinander stehen, d.h. wie hoch die
ökonomischen Ziele sein sollen und wie stark evtl. ökologische Auswirkungen
zu verhindern sind.[41]

Einen Schritt weiter gehen die Überlegungen von William McDonough und
Michael Braungart im Ansatz der Triple Top Line. Anstelle des Ausbalancierens

---

[39] Siehe hierzu z.B. Bea, F./ Haas, J. (2013) S. 82 ff. sowie S.112 ff.

[40] Vgl. Freeman, E. /Reed, D. (1982)

[41] Vgl. Belz, M./Peattie, K. (2012), S. 129-132

der drei Dimensionen wird bereits auf der Ebene der Planung, dem „Design" des Produktes und des Prozesses überlegt, wie durch intelligentes Design Wert und Geschäftschancen geschaffen werden können. Dies wird als Triple Top Line-Wachstum bezeichnet. Praktisch durchgeführt wird dies unter Verwendung eines sog. „fraktalen Dreiecks" (fractal Triangle) mit den Dimensionen Ökologie, Ökonomie und Soziales (hier Equity genannt). [42]

Bereits bei dem Entwurfsprozess wird überlegt, wie Wohlstand geschaffen, die Gemeinschaft gefördert und die Gesundheit von natürlichen Spezies verbessert werden können. Bei der Entwurfs-Planung werden nach und nach die Dreiecke sowie deren Interaktion betrachtet, um die geeigneten Ziele und Ansätze hierfür zu finden[43].

Inhaltlich kann der Organisationszweck je nach Art der Organisation sehr unterschiedlich ausgeprägt sein. In einem Kontinuum von konventioneller Unternehmensführung mit ersten nachhaltigen Ansätzen (z.B. Familienunternehmen mit Nachhaltigkeit in den Bereichen Ökonomie und Soziales im Sinne einer intensiven Mitarbeiterbindung) über ein nachhaltig ausgerichtetes Unternehmen bis hin zu einem Unternehmen, das mit dem primären Zweck gegründet wurde, um ein soziokulturelles und/oder ökologisches Problem im Bereich der Nachhaltigkeit zu lösen. Ein traditionelles Non-Profit-Unternehmen bildet den Gegenpol zum traditionell gewinnorientierten Unternehmen.

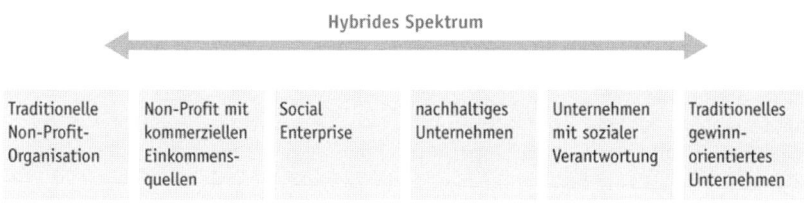

Abb. 3-2: Spektrum der hybriden organisatorischen Zielsetzungen nach Kim Alter, eigene Übersetzung[44]

---

[42] Vgl. McDonough, W./ Braungart, M. (2013) http://www.McDonough.com/speaking-writing/design-for-the-triple-top-line/

[43] Vgl. McDonough, W./ Braungart, M. (2013) http://www.McDonough.com/speaking-writing/design-for-the-triple-top-line/

[44] Eigene Darstellung und Übersetzung nach Alter, K. http://www.4lenses.org/setypology/print

Als **Beispiel** für ein nachhaltiges (oder sozial verantwortliches) Unternehmen kann Patagonia genannt werden. Beispiele für Social Enterprises finden sich bei Nobelpreisträger Muhammad Yunus, der mehrere Social Businesses gegründet hat. [45]

Insgesamt stellt sich die Frage, auf welchem Weg eine Organisation mit Nachhaltigkeitsthemen konfrontiert wird und in welcher Dimension hier der Schwerpunkt liegt. Abb. 3-3. zeigt die beiden Dimensionen ethisch-moralische und wirtschaftlich-strategische Motive auf. Während die beiden vereinfacht als „Selbstständige" (im Englischen „self employers") und „Opportunisten" bezeichneten Gruppen mit geringen ethisch-moralischen Motiven für Nachhaltigkeitsstrategien von geringerer Bedeutung sind, sollen die oberen beiden Ausprägungen der Abbildung genauer betrachtet werden. Ausgangspunkt für eine besonders pro-aktive nachhaltige Unternehmensführung kann ein Manager mit besonderer Überzeugung sein. Dies ist häufig ein Unternehmer der eine andere Art von Unternehmen gründet.

Abb. 3-3: Vier Arten der Nachhaltigkeitsvermarkter. Eigene Übersetzung nach Belz und Peattie[46].

---

[45] Vgl. Yunus, M. (2011), S.95 ff.
[46] Vgl. Belz, M./Peattie, K. (2012), S. 127

> **Beispielsweise** wurde das Unternehmen Bodyshop von der für Umweltthemen engagierten Annita Roddick gegründet, die somit der Gruppe der „Weltverbesserer" zugeordnet werden kann. Claus Hipp, der Eigentümer des Babynahrungsmittelherstellers Hipp, kann eher als „ethischer Stratege" bezeichnet werden, der die Triple Bottom Line zum Ausgleich bringen möchte, um seinen christlich-ethischen Prinzipien gerecht zu werden und den langfristigen Erfolg des Familienunternehmen zu sichern. [47]

3

Ausgehend von der jeweiligen Zielsetzung der Organisation entsteht eine besondere Art des strategischen Denkens, wie im folgenden Kapitel genauer erläutert wird.

3.5 Strategieprozess

Die Art, wie eine Strategie entsteht, kann als Strategieprozess bezeichnet werden. Typische Fragen in diesem Zusammenhang sind „wie", „wer" und „wann".[48]

Der Strategieprozess kann in die drei Bereiche Strategisches Denken, Strategieentwicklung sowie Veränderungsmanagement (Change Management) unterteilt werden.

3.5.1 Strategisches Denken

Beim Strategischen Denken ist von besonderer Bedeutung, dass sich die mit der Strategiebildung betrauten Personen ihrer Limitationen und möglichen Fehlwahrnehmungen bewusst machen. Dies spielt auch für die Nachhaltigkeit eine wichtige Rolle. Besonders interessant ist hierbei das Denkmodell des Strategen, also die Annahmen, wie die Welt funktioniert und welche Kausalitäten vorliegen. Diese auch als „Mental Model" bezeichnete eigentlich nützliche Eigenschaft, die dem Menschen im Alltag hilft sich zurechtzufinden ohne in jeder Situation alles in Frage zu stellen, birgt die Gefahr, dass der Stratege in die Irre geführt wird. Dies umso mehr, da solche „Cognitive Maps" häufig auf Erfahrungswissen basieren, das zum großen Teil unbewusst intuitiv als mentales Modell angewendet wird. Diese Situationseinschätzung entsteht nicht unabhängig, sondern in Interaktion mit anderen. Menschen entwickeln ein gemeinsames Verständnis der Welt durch Interaktion mit einer Gruppe über eine längere Zeit.

---

[47] Vgl. Belz, M./Peattie, K. (2012), S. 128
[48] Vgl. De Wit, B. /Meyer, R. (2010a), S. 5

Ein solches Weltverständnis kann in kleineren Gruppen, aber auch auf der Ebene einer ganzen Branche oder Nation entstehen.[49]

Beispiele

Besonders deutlich werden Unterschiede im Verständnis darüber, wie die Welt funktioniert, wenn ein fremdes Land mit einer anderen Kultur besucht wird und man sich mit den Menschen unterhält. So unterscheidet sich z.b. das Weltverständnis der Bürger in den Vereinigten Staaten und des Irans teilweise deutlich. Aber auch Länder innerhalb eines Kulturraumes zeigen starke Unterschiede auf, wie das Beispiel der Einstellungen zur Nutzung der Atomkraft zeigt, die innerhalb der Europäischen Union deutlich variieren. Ähnliche Unterschiede können auch zwischen Branchen festgestellt werden, z.b. zwischen konventioneller Energiewirtschaft und Erneuerbaren Energien sowie von Bio-Landwirtschaft und konventioneller Landwirtschaft.

Bezogen auf das Thema Nachhaltigkeit ist von Bedeutung, wie der Zusammenhang zwischen den drei Bereichen Ökonomie, Ökologie und Sozio-Kulturelles verstanden wird und mit welcher Motivation und Grundverständnis das Unternehmen sich mit Nachhaltigkeit beschäftigt.

Strategie beginnt mit der Definition der Ziele auf den verschiedenen Ebenen. Neben der zum Teil in der Literatur kontrovers diskutierten Notwendigkeit einer Vision[50] herrscht Einigkeit über die Vorteile eines starken Unternehmensleitbildes, einer Mission, die den Zweck der Organisation innerhalb der Gesellschaft definiert.

An dieser Stelle wird davon ausgegangen, dass eine Nachhaltigkeitsstrategie die Zieldimensionen der Triple Bottom Line verfolgt und auf eine grundsätzlichere Betrachtung verzichtet[51]. Weiter konkretisiert werden kann dies mit den Prinzipien der Effizienz (Steigerung der Produktivität zur Reduzierung des Ressourceneinsatzes), Suffizienz (sparsame Konsumstile) und Konsistenz (Prinzipien der Natur und Abläufe der Biosphäre übernehmen, Kreislaufwirtschaft).[52]

---

[49] Vgl. De Wit, B. /Meyer, R. (2010a), S. 57-59

[50] Siehe hierzu insbesondere Malik, F. (2008)

[51] Eine umfangreiche Auseinandersetzung zu Nachhaltigkeitszielen findet sich bei dem von Pies, Beckmann und Hielscher entwickelten ordonomischen Konzept für strategisches Management, vgl. Pies, I./Beckmann, M./Hielscher, S. (2012), S. 325-341.

[52] Vgl. Pufé, I. (2012), S. 123-126

3.5.2 Strategieentwicklung

Klassische Schritte der Strategieentwicklung sind zunächst die Festlegung der Zielhierarchie gefolgt von Umweltanalyse (Chancen und Risiken) sowie die Bewertung der Unternehmenssituation (Stärken und Schwächen). Hierauf aufbauend können dann Strategieoptionen entwickelt, bewertet und in Hinblick auf die angestrebte Zielsetzung ausgewählt werden. Die darauf folgende Umsetzung und Bewertung des Erfolgs (Strategiecontrolling) wird häufig bereits als separater Bereich unter dem Themengebiet des Change Management bzw. des Controllings betrachtet[53].

Ein strategisches Nachhaltigkeitsmanagement definiert in besonderer Weise die Unternehmensziele unter Berücksichtigung der Nachhaltigkeitsdimensionen. Die Betrachtung der Unternehmensumwelt erfolgt langfristig und ganzheitlich unter Spiegelung der spezifischen Unternehmenssituation.

> Als **Beispiel** für eine solche Betrachtung kann die von KPMG herausgegebene Studie der zehn „Global Sustainability Megaforces" genannt werden. In kompakter Form werden hier globale Entwicklungen aufgezeigt, die sich in unterschiedlichem Umfang auf Unternehmen und Branchen auswirken werden.[54]

Diese Umweltentwicklungen können dann in einem weiteren Schritt den Stärken und Schwächen eines Unternehmens gegenübergestellt werden, um zu erkennen, wie sich das Unternehmen im spezifischen Wettbewerbsumfeld behauptet.

Von besonderer Bedeutung bei der Ermittlung der Unternehmensumwelt ist die Frage des Bewusstseins für Nachhaltigkeit bei den verschiedenen Stakeholdern. Dies gilt in besonderem Maße für die Stakeholder-Gruppen Abnehmer, Kapitaleigner, Mitarbeiter und Management. Eine gründliche und umfassende Bewertung der aktuellen Situation sowie deren Entwicklungsrichtung in den nächsten Jahren bilden die Grundlage für die Erfolgsbewertung der verschiedenen Strategieoptionen. Wenn beispielsweise die Abnehmer der Unternehmensleistung nur geringes Bewusstsein für die Aspekte der Nachhaltigkeit aufzeigen, ist zu prüfen, ob dadurch ein Wettbewerbsnachteil entsteht und wie sich dieses Bewusstsein in der Zukunft entwickeln wird.

---

[53] Siehe hierzu z.B. Bea, F./ Haas, J. (2013), S. 57

[54] Vgl. KPMG, De Boer, Y. et. al. (2012)

Ein weiterer wichtiger Aspekt ist die erwartete Verhaltensweise der relevanten Mitbewerber. Wie stark sich ein Unternehmen an den Regeln der jeweiligen Branche orientieren bzw. hier eine Branchenführerschaft übernimmt und einen eigenen Weg gehen kann, wird in der Managementtheorie kontrovers diskutiert und hängt in der praktischen Anwendung stark von der spezifischen Unternehmenssituation ab. Einflussfaktoren zur Beschreibung der Situation sind hier z.B. die Kundennähe des Unternehmens innerhalb des Wertschöpfungsprozesses, Unternehmensgröße und relativer Marktanteil im relevanten Markt sowie Aufmerksamkeit der Konsumenten (low-interest- vs. high-interest-Produkte).

Innerhalb der jeweiligen Branche stellt sich die Frage, ob das Thema Nachhaltigkeit angeführt wird, ob dies gemeinsam angegangen wird oder ob das Unternehmen eher auf den Wettbewerb reagiert.

Im Prozess der Strategieentwicklung können aus dem Nachhaltigkeitsmanagement innovative Ansätze verwendet werden, die von den klassischen Strategieansätzen abweichen. Im Folgenden werden drei Ansätze beispielhaft aufgezeigt.

1. Cradle to Cradle Re-Design des Produktangebots

Nach dem von William Mc Donough und Michael Braungart im Jahre 2002 erstmalig veröffentlichten → Cradle to Cradle-Ansatz („von der Wiege zur Wiege") werden Leistungsangebote so entworfen, dass sie den Anspruch der Öko-Effektivität („Eco-Effectiveness") möglichst gut erfüllen. Anstelle der klassischen Lebenszyklusanalyse von Cradle to Grave („von der Wiege bis zur Bahre") tritt eine strategische Ausrichtung auf ein Leistungsangebot, das den Prinzipien einer Kreislaufwirtschaft gerecht wird.

Basierend auf einer eingehenden Beschäftigung mit den verwendeten Materialien und deren Eigenschaften kommen die Verfasser zum Ergebnis, dass Materialien in drei Kategorien zu unterteilen und dementsprechend unterschiedlich einzusetzen sind: Biologische Metabolismen („Bio-Sphäre") sind dafür geeignet und vorgesehen, den biologischen Stoffkreislauf zu durchlaufen und nach der Nutzung wieder zu einem Nährstoff zersetzt zu werden. Die zweite Kategorie werden als technische Metabolismen („Techno-Sphäre") bezeichnet, die endlich und daher zu wertvoll sind, um diese zu vernichten. Diese Materialien sollen nach dem Abbau als natürliche Rohstoffe so verwendet und recycled werden, dass sie für eine weitere, langfristige industrielle Nutzung zur Verfügung stehen. Werden diese Aspekte nicht beachtet bzw. nur unzureichend umgesetzt, bestehen Grenzen für die Organisation.

Eine dritte Stoffkategorie, die „toxischen Produkte" sollten möglichst vermieden werden, da diese den Organismen nur Schaden zufügen und eine

Durchmischung mit den beiden anderen Materialarten die weitere Verwendung im Stoffkreislauf verhindern. Sie machen die Stoffe nicht mehr vermarktbar und unbrauchbar für die meisten Anwendungen. [55]

2. **Beachtung des Resilienzprinzips (Resilience)**

Der Resilienz-Begriff („resilire" bedeutet „zurückspringen" oder „abprallen") stammt ursprünglich aus der Physik und bedeutet so viel wie „in seinen ursprünglichen Zustand zurückkehren", wobei damit die Eigenschaften von Materialien beschrieben werden, elastisch und flexibel auf äußere Einwirkungen zu reagieren und dabei dennoch ihre Form zu bewahren. In der Biologie wird dieser Begriff ähnlich verwendet, wobei hier die Überlebensfähigkeit eines Systems beschrieben wird, das Störungen ausgesetzt ist. Für eine Übertragung auf die Unternehmensstrategie ist bei biologischen Systemen interessant, dass diese auf den Prinzipien der Diversität, Modularität, direkten Rückmeldung, engen soziale Netzwerken, Redundanz und Flexibilität aufgebaut sind[56].

Übertragen auf die Strategielehre können solche Charakteristiken eher bei einer nach der Portfolio-Theorie geführten Organisation festgestellt werden als bei einer Organisation, die dem Prinzip der Konzentration auf Kerngeschäftsaktivitäten folgt.

3. **Shared Value-Ansatz**

Der Shared Value-Ansatz („gemeinsamer Mehrwert für Unternehmen und Gesellschaft") von Michael Porter und Mark Kramer sucht nach einem Weg zur Überwindung von Abwägungsentscheidungen im Sinne von Trade-Offs. Dies kann nach dem Ansatz über drei Möglichkeiten erreicht werden, wobei jeder Bereich neue Chancen in den anderen beiden Bereichen entstehen lässt: [57]

a) Neue Betrachtung von Produkten und Märkten mit dem Ziel der Erreichung von gemeinsamem Mehrwert und Entdeckung neuer Marktchancen. Als Beispiele werden hier u.a. Gesundheit, Hilfe für Ältere sowie Reduzierung der Schäden in der ökologischen Umwelt genannt

b) Neubewertung der Produktivität der Wertschöpfung. Themen wie Energienutzung und Logistik, Ressourcennutzung, Beschaffung, Distribution,

---

[55] Vgl. Braungart, M. /McDonough, W. (2009), S. 102 ff.

[56] Vgl. Edwards, A. (2010), S. 157-158

[57] Vgl. Porter, M./ Kramer, M. (2011), S. 7-12

Mitarbeiterproduktivität sowie Standortwahl werden hier in Hinblick auf Shared Value neu betrachtet.

c) Aufbau lokaler Cluster zur Verbesserung der Wettbewerbsfähigkeit, Innovationsfähigkeit und Produktivität.

Auch wenn die Autoren sich von dem Begriff der Nachhaltigkeit abgrenzen und mit dem Shared Value eine eigene Begrifflichkeit prägen[58], kann das Konzept als Ansatz zur Realisierung von Nachhaltigkeitsstrategien genutzt werden, da die Konzepte eine große inhaltliche Nähe aufweisen. Deutlicher wird die Abgrenzung seitens Porter und Kramer gegenüber dem Ansatz der Corporate Social Responsibility.

Das Konzept des Shared Value wird aktuell in der wissenschaftlichen Diskussion noch kritisch reflektiert und befindet sich noch in einer Konkretisierungsphase auf dem Weg zu einer möglichen allgemeinen Gültigkeit in der Zukunft. Erfolgreiche Einzelbeispiele verschiedener Unternehmen inspirieren in der Zwischenzeit zur Prüfung der Anwendbarkeit in der spezifischen Situation des Unternehmens. [59]

Beispiel

Wie Konsumenten im Rahmen einer Netzwerkstrategie als aktive Cradle-to-Cradle-Partner für das Unternehmen gewonnen werden können, beschreibt Peter Lacy, Nachhaltigkeitsgeschäftsführer der Unternehmensberatung Accenture: Ausgehend von der Erkenntnis, dass 80 Prozent eines Schuhs im Durchschnitt wieder verwertbar sind und nicht in den Müll gehören sollten diese im Tausch für ein neues Paar zum Hersteller zurückgeschickt werden. Kunden sollten wie bei einem Abonnement eine jährliche Servicegebühr bezahlen, die höher als ein Paar Schuhe liegt, aber unter dem Preis für zwei Paare. Beide Seiten profitieren, der Kunde hat nicht unnötig alte Schuhe im Schrank, der Hersteller erzielt Kundenbindung und Rohstoffersparnis. „Wir sollten Schuhe nicht mehr als Produkt sehen, sondern als Dienstleistung."[60]

---

[58] Vgl. Porter, M./ Kramer, M. (2011), S. 4

[59] Zur kritischen Reflektion siehe z.B. Reisach, U. (2012) http://blog.insm.de/2193-shared-value-die-neuerfindung-des-kapitalismus/

[60] Peter Lacy (2013), S. 21

3.5.3   Strategieimplementierung / Strategic Change

Im Rahmen der Strategieimplementierung stellt sich die Frage, ob der Veränderungsprozess eher evolutionär kontinuierlich oder revolutionär diskontinuierlich ist. Gerade bei der Einführung einer Nachhaltigkeitsstrategie kann es erforderlich sein, radikal umzudenken, um den Anforderungen einer Triple Bottom Line gerecht zu werden. Alle Beteiligten in der Leistungskette sind somit gefordert, gewohnte Verhaltensweisen umzustellen.

Sind diese grundlegenden Veränderungen eingeleitet, passen die Nachhaltigkeitsprinzipien eher zu dem Konzept der evolutionär kontinuierlichen und permanenten Veränderung als dem radikal revolutionären Ansatz. So können z.B. Effizienzvorteile durch kontinuierliche Optimierung der Lösungsansätze im Sinne eines der kontinuierlichen Verbesserung gewidmeten Kaizen[61] erreicht werden.

Nachhaltigkeits-Themen durchlaufen einen Aufmerksamkeits-Lebenszyklus von der Vor-Problemphase, der Entdeckung und Enthusiasmus, über die Lösungsphase mit höchster Aufmerksamkeit, zur Phase der nachlassenden Aufmerksamkeit bis hin zur stabilen Nachproblemphase, in der das Thema eine mittlere Aufmerksamkeit genießt[62]. Diese Beobachtung ist von großer Bedeutung für das Timing der Umsetzung einer Nachhaltigkeitsstrategie. Eine vorausschauende Unternehmensführung beschäftigt sich bereits in der Vor-Problemphase mit Nachhaltigkeitsthemen, um angemessen darauf vorbereitet zu sein, wenn das Thema öffentliche und politische Aufmerksamkeit erlangt und das Unternehmen hierzu Stellung beziehen sollte.

3.6   Strategieinhalt

Eine weitere wichtige Dimension der Strategie ist die Inhaltsdimension, die als das Ergebnis oder Output des Strategieprozesses beschrieben werden kann. In diesem Zusammenhang werden Fragen nach dem „was" gestellt: Was ist und was sollte die Strategie für das Unternehmen und seine Geschäftsbereiche sein.[63] Die Inhaltsdimension kann in die drei wesentlichen Ebenen **Geschäftsbereich, Unternehmen** und **Netzwerk** strukturiert werden und auf jeder Ebene sind spezifische Fragestellungen zu beantworten.

---

[61] Vgl. De Wit, B. /Meyer, R. (2010a), S. 195

[62] Vgl. Belz, M./Peattie, K. (2012), S. 148-149

[63] Vgl. De Wit, B. /Meyer, R. (2010a), S. 5

3.6.1 Ebene der Geschäftsbereichsstrategie

Auf der Ebene des Geschäftsbereichs entfaltet sich die Fragestellung der geeigneten Wettbewerbsstrategie zum langfristigen Erfolg des Unternehmens in Verbindung mit der (Wettbewerbs-)Positionierung. Neben den klassischen stark wettbewerbsorientierten Strategie-Ansätzen von Michael Porter der Differenzierung, Kostenführerschaft und Nische[64] verfolgen neuere Ansätze das Ziel der Schaffung einer neuen, einzigartigen Nutzenkurve[65].

Nun stellt sich die Frage, ob eine dieser drei Ansätze für Nachhaltigkeitsstrategien besonders geeignet oder ungeeignet ist. Insbesondere die Ansätze der Differenzierung sowie der Nische bieten eine sehr interessante Basis für eine langfristig erfolgreiche Nachhaltigkeitsstrategie. Viele Unternehmen konzentrieren sich zunächst auf die Nische der Konsumenten mit starkem Bewusstsein für ökologische und soziale Themen (z.B. die Gruppe der LOHAS, Lifestyle of Health and Sustainability).

Für eine erfolgreiche Nachhaltigkeitsstrategie ist es wichtig, die Verantwortlichen auf Geschäftsbereichsebene von dem Nachhaltigkeitsansatz zu überzeugen und dafür zu gewinnen, damit diese ein nachhaltiges Geschäftsmodell für die wertschöpfenden Kernaktivitäten ihres Geschäftsbereichs entwickeln. Wenn dies nicht gelingt, läuft die Strategie Gefahr, dass das Thema Nachhaltigkeit nur als weitere, von oben oder außen vorgegebene Rahmenbedingung verstanden wird, zu dessen Regelwerk Befolgung („Compliance") sicherzustellen ist und nur in geringem Maße Werte für Kunden, Unternehmen und Gesellschaft geschaffen werden. In der Literatur wird in diesem Zusammenhang häufig auf die Unterscheidung zwischen → Corporate Social Responsibility und Nachhaltigkeit hingewiesen und der Standpunkt vertreten, dass sich der Nachhaltigkeitsansatz stärker mit den Änderungen für das Kerngeschäft auseinandersetzt[66].

Auf der Geschäftsbereichsebene werden die Entscheidungen über die Ausrichtung des Kerngeschäfts, der Kernprozesse sowie der Geschäftsmodelle des Unternehmens entschieden. Durch eine nachhaltige Ausrichtung dieser Aspekte kann vermieden werden, dass die Nachhaltigkeitsberichterstattung ein oberflächliches „Green Washing" betreibt und erreicht werden, dass die Wertschöpfung des Unternehmens nachhaltig wird. Auf dieser Ebene werden anschließend für die einzelnen funktionalen Bereiche wie z.B. das Marketing, die Finanzen,

---

[64] Vgl. Porter, M. (1985)

[65] Vgl. Kim, C./Maubourgne, R. (2005): Blue Ocean Strategy

[66] Vgl. Cohen, E. /Taylor, S./ Muller-Camen, M. (2012), S. 3

Personal und Beschaffung die Strategien definiert. Da auch bei einer nachhaltigen Unternehmensführung die Kundenorientierung eine große Rolle für den Unternehmenserfolg spielt, wird exemplarisch die Vorgehensweise für eine Nachhaltigkeits-Marketing-Strategie aufgezeigt.

Nach dem Ansatz von Belz und Peattie[67] wird eine solche Strategie in fünf wesentlichen Schritten entwickelt:

1. Screening von Nachhaltigkeits-Themen und Akteuren
2. Segmentierung von Nachhaltigkeitsmärkten
3. Einführung von Nachhaltigkeitsinnovationen
4. Positionierung nachhaltiger Produkte
5. Partnerschaften mit Nachhaltigkeits-Stakeholdern schließen

Auch wenn der Schwerpunkt auf marketingrelevante Fragestellungen gelegt ist und für eine Geschäftsbereichsstrategie noch weitere Aspekte zu betrachten sind, spielt die Positionierung des Gesamtunternehmens bzw. des Geschäftsbereichs eine zentrale Rolle bei der Umsetzung einer Nachhaltigkeitsstrategie.

3.6.2   Ebene der Unternehmensstrategie

Hier stellt sich zunächst die Frage, ob ein Unternehmen in verschiedenen Bereichen unterschiedlich nachhaltig sein darf oder ob dies zu Reputationskonflikten führt. Zur Vermeidung kultureller, interner Konflikte sollte die Geschäftsführung des Gesamtunternehmens ethische und kulturelle Werte vorgeben.

Bei einer Neugründung mit nachhaltigen Unternehmenszielen und einer auf Nachhaltigkeit ausgerichteten Unternehmensstrategie ist diese Herausforderung einfacher zu handhaben als bei einer Organisation, die viele Jahre eine reine Gewinnorientierung verfolgt hat und große Teile des Umsatzes von Bereichen mit einer traditionellen Orientierung abhängig sind.

> Als **Beispiel** kann hier ein Schokoladehersteller herangezogen werden, der einen zwar wachsenden, aber immer noch relativ geringen Umsatzanteil mit dem auf Nachhaltigkeit ausgerichteten Geschäftsbereich Bioschokolade erzielt.

---

[67] Vgl. Belz, M./ Peattie, K. (2012), S. 147 ff..

Auf der Unternehmensebene werden des Weiteren Synergieeffekte zwischen einzelnen Geschäftsbereichen gesucht. Diese können neben Kosteneinsparungen auch zu Effektivitäts- und Effizienzsteigerungen führen, die zur Erreichung von Nachhaltigkeitszielen in allen drei Bereichen beitragen. Die gewonnenen Synergieeffekte können sich jedoch potentiell kritisch auf die soziale Dimension der Nachhaltigkeit auswirken, da Synergie auch bedeuten kann, mit weniger Mitarbeitern dieselbe oder eine höhere Leistung zu erzielen. Sich solchen Effizienzvorteilen zu verschließen könnte jedoch für ein Unternehmen mittelfristig zur Gefährdung der Existenz führen und widerspricht somit der Ausrichtung auf eine ökonomische Nachhaltigkeit. Durch Synergien freiwerdende Ressourcen sollten entsprechend neuen Aufgaben innerhalb oder außerhalb der Organisation zugeführt werden.

In der Umsetzung der Nachhaltigkeit können bestimmte von vielen Geschäftsbereichen benötigte Unterstützungsaktivitäten zentral bereitgestellt werden und durch Hebel- und Skaleneffekte Synergien erreicht werden.

Ein wichtiger Aspekt der Strategie auf Unternehmensebene ist die Fragestellung des Risikomanagements und Risikoausgleichs zwischen den Geschäftsbereichen. Die aus der Portfolio-Theorie bekannten Ansätze ergeben im Rahmen des Konzeptes der Resilienz eine neue Bedeutung. Der von Strategieforschern in den letzten Jahrzehnten propagierte Ansatz der Fokussierung auf das Kerngeschäft[68] kann im biologischen Kontext der Nachhaltigkeitsüberlegungen als Mono-Kultur kritisch hinterfragt werden. Wie bereits bei der Strategieentwicklung beschrieben, verfügen resiliente Systeme u.a. über Eigenschaften wie Diversität und Redundanz, modulare Komponenten und Flexibilität.[69] Diese Charakteristiken entsprechen eher einer nach der Portfolio-Theorie geführten vielfältig aufgestellten Organisation als einer eng auf Kernaktivitäten ausgerichteten Organisation.

3.6.3   Ebene der Netzwerkstrategie

Auf der Ebene des Netzwerks stellt sich die grundsätzliche Frage, ob und in welcher Intensität ein Unternehmen bereit ist, mit anderen Organisationen zusammenzuarbeiten. Besteht die Bereitschaft zur Zusammenarbeit ist zu definieren nach welchen Kriterien mögliche Partner ausgewählt werden und welche Erwartungen an das zukünftige Verhalten des Partners hieraus folgen.

---

[68] Siehe zu Kernkompetenzen Prahalad, C./ Hamel, G. (1990)
[69] Vgl. Edwards, A. (2010): S.158

Eine nachhaltig ausgerichtete Netzwerkstrategie verfolgt das Ziel der Zusammenarbeit mit Organisationen, die ähnliche Ziele der Nachhaltigkeit mit einer entsprechenden Strategie verfolgen. Dies ist insbesondere in Hinblick auf vor- und nachgelagerte Stufen der Wertschöpfung von besonderer Bedeutung, da hierdurch auch bei stark arbeitsteiligen Prozessen den Endabnehmern ein nachhaltiges Produkt angeboten werden kann. Verfolgt ein Unternehmen das Cradle-to-Cradle-Prinzip, sollte auch der Nutzer in diese Netzwerkstrategie hinsichtlich der Nutzung, Pflege, Wartung, Reparatur sowie Recycling des Produktes einbezogen werden.

3

Beispiel

Um die Besonderheiten eines nachhaltigen Angebots durchgängig verständlich zu machen, ist ein Interesse und Verständnis seitens der Partner entlang der Wertschöpfungskette erforderlich. Beispielsweise kann ein überzeugter und motivierter Mitarbeiter eines Bio-Supermarktes oder eines ausschließlich mit Bio-Produkten arbeitenden Restaurants die Vorteile eines nachhaltig erzeugten Bioproduktes besonders gut vermitteln. Eine unterhaltsame Übersteigerung dieses Prinzip stellt die amerikanischen Web-Comedy-Serie „Portlandia" in der Folge „In the Restaurant" dar, bei der sich Restaurantgäste bei der Kellnerin sehr detailliert über die Herkunft des Hähnchen-Fleisches informieren, um am Ende zu beschließen, den Erzeuger vor Ort zu besichtigen.[70]

3.7   Strategischer Kontext

Die Gruppe der Umfeld-Bedingungen, in denen der Strategieprozess sowie die Strategieinhalte festgelegt werden, wird als „Strategischer Kontext" bezeichnet. Als Frage formuliert, ist hier zu bestimmen, wo, in welchem Umfeld der Strategieprozess und -inhalt eingebettet sind.[71]

Nachhaltigkeits-Themen können entweder direkt oder indirekt auf das Unternehmen zukommen. Im direkten Fall wendet sich die Öffentlichkeit direkt an die Unternehmen, während im indirekten Fall der Weg über den politischen Entscheidungsprozess verläuft. Ein Beispiel für den indirekten Fall ist die Euro-

---

[70] Vgl. Brownstein, C. /Armisen, F. (2011)
[71] Vgl. De Wit, B. /Meyer, R. (2010a), S. 5

päische Verordnung zur Reduzierung der durchschnittlichen CO_2 Emissionen der Automobilhersteller.[72] Ein Beispiel für eine direkte Einflussnahme seitens der Öffentlichkeit sind die Proteste gegen den amerikanischen Sportartikelanbieter Nike im Kontext der unwürdigen Arbeitsbedingungen der Zulieferer-Produktionsbetriebe.[73]

Neben den klassisch betrachteten Kontextdimensionen der Organisation, Branche (Industrie) und des internationalen Kontexts kann in der nachhaltigen Betriebswirtschaft der Rahmen um die Dimension der ökologischen Umwelt erweitert werden.

3.7.1 Organisatorischer Kontext

Führungskräfte und Mitarbeiter bewegen sich in einem unternehmensspezifischen organisatorischen Kontext, bedingt durch Dimensionen wie z.B. Unternehmensgröße, Dauer der Existenz und Stabilität des Geschäftsmodells. Einige Strategieforscher vertreten daher die Ansicht, dass die Strategie der Organisation angepasst werden sollte („Strategy follows Organisation") und nicht umgekehrt („Organisation follows Strategy")[74]. Dies wirkt sich stark auf die Nachhaltigkeit einer Organisation aus.

Ein kleines Start-Up-Unternehmen kann bereits bei der Gründung auf die Prinzipien der Nachhaltigkeit ausgerichtet werden und eine pure Nachhaltigkeitsstrategie verfolgen. Hier wird u.a. von Social Entrepreneurship bzw. Social Innovation gesprochen, wenn Organisationen bereits mit dem Zweck der Lösung sozialer Probleme gegründet werden, die Gewinnabsicht von untergeordneter Bedeutung ist, keine Dividende ausbezahlt wird und Gewinn in neues Wachstum investiert wird.

Schwieriger wird diese Umstellung auf eine nachhaltige Unternehmensführung bei Unternehmen, die mittels einer traditionellen Gewinnorientierung eine entsprechende Größe erreicht haben. Einer zeitnahen und unternehmensweiten Veränderung stehen Investitionsentscheidungen mit langer Abschreibungsdauer, Verpflichtungen aus Lieferantenverträgen und Verantwortung für langjährige Mitarbeiter sowie Technologieentscheidungen aus vorherigen Perioden im Wege.

---

[72] Vgl. http://www.bmu.de/fileadmin/bmu-import/files/pdfs/allgemein/application/pdf/eu_verordnung_co2_emissionen_pkw.pdf

[73] Vgl. De Wit, B. /Meyer, R. (2010a), S. 946-953. Fallstudie zu Nike und University of Oregon

[74] Vgl. Bea, F./ Haas, J. (2013) S. 374 f.

Beispiele für Unternehmen in einem komplexen Umfeld und mit hohen Umstellungshemmnissen sind große Automobilunternehmen, die Milliarden Euro in Produktionsanlagen und Antriebssysteme investiert haben und tausende Mitarbeiter im In- und Ausland beschäftigen, wie Daimler, Volkswagen und BMW.

Beispiel

Bei großen Unternehmen wird entsprechend häufig eine Strategie verfolgt, dass ein neuer Unternehmensbereich geschaffen wird, der sich neuen nachhaltigkeitsorientierten Konzepten widmet. Siehe hierzu die Beispiele i3 und i8 für Fahrzeuge mit Elektroantrieb von BMW[75] und das Car-Sharing-Angebot Car2Go von Daimler[76]. Ähnlich ist das Engagement des Schokoladenanbieters Ritter Sport für Fair Trade Bioschokolade bei gleichzeitiger Weiterführung der klassischen Produktlinie zu werten[77]. Potentiell können hierbei jedoch kulturelle Konflikte zwischen den traditionellen und den nachhaltig orientierten Unternehmensbereichen entstehen, die in der Öffentlichkeit negativ wahrgenommen werden.

Andere große Unternehmen verfolgen den Ansatz, die gesamte Organisation in diesen Veränderungsprozess einzubinden. Sie gehen pro-aktiv mit der Aussage um, dass sie nicht in allen Bereichen perfekt sind, sondern sich in einem Jahre dauernden Entwicklungsprozess hin zu mehr Nachhaltigkeit befinden. Wichtig hierbei ist die Aufstellung klarer Etappenziele in Form von Meilensteinen und einem regelmäßigen Reporting des bereits Erreichten und Nichterreichten gegen diese Ziele. Beispielhaft kann der Sportartikelanbieter Adidas genannt werden, der die Nachhaltigkeitsstrategie als Fünfjahresplan im Sustainability-Report dokumentiert.[78]

3.7.2 Industriekontext

Die Ausprägung der Nachhaltigkeitsorientierung variiert in hohem Maße zwischen verschiedenen Branchen. Unabhängig vom aktuellen Status einer solchen Entwicklung stellt sich zunächst die strategische Frage, ob ein Unternehmen

---

[75] Vgl. BMW AG (2013)

[76] Vgl. Daimler AG (2013)

[77] Vgl. Ritter Sport (2013)

[78] Vgl. Adidas (2013): Adidas Sustainability Report 2012

sich nach den Branchenregeln ausrichten muss oder einen unternehmensspezifischen Weg gehen kann.[79] Ausgehend von der Annahme, dass Anbieter innerhalb einer Branche ähnliche Rahmenbedingungen und Regeln gerecht werden müssen, folgen die Fragen, ob eine Organisation eine führende Pionier-Rolle spielt (Industry Leadership Perspective) und eher offen oder verschlossen gegenüber Mitbewerbern ist.

Branchen unterscheiden sich teilweise deutlich in ihrem Nachhaltigkeitsbewusstsein. Wie dynamisch die Entwicklung der Nachhaltigkeitsdimensionen ist, hängt u.a. in hohem Maße von der Wertschöpfungsstufe ab. Branchenabhängige Markteintritts- und Marktaustrittsbarrieren können dazu führen, dass beispielsweise Handelsunternehmen flexibler auf nachhaltige Produktangebote umstellen können als Industrieunternehmen mit z.T. hohen Investitionen in materielle und immaterielle Ressourcen (Anlagegüter und Produktentwicklungen mit Patenten). Ähnlich verhält es sich auch mit Unternehmen, deren Tätigkeit im Bereich der Rohstoffgewinnung angesiedelt ist (Minenunternehmen, Bergwerkbetreiber, Öl- und Gasförderunternehmen etc.). Die Erschließung von Öl- und Gasfeldern ist eine langfristige Entscheidung.[80]

Unternehmen mit hoher Nachhaltigkeitsorientierung („Missionare") setzen auf positive Ausstrahlungseffekte einer „vorbildhaften Unternehmensstrategie" auf andere Marktteilnehmer derselben Wertschöpfungsstufe sowie vor- und nachgelagerter Wertschöpfungsstufen (Lieferanten und Abnehmer). Somit können z.T. auch kleinere Unternehmen einen Prozess auslösen, der sich auch auf größere Unternehmen auswirkt. Eine solche pro-aktive Unternehmensstrategie kann zu einem technologischen und prozessualen Vorsprung für den Pionier führen und Wettbewerber in Zugzwang bringen. Allerdings besteht wie auch bei Innovationen in anderen Bereichen die Gefahr, dass der Markt noch nicht reif ist für die Neuerung und potentielle Abnehmer nur wenig Interesse an einer Pionierleistung zeigen. Wettbewerber können dann aus den Fehlern des Pioniers lernen und mit einer bereits optimierten Lösung aufwarten.

Innerhalb der jeweiligen Branche stellt sich somit die Frage, ob das Thema Nachhaltigkeit angeführt, gemeinsam mit anderen Unternehmen angegangen wird oder ob das Unternehmen dem Wettbewerb folgt.

---

[79] Vgl. hierzu z.B. den Artikel von Baden-Fuller, C./ Stopford, J. (1992). Abdruck in: De Wit, B./Meyer, R. (2010), S. 403

[80] Einen guten Überblick zum Reifegrad der Nachhaltigkeitsaktivitäten je Branche gewährt z.B. eine KPMG-Studie: KPMG (2011)

3.7.3 Internationaler Kontext

Da sich Kapitel 5 von Carsten Herbes den internationalen Herausforderungen widmet, kann an dieser Stelle auf die dortigen Ausführungen verwiesen werden.

In Kurzform ist eine Nachhaltigkeitsstrategie davon abhängig, ob ein Unternehmen in unterschiedlichen Ländern beschafft, herstellt und absetzt. Das Bewusstsein für Nachhaltigkeit ist u.a. abhängig von der Landeskultur sowie dem materiellen Entwicklungsgrad und stellt Unternehmen vor die Frage nach einheitlichen Standards bei unterschiedlichen Marktgegebenheiten. In der Wirtschaftsethik wird hierbei zwischen Relativismus (regionenspezifische Anpassungen) und Normativismus (weltweit einheitliche Standards) unterschieden. [81]

3.7.4 Ökologischer Kontext

Unternehmen können den ökologischen Kontext als unveränderlich wahrnehmen oder von der Annahme geleitet sein, als Einzelunternehmen einen Einfluss auf die Ökologie zu haben. Wie intensiv die Interaktion zwischen der ökologischen Umwelt und dem Unternehmenserfolg ist bzw. wie dieser Zusammenhang von der Öffentlichkeit wahrgenommen wird, variiert sehr von Branche zu Branche. Einige Branchen werden von Politik und Öffentlichkeit eher als Verursacher von Umweltschäden („Verursacher", Minenunternehmen, Energieerzeuger, Fahrzeughersteller, Fluglinien) wahrgenommen. Veränderungen in der Umwelt können sich auch negativ auf den Geschäftsplan und das Geschäftsmodell auswirken („Betroffene", z.B. landwirtschaftliche, forstwirtschaftliche oder touristische Betriebe).

Auch wenn eine detaillierte Wirkungsanalyse zu anderen Ergebnissen kommt als die öffentliche Wahrnehmung und auch als Betroffene eingestufte Unternehmen zu den negativen Entwicklungen beigetragen haben, stehen die beiden Gruppen vor unterschiedlichen Herausforderungen. Die in der Öffentlichkeit als Verursacher eingestuften Unternehmen sind zu einem pro-aktiven Handeln aufgefordert, um einen langfristigen Reputationsschaden am Markt und in der allgemeinen Öffentlichkeit für das Unternehmen zu vermeiden. Die von den Veränderungen betroffenen Unternehmen sind in existenzieller Form dazu aufgefordert, sich mit dem ökologischen Kontext auseinanderzusetzen. Neben Aktivitäten zur Abwendung von negativen Umwelt-Entwicklungen sind diese Unternehmen auch gefordert, Alternativstrategien als Plan B oder C zu entwickeln, die ein Überleben der Organisation auch in einem negativen Umfeld sicherstellt.

---

[81] Vgl. Daniels, J. /Radebaugh, L./Sullivan, D. (2009), S.238

Beispiel

Tourismus-Unternehme bereiten sich darauf vor, dass zukünftig weniger natürlicher Schnee in den Alpen fallen wird. Die Betreiber alpiner Skigebiete stellen sich auf unterschiedliche Weise auf diese Veränderungen ein. Das Festhalten an den bisherigen Aktivitäten kann durch Abdecken der Gletscher mit schützenden Folien sowie durch Kunstschneeanlagen erreicht werden. Dies ist jedoch zumindest im letzteren Fall mit hohem Energieeinsatz, Schadstoff-Emissionen und Kosten verbunden und somit hinsichtlich der ökologischen und der ökonomischen Dimension wenig nachhaltig. Nachhaltiger wären eine Verlagerung des Tourismusangebots auf andere Aktivitäten wie z.B. Mountainbike-Abfahrten im Sommer und Schneeschuhwandern im Winter anstelle des alpinen Skibetriebs.

Auf den Punkt gebracht

Fragen der Nachhaltigkeit wirken auf vielfältige Weise in das strategische Management hinein. Auf dieser Ebene der Betrachtung des Themas entscheidet sich, ob eine Organisation Nachhaltigkeit ernsthaft, konsequent und langfristig verfolgt.

Durch die branchen- und unternehmensspezifische Kombination der drei Ziel-Dimensionen ökologisch, ökonomisch und sozial werden die Weichen für den zukünftigen Unternehmenserfolg gestellt. Eine unzureichende Berücksichtigung einer dieser Dimensionen kann sich zu einer existenziellen Gefährdung des Unternehmens entwickeln. Während hier bezogen auf den Zweck der Organisation die Ziele definiert werden, ist die an anderer Stelle betrachtete Messung des Erfolgs im Sinne eines integrierten Reportings eine wichtige Informationsquelle für die Strategieumsetzung sowie für die Weiterentwicklung der Nachhaltigkeitsstrategie.

Zur Erreichung dieser Ziele gilt es prozessual betrachtet analytisches strategisches Denken mit kreativem lateralem Denken zu verbinden, eine für die Unternehmenssituation geeignete Strategie zu erarbeiten und in konkrete Umsetzungsschritte zu überführen.

Inhaltlich betrachtet sind Strategiethemen auf allen Unternehmensebenen, von den Funktionen auf der Ebene der Geschäftsbereiche, der Gesamtunternehmensebene bis hin zur Ebene der Netzwerke in Hinblick auf die Nachhaltigkeit zu definieren. Inhaltlich ist die Geschäftsbereichsebene von besonderem Interesse, da sich hier zeigt, ob und in welchem Maße die Produktangebote des Unternehmens nachhaltig ausgerichtet sind.

Abb. 3-4 ergänzt zusammenfassend die eingangs dargestellten Dimensionen der Strategie um zentrale Nachhaltigkeitsaspekte auf den verschiedenen Ebenen der Dimensionen.

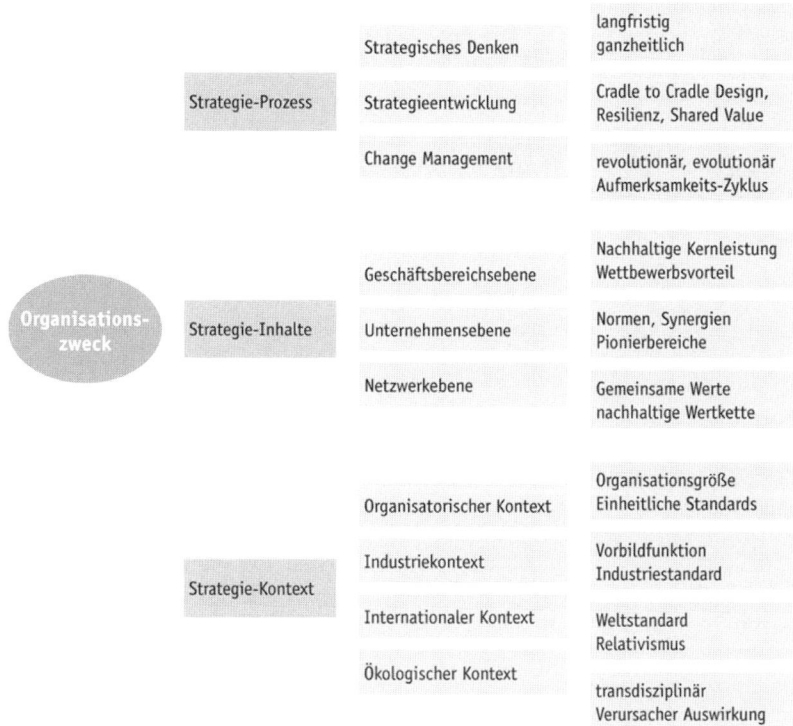

Abb. 3-4: Überblick der Strategischen Dimensionen sowie zentrale Nachhaltigkeitsaspekte[82]

---

[82] eigene Darstellung in Anlehnung an De Wit, B. / Meyer, R. (2010), S.12 sowie S.14 unter Einbindung des ökologischen Kontexts

Der auf strategischer Ebene betrachtete Kontext wird hier neben dem sonst verwendeten organisatorischen, Branchen- und internationalen Kontext um den ökologischen Kontext ergänzt. Dies würdigt das gewachsene Bewusstsein für die Bedeutung dieser Dimension für den mittel- bis langfristigen Erfolg eines Unternehmens. Die aus der Betrachtung des Industriekontext heraus bekannte Diskussion, ob die Regeln einer Branche unveränderlich sind oder durch pro-aktives Handeln von Unternehmen neue Rahmenbedingungen zu schaffen sind, sollte im Interesse der Nachhaltigkeit als grundsätzlich veränderlich betrachtet werden, auch wenn nicht immer vollständig alle Ziele erreicht werden können.

In der Konkretisierung der Strategiearbeit unter Nachhaltigkeitszielsetzungen ist noch viel Forschungsarbeit zu leisten, die nur im engen Wechselspiel zwischen Praxis und Wissenschaft sowie einer großen Offenheit zu anderen Disziplinen erfolgreich gelingen kann.

Literaturquellen

Adidas (2013): Adidas Sustainability Report 2012, http://www.adidas-group.com/ SER2012/downloads/adidas_SPR2012_full.pdf

Alter, K. (2013) http://www.4lenses.org/setypology/print

Baden-Fuller, C./ Stopford, J. (1992): „The Firm matters not the industry". Abdruck in: De Wit, B./Meyer, R. (2010), S. 403

Bea, F./Haas, J. (2013): Strategisches Management, 6. Auflage, Konstanz.

Belz, M./ Peattie, K. (2012): Sustainability Marketing, A Global Perspective, Second Edition, Chichester.

Bonini, S. (2012): McKinsey Global Survey Results, Capturing value from sustainability, Silicon Valley.

Vgl. http://www.bmu.de/fileadmin/bmu-import/files /pdfs/ allgemein/ application/ pdf/eu_verordnung_co2_emissionen_pkw.pdf

BMW AG (2013) (http://www.bmw-i.de/de_de/

Braungart, M. /McDonough, W. (2009): Cradle to Cradle, London.

Brownstein, C. /Armisen, F. (2011): Portlandia. Episode: In the Restaurant"

Cohen, E. /Taylor, S./ Muller-Camen, M. (2012): HRM's Role in Corporate Social and Environmental Sustainability. http://www.wfpma.com/sites/wfpma.com /files/CSR%20Report%20FINAL%202012.pdf

Daniels, J. /Radebaugh, L./Sullivan, D. (2009): International Business Environments and Operations. 12th edition, Upper Saddle River.

Daimler AG (2013) (http://www.daimler.com/technologie-und-innovation/ mobilitaetskonzepte/car2go

De Wit, B. /Meyer, R. (2010): Strategy Synthesis. 3rd edition, Andover.

De Wit, B. /Meyer, R. (2010a): Strategy: Process, Content, Context. 4th edition, Andover.

Edwards, A. (2010): Thriving beyond Sustainability, Gabriola Island.

Freeman, E. /Reed, D. (1982), Stockholders and stakeholders: A new perspective on corporate governance. Erschienen in California Management Review, Vol. 25, No.3, 1982.

Kim, C./Maubourgne, R. (2005): Blue Ocean Strategy, Boston.

KPMG (2011) KPMG International Survey of Corporate Responsibility Reporting 2011, www.kpmg.com

KPMG De Boer, Y. et. Al. (2012): Expect the Unexpected: Building Business Value in a changing world. www.kpmg.com

Lacy, P. (2013): Wirtschaftswoche Sonderheft Green Economy, 18.3.2013, S. 21.

Malik, F.: (2008) Die Richtige Corporate Governance. Frankfurt am Main.

McDonough, W./ Braungart, M. (2013) http://www.McDonough.com/speaking-writing/design-for-the-triple-top-line/

Pies, I./Beckmann, M./Hielscher, S. (2012), Nachhaltigkeit durch New Governance: Ein ordonomisches Konzept für strategisches Management. Die Betriebswirtschaft, Ausgabe 72 (2012), S. 325-341.

Porter, M. (1985): Competitive Strategy, Boston.

Porter, M./ Kramer, M. (2011), Creating Shared Value. How to reinvent capitalism – and unleash a wave of innovation and growth. Harvard Business Review, Jan-Feb. 2011, Reprint S. 1-17, Boston.

Prahalad, C.K. / Hamel, G. (1990): The Core Competence of the Corporation. Harvard Business Review, May-June 1990, Vol. 68.

Pufé, I. (2012): Nachhaltigkeit, Konstanz.

Reisach, U. (2012) http://blog.insm.de/2193-shared-value-die-neuerfindung-des-kapitalismus/

Ritter Sport (2013), http://www.ritter-sport.de

Walker, B./Salt, D. (2008): Resilience Thinking: sustaining ecosystems and people in a changing world, Washington.

Yunus, M. (2011): Building Social Business, New York.

4 Nachhaltiges Personalmanagement (NPM)

von Prof. Dr. Horst Blumenstock

Lernziele

Die Leser

- kennen die wesentlichen Herausforderungen eines zeitgemäßen Personalmanagements,
- sind mit den zentralen Gestaltungsparametern eines nachhaltigen Personalmanagements vertraut,
- kennen die grundlegenden Aufgabenstellungen des nachhaltigen Personalmanagements,
- wissen, wer die zentralen Träger des nachhaltigen Personalmanagements sind.

Schlagwortliste

■ Strategisches Personalmanagement ■ Menschenbild ■ Vertrauenskultur ■ kooperativ-partizipativer Führungsstil ■ Kernkompetenzen

4.1 Herausforderungen des Personalmanagements

Ein an zeitgemäßen Werten orientiertes → Menschenbild beschreibt Mitarbeiter als Individuen, die persönliche Bedürfnisse und Interessen einbringen, Eigeninitiative und Selbstkontrolle anstreben sowie Selbstverwirklichung als inhärenten Bestandteil der Arbeit ansehen.[83]

Seit Mitte der 1980er Jahre wird zusätzlich die Notwendigkeit der strategischen Orientierung des Personalmanagements mit langfristiger und nachhaltiger Ausrichtung postuliert.[84] Unter ökonomischen Gesichtspunkten hat spätestens der Resource-Based-View im Rahmen des strategischen Managements die Bedeu-

---

[83] Vgl. Scholz (2000), S. 117 ff.

[84] Vgl. Allen/Wright (2007), S. 91, Beer et all (1985), S. 16 ff.

tung des Humankapitals für den Unternehmenserfolg nochmals unterstrichen und einen Beitrag zur Unternehmenszielerreichung vom Personalmanagement eingefordert.[85]

Auf dieser Grundlage entwickelten sich zentrale Aufgabenstellungen des Personalmanagements. Mitwirkungs- und Partizipationssysteme klären die Frage, welchen Verantwortungsumfang und welche Entscheidungsbefugnisse in Organisationen an Mitarbeiter delegiert werden. Entscheidungskriterien dafür sind einerseits die Arbeitszufriedenheit und Motivation der Mitarbeiter, andererseits die Auswirkungen auf den Unternehmenserfolg. Allgemein anerkannt ist mittlerweile, dass sich beide Bereiche bedingen: Stärkere Beteiligung der Mitarbeiter beispielsweise an der Entscheidungsfindung führt zu einer höheren Motivation und darüber zu Unternehmenserfolg. Zahlreiche Studien haben die grundsätzliche Kausalität dieser Gleichung nachgewiesen. Wenngleich weiterhin diskutiert wird, ob diese Annahme für alle Mitarbeiter zu jeder Zeit gilt oder ob nur unter bestimmten Rahmenbedingungen (z. B. Qualifikation der Mitarbeiter oder spezifische Arbeitssituation).[86]

Unter dem Begriff *Mitarbeiterflusssysteme* werden Methoden der Personalplanung, der Personalentwicklung und des Personalmarketings verstanden.[87] Wieder werden die ökonomischen Notwendigkeiten den Interessen der Mitarbeiter gegenübergestellt. Langfristige Arbeitsplatzsicherheit verbunden mit interessanten Aufgabenstellungen müssen verbunden werden mit dem Anforderungsprofil des Arbeitsplatzes. Der „schonende", kostengünstige Umgang mit den Ressourcen impliziert die Abkehr von einer „Hire-and-Fire-Politik" hin zu einer langfristigen, nachhaltigen Personalplanung und -entwicklung. Die demografische Entwicklung wird die Bedingungen für das Personalmanagement an dieser Stelle noch erschweren.

Der Aufbau fairer, möglichst gerechter und leistungsorientierter Anreizsysteme stellt eine weitere Herausforderung dar. Auf der einen Seite soll die Leistungsorientierung den ökonomischen Erfolg sichern, wobei beispielsweise über Qualitätsprämien auch die Verringerung des Ausschusses – und damit die Schonung der Ressourcen – angestrebt wird. Auf der anderen Seite sollen flexible Arbeitszeitsysteme sowohl der „Work-Life-Balance" der Mitarbeiter gerecht werden und es zudem dem Unternehmen ermöglichen, sich an die Marktbedingungen anzupassen. Die Bezahlung der Mitarbeiter hat Anreizfunktion für potentielle

---

[85] Vgl. Allen/Wright (2007), S. 88 ff.

[86] Vgl. Zaugg (2009), S. 156 ff.

[87] Vgl. Stock-Homburg (2008), S. 16 ff.

neue Mitarbeiter, sie soll mit zu einem Gleichgewicht zwischen Anreizen und Beiträgen bei den Mitarbeitern beitragen und letztendlich unter Kostengesichtspunkten für das Unternehmen tragbar sein.

Die Organisation des Arbeitssystems beinhaltet alle Fragen der Gestaltung von Arbeitsplätzen, der Integration von Information und Technologie sowie der Wirtschaftlichkeit und Produktivität. Hinzu kommt – mit größer werdender Bedeutung aufgrund der Demografie – das → betriebliche Gesundheitsmanagement. Die grundsätzlichen Ziele der Erhaltung der Gesundheit und der Vermeidung von berufsbedingten Krankheiten werden erweitert unter dem Aspekt, dass die Firmen zunehmend Mitarbeiter über 50 Jahre beschäftigen. Ältere Mitarbeiter z. B. bei sich verändernden Produktionstechnologien sowie bei aktuellem Kommunikations- und Informationsverhalten anforderungsgerecht zu qualifizieren, nachhaltig zu motivieren und sie insgesamt leistungsfähig zu halten, ist eine anspruchsvolle Aufgabenstellung.

4.2   Entwicklung zum nachhaltigen Personalmanagement

4.2.1   Ausrichtung und Orientierung

Nachhaltiges Personalmanagement (NPM) im Verständnis dieses Beitrages stellt eine **Weiterentwicklung des → strategischen Personalmanagements** dar und fordert die Betonung bereits vorhandener Aspekte des strategischen Personalmanagements. Als Ausrichtung und Erfolgsmaßstab fordert Scholz die Orientierung an Grundpostulaten. Hier nennt er unter anderem: Erfolgsorientierung (Mitarbeiterziele und Unternehmensziele), Flexibilisierung (Adaption an Veränderungen in der internen und externen Umwelt), Individualisierung (Orientierung an den Bedürfnissen und Wertvorstellungen der Mitarbeiter), Kundenorientierung (vorhandene und zukünftige Mitarbeiter) sowie Qualitätsorientierung.[88] Beer et al. in ihrem strategisch orientierten Human-Resource-Management-Ansatz fordern eine Personalpolitik, die die Steigerung des Zugehörigkeitsgefühls (Commitment) der Mitarbeiter zu ihrem Unternehmen zum Ziel hat und die die anforderungsgerechte Qualifizierung der Mitarbeiter anstrebt. Weiterhin wird die kostenorientierte Effektivität der Personalmaßnahmen verlangt sowie die Orientierung an den Zielen und Erwartungen der verschiedenen Anspruchsgruppen (congruence).[89] Diese Ausrichtung soll letztendlich zum Unter-

---

[88] Vgl. Scholz (2000), S. 65 ff.

[89] Vgl. Beer et all (1985), S. 20 f.

nehmenserfolg und zur Zufriedenheit der Mitarbeiter beitragen sowie gesell-
schaftspolitischen Zielsetzungen folgen.

NPM erweitert diese Werteorientierung und betont überdies bestimmte Aspekte. So sind die geforderte Flexibilität, die Anspruchsgruppenorientierung, die
Kompetenz- und Wissens- sowie die Strategieorientierung bereits aus dem →
strategischen Personalmanagement bekannte Kriterien.[90] Zaugg akzentuiert und
erweitert in seinem NPM-Ansatz insbesondere hinsichtlich der Bedeutung der
Partizipation sowie in der Breite der Wertschöpfungsorientierung.[91] Zentral ist
hierbei vor allem die im Vergleich stärkere Einbeziehung der Mitarbeiter. Kosel
und Weißenrieder sprechen in diesem Zusammenhang davon, dass ein positives
→ Menschenbild absolute Grundvoraussetzung für NPM ist.[92]

**Grundlegender Begriff im Rahmen des NPM ist allerdings die → Ver-
trauenskultur.**[93] Zwar wird in bisherigen Personalmanagementansätzen „Vertrauen" als Wertorientierung gegenüber den Mitarbeitern schon in mannigfalti-
ger Weise thematisiert,[94] aber NPM sieht den Mitarbeiter als gleichberechtigten,
sich auf Augenhöhe befindlichen Partner im Unternehmen an. Seine Interessen
zählen in einem ganzheitlichen Ansatz genauso wie die weiteren Partialinteres-
sen der verschiedenen → Stakeholder.[95] Der zentrale Unterschied zu bisherigen
Ansätzen ist die tief verwurzelte innere Überzeugung aller Stakeholder, dass
Mitarbeiter in der Lage sind, subjektive Interessen, Erwartungen und Anforderungen mit den Werten und Zielen der Organisation in Einklang zu bringen.
Interessensunterschiede werden von beiden Seiten überbrückt – von Arbeitgeber und Arbeitnehmer, um gemeinsam, auf einem höheren Niveau die individuellen Ziele zu erreichen. Damit werden wirtschaftliche und soziale Ziele harmo-
nisiert und nicht mehr als zumindest teilweise konkurrierend angesehen. Damit
einher geht ein hohes Maß an Partizipation der Mitarbeiter sowie Offenheit bei
der Entscheidungsfindung. Ergebnisse sind eine bessere Akzeptanz der Entscheidungen, verbesserte Motivation und Zufriedenheit und dadurch bewirkt
höhere Effizienz und Wertschöpfung.[96]

---

[90] Vgl. Ulrich (1999), S. 33 ff.

[91] Vgl. Zaugg (2009), S. 61 ff.

[92] Vgl. Weißenrieder/Kosel (2010), S. 17 f.

[93] Vgl. Bleicher (1994), S. 49 ff.

[94] Vgl. bspw. die Ansätze zur kooperativen Führung oder zur Vertrauensarbeitszeit

[95] Vgl. Campbell et all (2002), S. 26 ff.

[96] Vgl. Zaugg (2009), S. 157; Weißenrieder/Kosel (2010), S. 19 ff.

4.2.2   Grundlegende Zielsetzungen

Auf der Werteorientierung aufbauend integriert NPM individuelle, organisatorische und gesellschaftliche Ziele harmonisierend in ein Zielsystem. NPM verfolgt somit eine Vereinbarkeitsstrategie und versucht **die häufig postulierten Konflikte zwischen den genannten Zielbereichen zu überwinden, beziehungsweise einen Ausgleich zu schaffen.**[97] Der eher instrumentelle Ansatz (höhere Motivation führt zu höherer Arbeitsleistung, deshalb müssen wir die Mitarbeiter motivieren) wird zugunsten einer Kooperations- und Vertrauenskultur verlassen, bei der alle Beteiligten gewinnen (Win-win-Situation).[98] In dieser Vorstellung entwickeln sich Ziele der Mitarbeiter und Ziele des Unternehmens komplementär, es ist kein Zielwiderspruch vorhanden[99].

Abb. 4-1: Zielsystem des NPM

Individuelle Ziele	Organisatorische Ziele	Gesellschaftliche Ziele
- erfüllende Arbeitsaufgabe - persönliche und berufliche Entwicklung - Selbstverantwortung - Partizipation an Entscheidungen	- Erhalt des Unternehmens - Unternehmenserfolg - Rentabilität - Kundenorientierung - innovative Produkte und Dienstleistungen	- bedarfsdeckendes Angebot an Arbeitsplätzen - Wettbewerbsfähigkeit der Wirtschaft - Wirtschaftswachstum - sozialer Friede

[97] Vgl. Wöhe (2010), S. 70 f.
[98] Vgl. Weißenrieder/Kosel (2010), S. 14; Kochan (2007), S. 607 f.
[99] Vgl. Lattmann (1982), S. 52, der hier von einem Zieleinklang spricht

- Work-Life-Balance
- faire, angemessene
  Entlohnung
- Erfolgsbeteiligung
	- Adaptions- und Ver-
	  änderungsfähigkeit
	- kontinuierliche Ver-
	  besserung der Wett-
	  bewerbsfähigkeit
		- Beteiligung von Orga-
		  nisationen und Indivi-
		  duen an gesellschafts-
		  politischen Zielen
		- nachhaltiger Einsatz
		  von Ressourcen

Tab. 4-1: Beispiele aus dem Zielsystem des NPM

4.2.3 Vertrauenskultur als Basis des nachhaltigen Personalmanagements

Wesentliches Gestaltungsziel des NPM ist die Mitwirkung beim Aufbau einer normativen → Vertrauenskultur als Grundlage für alle weiteren NPM-Maßnahmen. Gleichsam einem Kreislauf folgend ist das Vorhandensein von Vertrauen zwischen den Organisationsmitgliedern und in die Organisation einerseits die Voraussetzung zur erfolgreichen Implementierung einer Vertrauenskultur, andererseits das Ergebnis davon.[100] Ziel ist die Entwicklung eines identifikationsbasierten Vertrauens, das charakterisiert ist durch gemeinsame Werte und durch die Verpflichtung auf gemeinsame Ziele.[101] Die wesentlichen Linien dieser Vertrauenskultur orientieren sich an nachfolgenden Merkmalen:

-   Vertrauenskultur als dominante, allgemein anerkannte Wertebasis mit inhärenten, gegenseitigen Verpflichtungen aller Organisationsmitglieder und sonstigen Stakeholdern

-   Verpflichtung auf gemeinsame Werte und Ziele

-   hohe soziale Verantwortung gegenüber den Mitarbeitern

-   Mitarbeiter übernehmen Verantwortung bei der Erreichung der Unternehmensziele

-   Überzeugung in die Notwendigkeit der persönlichen und fachlichen Weiterentwicklung der Mitarbeiter

-   Entscheidungsteilhabe und Entscheidungsfreiräume als Postulate

-   Selbstorganisation und Selbstkontrolle anstatt detaillierter Vorgaben und umfassender Fremdkontrolle

---

[100] Vgl. Zaugg (2009), S. 77 ff.
[101] Vgl. Weibler (2001), S. 201 f.

- Netzwerkstrukturen anstelle von hierarchischen Strukturen
- offene Informationskultur
- aktives Zuhören und konstruktives Feedback.

Die Umsetzung im Führungsalltag lässt sich beispielhaft anhand des Prozesses von der Willensbildung über die Willensdurchsetzung bis zur Willenssicherung beschreiben. Die Führungskraft trägt entscheidend dazu bei, ob es gelingt, eine Vertrauenskultur zu etablieren. Vertrauen entsteht bei der Willensbildung vor allem aus der Entscheidungsteilhabe und den Entscheidungsfreiräumen der Mitarbeiter auf Basis detaillierter Informationen und Kenntnisse. Die kooperativ-partizipative Führung bindet einerseits den Mitarbeiter hier weitestgehend ein und erwartet andererseits die aktive Teilnahme und Mitwirkung. Entscheidungen (Willensdurchsetzung) werden umgesetzt auf Grundlage eines hohen Konsenses und nicht auf Basis von Macht. Die Zielerreichung wird über Selbstkontrolle überprüft und es werden eigenverantwortlich Aktivitäten veranlasst, um eventuelle Abweichungen zu korrigieren. Je stärker ausgeprägt die → Vertrauenskultur ist, desto weniger ist systematische, detaillierte Fremdkontrolle notwendig.[102]

Der Aufbau einer derartigen Unternehmenskultur ist eine Kernkompetenz des NPM, die den Charakter eines nachhaltigen Wettbewerbsvorteils hat.

4.3 Zentrale Aufgabenstellungen des nachhaltigen Personalmanagements

Nachfolgend werden Aufgabenstellungen skizziert, die im oben genannten Sinne eine besondere Betonung durch NPM erfahren. Dargestellt werden vor allem Gesichtspunkte, die im Rahmen des NPM eine spezifische Ausprägung erfahren.

4.3.1 Die Personalführung

Zum Gestaltungsrahmen des NPM gehört die Personalführung. Vergleichbar mit dem Uno-actu-Prinzip bei der Dienstleistung entsteht Mitarbeiterführung vornehmlich durch die Interaktion zwischen Mitarbeiter und Führungskraft.

---

[102] Vgl. Steinle/Ahlers/Gradtke (2000), S. 208 ff.

NPM hat hierfür die Grundlagen und Rahmenbedingungen zu gestalten. Dies gilt insbesondere bei einer weiteren Sichtweise der Personalführung, die die strukturelle (Gestaltung durch Führungsinstrumente) und kulturelle Personalführung (Gestaltung über Wechselbeziehungen zwischen Unternehmenskultur und Personalführung) einbezieht.[103]

Interaktionelle Personalführung	Strukturelle Personalführung	Kulturelle Personalführung
- Orientierung am kooperativ-partizipativen Führungsverhalten - Schulung der Führungskräfte - Qualitätsverbesserungsprozesse - Feedbackprozesse - Rollenverständnis	- Implementierung von Mitarbeitergesprächen - Zielvereinbarungssysteme - Anreizsysteme - Führungsaufgabe als zentrale Aufgabenstellung einer Führungskraft strukturell verankern	- → Menschenbild - Führungsleitbild des kooperativ-partizipativen Führungsstils - Aufbau einer → Vertrauenskultur - Führungsaufgabe als zentrale Aufgabenstellung einer Führungskraft kulturell verankern

Tab. 4-2: Beispielhafte Gestaltungsaufgaben des NPM im Rahmen der Personalführung

NPM fordert einen kooperativ-partizipativen Führungsstil. Hierunter ist die Grundausrichtung des Verhaltens des Vorgesetzten in der Interaktion zwischen ihm und seinen Mitarbeitern zu verstehen. *Kooperativ* betont den Aspekt der Zusammenarbeit, während *partizipativ* die Teilnahme der Mitarbeiter an der Entscheidung hervorhebt.[104] Wie schon oben erwähnt, ist bei diesem Führungsstil in hohem Maße gegenseitiges Vertrauen im Sinne des identifikationsbasierten Vertrauens notwendig.

Die konkrete Umsetzung erfordert die Untermauerung über strukturelle Maßnahmen. Feedbackprozesse, Mitarbeitergespräche und Zielvereinbarungsprozesse sind nur einige Beispiele für den systematischen Einsatz von entsprechenden Personalführungsinstrumenten; dies sind klar definierte Gestaltungsaufgaben des NPM.

---

[103] Vgl. Weibler (2001), S. 346 ff.; Bleicher (1994), S. 46 ff.

[104] Vgl. Lattmann (1982), S. 326 f.; Weibler (2001), S. 350 ff.

Zentral ist überdies, dass die Führungskräfte ihre Führungsaufgabe umfänglich wahrnehmen. Die in der Praxis anzutreffenden hohen operativen Arbeitsbelastungen dürfen nicht als Entschuldigung gelten, dies nicht zu tun. Die „heimliche" Wahrnehmung/Übertragung von Führungsaufgaben auf den Betriebsrat oder Personalrat ist im Sinne eines ganzheitlichen NPM nicht zu akzeptieren. Deshalb muss NPM in der Unternehmenskultur verankert werden, z. B. über die Entwicklung von Verhaltens- und Führungsgrundsätzen. Die verantwortliche Wahrnehmung der Führungsaufgabe muss als zentrale, wertige Arbeitsaufgabe einer Führungskraft deutlich hervorgehoben und von allen akzeptiert sein. Sie muss zeitlich organisiert sowie honoriert werden und die Qualität ist stetig weiterzuentwickeln. NPM darf die Vorgesetzten dabei nicht alleine lassen.

4.3.2   Die Personalplanung

Die quantitative und qualitative Personalplanung spielt bei einem erfolgreichen NPM eine hervorgehobene Rolle. Umfassend trägt sie zur Zielerfüllung des NPM bei: bspw. über das Ziel „persönliche und berufliche Entwicklung" der individuellen Ziele, bei der zu verwirklichenden „Adaptions-und Veränderungsfähigkeit" auf der Organisationsebene sowie beim Ziel „bedarfsdeckendes Angebot an Arbeitsplätzen" der gesellschaftlichen Ziele. Vor allem die Planung mit einem mittel- bis langfristigen Horizont steht im Vordergrund.[105] Die Bestimmung des Personalbedarfs orientiert sich dabei an folgenden Fragen:[106]

- Wie viele Mitarbeiter (quantitativ)?
- Mit welchen Qualifikationen (qualitativ)?
- Zu welchen Zeitpunkten (zeitlich)?
- An welchem Ort (räumlich)?

Nur eine gut entwickelte Personalplanung lässt Unternehmen mit „langem Atem" die Ziele des NPM erreichen. Nicht immer werden sich kurzfristige Anpassungsmaßnahmen – sowohl Einstellungen als auch Freisetzungen – vermeiden lassen. Aber Ziel des NPM ist es, die erforderliche Adaption des Unternehmens an sich verändernde Markt- und Umweltgegebenheiten weitgehend aus den eigenen Reihen zu gestalten und eine eher kurzfristig orientierte „Hire-and-fire-Politik" einschließlich befristeter Arbeitsverhältnisse zu vermeiden.

Besondere Ansatzpunkte der Personalplanung im Rahmen des NPM sind deshalb die langfristige Ausrichtung, die Kompetenzorientierung sowie die Zielvor-

---

[105] Vgl. Doyé/Eisele (2010), S. 49 f.
[106] Vgl. Scholz (2010), S. 121 ff.

gabe der → Vertrauenskultur. Langfristig bedeutet hier vor allem ein sinnvoll vorhersehbarer und gestaltbarer Aktivitätsrahmen. Quantitativ ausgerichtete Statistiken und Kennzahlen sind vor dem Hintergrund der sich daraus erschließenden Aktivitäten zu überprüfen. Wenn Mitarbeiter mit strategisch bedeutsamen Kernkompetenzen aus den eigenen Reihen entwickelt werden sollen und dies beispielsweise im Rahmen eines dualen Studiums angestrebt wird, dann bedeutet langfristig eine Perspektive von fünf und mehr Jahren. Versucht das Unternehmen im Sinne der Vertrauenskultur Mitarbeiter mit hoher Bindung aufzubauen, die nicht unbedingt über strategische Kernkompetenzen verfügen, dann ist dies im Rahmen einer Ausbildung auch mit einer eher mittelfristigen Perspektive möglich.[107]

Die Orientierung an Anforderungsprofilen mit eher kurzfristiger Ausrichtung wird abgelöst durch die **Richtmarke strategisch relevanter Kernkompetenzen**. Kernkompetenzen stellen hierbei einerseits eine Erweiterung der Handlungskompetenz (fachliche, soziale und methodische Kompetenz) dar in Bezug auf die strategische Bedeutung dieser Kompetenzen für den Unternehmenserfolg. Andererseits sind Mitarbeiter mit diesen Kompetenzen grundsätzlich nicht auf dem Arbeitsmarkt zu finden. Die Kernkompetenzen sind im Rahmen der qualitativen Personalplanung zu identifizieren und Mitarbeiter dahingehend langfristig zu entwickeln. Zusätzlich zur Qualifizierung sind Personalmaßnahmen erforderlich, die dazu dienen, Mitarbeiter langfristig an das Unternehmen zu binden (z. B. Anreizsystem mit langfristigem Charakter, interne Karriereentwicklung).

Ergänzend zu Mitarbeitern mit Kernkompetenzen hat NPM Mitarbeiter im Fokus, welche die sich aus den Anforderungen der Vertrauenskultur ergebenden Kriterien erfüllen. Auf Basis der oben aufgezeigten Grundlinien einer Vertrauenskultur sind dies Mitarbeiter, die sich in hohem Maße mit dem Unternehmen identifizieren, die sich persönlich und fachlich im Rahmen ihrer Möglichkeiten weiterentwickeln wollen und die bereit sind, individuelle Verantwortung zur Erreichung der Unternehmensziele wahrzunehmen. Diesen Mitarbeitergruppen muss ein langfristiges Arbeitsverhältnis ermöglicht werden und die Personalplanung ist entsprechend auszurichten. Die persönliche und fachliche Weiterentwicklung dieser Mitarbeiter zielt deshalb besonders auf den möglichst flexiblen Arbeitseinsatz sowie auf die Zunahme der Arbeitseffizienz. Ebenso greifen Maßnahmen des betrieblichen Gesundheitsmanagements, damit ein langfristiger, erfolgreicher Arbeitseinsatz möglich wird.

---

[107] Vgl. Doyé/Eisele (2010), S. 52 ff.

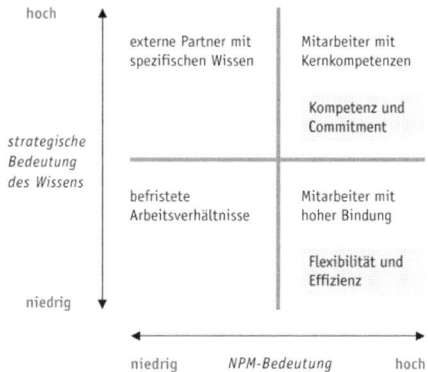

Abb. 4-2: Personalplanungsaspekte im Rahmen des NPM

4.3.3 Die Personalentwicklung

Einige oben gemachte Aussagen zur Personalplanung bilden eine Schnittmenge zur Personalentwicklung. Das Ziel der Personalentwicklungsplanung ist es, die Mitarbeiter für ihre aktuellen und zukünftigen Aufgaben zu qualifizieren. Hierunter werden sowohl reaktive als auch antizipative Maßnahmen verstanden. Häufig findet noch eine Unterscheidung in *Aus- und Weiterbildung* (Orientierung an einer bestimmten Tätigkeit) und *Förderung* (berufliche Entwicklung, Karriereentwicklung) statt. Folgerichtig lassen sich Personalentwicklungsmaßnahmen charakterisieren von *into the job* bis *out of the job*.[108]

> Personalentwicklung ist – von ihren grundlegenden Zielsetzungen her – nachhaltig orientiert.

Im Blickpunkt stehen die Sicherung der Unternehmensziele, die möglichst dauerhafte Qualifizierung der Mitarbeiter für ihre jeweilige Arbeitsaufgabe sowie die Förderung der Mitarbeiter im Sinne einer Laufbahn- und Karriereentwicklung. Aufgrund dessen stellt sie auch einen zentralen Baustein der → Vertrauenskultur dar.

Besonders hervorzuheben für die Personalentwicklung als Grundpfeiler des NPM sind Gestaltungsideen wie die *lebenszyklusorientierte Personalentwicklung*, Coaching- und Mentoringmaßnahmen sowie Feedback- und Beurteilungsprozesse. *Lebenszyk-*

---

[108] Vgl. Stock-Homburg (2008), S. 154; Doyé/Eisele (2010), S. 270 ff.

lusorientierte Personalentwicklung richtet sich an den verschiedenen Stationen des Berufslebens aus – vom Eintritt bis zum Ausscheiden des Mitarbeiters.

	Into the job	Along the job	Out of the job
Near the job	Ausbildung Duales Studium Trainee	Fallstudie Planspiel Projektarbeit Karriereplanung	
On the job	Einarbeitung Job Rotation	Job Enlargement Job Enrichment Projektarbeit Job Rotation	Mitarbeiterberatung Laufbahnentwicklung
Off the job		Erfahrungsgruppe Schulungsmaßnahmen Konferenzen	Ruhebestandsvorbereitung

Abb. 4-3: Systematisierung von Personalentwicklungsmaßnahmen, in Anlehnung an Scholz (2010), S. 353

Sie folgt damit einer langfristigen Sicht, die im Sinne der → Vertrauenskultur des NPM den Mitarbeitern eine auf Dauer ausgerichtete persönliche und fachliche Weiterentwicklung aufzeigt. Aus Sicht der Mitarbeiter werden dadurch Partizipationsmöglichkeiten geboten sowie die Ausrichtung an der Work-Life-Balance. Für das Unternehmen werden darauf basierend Adaptions- und Veränderungsmöglichkeiten ersichtlich. Coaching und Mentoring passt in mehrfacher Hinsicht zu einem nachhaltigen Personalmanagement. Mitarbeiter erhalten die Möglichkeit, sich ihren individuellen Lern- und Veränderungsfähigkeiten gemäß zu orientieren und auszurichten.[109] In der Zusammenarbeit beispielsweise zwischen einer Führungskraft und Nachwuchskraft (Mentoring) besteht die Chance, persönliche Rückmeldungen zu geben, ein Beziehungsnetzwerk aufzubauen, Erfahrungen zu teilen und so insgesamt die Bindung an das Unternehmen zu erhöhen. Feedback- und Beurteilungsprozesse erlauben es dem Unternehmen, verantwortlich mit den Leistungen und Potenzialen der Mitarbeiter umzugehen. Es können frühzeitig Weichen gestellt werden, um individuelle Laufbahnen innerhalb des Unternehmens zu gestalten. Gleichzeitig unterstützen sie die Maßnahmen der kontinuierlichen Verbesserung der Wettbewerbsfähigkeit des Unternehmens, indem in einem offenen Prozess Stärken und Schwächen erkannt werden.

---

[109] Vgl. Zaugg (2009), S. 304 ff.

4.3.4   Mitgestaltung der Unternehmenskultur

Wie kaum eine andere betriebliche Funktion beeinflussen und gestalten Personalmanagementmaßnahmen die Unternehmenskultur. Deshalb ist es für das NPM von herausragender Bedeutung, alle Maßnahmen hinsichtlich dem Fit mit der oben postulierten → Vertrauenskultur kontinuierlich zu prüfen und gegebenenfalls entsprechend anzupassen. Der geforderte Fit zwischen Strategie und Kultur trifft zur Gänze auf den Fit zwischen Personalmaßnahmen und Vertrauenskultur zu.[110] **Die geforderte verantwortliche, leistungsorientierte Aufgabenwahrnehmung durch die Mitarbeiter muss ihre Entsprechung finden in den fairen und gerechten Personalinstrumenten.** Der zwischenmenschliche Umgang (interaktionelle Gerechtigkeit), die Prozesse und Methoden (prozedurale Gerechtigkeit) sowie das materielle Ergebnis (distributive Gerechtigkeit) unterliegen der kritischen Einschätzung der Mitarbeiter.

	Interaktionelle Gerechtigkeit	Prozedurale Gerechtigkeit	Distributive Gerechtigkeit
Personalführung	Kooperativ-partizipativer Führungsstil	Zielvereinbarungssysteme	Stilflexibilität basierend auf Grundstil
Personalentwicklung	Partizipation Lebenszyklusorientiert	Offenlegen der Entscheidungs- und Beurteilungskriterien Methodensicherheit	Attraktive individuelle Entwicklung
Personalvergütung	Ehrliche Kommunikation und Rückmeldung	Offenlegen der Entscheidungs- und Beurteilungskriterien Methodensicherheit	Materielle und immaterielle Anreizsysteme Langfristbindung

Abb. 4-4: Berücksichtigung unterschiedlicher Gerechtigkeitsdimensionen, in Anlehnung an Stock-Homburg (2008), S. 62

NPM bedeutet nicht, dass niemals ein Mitarbeiter freigesetzt werden darf. Ganz im Gegenteil, wenn Aufgaben nicht im Sinne der Verantwortungskultur wahrgenommen werden, sind klare Ansagen notwendig und in letzter Konsequenz kann dies bedeuten, dass Mitarbeiter gekündigt werden. Letztendlich unterscheidet NPM vom „normalen" Personalmanagement der ausgeprägtere ganzheitliche Ansatz, der es dem Mitarbeiter ermöglicht, weitestgehend konfliktfrei alle im Rahmen seiner verschiedenen Rollen geforderten Anforderungen

---

[110] Vgl. Dillerup/Stoi (2011), S. 24 ff.

wahrzunehmen. Dies muss sich dann beispielsweise im Umgang mit weiblichen Führungskräften und Mitarbeitern widerspiegeln, die einerseits ihrer Rolle als Mutter gerecht werden wollen, andererseits an beruflicher Entwicklung interessiert sind.

4.4 Organisatorische Gestaltung des nachhaltigen Personalmanagements

Wie oben erwähnt, stellt NPM eine Weiterentwicklung des → strategischen Personalmanagements dar, die sich vor allem in der Betonung und stärkeren Akzentuierung bestimmter Elemente des strategischen Personalmanagements zeigt. Analoges gilt für die Organisation des NPM. Hier sind im Wesentlichen die Parameter für ein strategisches Personalmanagement gültig. Unterschiede sind insbesondere in den Rollen der Führungskraft und der Mitarbeiter zu sehen.

4.4.1 Positionierung und Einordnung des NPM

Entsprechend der in diesem Beitrag vertretenen Bedeutung eines erfolgreichen NPM für die Zielerreichung des Unternehmens muss NPM im Rahmen der Unternehmensorganisation vertreten sein. Die Strategie des NPM ist zentraler Bestandteil der Unternehmensstrategie. Die Realisierung der NPM-Ziele ist somit Voraussetzung für die Durchsetzung der Unternehmensziele.[111]

NPM als „Business Partner" zu betrachten ist deshalb folgerichtig.[112] Die sich daraus ergebenden Aufgaben erstrecken sich auf

- die Beratung und Unterstützung der Führungskräfte,

- die Betreuung der Mitarbeiter bei allen alltäglichen Anliegen in Zusammenarbeit mit den Führungskräften,

- spezifische Aufgaben, die Expertenwissen erfordern wie z. B. Auswahlprozesse, Anreiz- und Vergütungsmanagement sowie Arbeitsrecht,

- administrative Aufgaben, bei denen Qualität und Effizienz im Vordergrund stehen, wie beispielsweise die Entgeltabrechnung oder Zeiterfassungen.

Besondere Betonung im hier vorhandenen Verständnis erfährt die Rolle des „Veränderungsmanagers"[113]. NPM muss notwendige Veränderungspro-

---

[111] Vgl. Beer et al. (1985), S. 19 f.

[112] Vgl. Doyé/Eisele (2010), S. 26 f.

[113] Vgl. Ulrich et al. (2008), S. 22 ff.

zesse im Unternehmen im Sinne der Ziele des NPM unterstützen. Die flexible Anpassung des Unternehmens an die Umwelt ist notwendige Voraussetzung für nachhaltigen Unternehmenserfolg. NPM postuliert hier, dies weitestgehend im Einklang mit individuellen, organisatorischen und gesellschaftlichen Zielen zu tun.[114] Die Aufrechterhaltung der Vertrauenskultur hat aus der Perspektive des NPM dabei hohe Priorität. Andererseits sind Veränderungsprozesse häufig Reaktionen auf sich wandelnde Wettbewerbsbedingungen mit weitreichenden wirtschaftlichen Konsequenzen. Die Überbrückung der hierbei unter Umständen auftretenden Interessenunterschiede zwischen Arbeitgeber und Arbeitnehmer stellt eine besondere Herausforderung und einen grundlegenden Prüfstein für NPM dar.

4.4.2 Träger des NPM

Zaugg schlägt die Erweiterung der bisherigen „dualen" Trägerschaft hin zur „trilateralen" Trägerschaft vor.[115] Trilateral steht dabei für die Verteilung der Personalarbeit auf Personalverantwortliche (als Mitarbeiter der Personalabteilung), auf Führungskräfte sowie zusätzlich auf Mitarbeiter. Letztere Gruppe wäre insbesondere durch den partizipativen Ansatz des NPM zunehmend mit personalwirtschaftlichen Aufgaben betraut.[116]

Aber auch dann, wenn man weiterhin von einer „dualen" Trägerschaft ausgeht, so ergeben sich im Rahmen des NPM doch Verschiebungen. Die Aufgaben der Mitarbeiter der Personalabteilung wurden oben bereits dargestellt. Damit geht einher, dass der Personalleiter einerseits vollwertiges Mitglied der Unternehmensleitung sein sollte, aber andererseits hierarchische Regelungen zugunsten von Professionalität, gemeinsamen Werten und kooperativ-partizipativen Strukturen ersetzt werden. Scholz spricht in diesem Zusammenhang von einer zentral-kooperativen Einordnung der Personalabteilung.[117]

Wesentlicher ist allerdings die deutlich stärker ausgeprägte Übernahme von NPM-Aufgaben durch die Führungskräfte. Die Wertebasis von NPM ist die oben skizzierte Vertrauenskultur. Wie schon ausgeführt, wird diese Kultur vor allem in der Interaktion zwischen Mitarbeiter und Vorgesetzten erlebbar. Wenn die Führungskraft diese grundlegende Gestaltungsaufgabe nicht annimmt, nicht für die Mitarbeiter erlebbar macht oder die Vertrauenskultur nicht offensiv

---

[114] Vgl. Kapitel 2.2

[115] Vgl. Zaugg (2009), S. 389

[116] Vgl. ebenda

[117] Vgl. Scholz (2010), S. 69

vertritt und gegenüber den Mitarbeitern einfordert, dann hat der gewichtigste Pfeiler des NPM keine Verankerung. Konkret spiegelt sich das in den genannten Aufgabenstellungen des NPM wider. Zusätzlich zur interaktionellen Personalführung betrifft es die entsprechend verantwortungsvolle Mitwirkung des Vorgesetzten bei der Personalplanung, der Personalentwicklung, bei der Vergütung und insgesamt bei der Gestaltung der Unternehmenskultur.

Führungskräfte müssen ihre Gestaltungsaufgaben im Rahmen des Personalmanagements und der Personalführung aktiv und engagiert wahrnehmen. Vorgesetzte sind im Sinne des NPM die zentralen Träger, die für den Erfolg und Misserfolg von NPM verantwortlich sind.

Auf den Punkt gebracht

Nachhaltig geführte Unternehmen bedürfen eines nachhaltigen Personalmanagements. NPM zeichnet sich dadurch aus, dass es umfänglich versucht, die individuellen Ziele der Mitarbeiter sowie die Unternehmensziele zu vereinbaren und Interessensgegensätze zu überwinden. Dies basiert auf einem → Menschenbild und einer → Vertrauenskultur, die Mitarbeiter als gleichberechtigte Partner im Unternehmen ansieht. Traditionelle Gegensätze zwischen den Zielen und Interessen von Arbeitgebern und Arbeitnehmern werden grundsätzlich überwunden. Damit verbunden ist das Ziel, die Teilhabe der Mitarbeiter über lange Zeit aufrecht zu erhalten und im wirklichen Sinne des Ultima-Ratio-Prinzips auf Freisetzungen von Mitarbeitern zurückzugreifen. Erlebbar wird die Vertrauenskultur insbesondere in der Interaktion zwischen Vorgesetzten und Mitarbeitern auf Basis eines kooperativen-partizipativen Führungsstiles. Deshalb kommt den Führungskräften überragende Bedeutung bei der erfolgreichen Gestaltung von NPM zu.

Literaturtipps

Weissenrieder, Jürgen; Kosel, Marijan (Hg.) (2010): Nachhaltiges Personalmanagement in der Praxis. Mit Erfolgsbeispielen mittelständischer Unternehmen. 1. Aufl. Wiesbaden: Gabler.

Zaugg, Robert J. (2009): Nachhaltiges Personalmanagement. Eine neue Perspektive und empirische Exploration des Human Resource Management. 1. Aufl. Wiesbaden: Gabler.

Literaturquellen

Allen, Mathew; Wright, Patrick (2007): Strategic Management and HRM. In: Peter F. Boxall, John Purcell und Patrick M. Wright (Hg.): The Oxford handbook of human resource management. Oxford, New York: Oxford University Press (Oxford handbooks), S. 89–107.

Beer, Michael; Spector, Bert; Lawrence, Paul, R.; Mills, Quinn, D.; Walton, Richard, E. (Hg.) (1985): Human resource management. A general managers perspective: text and cases. New York: Free Press.

Beer, Michael; Spector, Bert; Lawrence, Paul, R.; Mills, Quinn, D.; Walton, Richard, E. (1985): A Conceptual Overview of HRM. In: Michael Beer, Bert Spector, Lawrence, Paul, R., Mills, Quinn, D. und Walton, Richard, E. (Hg.): Human resource management. A general manager's perspective : text and cases. New York: Free Press, S. 16–40.

Bleicher, Knut (1994): Leitbilder. Orientierungsrahmen für eine integrative Managementphilosophie. 2. Aufl. Stuttgart, Zürich: Schäffer-Poeschel; Verl. Neue Zürcher Zeitung (Schriften / Institut für Betriebswirtschaft, Hochschule St. Gallen für Wirtschafts-, Rechts- und Sozialwissenschaften, Bd. 1).

Boxall, Peter F.; Purcell, John; Wright, Patrick M. (Hg.) (2007): The Oxford handbook of human resource management. Oxford, New York: Oxford University Press (Oxford handbooks).

Campbell, David; Stonehouse, George; Houston, Bill (2002): Business strategy. An introduction. 2nd ed. Oxford: Butterworth-Heinemann.

Dillerup, Ralf; Stoi, Roman (2011): Unternehmensführung. 3., überarb. Aufl. München: Vahlen.

Doyé, Thomas; Eisele, Daniela (2010): Praxisorientierte Personalwirtschaftslehre. Wertschöpfungskette Personal. 7., vollst. überarb. Aufl. Stuttgart: Kohlhammer.

Kochan, Thomas, A. (2007): Social Legitimacy of the HRM Profession. A US Perspective. In: Peter F. Boxall, John Purcell und Patrick M. Wright (Hg.): The Oxford handbook of human resource management. Oxford, New York: Oxford University Press (Oxford handbooks), S. 599–619.

Lattmann, Charles (1982): Die verhaltenswissenschaftlichen Grundlagen der Führung des Mitarbeiters. Bern u.a: Haupt (Schriftenreihe Unternehmung und Unternehmungsführung, 9).

Scholz, Christian (2000): Personalmanagement. Informationsorientierte und verhaltenstheoretische Grundlagen. 5., neubearb. und erw. Aufl. München: Vahlen (Vahlens Handbücher der Wirtschafts- und Sozialwissenschaften).

Scholz, Christian (2010): Grundzüge des Personalmanagements. 1. Aufl. München: Vahlen.

Steinle, Claus; Ahlers, Friedel; Gradte, Britta (2000): Vertrauensorientiertes Management. In: *zfo* (4), S. 208–210.

Stock-Homburg, Ruth (2008): Personalmanagement. Theorien – Konzepte – Instrumente ; 1. Aufl. Wiesbaden: Gabler.

Uhle, Thorsten; Treier, Michael (2010): Betriebliches Gesundheitsmanagement. Gesundheitsförderung in der Arbeitswelt – Mitarbeiter einbinden, Prozesse gestalten, Erfolge messen. 1. Aufl. Berlin: Springer Berlin.

Ulrich, Dave (Hg.) (1999): Strategisches Human-Resource-Management. München, Wien: Hanser.

Ulrich, Dave (1999): Das neue Personalwesen: Mitgestalter der Unternehmenszukunft. In: Dave Ulrich (Hg.): Strategisches Human-Resource-Management. München, Wien: Hanser, S. 33–51.

Ulrich, David; Brockbank, Wayne; Johnson, Dani; Sandholtz, Kurt; Younger, Jon (2008): HR competencies. Mastery at the intersection of people and business. Alexandria, Va: Society for Human Resource Management.

Weibler, Jürgen (2001): Personalführung. München: Vahlen.

Weissenrieder, Jürgen, Kossel Marijan (2010): Das NPM-Konzept – engagierte Mitarbeiter sind kein Zufall. In: Jürgen Weissenrieder und Marijan Kosel (Hg.): Nachhaltiges Personalmanagement in der Praxis. Mit Erfolgsbeispielen mittelständischer Unternehmen. 1. Aufl. Wiesbaden: Gabler, S. 11–24.

Weissenrieder, Jürgen; Kosel, Marijan (Hg.) (2010): Nachhaltiges Personalmanagement in der Praxis. Mit Erfolgsbeispielen mittelständischer Unternehmen. 1. Aufl. Wiesbaden: Gabler.

Wöhe, Günter; Döring, Ulrich (2010): Einführung in die allgemeine Betriebswirtschaftslehre. 24., überarb. und aktualisierte Aufl. München: Vahlen.

Zaugg, Robert J. (2009): Nachhaltiges Personalmanagement. Eine neue Perspektive und empirische Exploration des Human Resource Management. 1. Aufl. Wiesbaden: Gabler.

5 Internationales Management und Nachhaltigkeit

Von Prof. Dr. Carsten Herbes

Lernziele

Die Leser

- ■ verstehen, wie grenzüberschreitende Probleme und internationale Organisationen die Nachhaltigkeitsdebatte geprägt haben,

- ■ begreifen die Spielräume internationaler Unternehmen und wie verschiedene Organisationen versuchen, grenzüberschreitende Nachhaltigkeitsstandards zu setzen und zu überwachen,

- ■ sind sich bewusst, dass es große kulturelle Unterschiede im Verständnis von Nachhaltigkeit gibt,

- ■ wissen, welche Nachhaltigkeitsprobleme es in internationaler Strategie, Beschaffung und Marketing gibt und wie Nachhaltigkeit in diesen Funktionen gefördert werden kann.

Schlagwortliste

■ Industrieflucht-Hypothese ■ Race-to-the-bottom-Hypothese ■ Pollution-haven-Hypothese ■ ILO ■ Global Compact ■ Kultur ■ Korruption

5.1 Einleitung

5.1.1 Internationale Unternehmensaktivitäten – ein Überblick

In diesem Kapitel sollen die besonderen Herausforderungen von → Nachhaltigkeit beleuchtet werden, denen Unternehmen bei ihren internationalen Aktivitäten gegenüberstehen. Das Spektrum möglicher internationaler Aktivitäten ist breit. So treten Unternehmen auf den internationalen Märkten für Güter und Dienstleistungen als Verkäufer auf und tätigen dort grenzüberschreitende Geschäfte. Gleichzeitig kaufen sie Güter und Dienstleistungen ein. Auf den internationalen Finanzmärkten beschaffen sie sich auf der einen Seite von ausländischen Investoren sowie Darlehensgebern Kapital und treten an anderer Stelle selbst als Investor in anderen Ländern auf. Am Personalmarkt schließlich rekrutieren sie Personal aus und in anderen Ländern.

Grenzüberschreitende Aktivitäten von Unternehmen gibt es seit der Antike. Die Händler im Römischen Reich pflegten internationale Beziehungen, die Seidenstraße wird als internationale Handelsroute schon seit vorchristlichen Zeiten genutzt und im Mittelalter handelten deutsche Kaufleute im Rahmen der Hanse mit Partnern im gesamten Nord- und Ostseeraum.

Diese grenzüberschreitenden Aktivitäten nehmen inzwischen einen großen Teil der gesamten wirtschaftlichen Aktivitäten in der Welt ein. Der internationale Handel erreichte schon 2008 über 25% des Welt-Sozialprodukts.[118] Exporte machten im Zeitraum 2007–2011 knapp die Hälfte des deutschen Bruttoinlandsproduktes aus.[119] Ausländische Anteilseigner halten an den DAX-Unternehmen im Durchschnitt 56%, in Einzelfällen wie der Deutschen Börse AG sogar bis zu 82%.[120] In anderen Ländern ist der internationale Einfluss noch weit größer als in Deutschland.

Im ersten Abschnitt sehen wir uns zunächst an, wie grenzüberschreitende Probleme und internationale Organisationen die Nachhaltigkeitsdebatte geprägt haben. Dann fragen wir nach den Auswirkungen internationaler Tätigkeiten von Unternehmen auf die nachhaltige Entwicklung. Thema des dann folgenden Abschnitts 5.2 sind die Besonderheiten von Nachhaltigkeitsaspekten internationaler Tätigkeiten von Unternehmen verglichen mit rein inländischen Aktivitäten. Wir werden sehen, dass die Handlungsspielräume von Unternehmen im internationalen Bereich größer sind, dass es aber auch Vereinbarungen und Organisationen gibt, die versuchen, internationale Unternehmen in Richtung Nachhaltigkeit zu beeinflussen. In Abschnitt 5.3 wird deutlich, dass es sehr vom kulturellen und institutionellen Hintergrund abhängt, wie Nachhaltigkeit überall auf der Welt von Unternehmen verstanden und umgesetzt wird. In Abschnitt 5.4 schließlich beleuchten wir verschiedene Unternehmensfunktionen wie Beschaffung oder Marketing und fragen, welche Herausforderungen bezüglich der Nachhaltigkeit jeweils bei internationalen Aktivitäten auftreten und was Unternehmen in der jeweiligen Funktion tun können, um ihr internationales Engagement nachhaltiger zu gestalten. Das Kapitel schließt in 5.5 mit einem Fazit.

---

[118] Vgl. Kutschker M./Schmid, S. (2011), S. 44

[119] Vgl. www.worldbank.org

[120] Vgl. www.faz.net (2011)

5.1.2   Internationaler Charakter der Nachhaltigkeitsproblematik

Nachhaltigkeit hat von ihrem Inhalt und von der Begriffsentwicklung her immer einen internationalen Aspekt gehabt. Zentrale Probleme wie z.b. der Kampf gegen die Erderwärmung (Ökologie) oder Armut, Hunger und ungesteuerte Migration (Soziales) sind globale Phänomene. Auch die Auswirkungen von Unternehmensaktivitäten lassen sich nicht auf ein Land begrenzen. So sorgten auf der einen Seite Emissionen aus osteuropäischen Industrien in der Vergangenheit für sauren Regen in Deutschland, die radioaktiven Emissionen von Tschernobyl gingen als Niederschlag auch über Westeuropa nieder. Auf der anderen Seite spielen ausländische Investoren häufig eine große Rolle für die Beschäftigungsbedingungen gerade in Entwicklungsländern. In der politischen Nachhaltigkeitsdiskussion gingen zentrale Publikationen von internationalen Organisationen aus:

5

Der **Club of Rome** setzte nach den fortschrittsgläubigen 1950er und 1960er Jahren mit seinem Bericht „**The Limits to Growth**" 1972 erstmals einen Gegenpunkt und wies darauf hin, dass bei weiter ungebremstem Wachstum mit den damals vorherrschenden technischen Möglichkeiten der ökologische und wirtschaftliche Zusammenbruch unausweichlich sei.[121]

Die **UN-Kommission für Umwelt und Entwicklung** (World Commission on Environment and Development, WCED), auch als → **Brundtland-Kommission** bekannt, schuf in ihrem Bericht „Our Common Future" schon 1987 eine noch heute vielfach verwendete Definition von Nachhaltigkeit: „**Sustainable development is development that meets the needs of the present without compromising the ability of future generations to meet their own needs**"[122]. Mit diesem Satz wird neben der **intragenerativen Gerechtigkeit** (gerechte Entwicklung für die Angehörigen einer Generation, also z.B. Gerechtigkeit zwischen Industrie- und Entwicklungsländern), die **intergenerative Gerechtigkeit** betont, also die Notwendigkeit, heute so zu leben, dass auch zukünftige Generationen noch eine lebenswerte Umwelt vorfinden. Außerdem stellt der Bericht eine globale Betrachtungsweise und die enge Beziehung zwischen Entwicklungs- und Umweltaspekten heraus.

---

[121] Vgl. Meadows, D.H. et al. (1972)

[122] WCED (1987), S. 41

5.1.3   Auswirkungen des internationalen Geschäftes auf die Nachhaltigkeit

Merksatz: Internationale wirtschaftliche Aktivitäten können sowohl förderlich als auch hinderlich für eine nachhaltige Entwicklung sein.

Positiv betrachtet sorgen internationale wirtschaftliche Tätigkeiten von Unternehmen für mehr **Wachstum** und damit für mehr **Wohlstand**, wodurch die Nachfrage nach **Umweltschutz** steigt. Außerdem ermöglicht internationaler Handel Spezialisierung und damit umweltfreundlichere Produktionsverfahren. Schließlich können Fertigungsstätten ausländischer Investoren für einen **Wissens-Spillover** auf Unternehmen des Gastlandes (eindeutige Nachweise stehen aber noch aus[123]) und die **Verbreitung westlicher Umwelt- und Sozialstandards** sorgen.[124] Häufig wird in der Literatur darauf hingewiesen, dass Produktionsstätten großer multinationaler Unternehmen (MNU) in der Regel produktiver und auch ‚sauberer‘ sind als Fabriken lokaler Unternehmen.[125]

Negativ betrachtet tragen international wirtschaftende Unternehmen zu **erhöhtem Ressourcenverbrauch** durch Produktion, Transport und Konsum bei.[126] Auch haben in der Vergangenheit internationale Konzerne weniger entwickelte Länder als **pollution-havens** (siehe 5.2.1) genutzt und umweltschädliche Industrien mit starken Emissionen dorthin verlagert.[127]

Im Endeffekt können beide Argumente stimmen: Obwohl internationale Unternehmen in weniger entwickelten Ländern nicht so saubere Technologien einsetzen wie in ihrem Heimatland, sind sie häufig noch weit besser als die lokalen Unternehmen.

Außerdem können internationale Unternehmen durch ihren Vorsprung bei den **Economies of Scale** Produkte häufig preiswerter herstellen als lokale Produzenten. Wenn diese Produkte dann in ein Entwicklungsland importiert werden, verhindern sie die Entwicklung lokaler Unternehmen.

---

[123] Vgl. Taymaz, E./Yilmaz, K. (2008), S. 1

[124] Vgl. Schlesinger, D. (2006), S. 149

[125] Vgl. die bei Abdul-Gafaru, A. (2009), S. 51 genannten Studien

[126] Vgl. Schlesinger, D. (2006), S. 149

[127] Vgl. Abdul-Gafaru, A. (2009), S. 50

Ergebnis: In jedem Fall jedoch bringen Unternehmen bei grenzüberschreitenden Tätigkeiten, z.b. der Investition in Fertigungsstätten, ihr Verständnis von Nachhaltigkeit mit, das dann evtl. in Spannung zum jeweils kulturell geprägten Nachhaltigkeitsverständnis des Gastlandes tritt.

Meist denken wir dabei an Investitionen westlicher Konzerne in anderen Ländern. Seit einigen Jahren jedoch wird die umgekehrte Richtung von Direktinvestitionen immer wichtiger. So steigen chinesische Konzerne seit 2005 verstärkt bei deutschen Maschinenbauunternehmen ein und exportieren so auch das chinesische Verständnis von Nachhaltigkeit.[128] Für Unternehmen aus Ländern mit eher laxen Regelungen im Bereich Nachhaltigkeit ist die Expansion in Märkte mit ausgeprägtem Nachhaltigkeitsverständnis eine besondere Herausforderung.

Die Wirtschaftskraft international tätiger Unternehmen übersteigt häufig die Staatsausgaben sogar mittelgroßer Länder wie Belgien oder Österreich, bei kleineren Staaten ist sogar das Sozialprodukt kleiner als der Umsatz großer Weltkonzerne.

Ergebnis: Die größten globalisierten Unternehmen beeinflussen also die Stakeholder in aller Welt in vielen Fällen stärker und direkter als die Regierungen von deren Heimatländern.

Praxisbeispiel: Shell in Nigeria[129]

Shell fördert im Niger-Delta schon seit 1958 Erdöl, und seit Jahrzehnten stehen die Praktiken des Unternehmens unter kritischer Beobachtung von Umweltorganisationen und der Vereinten Nationen. So wurde das mit dem Erdöl gemeinsam geförderte Erdgas lange nahezu vollständig abgefackelt (95% im Jahr 1995), was nicht nur lokal zu saurem Regen führt, sondern durch die CO_2-Emissionen auch global die Erderwärmung beschleunigt. Selbst 2011 wurde noch Gas verbrannt. Auch Verschmutzungen

---

[128] Vgl. Herbes, C./Schneidewind, P. (2007), S. 27 ff.

[129] Vgl. Abdul-Gafaru, A. (2009), S. 56 ff.; vgl. UNEP (2011); vgl. Shell (2012)

durch austretendes Erdöl und damit eine Schädigung der empfindlichen Mangrovenwälder scheinen an der Tagesordnung, zum weiteren Ausbau der Erdölförderung wurden Wälder abgeholzt. Shell selbst gibt an, dass allein 2003 nahezu 10.000 Barrel Öl in die Umwelt ausgetreten sind und in den 1980er Jahren ca. 40% aller Erdölverschmutzungen durch Shell weltweit in Nigeria auftraten. Auch 2011 gab es wieder einen ernsten Vorfall vor der Küste Nigerias bei der Beladung eines Öltankers Die Umweltverschmutzungen liegen ein Vielfaches über den entsprechenden Werten in den USA. Diese Unterschiede rühren vor allem aus der mangelnden Durchsetzung von Umweltschutzbestimmungen in Nigeria her. Wo Shell in anderen Ländern empfindliche Strafen fürchten muss, drohen diese in Nigeria nicht. Shells Aktivitäten in Nigeria wurden aber wiederholt öffentlich an den Pranger gestellt, zuletzt in dem umfangreichen Bericht der UNEP. Deshalb sieht sich das Unternehmen zur Erhaltung seiner weltweiten Reputation genötigt, diese Probleme anzugehen. Zumindest in der Kommunikation ist dies sehr sichtbar. So nimmt Nigeria in Shells Sustainability-Report breiten Raum ein, und das Unternehmen will gemeinsam mit der International Union for Conservations of Nature einen unabhängigen wissenschaftlichen Beirat einsetzen, der die Behandlung von Ölaustritten untersucht. Zudem wurde Anfang 2012 die Inspektions- und Zertifizierungsgesellschaft Bureau Veritas aus Frankreich engagiert, um Ölverschmutzungen durch Shell zu untersuchen.

5.2 Internationale Besonderheiten von Nachhaltigkeitsaspekten

Wir haben gesehen, dass internationale Unternehmen durch ihre Aktivitäten erheblichen Einfluss auf die nachhaltige Entwicklung vieler Länder ausüben. Was macht nun die Besonderheit von nachhaltigem Management bei internationalen im Gegensatz zu rein inländischen Aktivitäten aus? Zum Ersten haben Unternehmen aus Europa und den USA[130] bei internationalen Aktivitäten **größere Handlungsspielräume auf Grund fehlender verbindlicher internationaler Regelungen**. Die meisten und die detailliertesten Gesetze finden sich auf

---

[130] Unternehmen aus Ländern mit geringer Regelungsdichte im Bereich Nachhaltigkeit hingegen werden bei internationalen Aktivitäten geringere Handlungsspielräume wahrnehmen.

nationaler Ebene. Zum Zweiten sind das **Verständnis und die Umsetzung von Nachhaltigkeit in verschiedenen Ländern wegen unterschiedlicher institutioneller und kultureller Rahmenbedingungen ganz verschieden.** Und zum Dritten wird in den Gastländern von internationalen Unternehmen häufig mehr in Sachen Nachhaltigkeit erwartet als von lokalen Unternehmen.

5.2.1 Größere Handlungsspielräume

> **Merksatz**: Verbindliche gesetzliche Regelungen, insbesondere zu sozialen und ökologischen Aspekten, existieren meist nur national, daher genießen Unternehmen bei internationalen Aktivitäten generell größere Freiheiten.

Außerdem können Unternehmen durch Standortverlagerungen regulatorischen Auflagen im Bereich Nachhaltigkeit ausweichen. Dies ist der Kern der → **Industrieflucht-Hypothese**. Sie besagt, dass sich Unternehmen zur Gewinnmaximierung staatlichen Auflagen, die für sie Kostenbelastungen bedeuten, durch Verlagerungen entziehen werden.

Außerdem gibt es einen → **„Systemwettbewerb der Nationalstaaten"**.[131] D.h. Staaten konkurrieren um ausländische Investoren und verfallen dabei z.T. in eine strategische Nutzung niedriger Schutzniveaus, z.B. bei Umwelt- oder Arbeitnehmerrecht.[132] Eine der wichtigsten Hypothesen in diesem Zusammenhang ist die sogenannte → **Race-to-the-Bottom-Hypothese (RTB-Hypothese)**. Sie besagt, dass Unternehmen für Investitionen diejenigen Länder auswählen, in denen sie die höchsten Gewinne machen können. Hohe Steuern und strenge Regeln für Umwelt- und Arbeitnehmerschutz schmälern die Gewinne, von daher vermeiden Unternehmen Länder, die eine solche Politik verfolgen. Um eine Kapitalflucht zu vermeiden, werden Länder daher gezwungen sein, immer niedrigere Standards zu setzen. So gerne diese Hypothese immer wieder in die Diskussion zitiert wird, vor allem von Industrievertretern angesichts drohender Gesetzesverschärfungen, so wenig wird sie durch empirische Daten unterstützt. Vor allem bei stärkerer Öffnung eines Landes für den Welthandel müssten Verschlechterungen in den Standards zu beobachten sein. Tatsächlich ist dies nicht der Fall und die Hypothese wurde schon häufig empirisch widerlegt.[133] Nicht selten sind die besonders strengen Länder auch die mit einer ho-

---

[131] Schlesinger, D. (2006), S. 150
[132] Vgl. Schlesinger, D. (2006), S. 150
[133] Vgl. z.B. Millimet. D.L./List, J.A. (2003); vgl. Drezner, D.W. (2006)

hen Arbeitsproduktivität und auch ansonsten attraktiven Bedingungen. Deutschland als eine der offensten Volkswirtschaften der Welt verschärft z.b. seine ohnehin strengen Standards ständig und zieht trotzdem weiter ausländische Investoren an.

Eng verwandt mit der RTB-Hypothese ist die → **Pollution-Haven-Hypothese**. Sie besagt, dass stark umweltverschmutzende Industrien ihre Standorte in Länder mit einer schwachen Umweltschutz-Gesetzgebung verlagern. Auch hier ist eine empirische Evidenz nicht einfach herzustellen.

Obwohl die drei genannten Hypothesen in der Realität vielleicht nicht völlig zutreffen, so ist doch unbestritten, dass Unternehmen durch internationale Aktivitäten Handlungsspielräume haben, die nachteilig für eine nachhaltige Entwicklung sein können. Deshalb wird seit Langem versucht, supranationale Regelungen und Institutionen zu etablieren.

5.2.2   Supranationale Regelungen zu Nachhaltigkeitsaspekten

Und so gibt es inzwischen eine Reihe von supranationalen oder sogar globalen Regelungen und Mechanismen, die Unternehmensaktivitäten in Richtung einer größeren Nachhaltigkeit beeinflussen sollen, im Übrigen gelten diese auch für rein inländisch operierende Unternehmen. Diese Mechanismen reichen von **klassischen völkerrechtlichen Verträgen** über die Überwachung durch **Nicht-Regierungsorganisationen** (Non-Governmental Organizations, NGOs) bis hin zu **Selbstverpflichtungen** und die nicht formalisierte Überwachung durch Konsumenten. Für globale Standards spricht, dass so gleiche Voraussetzungen für alle Unternehmen im globalen Wettbewerb geschaffen werden und dass es Unternehmen leichter fällt, ihre Lieferanten auf die Einhaltung sozialer und Umweltkriterien zu überprüfen. Dagegen wird angeführt, dass die Standards oft sehr weich sind, zusätzliche Bürokratiekosten verursachen und den „Wettbewerb kreativer Konzepte"[134] verhindern.

Die → **Kernarbeitsnormen (Core Labour Standards) der Internationalen Arbeitsorganisation ILO (International Labour Organization)** von 1998 legen für alle 185 Mitgliedsstaaten der ILO automatisch Mindeststandards wie Vereinigungsfreiheit, Beseitigung von Zwangs- und Pflichtarbeit, Abschaffung der Kinderarbeit und die Beseitigung der Diskriminierung im Beruf fest und machen damit acht internationale ILO-Übereinkommen verbindlich.[135] Die Mitgliedsstaaten sind verpflichtet, dem Verwaltungsstab der ILO regelmäßig zu

---

[134] Rieth, L. (2003), S. 381

[135] Vgl. http://www.ilo.org/declaration/lang--en/index.htm

berichten. Diese Berichte erhalten auch die Vertreter der Arbeitgeber und Gewerkschaften, die die Berichte kommentieren können. Quasi-gerichtliche Beschwerdeverfahren stehen Gewerkschaften und Arbeitgebervertretern sowie Regierungen zu und zwar nicht nur für ihr eigenes Land. Im Extremfall kann die ILO auch Sanktionen beschließen, wie z.b. gegen Myanmar wegen Zwangsarbeit. Die Herausforderung liegt jedoch in der Umsetzung. Zum Ersten haben die ILO und auch die Mitgliedsstaaten nur begrenzte Verwaltungskapazitäten. Zum Zweiten gibt es in vielen Ländern eine stark ausgeprägte informelle Ökonomie oder Schattenwirtschaft, in der Gewerkschaften keine Rolle spielen. Und zum Dritten steht Unternehmen der Weg in solche Staaten offen, die nur wenige Ratifikationen von Übereinkommen aufweisen, z.b. durch Ausflaggen von Schiffen.[136]

Die → **OECD-Leitsätze für multinationale Unternehmen** stellen „Grundsätze und Maßstäbe für verantwortungsvolles unternehmerisches Handeln in einem globalen Kontext […]"[137] dar. Wieder geht es um Menschenrechte, Beschäftigung, Umwelt sowie zusätzlich um Korruption. Die 34 OECD-Mitglieder sowie acht weitere Staaten haben sich verpflichtet, multinationale Unternehmen, die auf ihrem Territorium oder von ihrem Territorium aus ihre Geschäfte tätigen, zur Einhaltung der Leitsätze anzuhalten. Für Unternehmen sind die OECD-Leitsätze aber nicht rechtsverbindlich. Verletzungen der Leitsätze können den Nationalen Kontaktstellen gemeldet werden, die Veröffentlichung eines Verstoßes ist aber alles, was dem betroffenen Unternehmen passieren kann.[138]

Die **Social Accountability Initiative (SAI)** wurde 1997 in den USA gegründet und stellte mit SA 8000 den ersten globalen Sozialstandard für Arbeitsbedingungen zur Verfügung. Inhaltliche Grundlage sind dabei diverse Konventionen der UN und der ILO, in denen es z.b. um Kinderarbeit, Sicherheit und Gesundheit sowie Gewerkschaftsfreiheit geht. Die beitretenden Unternehmen übernehmen soziale Verantwortung und lassen ihre Bemühungen von unabhängigen Auditoren, z.b. dem TÜV Rheinland zertifizieren. Die Zertifizierung ist allerdings freiwillig. Anders als bei den OECD-Leitsätzen ist Umweltschutz kein Thema für SA 8000. Insgesamt sind heute über 2000 Unternehmen nach SA 8000 zertifiziert.[139]

5

---

[136] Vgl. Senghaas-Knobloch, E. (2003), S. 12 ff.

[137] OECD 2011

[138] Vgl. OECD 2012

[139] Vgl. Gilbert, D.U. (2001); Vgl. http://www.sa-intl.org

Der → **Global Compact der Vereinten Nationen (GC)** ist eine Plattform für Unternehmen und stellt mit über 8.700 Unternehmen und anderen Stakeholdern die größte CR-Initiative der Welt dar.[140] Die teilnehmenden Unternehmen verpflichten sich zur Einhaltung der zehn Prinzipien des Global Compact in den Bereichen Menschenrechte, Umwelt, Korruption, Zwangs- und Kinderarbeit sowie sonstiger Arbeitnehmerrechte. Der GC wurde 2000 durch Kofi Annan und zahlreiche CEOs multinationaler Konzerne gegründet und wird durch ein Büro im Generalsekretariat der UN von nur wenigen Mitarbeitern koordiniert. Der GC kann also kein neuer Standardsetzer und auch keine Überwachungsorganisation sein. Vielmehr handelt es sich um eine Plattform für gegenseitiges Lernen und Dialoge. Für viele Unternehmen scheint eine Mitgliedschaft im Global Compact allerdings nur eine PR-Maßnahme zu sein. Meist wurden existierende Projekte lediglich unter diesem neuen Stichwort subsumiert und kaum neue Projekte angestoßen. Von den Unternehmen wird besonders die hohe weltweite Sichtbarkeit und Akzeptanz des Global Compact geschätzt.[141]

Die → **Global Reporting Initiative (GRI)**, eine gemeinschaftliche Initiative des UN-Umweltprogramms UNEP (United Nations Environment Programme) und der amerikanischen Nichtregierungsorganisation CERES (Coalition for Environmentally Responsible Economics) stellt Unternehmen Leitlinien für eine gute Nachhaltigkeitsberichterstattung zur Verfügung.[142] Ob ein Unternehmen sich an die GRI-Richtlinien hält oder nicht kann ein erster Maßstab für die Qualität seiner Nachhaltigkeitsberichterstattung sein, verpflichtet sind Unternehmen dazu nicht.

Auch **nationale Normen** können weltweite Auswirkungen haben. So können die US-Behörden im Rahmen des **Foreign Corrupt Practices Act (FCPA)**[143] Schmiergeldzahlungen von Unternehmen weltweit verfolgen, wenn diese entweder in den USA ihren Sitz haben oder Wertpapiere, z.B. Aktien, an einer US-Börse notiert sind. So war der Schmiergeldskandal bei Siemens der bisher größte nach dem FCPA verfolgte Fall.

Codes of Conduct (Verhaltenskodizes) sind **freiwillige Selbstverpflichtungen** von Unternehmen, die über Landesgrenzen hinweg Gültigkeit haben.[144] Allerdings beziehen sich nur wenige Codes explizit auf ILO-Übereinkommen

---

[140] Vgl. http://www.unglobalcompact.org/

[141] Vgl. Rieth, L. (2003), S. 384

[142] Vgl. https://www.globalreporting.org/information/about-gri/Pages/default.aspx

[143] Vgl. http://www.fcpa.us/

[144] Vgl. Rieth, L. (2003), S. 378

oder UNO-Konventionen.[145] Einklagbar ist die Einhaltung der Normen nicht, sie können lediglich durch Bürger und NGOs überwacht werden und auf Abweichungen aufmerksam gemacht werden.

Ergebnis: Insgesamt ist die Einhaltung supranationaler Abkommen und Kodizes für Unternehmen häufig freiwillig und in anderen Fällen haben Regelverletzer keine scharfen Sanktionen zu erwarten. Eine Überwachung der Tätigkeit internationaler Unternehmen in Bezug auf Nachhaltigkeit ist also schwierig.

5.2.3   Andere supranationale Nachhaltigkeitstreiber

Regelungen und Institutionen sind aber nicht die einzigen Elemente für die Überwachung von Unternehmen im internationalen Geschäft. Wer spielt sonst noch eine wichtige Rolle?

An erster Stelle sind **international tätige NGOs** zu nennen. Bei Umweltschutz sind die bekanntesten wohl Greenpeace und World Wide Fund For Nature (WWF). Bei Menschenrechten und sozialen Angelegenheiten sind es z.B. Human Rights Watch, Social Accountability International (siehe oben) oder die Fair Labour Association. Einige dieser Organisationen verfügen über Millionenbudgets, breite Unterstützung sowie eine extrem professionelle Kommunikationspolitik und können so Einfluss auf die Unternehmenspolitik auch großer Konzerne nehmen. Angesichts anhaltender Kritik an den Arbeitsbedingungen bei Zulieferern sah sich z.B. Adidas veranlasst, der Fair Labour Association beizutreten.

Neben NGOs stellen **internationale Investoren** eine weitere Stakeholder-Gruppe dar, die starken Einfluss nehmen können. Aktionärsvertreter und auch einzelne Investoren mahnen auf Hauptversammlungen Nachhaltigkeit an. Unternehmen, die Nachhaltigkeit langfristig nicht berücksichtigen, müssen mit einem Abschlag auf ihren Aktienkurs rechnen, denn zwei Drittel aller Großanleger benutzen inzwischen Nachhaltigkeitskriterien für ihre Investmententscheidungen.[146] Zudem werden besondere Fonds aufgelegt, die Nachhaltigkeitsaspekte als wichtige Entscheidungskriterien für ihre Investitionen benutzen und explizit um Anleger mit einem hohen Nachhaltigkeitsbewusstsein werben. Es gibt

---

[145] Vgl. Gould IV, W.B. (2002), S. 44

[146] Vgl. http://www.presseportal.de/pm/76432/2089162/investoren-studie-grossanleger-setzen-auf-nachhaltigkeit-mit-bild

sogar Aktienindizes, die auf Nachhaltigkeit basieren, z.B. die Familie der Dow Jones Sustainability Indizes, auf denen weltweit Finanzprodukte im Wert von 8 Mrd. US-Dollar basieren.[147]

Konsumenten können auch ohne expliziten Zusammenschluss in einer Nichtregierungsorganisation allein durch ihre Marktmacht gegenüber internationalen Unternehmen die Durchsetzung von Mindeststandards von Nachhaltigkeit erzwingen. Allerdings sind solche spontanen Aktivitäten meist kurzlebig, so z.B. in Deutschland, als nach der Lidl-Bespitzelungsaffäre die Kunden kurzzeitig andere Discounter bevorzugten.

Auch **grenzüberschreitende Arbeitnehmervertretungen und internationale Gewerkschaftsverbände** sind als Nachhaltigkeits-affine Stakeholder-Gruppen nicht zu vernachlässigen.

5.3 Ansätze und Verständnis von Nachhaltigkeit in verschiedenen Ländern

Merksatz: Nachhaltigkeit, wie andere Elemente der Unternehmenspolitik auch, ist eingebettet in und wird beeinflusst von je nach Land unterschiedlichen institutionellen und kulturellen Rahmenbedingungen.

Unterschiedliche **institutionelle Rahmenbedingungen** in verschiedenen Ländern geben in Teilbereichen der Nachhaltigkeit den Unternehmen unterschiedliche Grade an Handlungsfreiheit, so z.B. durch Umwelt- und Sozialstandards, Faktorpreise (z.B. Mindestlöhne), Werte sowie den Grad der Durchsetzung von Regelungen und Normen. Unternehmen können also dahin gehen, wo soziale und ökologische Kosten ihrer Aktivität in geringerem Maße internalisiert werden und so die Produktion für sie kostengünstiger ist.

Die weltweite Verbreitung von Begriffen wie → Corporate Social Responsibility (CSR) oder Sustainability darf nicht darüber hinwegtäuschen: Der Begriff CSR wurde in den USA geprägt; und **die dahinter stehenden Werthaltungen sind tief geprägt von amerikanischen und europäischen Kulturen, Prinzipien und Gesellschaftsstrukturen.**[148]

---

[147] Vgl. SAM (2012), S. 2

[148] Vgl. Fukukawa, K./Teramoto, Y. (2009), S. 134

Kultur soll hier verstanden werden als die geteilten Grundannahmen, Werte und Artefakte einer Gruppe von Menschen.

In der Literatur herrscht breiter Konsens darüber, dass **kulturelle Ausprägungen einen starken Einfluss auf spezifische Aspekte von Nachhaltigkeit haben.**[149] So gilt als nachgewiesen, dass in Kulturen mit stark entwickelter Machtdistanz (Hofstede) ein stärkerer Hang zur Korruption besteht. Dies rührt daher, dass in solchen paternalistischen Kulturen Untergebene in starkem Maße abhängig von ihren Vorgesetzten sind, die Wohltaten und Positionen nach Gutdünken verteilen können und dafür Loyalität erwarten.[150] Auch Kulturen mit hohen Werten bei Maskulinität sind eher anfällig für Korruption. Grund hierfür ist die starke Betonung materiellen Erfolgs und die damit einhergehende Neigung, Wohlstand durch korrupte Praktiken zu erreichen.[151] In Abb. 5-1 sind die Einflüsse verschiedener Ausprägungen von Kulturdimensionen auf einzelne Aspekte von Nachhaltigkeit im Überblick dargestellt.

Kulturelle Eigenschaften	Vermeidung von Korruption (Husted 1999)	Unterstützung von Umweltschutz (Katz et al. 2001)	Unterstützung von Nachhaltigkeit (Umwelt) (Parboteeah et al. 2012)	Verbraucheraktivismus (Katz et al. 2001)
Hohe Machtdistanz	⊖	⊖		⊖
Stark ausgeprägte Individualität	⊕	⊖	⊖	⊕
Starke Maskulinität	⊖	⊖	⊖	⊖
Starke Unsicherheitsvermeidung		⊕		⊖
Starke Zukunftsorientierung			⊕	

Abb. 5-1: Kultur und verschiedene Nachhaltigkeitsaktivitäten[152]

---

[149] Vgl. Katz, J.P. et al. (2001)

[150] Vgl. Husted, B.W. (1999), S. 350 ff.

[151] Vgl. Vitell, S.J. et al. (1993)

[152] Eigene Darstellung, Inhalte: vgl. Husted, B. (1999); vgl. Parboteeah, K.P. et al. (2012); vgl. Katz, J.P. et al. (2001)

Die Tabelle macht auch deutlich, dass **kulturelle Prägungen gegensätzliche Effekte auf die Nachhaltigkeit insgesamt** haben können. So neigen kollektivistische Kulturen einerseits eher zu umweltfreundlichem Verhalten andererseits aber auch zu Korruption. Maskulinität, oder in anderen Konzepten „Assertiveness" und „Performance Orientation", dagegen unterstützt sowohl Korruption als auch umweltschädliches Verhalten.

Nachhaltigkeitsaktivitäten, wie sie als Standardelemente von Nachhaltigkeitskonzepten oder -rankings gefordert werden, können in diametralem Gegensatz zu Werthaltungen bestimmter Kulturen stehen. So gebietet z.b. Nachhaltigkeit im Bereich Personal, durch Diversity Management sicherzustellen, dass Bewerber, ganz gleich welcher Minderheit sie auch angehören, dieselben Chancen auf eine ausgeschriebene Stelle erhalten. Das passt nicht zu einer partikularistischen Werthaltung, wie sie z.b. in Indien und China verbreitet ist. Dort wird es als völlig natürlich empfunden, bestimmten Bewerbern den Vorzug zu geben, die z.B. verwandt oder bekannt mit den Entscheidern sind. Gleiche Rechte und Berufschancen für Frauen sind in vielen Kulturen von Japan bis Saudi-Arabien schwierig zu vermitteln.

Auch im Bereich Umweltbewusstsein gibt es kulturelle Unterschiede: Die Haltung der meisten Chinesen gegenüber der Umwelt ist geprägt von einem geringen ästhetischen oder ethischen Wert und dem Bewusstsein, die Natur bedürfe der Verbesserung durch den Menschen.[153] Der Bau des Drei-Schluchten-Damms und seine verheerenden Umwelteffekte sind ein Ausfluss dieses Denkens. Buddhismus und Taoismus mögen zwar Naturschutzbewegungen im Westen inspiriert haben, für das Verhältnis heutiger Chinesen zur Natur sind sie weitgehend irrelevant.[154]

> **Ergebnis**: Was als wirtschaftlich, sozial und ökologisch verantwortungsvoll empfunden wird, hängt stark von der jeweiligen Kultur ab.

Damit sind wir bei einem Kernproblem von Nachhaltigkeit im internationalen Kontext angelangt: Inwieweit sollen Unternehmen (oder auch Regierungen oder NGOs) auf der weltweiten Umsetzung von Normen bestehen, die in ihrem eigenen kulturellen Kontext entwickelt wurden (Universalismus)? Inwieweit können sie guten Gewissens darauf verzichten und jeder Kultur ihre eigenen

---

[153] Vgl. Harris, P.G. (2006), S. 8
[154] Vgl. Shafer, W.E. (2010), S. 37

Normen zugestehen (Kulturrelativismus)? Auf der einen Seite sind gewisse Adaptionen an andere Kulturen meist notwendig für erfolgreiches Wirtschaften im Ausland, aber ein völliger Relativismus, der ‚kulturbedingte' Kinderarbeit, Korruption u.a. gutheißt, ist sicher unangebracht. In diesem Spannungsfeld bewegen sich international operierende Unternehmen täglich.

5.4 Probleme und Ansätze für nachhaltige internationale Aktivitäten von Unternehmen

In den jeweiligen Funktionen kommen in diesem Abschnitt prinzipiell die gleichen Maßnahmen zum Tragen wie bei inländischen Aktivitäten auch (siehe z.B. die Kapitel zu Wertschöpfung, Marketing oder Finanzierung). Die Zertifizierung von Lieferanten kann sowohl bei Lieferanten in Deutschland wie in Indien stattfinden, Diversity Management ist ein Thema für die deutsche Zentrale ebenso wie für die Niederlassung in Saudi-Arabien. Allerdings ist die Durchführung der Maßnahmen häufig komplexer und mit größeren Herausforderungen verbunden als im Inland. In diesem Abschnitt sollen beispielhaft die Funktionen Strategie, Beschaffung sowie Marketing beleuchtet werden.

5.4.1 Strategie

Bei der Formulierung von **Internationalisierungsstrategien** müssen Unternehmensleitungen unter anderem entscheiden, in welchen Ländern sie mit verschiedenen Unternehmensfunktionen wie Beschaffung, Forschung, Produktion oder Vertrieb aktiv sein wollen. Nachhaltigkeit bedeutet hier, die **Auswirkungen der Aktivitäten auf die Gastländer** oder -regionen schon bei der Planung im Blick zu haben. Dabei stellen sich Fragen wie: Stützen wir mit unseren Aktivitäten bzw. Investitionen eine Diktatur oder Kriegsökonomie? Welche Auswirkungen hat unsere Ansiedlung auf die lokale Bevölkerung, werden z.B. Umsiedlungen notwendig? Wie können wir die **Stakeholder vor Ort** rechtzeitig und umfassend einbeziehen? Verdrängen wir mit unseren Vertriebsaktivitäten lokale Produzenten und ziehen damit Wertschöpfung aus dem Land ab?

5.4.2 Beschaffung

Die Beschaffungsaktivitäten von Unternehmen werden immer komplexer. In vielen Industrien übersteigt der Wert der Vorprodukte und Dienstleistungen, die von Dritten beschafft werden, die Wertschöpfung des eigenen Unternehmens um ein Vielfaches. Insgesamt sank die **Wertschöpfungsquote** der Industrie in Deutschland von 40% in den 1970er Jahren bis auf 28% im Jahr 2006.[155] Zwei

---

[155] Vgl. Ludwig, U. et al. (2010), S. 15

Drittel des Umsatzes deutscher Unternehmen werden also für Vorleistungen von Dritten ausgegeben, ein immer größerer Anteil davon kommt aus dem Ausland. In vielen Fällen sind heute Lieferanten in anderen Ländern ein wichtiger Teil der **Wertschöpfungskette**. Wenn im Ausland verkauft wird, z.B. Energieübertragungsanlagen nach China, so ist ein bestimmter **lokaler Wertschöpfungsanteil (local content)** häufig Pflicht. **Deshalb reicht es nicht aus, Nachhaltigkeit im eigenen Unternehmen zu verankern, sondern die Lieferanten entlang der Wertschöpfungskette müssen veranlasst werden, ein Gleiches zu tun.**[156] Und so haben die meisten supranationalen Regelungen nicht nur das jeweilige Unternehmen im Blick, sondern auch dessen Lieferanten. Eine Zertifizierung nach dem SA8000-Standard z.B. verlangt auch eine Zertifizierung der Lieferanten. Ansonsten wäre es für Unternehmen ein Leichtes, ihre sozialen und ökologischen Verpflichtungen durch **Outsourcing** in weniger strenge Länder zu umgehen.

Die Beschaffung kann auf der einen Seite also zum Schlupfloch für Nachhaltigkeits-unwillige Unternehmen werden. Auf der anderen Seite können konsequent nachhaltige Unternehmen über ihre Beschaffungsaktivitäten aber auch Multiplikator des Nachhaltigkeitsgedankens in aller Welt werden. Wie können Unternehmen nun Nachhaltigkeit im Beschaffungswesen sicherstellen? Ein erster Hebel sind die **Kriterien der Lieferantenauswahl**. Die Erfüllung bestimmter Nachhaltigkeitsstandards oder die Erreichung bestimmter **Zertifizierungen** können zur Grundvoraussetzung für die Aufnahmen in die Lieferantenbasis gemacht werden. Welche Standards das sind, hängt auch von der Industrie ab. In der Textilindustrie geht es häufig um die Arbeitsbedingungen der Zulieferer, hier ist SA 8000 verbreitet. Wichtige CSR-Kriterien in der Lebensmittelindustrie sind Tierschutz, Einsatz genetisch veränderter Organismen sowie der Einsatz von Düngern und Herbiziden.[157] Zum Zweiten können **Lieferanten gezielt aus der Region rekrutiert** werden, um Transportaufwendungen und die damit einhergehenden CO_2-Emissionen zu minimieren. Die Einhaltung der Kriterien kann durch eigene Audits in den Heimatländern der Lieferanten abgesichert und die Lieferanten durch Entwicklungsmaßnahmen zur Einhaltung befähigt werden. Der letzte Punkt leitet schon über zu einem weiteren Maßnahmenbündel im Bereich Beschaffung, das sich unter dem Begriff „**Entwicklung lokaler Lieferanten**" zusammenfassen lässt. Unternehmen können in den Ursprungsländern ihrer Vorprodukte helfen, leistungsfähige Lieferanten zu entwickeln und diesen eine größere Teilhabe an der Wertschöpfung und dem dadurch entste-

---

[156] Vgl. Wolters, T. (2003), S. 8
[157] Vgl. Maloni, M.J./Brown, M.E. (2006), S. 38

henden Wohlstand zu ermöglichen. Ihre Marktmacht gegenüber den oft kleinen Lieferanten würde es ihnen erlauben, extrem niedrige Preise durchzusetzen, aber im Rahmen von **Fair Trade** haben sich viele Unternehmen dazu entschlossen, „faire" Preise an die Erzeuger in den Ursprungsländern zu zahlen. Ein Paradebeispiel für „faire" Preise und Lieferantenentwicklung sind verschiedene Initiativen im Kaffeemarkt.

5.4.3 Marketing & Vertrieb

5.4.3.1 Produktpolitik

Im Bereich Produktpolitik können Unternehmen Produkte entwickeln, die speziell auf die **Bedürfnisse von Konsumenten in Entwicklungsländern angepasst** sind und dort zu einer nachhaltigen Entwicklung beitragen. Oftmals sind die Bevölkerungsschichten am unteren Ende der Einkommenspyramide, die z.B. in Slums leben, vom regulären Markt ausgeschlossen und müssen sogar für Güter des täglichen Bedarfs wesentlich mehr ausgeben als die Bevölkerung in entwickelten Stadtteilen. So kaufen sie Trinkwasser von mobilen Händlern zu einem fast 40fach höheren Preis[158], anstatt es aus dem Trinkwassernetz zu beziehen, weil sie an dieses nicht angeschlossen sind. Ähnliche Verhältnisse gelten oft für Finanzprodukte, bei denen die Zinsen für Arme schwindelerregend hoch sind. Dieses Problem kann mit speziellen Produkten angegangen werden.

So bietet die Allianz z.B. in Indien zusammen mit lokalen NGOs Mikroversicherungen an, die extrem preiswert sind (z.B. 70 EuroCt/Jahr für eine Lebensversicherung) und z.T. durch Dorfgemeinschaften selbst verwaltet werden. Diese tragen dazu bei, das Armutsrisiko durch Naturkatastrophen zu lindern und so einem größeren Anteil der Bevölkerung eine soziale und wirtschaftliche Teilhabe zu ermöglichen. Für das Unternehmen selbst bieten solche Produkte die Chance, zukünftige Kunden zu gewinnen, auch wenn sie zunächst nicht den Standard-Gewinnvorgaben entsprechen.[159]

Danone als zweites Beispiel verkauft in Bangladesh zusammen mit lokalen NGOs einen Yoghurt, der besonders hohe Dosen von Vitamin A, Zink, Eisen und Jod enthält und damit speziell auf die bestehenden Ernährungsdefizite in Bangladesh abgestimmt ist. Zudem wird der Yoghurt sehr preiswert angeboten und die Vorprodukte werden lokal bezogen. Für Danone geht es um Lernerfahrungen in unterentwickelten Märkten und die frühzeitige Positionierung der

---

[158] Vgl. Prahalad, C.K./Hammond, A. (2002), S. 52

[159] Vgl. Schrader, C. (2011), S. 64 ff.

Marke, Gewinnmargen in der ansonsten üblichen Höhe sind in diesem Geschäft nicht zu erwarten.[160]

Auch **ökologische Verträglichkeit** kann in der Produktpolitik umgesetzt werden. So können Produkte daraufhin optimiert werden, dass sie **recyclingfähig** sind. Dabei muss schon im Produktdesign auf die **Recycling-Infrastrukturen in den jeweiligen Zielmärkten** Rücksicht genommen werden und diese ggf. selbst aufgebaut werden.

5.4.3.2   Preispolitik

Immer dann, wenn bestimmte Produkte **lebensnotwendig** sind, kommen in der internationalen Preispolitik neben betriebswirtschaftlichen Überlegungen auch ethische Aspekte zum Tragen.[161] Ein klassischer Fall sind die Preisstrategien internationaler Pharmakonzerne, z.B. für AIDS-Medikamente in Entwicklungsländern. Patentrechte sind international prinzipiell für 20 Jahre geschützt, die Inhaber genießen also z.B. bei innovativen Medikamenten eine Art zeitlich begrenztes **Monopol**, das besondere **Spielräume bei der Preissetzung** erlaubt. Eben dies steht aber mit Blick auf die Pharmaindustrie in der Kritik vieler NGOs, was schließlich zur **Doha-Erklärung von 2001** führte. Nach ihr dürfen Länder, wenn ein ernster negativer Effekt auf die öffentliche Gesundheit vorliegt, von den Patentregelungen abweichen, was Brasilien z.B. bei der Herstellung von AIDS-Generika schon getan hat.[162] In der Debatte stehen sich zwei Positionen gegenüber: Die Kritiker der Pharmaindustrie verlangen, dass die Pharmaunternehmen für bestimmte Länder auf die Durchsetzung ihrer Patente verzichten, so dass diese dort preiswert hergestellt werden könnten. Menschenrechte, so ihre Argumentation, stehen über dem Recht der Pharmakonzerne, ihre Patentrechte durchzusetzen.

Die Pharmaunternehmen argumentieren, dass hohe Kosten und Fehlschlagsraten bei der Medikamentenentwicklung hohe Preise notwendig machen und ohne diese weitere Entwicklungen nicht stattfinden würden. Bei Freigabe der Patente für bestimmte Länder fürchten sie Importe in ihre Hochpreismärkte.

Die Diskussion wird bei näherer Betrachtung noch weit komplizierter, stellen sich doch Fragen nach dem Grad der Lebensbedrohlichkeit der jeweiligen Krankheit, nach möglichen Alternativtherapien und deren Nachteilen, den

---

[160] Vgl. Schrader, C. (2011), S. 92 ff.

[161] Vgl. Spinello, R. (1992), S. 619

[162] Vgl. Buckley, J./O Tuama, S. (2005), S. 130

Auswirkungen der Kosten auf die Wohlfahrt der Patienten, der finanziellen Verfassung des anbietenden Unternehmens und weitere.

Unternehmen, nicht nur in der Pharmaindustrie, sollten sich bei Preisentscheidungen, insbesondere in Entwicklungsländern, immer die Frage stellen, ob neben betriebswirtschaftlichen Beweggründen nicht auch **soziale bzw. ethische Argumente** eine Rolle spielen müssen.

5.4.3.3 Kommunikationspolitik

Kommunikationspolitik, insbesondere Werbung, dient u.a. dazu, **Bedürfnisse bei potenziellen Kunden zu aktivieren**. Dies führt ceteris paribus zu **mehr Konsum** mit entsprechenden **Auswirkungen auf die Umwelt**. Von daher haben wir es hier mit einem grundsätzlichen Widerspruch zwischen Marketing und Nachhaltigkeit zu tun. Über die ökologische Perspektive hinaus erfährt das Thema zusätzliche Brisanz durch die Perspektive der **sozialen Nachhaltigkeit** in Entwicklungsländern. Ist es nachhaltig, Bedürfnisse nach nicht lebensnotwendigen Konsumgütern zu wecken, wenn auf der anderen Seite bei vielen Menschen noch nicht einmal die Grundbedürfnisse nach Nahrung, sauberem Trinkwasser oder Gesundheitsversorgung gedeckt sind? Kann es nachhaltig sein, Eltern zum Kauf von Mobiltelefonen zu bewegen, solange ihre Kinder aus finanziellen Gründen noch keine Schulbildung erhalten?

Wenden wir uns einem weiteren Kernproblem von Nachhaltigkeit im internationalen Marketing und Vertrieb zu: **Korruption**, ein wichtiges Thema in Investitionsgütermärkten, insbesondere für Infrastrukturanlagen. Die Projekte sind oft viele Millionen, z.T. sogar einige Milliarden Euro wert und Auftraggeber ist häufig ein fremder Staat. Angesichts hoher Auftragssummen erscheinen Schmiergelder in erheblicher Höhe z.T. lohnend für die anbietenden Unternehmen, wie zahlreiche Skandale (z.B. Siemens, MAN, Ferrostaal) in den letzten Jahren gezeigt haben. Der Schaden bei den Auftraggebern ist enorm: Sie kaufen Anlagen zu überhöhten Preisen oder bekommen technisch suboptimale Lösungen. Und das gerade oft in Teilen der Erde, die ohnehin von Armut gekennzeichnet sind. Auch wenn angeblich in vielen Ländern ohne Schmiergeld keine Aufträge gewonnen werden können, müssen nachhaltig orientierte Unternehmen darauf verzichten. Dabei muss die Unternehmensleitung nicht nur darauf achten, keine Bestechungsgelder aktiv zu genehmigen, sondern auch durch entsprechende **Kontrollsysteme** sicherstellen, dass ihre Mitarbeiter weltweit keine Bestechungsgelder einsetzen.

Praxisbeispiel Siemens[163]

Über viele Jahre hinweg hatte der Siemens-Konzern ein System von schwarzen Kassen und Bestechungspraktiken aufgebaut. Insgesamt sollen insgesamt ca. 1,3 Mrd. Euro geflossen sein, um in vielen Ländern von Afrika bis Südamerika lukrative Großaufträge zu erhalten. Über 300 Mitarbeiter von Siemens sollen daran mitgewirkt haben, sogar Mitarbeiter der → Compliance-Abteilung, deren Aufgabe eigentlich Korruptionsbekämpfung ist. Seit 1999 war Bestechung im Ausland auch in Deutschland strafbar. 2006 wurde der Fall publik, seit dem frühen Morgen des 15. November durchsuchte die Staatsanwaltschaft mit hunderten von Mitarbeitern Siemens-Büros. Schnell entpuppte sich der Fall als größter Schmiergeldskandal der deutschen Nachkriegsgeschichte. Und so funktionierte das System: Siemens schloss zum Schein Beraterverträge mit externen Firmen ab, die aber keine Beratungsleistungen erbrachten, sondern das von Siemens gezahlte Beraterhonorar als Schmiergeld z.B. an Entscheider in fremden Ländern weiterleiteten. Nun war es nicht so, dass bei Siemens solche Praktiken offiziell geduldet waren. Seit 2001 gab es mit den „Business Conduct Guidelines" präzise Richtlinien für gesetzestreues Verhalten, seit 2003 einen „Ethikkodex für Finanzangelegenheiten". Offenbar hatten diese aber mit der Realität wenig zu tun.

Anders als bei vielen Korruptionsfällen in den vergangenen Jahrzehnten bedeutete die Schmiergeldaffäre bei Siemens eine Zeitenwende bis in das Topmanagement hinein. Sogar Mitglieder des Zentralvorstandes, des höchsten Führungsgremiums von Siemens, wurden zeitweise in Untersuchungshaft genommen. Der Vorstands- und der Aufsichtsratsvorsitzende mussten das Unternehmen verlassen, viele Manager wurden verklagt, mussten Geldauflagen leisten und Schadenersatz an Siemens zahlen. Der Konzern machte große Anstrengungen, das Thema Korruption in den Griff zu bekommen. So wurden externe Anwälte, Wirtschaftsprüfer und Berater mit unabhängigen Untersuchungen beauftragt, ein ehemaliger

---

[163] Vgl. http://www.spiegel.de/wirtschaft/unternehmen/schmiergeldaffaere-ex-siemens-vorstand-kommt-mit-geldzahlung-davon-a-763651.html; vgl. http://www.welt.de/wirtschaft/article2035729/Der-Herr-der-schwarzen-Kassen-packt-aus.html; vgl. http://www.siemens.com/press/pool/de/events/2008-12-PK/MucStaats.pdf; vgl. http://www.siemens.com/annual/07/de/index/nachhaltigkeitsbericht.htm; vgl. http://www.ebef.eu/Business_Ethics_Paris_22-01-09.pdf

Staatsanwalt als Compliance-Officer eingesetzt und die Compliance-Abteilung kräftig aufgestockt, von 173 Mitarbeitern im Jahr 2007 auf 621 im Geschäftsjahr 2008. Strafen, Steuernachzahlungen und interne Aufklärung kosteten den Konzern ca. 2,9 Mrd. Euro. Mit Peter Löscher wurde 2007 der erste Vorstandsvorsitzende von außerhalb des Konzerns ernannt, viele Posten im Management wurden neu besetzt. Und Peter Löscher machte immer wieder klar: *„Only clean business is Siemens business. Everywhere – everybody – every time!"* Beraterverträge werden besonders streng auf Compliance-Risiken geprüft. Nach all den Änderungen stellt sich die Frage: Hat Siemens dadurch Geschäft verloren? Die Antwort von Siemens selbst: Nein!

5

Auf den Punkt gebracht

Wir haben gesehen: international agierende Unternehmen üben einen enormen Einfluss auf die nachhaltige Entwicklung unserer Erde aus. Zum Teil ist dieser Einfluss größer und direkter als der von Regierungen einzelner Staaten. Zudem können sich Unternehmen durch Verlagerungen ihrer Aktivitäten dem regulierenden Einfluss einzelner Regierungen entziehen. Auf der anderen Seite gibt es auch supranationale Regelungen und Institutionen wie die OECD-Leitlinien oder den Global Compact. Internationale NGOs wie Greenpeace, nachhaltigkeits-bewusste Investoren und Konsumenten schränken den Handlungsspielraum der Unternehmen ein. Außerdem ist deutlich geworden, dass unterschiedliche Kulturen auch verschiedene Einstellungen zu Nachhaltigkeit und ihren einzelnen Elementen haben. So ist Korruption in Kulturen mit hoher Machtdistanz und Maskulinität höher ausgeprägt als in anderen. Schließlich haben wir gesehen, welche Herausforderungen und Möglichkeiten für nachhaltiges Handeln in den einzelnen Unternehmensfunktionen existieren.

Literaturquellen

Abdul-Gafaru, A. (2009): Are multinational corporations compatible with sustainable development? The experience of developing countries. In: McIntyre, J.R., Ivanaj, S. und Ivanaj, V. (Hrsg.): Multinational Enterprises and the Challenge of Sustainable Development, Cheltenham und Northampton, S. 50–72

Buckley, J./O Tuama, S. (2005): International pricing and distribution of therapeutic pharmaceuticals: an ethical minefield. In: Business Ethics: A European Review 14 (5), S. 127–141

Drezner, D.W. (2006): The race to the bottom hypothesis: an empirical and theoretical review, Working Paper, The Fletcher School, Tufts University

Fukukawa, K./Teramoto, Y. (2009): Understanding Japanese CSR: The Reflections of Managers in the Field of Global Operations. In: Journal of Business Ethics 85, S. 133–146

Gilbert, D.U. (2001): Social Accountability 8000 – Ein praktikables Instrument zur Implementierung von Unternehmensethik in international tätigen Unternehmen? In: zfwu, 2/2, S. 123–148

Gould IV, W. B. (2002): Labor Law for a Global Economy. The Uneasy Case for International Labor Standards, Stanford Paper in: ILO (Hrsg.): International Labour Standards: Future Challenges and Opportunities to Enhance the Relevance of International Labour Standards, First Seminar International Labour Standards Department, May 2002, Geneva

Harris, P.G. (2006): Environmental Perspectives and Behavior in China: Synopsis and Bibliography. In: Environment and Behavior 38, S. 5–21

Herbes, C. und Schneidewind, P. (2007): Rettung oder Risiko – Neue Übernahmewelle aus China und Indien: Auswirkungen und Gegenstrategien. In: executive review 1/2007, S. 24–31

Hofstede, G. (1980): Culture's Consequences – International Differences in Work Related Values, Newbury Park, London, Neu Delhi

Husted, B.W. (1999): Wealth, Culture, and Corruption. In: Journal of International Business Studies 30 (2), S. 339–359

Katz, J.P.; Swanson, L.D.; Nelson, L.K. (2001): Culture-based expectations of corporate citizenship: a propositional framework and comparison of four cultures. In: International Journal of Organizational Analysis 9 (2), S.149–171

Kutschker, M./Schmid, S. (2011): Internationales Management, 7. Auflage, München

Ludwig, U.; Brautzsch, H.-U.; Exß, F. (2010): Arbeitskosteneffekte des Vorleistungsbezugs der Industrie an Dienstleistungen in Deutschland im Vergleich mit

Frankreich und den Niederlanden – Eine Untersuchung mit der Input-Output-Methode -, Gutachten im Auftrag des Instituts für Makroökonomie und Konjunkturforschung (IMK) in der Hans-Böckler-Stiftung, Düsseldorf

Maloni, M.J./Brown, M.E. (2006): Corporate Social Responsibility in the Supply Chain: An Application in the Food Industry, in: Journal of Business Ethics 68 (1), S. 35–52

Meadows, D.H.; Meadows, D.L.; Randers, J.; Behrens, W.W. (1972): The Limits to Growth, New York

Millimet, D.L./List. J.A. (2003): A Natural Experiment on the 'Race to the Bottom' Hypothesis: Testing for Stochastic Dominance in Temporal Pollution Trends. In: Oxford Bulletin of Economics and Statistics 65 (4), S. 395–420

Parboteeah, K.P.; Addae, H.M.; Cullen, J.B. (2012): Propensity to Support Sustainability Initiatives: A Cross-National Model. In: Journal of Business Ethics 105, S. 403–413

Prahalad, C.K./Hammond, A. (2002): Serving the World's Poor, Profitably. In: Harvard Business Review 80 (9), S. 48–57

Rieth, L. (2003): Deutsche Unternehmen, Soziale Verantwortung und der Global Compact – Ein empirischer Überblick. In: zfwu 4/3, S. 372–391

Schlesinger, D. (2006): Nachhaltige Weltwirtschaft – Die Rolle internationaler Umwelt- und Sozialstandards. In: Haas, H.D./Neumair, S.-M. (Hrsg.): Internationale Wirtschaft, München, S. 147–184

Schrader, C. (2011): Beiträge multinationaler Unternehmen zur nachhaltigen Entwicklung in Base of the Pyramid-Märkten, München und Mering

Senghaas-Knobloch, E. (2003): Interdependenz, Konkurrenz und Sozialstandards. Probleme und Strategien bei der internationalen Normendurchsetzung, artec-paper Nr. 103, Universität Bremen, artec – Forschungszentrum Nachhaltigkeit, Bremen

Shafer, W.E. (2010): Social paradigms in China and the West. In: Fukukawa, K. (Hrsg.): Corporate Social Responsibility in Asia, London und New York, S. 23–42

Spinello, R. (1992): Ethics, pricing and the pharmaceutical industry. In: Journal of Business Ethics, 11 (8), S. 617–626

Taymaz, E. / Yilmaz, K. (2008): Foreign Direct Investment and Productivity Spillovers: Identifying Linkages through Product-based Measures, Working Paper

Vitell, S.J.; Nwachukwu, S.L.; Barnes, J.H. (1993): The effects of culture on ethical decision-making: An application of Hofstede's typology. Journal of Business Ethics 10, S. 753–60

5

Wolters, T. (2003): Transforming International Product Chains into Channels of Sustainable Production – The Imperative of Sustainable Chain Management, Introduction. In: GMI 43 S. 6–13

6 Innovationsmanagement und Nachhaltigkeit

von Prof. Dr. Frank Andreas Schittenhelm

Lernziele

Die Leser

- verstehen die Bedeutung von Innovationen im Wertschöpfungsprozess,
- begreifen die Zusammenhänge und Wechselbeziehungen innerhalb des Innovationsdreiecks,
- sind sich bewusst, dass Innovationen durch gesetzliche und innerbetriebliche Rahmenbedingungen gefördert werden,
- erkennen die Bedeutung von Innovationen für die Nachhaltige Betriebswirtschaftslehre.

Schlagwortliste

■ Produktinnovation ■ Prozessinnovation ■ Innovationsprozess ■ Stage-Gate-Modell ■ Fuzzy-Front-End ■ Innovationskultur ■ Innovationsmanager

6.1 Einführende Überlegungen

Innovationsmanagement stellt im Rahmen des Wertschöpfungsprozesses den ersten Schritt dar. Begrifflich steht es in Konkurrenz zu den Begriffen Forschung und Entwicklung, wobei Forschung und Entwicklung in der Regel enger gefasst ist. Innovationsmanagement hebt sich bei den meisten Autoren durch die explizite Orientierung am Markterfolg von reiner Forschung und Entwicklung ab, in der Praxis sind die Abgrenzungen jedoch fließend.

Typischerweise unterscheidet man drei Formen von Innovationen:

1. Produktinnovationen,
2. Prozessinnovationen und
3. Sozialinnovationen.

Da sich Sozialinnovationen bereits konkret an einem Nachhaltigkeitsziel orientieren, konzentrieren wir uns hier vor allem auf die beiden anderen Kategorien.

Innovationen sind per se immer mit Veränderungen und Neuerungen verbunden. Allerdings ist der Grad der Veränderung häufig sehr unterschiedlich. Meist führen bahnbrechende Erfindungen, wie etwa die des Automobils oder des Computers, im Laufe der Zeit zu mannigfaltigen Weiterentwicklungen. Man bleibt nicht auf dem ursprünglichen Entwicklungsstand stehen, sondern es schließt sich eine Vielzahl an inkrementellen Innovationen an.[164] Heutzutage erfordern vor allem kürzere Produktlebenszyklen und Profitorientierung ständige Innovationen,[165] wobei die Bedeutung der Vermarktung in diesem Zusammenhang stark zugenommen hat.[166]

Will ein Unternehmen wettbewerbsfähig sein und bleiben, muss es stetige Innovationen hervorbringen,[167] wobei sich diese Neuerungen sowohl im Produkt- als auch im Prozessbereich zeigen können. In den letzten Jahren hat sich dabei gezeigt, dass auch im Innovationsprozess ständige Weiterentwicklungen notwendig sind. Der Prozess der Verbesserung im Unternehmen unterliegt somit ebenfalls einem internationalen Wettbewerb und Unternehmen tun gut daran, auf eine gleichsam zielgerichtete und kostengünstige, aber auch effiziente und effektive Vorgehensweise zu achten.

Neben klar definierten Innovationsprozessen und gelebten internen Innovationsstrukturen bedarf es qualifizierter Mitarbeiter, welche den gesamten Ablauf von der Erfindung bis zur Innovation (der eigentlichen Bewährung des Marktangebotes) begleiten: den sogenannten Innovationsmanagern. Die primäre Aufgabe eines Innovationsmanagers liegt in der Überführung von Ideen oder Erfindungen (Inventionen) in die Marktreife (Innovationen) beziehungsweise in der Begleitung dieses Prozesses.[168]

Innovationen spielen im Rahmen der Nachhaltigkeit einerseits eine herausragende Rolle. Sie sind die Basis für eine soziale, ökologische und zugleich wirtschaftliche Entwicklung eines Unternehmens. Andererseits orientiert sich Innovationsmanagement klassischerweise im Schwerpunkt an wirtschaftlichen Zie-

---

[164] Vgl. Seymer, M. (2008) S. 14

[165] Vgl. Vollmuth, H. (2008) S. 364

[166] Vgl. Scholtissek, S. (2009) S. 16

[167] Vgl. Berger, J. (2006) S. 13

[168] Vgl. hierzu Vahs, D. (2010) S. 9; Daecke, J. (2009) S. 179 sowie Pechlaner, H.; Fischer, E.; Priglinger, P. (2006) S. 123

len. Stöger[169] definiert Innovationsmanagement beispielsweise als: Neues zum Markterfolg führen. Die drei zentralen Begriffe, die er hieraus ableitet, sind somit Neues, Markterfolg und Führen. Zwar spielt in dieser Definition Führung eine wichtige Rolle, sie wird aber im Wesentlichen als Instrument gesehen, um erfolgreich innovieren zu können. Eine konsequente ökologische Ausrichtung fehlt und wäre nur gerechtfertigt, wenn dadurch wirtschaftlicher Erfolg erreicht werden kann.

6.2 Unternehmensinterne Voraussetzungen für den Erfolg

Drei Faktoren kennzeichnen modernes Innovationsmanagement: eine Innovationskultur, ein Innovationsprozess und ein oder mehrere Innovationsmanager.

6

Da alle drei in einem wechselseitigen Abhängigkeitsverhältnis stehen, ist es für Unternehmen unabdingbar, stets alle drei Faktoren gemeinsam zu betrachten.

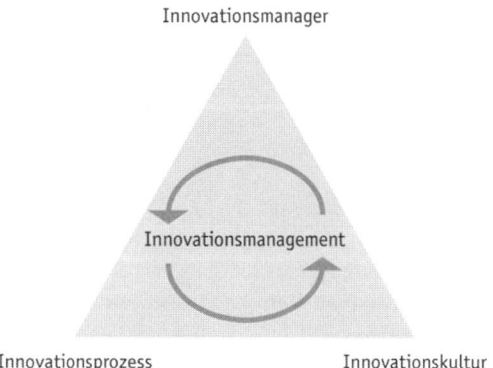

Abb. 6-1: Das → Innovationsdreieck – Wechselbeziehungen zwischen Innovationsmanager, Innovationsprozess und Innovationskultur im Innovationsmanagement (Quelle: Dziatzko, N./Kielkopf, M./Schittenhelm, F.A./Steinwandt, A. (2011), S. 47)

---

[169] Vgl. Stöger, R. (2011) S. 3 ff.

Der Innovationsmanager implementiert und begleitet den Innovationsprozess.

Er ist die Bezugsperson aller Mitarbeiter zum Innovationsmanagement und
Promotor einer funktionierenden Innovationskultur, er muss den Innovationsprozess mit Leben füllen und vor allem zur Ideenfindung/-generierung anregen.

Der Prozess ist für ihn eine Orientierungshilfe. Ein Blick in die Praxis zeigt, dass
beim Aufbau eines Innovationsmanagements im Unternehmen sehr stark auf
organisatorische Aspekte Wert gelegt wird. Dies beinhaltet die Definition eines
ausführlichen Innovationsprozesses, den Aufbau einer entsprechenden Organi-
sationseinheit und deren Integration in die bestehende Organisationsstruktur.
Software-Tools und Controlling-Instrumente dienen der Unterstützung und
Koordination des Innovationsprozesses. In Anlehnung an das chinesische Prinzip von Yin und Yang können diese Faktoren als die harten Faktoren („das
yin") aufgefasst werden.[170] Demgegenüber stehen die weichen Faktoren („das
yang") – die Elemente der Innovationskultur. Die Innovationskultur eines Unternehmens sollte selbstverständlich in Einklang mit der Unternehmenskultur
stehen. Sie ist die Basis für die Akzeptanz des Innovationsmanagements im
Allgemeinen, des Innovationsprozesses und des Innovationsmanagers und
Voraussetzung für deren Erfolg. Viele Unternehmen vernachlässigen die überaus hohe Bedeutung der Innovationskultur.

Bestandteile der Innovationskultur sind eine klare Managementbotschaft,
eine offene Kommunikation sowie Fortbildungsangebote und Anreizsysteme für die Mitarbeiter.

Das Yin stellt somit die „Enablers" im Innovationsprozess dar. Das Yang hingegen repräsentiert die treibenden Kräfte ohne die erfolgreiche Innovationen
nicht entstehen können. Die Schwierigkeit im Unternehmen besteht darin, das
Yin und das Yang immer wieder in eine Balance zurückzuführen. Während dies
im eigentlichen Yin-Yang-Konzept nahezu von selbst, das heißt ohne äußeren
Anstoß, geschieht, sollte dies im Unternehmen professionell durch den Innovationsmanager erfolgen. Er muss dabei stets die Gesamtziele des Unternehmens
in Bezug auf das Innovationsmanagement im Fokus haben. Gerade die Not-

---

[170] Vgl. zu dieser Begriffswahl ausführlich Lam, J. (2003)

wendigkeit zur ständigen Anpassung macht die Aufgabe des Innovationsmanagers schwierig, da dabei stets mit Widerständen gerechnet werden muss.

Vahs und Schmitt[171] haben in ihrer Untersuchung den Zusammenhang zwischen Innovationskultur und Organisation zusammengefasst. Sie leiten daraus Handlungsempfehlungen für ideale Unternehmen ab. So zahlt sich eine systematische Ideensammlung aus, wobei durchaus Querdenker gefördert werden sollten. Allerdings spielen auch klare und verbindliche Abbruchkriterien eine wichtige Rolle und sollten durch ein Innovationscontrolling ergänzt werden. Schließlich muss die prägende Rolle von Führungskräften im Innovationsprozess hervorgehoben werden.

6.2.1 Innovationsprozesse

> Innovationsprozesse sind wichtig, um ein strukturiertes Vorgehen im Innovationsmanagement und dadurch auch des Innovationserfolgs zu sichern.

In der Literatur existiert eine Vielzahl unterschiedlicher Modelle zur Prozessdefinition, die sich alle durch eine schrittweise Abfolge auszeichnen, bei denen Ideen im Laufe des Prozesses immer wieder einer Prüfung unterzogen werden und gegebenenfalls aussortiert werden. Grundlage der meisten Ansätze bildet hierbei das → Stage-Gate-Modell von Robert G. Cooper. In den Unternehmen gibt es zwar unterschiedliche Interpretationen der theoretischen Modelle und es gibt auch immer wieder Schleifen im Prozess, dennoch lassen sich die praktischen Innovationsprozesse oft auf diese einfachen Modelle zurückführen.

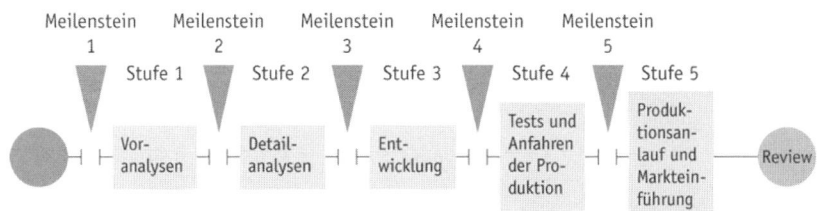

Abb. 6-2: Stage-Gate-Modell im Überblick
(Quelle: Kleinschmitt, E./Geschka, H./Cooper, R.: Produktinnovationen an Markt und Kunden ausrichten, Berlin 1996, S. 52 f.)

---

[171] Vgl. Vahs, D./Schmitt, J. (2010a), S. 4 ff. sowie Vahs, D./Schmitt, J. (2010b), S. 40 ff.

Ein wesentliches Problem im Innovationsprozess stellt aus Sicht der Unternehmen die Generierung von Ideen dar. So wird häufig die geringe Anzahl an „produzierten" Ideen beklagt. Gerade diese frühe Phase der Ideenfindung (→ Fuzzy-Front-End) sollte deshalb trotz der oben beschriebenen strukturierten Vorgehensweise im gesamten Innovationsprozess immer offen und dynamisch und dadurch attraktiv für die Ideengeber gestaltet werden.

6.2.2   Innovationskultur

Empirische Studien lassen darauf schließen, dass die Bedeutung der Innovationskultur in der Praxis insgesamt als bedeutender eingeschätzt wird.

So ergaben Untersuchungen des Instituts für Change Management und Innovation[172] folgendes Bild: Bei der Frage nach Bedingungen, die die Arbeit des Innovationsmanagers im Unternehmen erleichtern (siehe Abb. 6-3), antworteten knapp 81% der Befragten, dass eine „innovationsförderliche Kultur im Unter-

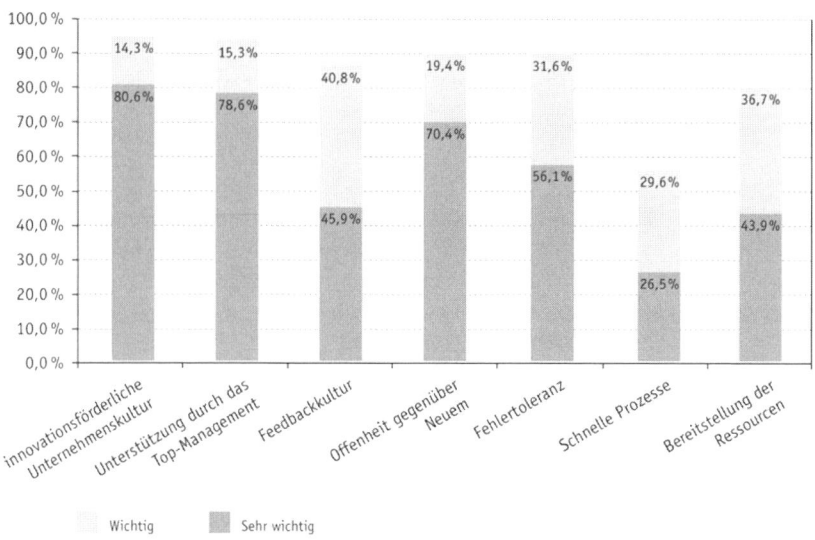

Abb. 6-3: Bedingungen für erfolgreiches Innovationsmanagement
(Quelle: Dziatzko, N./Steinwandt, A. (2011), S. 38)

---

[172] Vgl. ausführlich Dziatzko, N./Kielkopf, M./Schittenhelm, F.A./Steinwandt, A. (2011), S. 36 ff.

nehmen" sehr wichtig ist. Eine „Feedbackkultur", „Offenheit gegenüber Neuem" und „Fehlertoleranz" sind wichtige Faktoren im Innovationsprozess und Unterstützer der innovationsförderlichen Unternehmenskultur. Darüber hinaus ist erkennbar, dass die „Unterstützung durch das Topmanagement" eine sehr wichtige Rolle in der täglichen Arbeit und der Akzeptanz eines Innovationsmanagers spielt (78,6%).

Obwohl hier vorwiegend eher „weiche" Faktoren, die die Arbeit des Innovationsmanagers positiv beeinflussen, genannt wurden, spielen dennoch auch „harte" Faktoren wie die „Bereitstellung von Ressourcen" (43,9%) eine wichtige Rolle im Innovationsmanagement der befragten Unternehmen. Die geringste Bedeutung wird in diesem Zusammenhang schnellen Innovationsprozessen (26,5%) zugeschrieben. Innovationsmanager sind typischerweise für die Implementierung der Innovationsprozesse (mit-)verantwortlich. Die geringe Bedeutung, die Innovationsmanager diesen beimessen, mag der Tatsache geschuldet sein, dass sie in praxi vor allem mit kulturellen Hemmnissen und Akzeptanzproblemen im täglichen Umgang mit Innovationsprozessen konfrontiert werden.

6.2.3   Innovationsmanager

> Innovationsmanager lassen sich als Führungskräfte beschreiben, die befähigt sind, Innovationspotenziale zu erkennen, Innovationsprozesse im Unternehmen zu konzipieren und voranzutreiben, Innovationsprojekte zu bewerten und aktiv zu begleiten sowie eine zielgerichtete Unterstützung bei deren ökonomischer Verwertung zu leisten.

Dazu muss der Innovationsmanager drei zentrale Rollen einnehmen:

- **Antreiber und Motor des Prozesses**: Der Prozess muss immer wieder von Neuem angestoßen werden, neue Ideen müssen entwickelt und eingebracht werden.

- **Organisator und Koordinator des Prozesses**: Ideen müssen innerhalb des Prozesses verarbeitet werden, entweder werden sie weiterentwickelt oder aussortiert. Transparenz, Nachvollziehbarkeit und Fairness spielen hierbei eine große Rolle und müssen immer wieder neu eingeklagt werden.

- **Moderator und Trainer des Prozesses**: Die Zusammenführung unterschiedlicher Prozessteilnehmer stellt eine ständige Herausforderung dar und erfordert eine neutrale Position des Innovationsmanagers.

Externer Netzwerker   Interner Vermittler

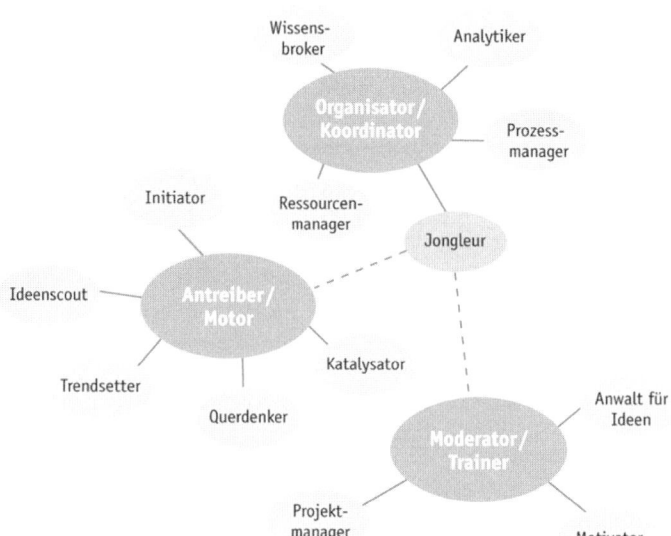

Abb. 6-4: Rollen des Innovationsmanagers
(Quelle: Dziatzko, N./Kielkopf, M./Schittenhelm, F.A./Steinwandt, A. (2012), S. 23)

Entsprechend dieses Rollenverständnisses können dem Innovationsmanager folgende Hauptaufgaben zugeordnet werden:

1. **Implementierung** bzw. Optimierung eines Innovationsprozesses im Unternehmen

2. Umsetzung einer **ganzheitlichen Innovationsstrate**gie sowie eines **begleitenden Controllings**

3. Aufbau und Pflege **externer Netzwerke** durch Kooperationen in Projekten und am Markt

4. Aufbau und Pflege eines umfassenden **Wissensmanagements**

5. Sicherstellung einer **konsequenten Marktorientierung**

6. Schaffung einer klaren **Innovationsstrategie** und Förderung einer **innovationsfreundlichen Unternehmens- und Innovationskultur**

Empirische Untersuchungen zeigen, dass die Erwartungen an einen Innovationsmanager in einer Organisation nicht immer einheitlich sind. Es steht aber selbstverständlich auch in der Verantwortung des Innovationsmanagers, die eigene Rolle im Unternehmen zu finden und zu definieren.

Kenntnisse, Fähigkeiten und Kompetenzen des Innovationsmanagers

Um all diese Rollen und Aufgaben im in- und externen Innovationsnetzwerk des Unternehmens erfüllen zu können, benötigt der Innovationsmanager bestimmte Kenntnisse und Fähigkeiten, auf die wir im Folgenden eingehen werden. Kenntnisse und Fähigkeiten bilden sodann die Grundlage für die Kompetenzen eines Innovationsmanagers.

Unter **Kenntnissen** verstehen wir ganz allgemein das Wissen in einem bestimmten Fachgebiet. So wird von einem Innovationsmanager erwartet, dass er die Fachtermini des Innovationsmanagements beherrscht. Darüber hinaus sollte er sich mit den neuesten theoretischen und praktischen Ansätzen des Fachgebiets auseinandersetzen. Eine wichtige Rolle spielt hier die Kenntnis neuer Methoden aus der Ideengenerierung und die Verfügbarkeit von den Prozess unterstützenden Software-Tools. Je nach Innovation spielen in diesem Zusammenhang auch juristische Kenntnisse beispielsweise über Patentanmeldungen und Patentschutz oder rechtliche Rahmenbedingungen eine Rolle.

Zusammenfassend lassen sich folgende wünschenswerte Kenntnisse formulieren:

- Kenntnisse der Innovationsmanagementtheorie
- Juristische Kenntnisse
- Kenntnisse zum Projekt- und Ressourcenmanagement
- Kenntnisse über Prozess unterstützende Software
- Kenntnisse über Kreativitätsmethoden

Fähigkeiten bilden einen wesentlichen Baustein beim Aufbau von Kompetenzen. Im Gegensatz zu den oben erwähnten Kenntnissen, die sich der Innovationsmanager im Grunde durch einfaches Lernen aneignen kann, sind Fähigkeiten oftmals nicht messbare abstrakte Eigenschaften, die einerseits Charaktereigenschaften beschreiben und andererseits auf vielfältigen persönlichen Erfahrungen basieren. Für das Anforderungsprofil des Innovationsmanagers lassen sich unter anderem folgende Fähigkeiten formulieren:

Kommunikationsfähigkeit, wobei damit nicht allein ein bloßer Informationsaustausch gemeint ist, sondern die Fähigkeit, auch andere zur Kommunikation

6

anzuregen, indem der Aufbau von funktionierenden Netzwerken zwischen verschiedenen Abteilungen und Unternehmen initiiert wird.

Potenzialerkennungsfähigkeit, das heißt die Fähigkeit, Innovationspotenziale zu erkennen und damit ein Gespür für erfolgversprechende Ideen zu besitzen oder zu entwickeln.

Teamfähigkeit beschreibt die Eigenschaft, sich positiv in Teamarbeit einbringen zu können. Ein guter Teamplayer darf sich nicht zu sehr in den Vordergrund stellen, muss aber andererseits bei Prozessen, die ins Stocken geraten, Initiative ergreifen und den Prozess wieder in Gang setzen.

Managementfähigkeiten beschreiben Eigenschaften, die den Innovationsmanager dazu befähigen, eine Gruppe oder ein Projekt zu führen und die damit verbundenen Ziele zu erreichen.

Anpassungsfähigkeit beschreibt eine Eigenschaft, die es erlaubt, schnell auf Veränderungen reagieren zu können, Schwierigkeiten zu begegnen und neue Wege einzuschlagen.

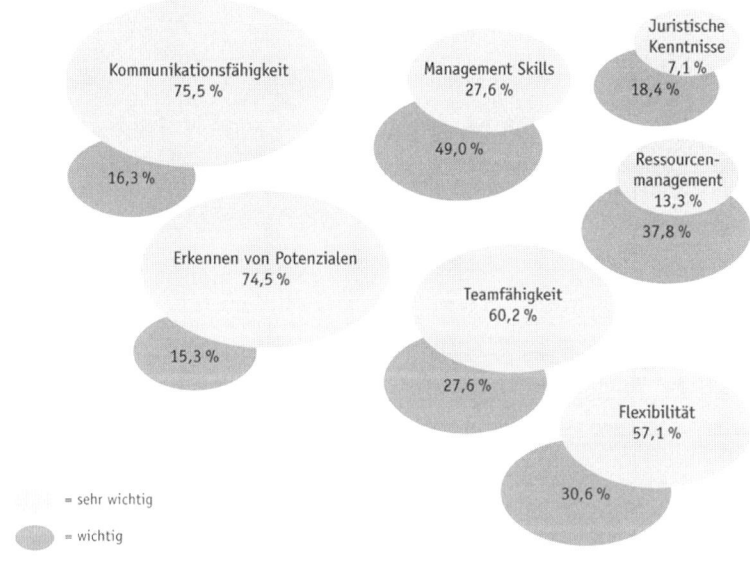

Abb. 6-5: Notwendige Fähigkeiten für erfolgreiches Innovationsmanagement (Quelle: Dziatzko, N./Kielkopf, M./Schittenhelm, F.A./Steinwandt, A. (2012), S. 24)

Die Abbildung 6-5 zeigt die Kenntnisse und Fähigkeiten, die ein Innovationsmanager laut Umfrageergebnissen benötigt. Die wichtigste Eigenschaft ist hierbei Kommunikationsfähigkeit (76%). Des Weiteren erscheint es sehr wichtig (75%), Innovationspotenziale zu erkennen. Teamfähigkeit (60%) ist vor allem wichtig, um verschiedene Bereiche zusammenzuführen und deren Zusammenarbeit zu koordinieren. 57% empfinden Flexibilität also Anpassungsfähigkeit als sehr wichtig, da sich der Innovationsmanager stets auf neue Situationen einlassen und Veränderungen vorantreiben muss. Management Skills hielten nur 50% für wichtig. Dies erklärten die Befragten damit, dass Management Skills für jede Aufgabe mit Verantwortung wichtig seien und sich nicht explizit auf das Innovationsmanagement als solches beziehen.

Die Ergebnisse zeigen, dass vor allem die oben beschriebenen Fähigkeiten für die Unternehmenspraxis von Bedeutung sind. Kenntnisse und angelerntes Wissen spielen eine untergeordnete Rolle. Sie werden als selbstverständlich angesehen oder können extern eingekauft werden.

Wie verwenden hier drei Gruppen von **Kompetenzen**: die Fach-, Methoden- und Sozialkompetenz.

Die Begriffe Fach- und Methodenkompetenz lassen sich in der Regel meist schwer voneinander abgrenzen. Hauschildt und Salomo[173] verstehen unter Fachkompetenz vor allem technologisches und marktbezogenes Wissen im jeweiligen Fachgebiet. Entsprechend wollen wir hier unter Fachkompetenz eher den Schwerpunkt auf die technischen, rechtlichen und wirtschaftlich relevanten Aspekte der Innovationen legen. Fachkompetenz liegt also dann vor, wenn der Innovationsmanager seine theoretischen Kenntnisse mit den oben beschriebenen Fähigkeiten in Einklang bringen kann, also beispielsweise die Potenzialerkennungsfähigkeit gemeinsam mit der Kenntnis über technische Machbarkeit die richtige Ideenauswahl zur Folge hat.

Nach Scholz[174] beinhaltet die Methodenkompetenz Bereiche wie Arbeitsplanung, Diagnosetraining, Arbeits- und Problemlösungstechniken; also die Anwendung von Wissen. Auf das Innovationsmanagement übertragen, konzentriert sich Methodenkompetenz somit auf Prozessgestaltung und -begleitung sowie auf die Anwendung von unterschiedlichen Methoden zur Ideengewinnung, deren Beurteilung und Auswahl. Die Kenntnis über Kreativitätsmethoden wird also durch Team- und Managementfähigkeiten ergänzt und führt zur Generierung vieler Ideen.

---

[173] Vgl. Hauschildt, J./Salomo, S. (2007), S. 45
[174] Vgl. Scholz, C. (1993), S. 374

Gemäß Steinmann und Schreyögg[175] ist Sozialkompetenz allgemein „[…] die Fähigkeit, mit anderen Menschen effektiv zusammenzuarbeiten und durch andere Menschen zu wirken." Auf das Innovationsmanagement übertragen verstehen wir hierunter diejenigen Fähigkeiten und Kenntnisse, die es dem Innovationsmanager ermöglichen, die Prozessbeteiligten in seinem Sinne positiv zu beeinflussen und damit den Innovationsprozess erfolgreich machen. Diese Fähigkeiten werden heute gerne einfach als *Soft Skills* bezeichnet, sie werden sicherlich zu einem großen Teil vom Innovationsmanager bereits mit in das Unternehmen gebracht, werden dort aber über Erfahrung weiter ausgebaut.

Dem oben beschriebenen Rollenverständnis des Innovationsmanagers entsprechend sind die Erwartung der Unternehmen bezüglich dessen Fähigkeiten und Kompetenzen. Im Rahmen der oben genannten Studie wurde die Sozialkompetenz (63%) vor der Methodenkompetenz (39%) und der Fachkompetenz (27%) genannt. Da Innovationsmanager in erster Linie Generalisten sind, selbst wenn sie einem technischen Bereich zugeordnet sind, fungieren sie eher als Manager, die koordinieren und technisches Input von Experten erhalten.

Abbildung 6-6 fasst die Ergebnisse zusammen und unterstreicht die Bedeutung der Vermittlerrolle eines Innovationsmanagers innerhalb des Unternehmens.

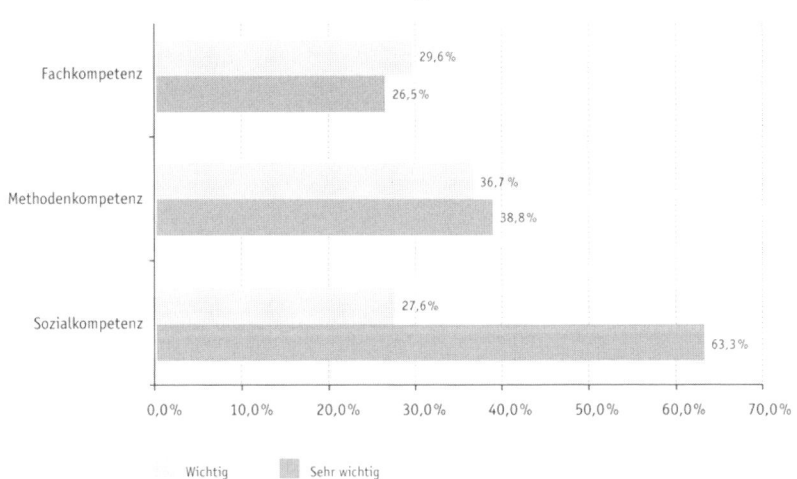

Abb. 6-6: Erforderliche Kompetenzen eines Innovationsmanagers
(Quelle: Dziatzko, N./Kielkopf, M./Schittenhelm, F.A./Steinwandt, A. (2011), S. 44)

---

[175] Vgl. Steinmann, H./Schreyögg, G. (2005), S. 24

6.3   Besonderheiten von Nachhaltigkeitsaspekten

Nachhaltiges Innovationsmanagement steht im Spannungsfeld zwischen Profitabilität und Zielen der Nachhaltigkeit. Wie bereits ausgeführt, spielt im traditionellen Innovationsmanagement Nachhaltigkeit keine ernsthafte Rolle.[176] Eine Ausnahme bilden Sozialinnovationen, bei denen soziale Aspekte ohnehin die Innovationstreiber darstellen.

Da Innovationen – im Produkt- und Prozessbereich – die Überlebensquelle eines jeden Unternehmens darstellen, stehen wir vor einer ähnlichen Problematik, wie sie später im Kapitel über Finanzmanagement erörtert wird. Tatsächlich spielt die Bewertung von Innovationen im Laufe des Innovationsprozesses die entscheidende Rolle. Die Berücksichtigung von Nachhaltigkeitsaspekten scheitert hierbei häufig an der fehlenden Kenntnis über die damit verbundene Profitabilität. Hauptgründe dafür sind meist unvollständige Bewertungsmethoden und unzureichendes Risikomanagement. Wir wollen diese beiden Aspekte hier aufgreifen und sie zu einem nachhaltigen Innovationsmanagement zusammenführen.

6.3.1   Nachhaltiger Innovationsprozess

Der Innovationsprozess lebt davon, dass zu Beginn des Prozesses genügend Ideen generiert werden. Die Kreativität sollte aber gerade zu Beginn (dem sog. → Fuzzy-Front-End) nicht eingeschränkt werden, da dies die Motivation aller Beteiligten unter Umständen negativ beeinflussen könnte. Im Rahmen des Stage-Gate-Prozesses von Innovationen muss nach verschiedenen Entwicklungsstufen über das weitere Vorantreiben der Ideen entschieden werden. Im späteren Verlauf müssen demnach nicht-nachhaltigkeitskonforme Ideen herausgefiltert werden.

Nachhaltiges Innovationsmanagement erfordert somit, dass die entsprechenden Entscheidungskriterien angepasst werden und Nachhaltigkeitsaspekte in Bezug auf ökologische und soziale Ziele des Unternehmens integriert werden.

Dies muss so überzeugend gestaltet werden, dass nicht der Eindruck von Willkür entsteht und die Motivation aller am Innovationsprozess Beteiligter erhalten bleibt.

---

[176] Vgl. Gasior, S./Schittenhelm, F.A. (2012), S. 51 f.

6.3.2   Nachhaltige Innovationskultur

Eine nachhaltige Innovationskultur erfordert zu allererst ein glaubhaftes Commitment des Managements des Unternehmens zur Nachhaltigkeit.

Dies mag bei herkömmlichen Innovationsprozessen, die innerhalb eines Unternehmens ablaufen, in keinem Widerspruch zu den bisherigen Anforderungen an eine Innovationskultur stehen. Konzepte wie Open Innovation, Innovationen in Netzwerken oder Crowd Sourcing, die über die Unternehmensgrenzen hinweg auf Kooperationen abzielen, stellen das Innovationsmanagement allerdings vor neue Herausforderungen.

6.3.3   Nachhaltige Innovationsmanager

Dem Innovationsmanager kommt die entscheidende Rolle im nachhaltigen Innovationsmanagement zu. Er muss die Bedeutung der Nachhaltigkeit in das Unternehmen und gegebenenfalls in die Kooperationspartner tragen und alle Beteiligten davon überzeugen. Dementsprechend wollen wir die Kenntnisse und Fähigkeiten eines Innovationsmanagers an dieser Stelle noch einmal neu bewerten:

Neben den bereits aufgeführten Kenntnissen muss der nachhaltige Innovationsmanager auch Kenntnisse über nachhaltiges Wirtschaften, nachhaltige Bewertungsmethoden und Risikomanagement mitbringen.

Seine Fähigkeiten sind unter den Aspekten der Nachhaltigkeit neu zu bewerten. Die Potenzialerkennungsfähigkeit sollte die Konsequenzen nicht-nachhaltiger Innovationen rechtzeitig erkennen. Seine Managementfähigkeiten müssen die Fähigkeit beinhalten, die Beteiligten von der Vorteilhaftigkeit der Nachhaltigkeit zu überzeugen und gegebenenfalls „unpopuläre" Entscheidungen gegen Produkt- und Prozessideen aufgrund von fehlender Nachhaltigkeit durchsetzen zu können. Die Bedeutung des Innovationsmanagers wird somit in der Zukunft wohl weiter zunehmen, wenngleich nicht jeder Innovationsmanager genau diese Berufsbezeichnung führt.

Auf den Punkt gebracht

Nachhaltigkeit ist in vielen Fällen eher von volkswirtschaftlichem als von unternehmensindividuellem Interesse. Meist sind Nachhaltigkeitsaspekte dann mit Kosten verbunden und somit in gewissem Sinne unternehmensschädlich. In einer solchen Situation erfordert Nachhaltigkeit regulative Maßnahmen des Staates. Wettbewerbsnachteile im internationalen Vergleich und wirtschaftliche Stagnation müssen durch gleichzeitige Innovationen bzw. durch Anreize für innovatives Verhalten verhindert werden.

Der Kreis schließt sich: Nachhaltigkeit braucht Innovationen und innovative Köpfe; nur so ist es möglich, alle Ziele nachhaltigen Wirtschaftens wirklich „nachhaltig" zu erreichen.

Literaturtipps

Übersichtliche Grundlagenwerk zum Innovationsmanagement:

Stöger, R. (2011): Innnovationsmanagement für die Praxis: Neues zum Markterfolg führen. Stuttgart, Schäffer-Poeschel Verlag.

Praxisorientierte Einführung in das Innovationsmanagement:

Wildemann, H. (2011): Innovationsmanagement – Leitfaden zur Einführung eines effektiven und effizienten Innovationsmanagements. 11. Auflage, München: TCW Transfer-Centrum für Produktions-Logistik und Technologie-Management GmbH & Co. KG.

Literaturquellen

Berger, J. (2006): Gehen Deutschland die Ideen aus? In: Berger, Johann; Piper, Nikolaus (Hg.): Innovationen – Mehr Wert für Deutschland. Heidelberg: Redline Wirtschaft, S. 11–30.

Cooper, R. (2002): Top oder Flop in der Produktentwicklung. Erfolgsstrategien: von der Idee zum Launch. Weinheim, Wiley-VCH.

Daecke, J. (2009): Nutzung virtueller Welten zur Kundenintegration in die Neuproduktentwicklung – Eine explorative Untersuchung am Beispiel der Automobilindustrie. Dissertation, Wiesbaden, GWV Fachverlage.

Dziatzko, N.; Schittenhelm, F.A. & Steinwandt, A. (2011): Berufsbild Innovations-manager. Spektrum Heft 33, S. 99–102.

Dziatzko, N.; Schittenhelm, F.A. (2011): Technologie-Trüffelschwein. Innovations-manager. Heft 14, S. 88–89.

Dziatzko, N.; Steinwandt, A. (2011): To be or not to be an Innovation Manager. Zeitschrift für Innovationsmanagement in Forschung und Praxis zifp, 02/2011, S. 32–43.

Dziatzko, N.; Kielkopf, M.; Schittenhelm, F.A. & Steinwandt, A. (2011): Die Bedeu-tung des Innovationsmanagements in mittelständischen Unternehmen – eine empirische Untersuchung. In: A. Haubrock et al. (Hrsg.): Zweite Aalener KMU Konferenz- Beiträge zum Stand der KMU Forschung 2011. S. 41– 57.

Dziatzko, N.; Kielkopf, M.; Schittenhelm, F.A. (2011): Das Berufsbild des Innovati-onsmanagers. In: Schildhauer, Trobisch, Busch (Hrsg.): Realität und Magie vom Heldenprinzip heute. S. 158–164, Monsenstein und Vannerdat.

Dziatzko, N.; Kielkopf, M.; Schittenhelm, F.A. & Steinwandt, A. (2012): Der Inno-vationsmanager als Netzwerker in KMU, Zeitschrift für Innovationsmanagement in Forschung und Praxis zifp, 03/2012, S. 20–27.

Gasior, S.; Schittenhelm, F.A. (2012): Finanzierung von Innovationsvorhaben – Was erwartet der Kapitalgeber? Spektrum, 35/2012, S. 51–52.

Hauschildt, J.; Salomo, S. (2007): Innovationsmanagement. 4. Auflage, München: Vahlen Verlag.

Kleinschmidt, E.; Geschka, H; Cooper, R.G. (1996): Erfolgsfaktor Markt: Kunden-orientierte Produktinnovation (Innovations- und Technologiemanagement). Ber-lin, Springer Verlag.

Lam, J. (2003): Enterprise Risk Management. Hoboken.

Müller-Prothmann, T.; Dörr, N. (2009): Innovationsmanagement – Strategien, Me-thoden und Werkzeuge für systematische Innovationsprozesse. München: Carl Hanser Verlag.

Pechlaner, H.; Fischer, E.; Priglinger, P. (2006): Die Entwicklung von Innovationen in Destinationen – Die Rolle der Tourismusorganisationen. In: Pikkemaat, Birgit; Peters, Mike; Weiermair, Klaus (Hg.) Innovationen im Tourismus – Wettbe-werbsvorteile durch neue Ideen und Angebote. Berlin: Erich Schmidt Verlag, S. 121–136.

Scholtissek, S. (2009): Die Magie der Innovation. Erfolgsgeschichten von Audi bis Zara. München: mi-Wirtschaftsbuch.

Scholz, C. (1993): Personalmanagement, 3. Auflage, München: Vahlen Verlag.

Schori, K.; Roch, A.; Faoro-Stampfli, M. (2006): Innovationsmanagement für KMU. Bern, Stuttgart, Wien: Haupt Verlag.

Seymer, M. (2008): Erfolgreiches Innovationsmanagement im Mittelstand – Eine Analyse am Beispiel des Best-Innovator-Siegers 2004, der CoreMedia AG. Saarbrücken: Verlag Dr. Müller (VDM).

Steinmann, H.; Schreyögg, G. (2005): Management – Grundlagen der Unternehmensführung: Konzepte – Funktionen – Fallstudien. 6. Auflage, Wiesbaden: Gabler Verlag.

Stöger, R. (2011): Innnovationsmanagement für die Praxis: Neues zum Markterfolg führen. Stuttgart, Schäffer-Poeschel Verlag.

Vahs, Dietmar (2009): Organisation. Ein Lehr- und Managementbuch. 7. Auflage, Stuttgart, Schäffer-Poeschel Verlag.

Vahs, D.; Burmester, R. (2005): Innovationsmanagement. Von der Produktidee zur erfolgreichen Vermarktung. 3. Auflage, Stuttgart: Schäffer-Poeschel Verlag.

Vahs, D.; Schmitt, J. (2010a): Organisation und Innovationskultur als Determinanten des Innovationserfolgs. Ergebnisse einer empirischen Studie. In: Zeitschrift Führung + Organisation Nr. 01/2010, S. 4–11.

Vahs, D.; Schmitt, J. (2010b): Determinanten des Innovationserfolgs – Ergebnisse einer empirischen Studie. In: Zeitschrift für Organisationsentwicklung Nr. 3 2010, S. 40–46.

Vollmuth, H.J. (2008): Controllinginstrumente von A – Z. 7. Auflage, Planegg/München: Haufe Verlag.

Wildemann, H. (2011): Innovationsmanagement – Leitfaden zur Einführung eines effektiven und effizienten Innovationsmanagements. 11. Auflage, München: TCW Transfer-Centrum für Produktions-Logistik und Technologie.

6

7 Betriebliches Umweltmanagement

Von Prof. Dr. Hans-Jürgen Gnam und Prof. Dr. Lisa Schwalbe

Lernziele

Die Leser

- kennen den Begriff des betrieblichen Umweltmanagements und die Entwicklung des ursprünglich rechtlich und technisch orientierten betrieblichen Umweltschutzes über Umweltmanagementsysteme (UMS) hin zu nachhaltigem Materialflussmanagement,
- wissen, wie UMS aufgebaut sind und wie sie sinnvollerweise im Unternehmen implementiert werden,
- erkennen, dass UMS einen wichtigen Beitrag zur rechtssicheren Organisation eines Unternehmens leisten und zu Effizienzsteigerungen und Kosteneinsparungen führen können.

Schlagwortliste

- DIN EN ISO 14001 ▪ EMAS ▪ Materialflusskostenrechnung ▪ EFQM

7.1 Entwicklung des Umweltmanagements

Umweltschutz wurde erst in den 1970er Jahren zu einem gesellschaftlichen Thema. Durch die Erkenntnis der vom Menschen verursachten Umweltschäden wurden Verhaltensänderungen im Umgang mit den vorhandenen Ressourcen notwendig. Im Bereich Umwelt lassen sich die ersten Aktivitäten der Unternehmen unter dem Begriff des technischen Umweltschutzes zusammenfassen. Der technische Umweltschutz, auf Basis der Einhaltung gesetzlicher Rahmenbedingungen, ist somit der Vorläufer des Umweltmanagements. Ziel ist die Vermeidung bzw. Verringerung von Umweltbelastungen. Teure und aufwendige Technik in Form von Abfall- und Abwasserbehandlungsanlagen sowie Abluftreinigungsanlagen sind zur Umsetzung notwendig. Deutschland hat weltweit seit Ende der 1980er Jahre eine Vorbildfunktion im Einsatz dieser Umwelttechnik.

Weitere Verbesserungen des technischen Umweltschutzniveaus sind teilweise nur mit sehr hohen Kosten zu erreichen. Deshalb wurden zur weiteren Umwelt-entlastung zu Beginn der 1990er Jahre Umweltcontrollingsysteme und UMS ent-wickelt und eingeführt. Der technische Umweltschutz sollte durch organisato-rische Aspekte erweitert werden, um damit den Entwicklungsschritt von der Nachsorge zur Vorsorge, d.h. der Vermeidung von Umweltschäden, zu vollzie-hen. Grundlage für die Einführung von Umweltmanagementkonzepten war die Erfahrung, dass sich der Aufwand für Umweltschutz auch betriebswirtschaftlich rechnet. So können etwa durch die Reduzierung des Energieverbrauchs oder die Verminderung des Abfallaufkommens auch gleichzeitig Kosten gesenkt wer-den.[177] Mit → EMAS und → ISO 14001 stehen den Unternehmen zwei interna-tional anerkannte Leitlinien zu UMS zur Verfügung, die das Ziel haben, einen ökologischen Verbesserungsprozess in den Unternehmen zu fördern. Die Kon-zepte setzen dabei auf Eigeninitiative und Selbstverantwortung der Unterneh-men.

Ein weiterer Entwicklungsschritt im Umweltmanagement wurde zur Jahrtau-sendwende mit der durchgängigen Orientierung an den Material- und Energie-flüssen vollzogen. Durch die Transparenz der Material- und Energieflüsse in Mengen und Kosten können Kosteneinsparpotentiale, die bisher nicht aufge-deckt wurden, bei gleichzeitiger Umweltentlastung genutzt werden. Diese Ent-wicklungsstufe des Umweltmanagements wird auch als Material- und Energie-flussmanagement bezeichnet. Durch die Flussorientierung wird Umweltschutz in alle betrieblichen Abläufe eingebunden und auf eine weitaus größere Basis innerhalb des Unternehmens gestellt.[178]

Eine der zentralen Herausforderungen für eine nachhaltige Gesellschaft im 21. Jahrhundert ist die Verringerung des Material- und Energieverbrauchs. Beson-deren Stellenwert hat hier die Verbesserung der Material- und Energieeffizienz in den Unternehmen. Untersuchungen in Unternehmen haben gezeigt, dass bereits durch einfache Maßnahmen eine Verbesserung der Materialeffizienz von 2 bis 3% möglich ist, d.h. durch die Senkung der Materialkosten können Unternehmen ihre Umsatzrendite viel leichter steigern als durch eine Erhöhung der Verkaufszah-len.[179] Das Material- und Energieflussmanagement ist ein wichtiges Instrument zur Unterstützung der Umweltmanagementsysteme nach EMAS und ISO 14001, mit dem Ziel, die Effizienz im Material- und Energieeinsatzbereich zu steigern. Mit

---

[177] Vgl. Enzler, S. (2000), S. 11 ff.
[178] Vgl. Enzler, S. (2000), S. 14 ff.
[179] Vgl. Simon, F.-G. / Dosch, K. (2010), S. 759

der Norm ISO 14051 wurde zum Ende des Jahres 2011 ein Leitfaden zu den Rahmenbedingungen der → Materialflusskostenrechnung veröffentlicht.

Zeitraum	Entwicklungsstufen des Umweltmanagements (Methoden und Instrumente beispielhaft)
1970er Jahre	rechtlicher Umweltschutz (Gesetze und Rechtsvorschriften, Beauftragte)
1980er Jahre	technischer Umweltschutz (Filter- und Reinigungstechnologie, Stand der Technik)
1990er Jahre	Umweltcontrolling (Umweltkostenrechnung, Kennzahlen, Öko-Bilanzierung, betriebliche Umweltinformationssysteme), Umweltmanagementsysteme (EMAS, ISO 14001), Integrierte Managementsysteme (prozessorientiertes Managementsystem)
2000er Jahre	Energie- und Stoffstrommanagement (Stoffstromanalysen, Stoff- und Energiebilanzen), Materialflussmanagement (Material- und Informationsflussanalysen) Öko-Effizienz (Energie- und Materialeffizienz), Umweltmanagementansätze für kleine und mittelgroße Unternehmen (EMASeasy, Öko-Profit), Integrierte Produktpolitik (Lebenszyklusanalysen, Öko-Design)
2010er Jahre	Materialflusskostenrechnung (ISO 14051), Nachhaltigkeitsmanagement (Nachhaltigkeitsberichterstattung, ISO 26000, Sozialbilanzen), Energiemanagementsysteme (ISO 50001)

Tab. 7-1: Entwicklungsstufen des Umweltmanagements

In der Tabelle 7-1 wird die Entwicklung von Methoden und Instrumenten des Umweltmanagements von den Anfängen bis zum heutigen Zeitpunkt im Überblick dargestellt.

Begriffe: Umweltmanagement, Umweltmanagementsystem

Das *Umweltmanagement* ist ein Teilbereich des strategischen Managements einer Organisation (Unternehmen, Institution, Verband, Kommune, Behörde etc.), der sich mit der Erfassung, Bewertung und zielgerichteten Beeinflussung der produktions- und prozessbedingten Umweltwirkungen befasst.

Ein *Umweltmanagementsystem* ist ein Bestandteil eines übergeordneten Managementsystems, das Abläufe, Strategien und Instrumente festlegt, die im Rahmen des Umweltmanagements zur Anwendung kommen und die die Umsetzung des Umweltmanagements unterstützen. Ziel eines Umweltmanagementsystems ist es, sicherzustellen, dass die Aktivitäten einer Organisation zu möglichst geringen Umweltbelastungen führen bzw. negative Auswirkungen auf die Umwelt vermieden werden. Dazu müssen die Organisationsstrukturen (Aufbau- und Ablauforganisation), die Zuständigkeiten (Verantwortlichkeiten), die Verfahren, Instrumente und Ressourcen festgelegt werden.[180]

7.2   Nutzen eines Umweltmanagementsystems

Der Nutzen eines UMS ist vielfältig:

- Förderung des betrieblichen Umweltschutzes durch Integration in unternehmerisches Handeln,
- Schaffung innerbetrieblicher Transparenz im Umweltbereich,
- Nachweis der Einhaltung von Rechtsvorschriften sowie der innerbetrieblichen Vorgaben,
- Senkung der Kosten, insbesondere im Energie- und Rohstoffbereich, durch Aufdeckung von Kosteneinsparpotentialen und Senkung von Prämien im Bereich der Umwelthaftung,
- Sensibilisierung und Motivationssteigerung der Arbeitnehmer,
- Verbesserung des Images durch gestiegenes Vertrauen von Kunden, der Öffentlichkeit und der Behörden,
- höhere Glaubwürdigkeit auf der Grundlage eines leistungsfähigen Umweltmanagements,
- Ein UMS wird im Rahmen von Lieferbeziehungen zukünftig zunehmend vorausgesetzt – vorausschauender Umweltschutz dient somit der Langzeitsicherung des Unternehmens.

---

[180] Vgl. Cord-Landwehr, K. / Kranert, M. (Hrsg.) (2010), S. 495

7.3   Umweltmanagementnach der DIN EN ISO 14001

Die weltweit gültige Norm DIN EN ISO 14001 enthält Anforderungen eines UMS mit einer Anleitung zur Anwendung des UMS. Die Anforderungen sind im Kapitel 4 der Norm und die Anleitung dazu im Anhang dargestellt. Wenn sich ein Unternehmen zertifizieren lassen will, müssen die Anforderungen, die im Folgenden kurz beschrieben sind, erfüllt und nachgewiesen werden.

7.3.1   Forderungen nach der DIN EN ISO 14001

Nach der → DIN EN ISO 14001 muss das UMS eingeführt, dokumentiert, verwirklicht und aufrechterhalten werden. Der Anwendungsbereich muss festgelegt werden und es muss festgelegt werden, wie die Anforderungen erfüllt werden. Das UMS muss außerdem ständig verbessert werden.

Die Norm fordert von einem Unternehmen eine angemessene Umweltpolitik zu formulieren. Die Themen kontinuierliche Verbesserung des UMS sowie die Einhaltung der umweltrechtlichen Grundlagen müssen enthalten sein. Die Umweltpolitik muss allen Personen im Unternehmen und Personen, die für das Unternehmen arbeiten, vermittelt werden. Außerdem muss die Umweltpolitik der Öffentlichkeit zugänglich sein, einen Rahmen für die umweltrelevanten Ziele bieten und dokumentiert sein.

Vom Unternehmen müssen diejenigen Umweltaspekte identifiziert werden, die aus Tätigkeiten, Produkten und Dienstleistungen herrühren, um die wesentlichen Umweltauswirkungen zu ermitteln. Zu den Umweltaspekten gehören die Emissionen in die Luft, die Einleitungen in Gewässer, die Verunreinigung von Böden, der Verbrauch von Rohstoffen und natürlichen Ressourcen, die Nutzung und Freisetzung von Energie, der Abfall und Nebenprodukte. Weiterhin müssen – soweit angemessen – Design und Entwicklung, Herstellungsprozesse, Verpackung und Transport, Umweltleistung und Praktiken von Vertragspartnern, Gewinnung und Verteilung von Rohstoffen und natürlichen Ressourcen, Vertrieb, Nutzung und Behandlung nicht mehr genutzter Produkte und biologische Vielfalt betrachtet und bewertet werden.

Eine weitere Forderung ist die Ermittlung der rechtlichen Verpflichtungen. Es muss deren Anwendung bezüglich der Umweltaspekte überprüft und die ordnungsgemäße Umsetzung bewertet werden. Schließlich sollen messbare Ziele festgelegt und die Umsetzung kontrollierbar überprüft werden.

Ein Umweltmanagementbeauftragter wird von der obersten Leitung bestellt, der das System nachweisbar begleitet. Personen, die umweltrelevante Tätigkeiten ausüben, müssen die Kompetenz dazu haben und diese ggf. über Schulungen

7

nachweisen. Den Fremdfirmen, die für das Unternehmen arbeiten, müssen die umweltrelevanten Tätigkeiten bekannt sein und sie müssen die Auswirkungen von umweltrelevanten Abweichungen kennen. Die interne umweltrelevante Kommunikation muss geregelt sein. Es muss nachweisbar dafür gesorgt werden, dass die aktuellen Dokumente (z. B. die Politik oder die Umweltaspekte) und Aufzeichnungen (z. B. Protokolle) am Anwendungsort lesbar und identifizierbar sind. Die umweltrelevanten Abläufe sollen ermittelt und dokumentiert werden sowie die relevanten den Zulieferern bekannt gemacht sein. Umweltrelevante Notfälle müssen ermittelt, Maßnahmen zur Verhinderung festgelegt, überprüft und erprobt werden. Auch müssen Korrektur- und Vorbeugungsmaßnahmen zur Minderung von negativen Umweltauswirkungen geregelt und bewertet werden. Im internen Audit wird geprüft, ob das UMS gelebt wird und die dazu erforderliche Dokumentation sich auf dem neuesten Stand befindet. Dieses wird in einem Bericht festgehalten. Dazu müssen folgende Punkte festgelegt werden: der Auditrhythmus, die Themen, die untersucht werden sowie die Auditkriterien (Prüfkriterien). Die Managementbewertung der obersten Leitung dient der Bewertung des gesamten UMS. Dazu zählen u.a. die Ergebnisse der internen Audits, die Beurteilung der Einhaltung von rechtlichen Grundlagen, Äußerungen externer Kreise (z. B. Nachbarn) und die Umweltleistung, d. h. die Verbesserungen der negativen Umweltwirkungen.[181]

7.3.2   Einführung eines Umweltmanagementsystems nach ISO 14001

Da die meisten Unternehmen, die ein UMS einführen wollen, über ein funktionierenden prozessorientiertes Qualitätsmanagementsystem (QMS) verfügen, ist die Integration des UMS in dieses System sinnvoll. Es sind einige Themen, die das QMS enthält, identisch. Dazu gehören im Wesentlichen die Lenkung der Dokumente, die Lenkung der Aufzeichnungen, Weiterbildung, Lieferantenbewertung, Fehler (im UMS als Notfälle bezeichnet), Korrektur- und Vorbeugungsmaßnahmen, internes Audit und die Bewertung des Systems.

Um mögliche umweltrelevante Prozesse zu betrachten, sollte zunächst der Begriff Prozess geklärt werden. Zu einem Prozess gehört der Ablauf in einzelnen Schritten. Der Prozess beginnt immer mit einem Auslöser und endet mit einem Ergebnis.[182] Ein Auslöser könnte z. B. sein, dass die Menge eines Hilfsmittels in der Produktion in einen kritischen Bereich sinkt. Das Ergebnis könnte die bestellte und eingelagerte Menge des Hilfsmittels sein. Die einzelnen Schritte stellt

---

[181] Vgl. DIN EN ISO 14001:2009-11 (2009), S. 13 ff.
[182] Vgl. Wagner, K. W. / Käfer, R. (2010), S. 5

man üblicherweise in einem Ablaufdiagramm dar und benutzt dabei vom Unternehmen festgelegte Symbole, um die Lesbarkeit des Ablaufs zu erleichtern. Für jeden Prozessschritt werden die Verantwortlichkeit, die Mitarbeit (falls sie erforderlich ist) und ggf. die Information an eine Funktion im Unternehmen definiert.[183] Um Missverständnisse zu vermeiden, ist es wichtig, dass immer nur eine Funktion im Unternehmen die Verantwortung für den Prozessschritt hat. Die Prozesse sollten mit Kennzahlen versehen sein, um die Qualität des Prozesses zu messen, z. B. die Dauer vom Beginn der Feststellung des Bedarfs bis zum eingelagerten Hilfsmittel, gemessen in Tagen oder Anzahl der falschen Lieferungen innerhalb eines Jahres.

Schritt 1: Vorbereitung

Wenn ein UMS eingeführt wird, sollte zunächst die Ausgangssituation festgelegt werden. Es muss geklärt werden, weshalb das System eingeführt werden soll. Im Idealfall will das Unternehmen seine Umweltleistung verbessern oder aber der Kunde verlangt ein UMS wie etwa im Automobilbereich.

Schritt 2: Ermittlung der qualitativen und quantitativen Umweltaspekte

Im nächsten Schritt wird die Ist-Situation festgestellt, d. h. es werden die Umweltaspekte und deren qualitativen und quantitativen Auswirkungen ermittelt.

Beispiel

Eine Anlage, die dem Bundes-Immissionsschutzgesetz (BImSchG) unterliegt und bspw. oberhalb einer in der 4. Verordnung zum BImSchG festgelegten Durchsatzmenge liegt, muss eine Emissionserklärung nach der 11. Verordnung zum BImSchG abgeben. Dazu gehören z. B. auch Daten über Mengen von abgegebenen Schadstoffen über den Kamin, die Konzentration an Kohlenstoffdioxid und die jährliche Fracht an Kohlenstoffdioxid.

Schritt 3: Ermittlung des Umweltrechts

Danach ist es sinnvoll, das umzusetzende Umweltrecht zu ermitteln. Dazu werden die Rechtsgrundlagen mit den daraus für das Unternehmen umzusetzenden Forderungen zusammengestellt (Tabelle 7-2).

---

[183] Vgl. Wagner, K. W. / Käfer, R. (2010), S. 194

Rechts-grundlage	Stand	Umzusetzende Forderungen	Bemerkungen
KrWG 24.02.2012	08.04.2013 Änderung nicht relevant	§3 Begriffe: (11) Beförderer: (…) gewerbsmäßig oder im Rahmen wirtschaftlicher Unternehmen	§3: Abfallbeförderer
		§6 Abfallhierarchie, Rangfolge: Vermeidung, Vorbereitung zur Wiederverwendung, Recycling, sonstige Verwertung, insbesondere energetische Verwertung und Verfüllung, Beseitigung	§6, §7, §8, §9, (…) beachten
		§7 Grundpflichten der Kreislaufwirtschaft: Abfallerzeuger ist zur Verwertung verpflichtet	
		§8 Rangfolge und Hochwertigkeit der Verwertungsmaßnahmen beachten	
		§9 Getrennthalten von Abfällen zur Verwertung, Vermischungsverbot ...	

Tab. 7-2: Beispiel aus einem Rechtsverzeichnis

Schritt 4: Ermittlung der umweltrelevanten Prozesse bzw. Verfahren

Zu den umweltrelevanten Prozessen, die festgelegt werden müssen, gehören u.a. Verfahren zur Ermittlung der Umweltaspekte und der umweltrechtlichen Grundlagen sowie zur Bewertung der Einhaltung der umweltrelevanten Rechtsvorschriften. Weitere Verfahren betreffen die interne und ggf. externe Kommunikation, die Lenkung der Dokumente und Aufzeichnungen, die Notfallvorsorge und Gefahrenabwehr, die Überwachung und Messung, die Nichtkonformität, Korrektur- und Vorbeugungsmaßnahmen sowie interne Audits.

Nachfolgender Ablauf (Abbildung 7-1) zeigt eine Möglichkeit auf, ein Verfahren zur Ermittlung und Umsetzung von geänderten umweltrechtlichen Vorgaben abzubilden. Der Prozess beginnt mit dem Auslöser, dass der Turnus zur Überprüfung auf geänderte Rechtsgrundlagen erreicht ist. Dieser Turnus könnte mo-

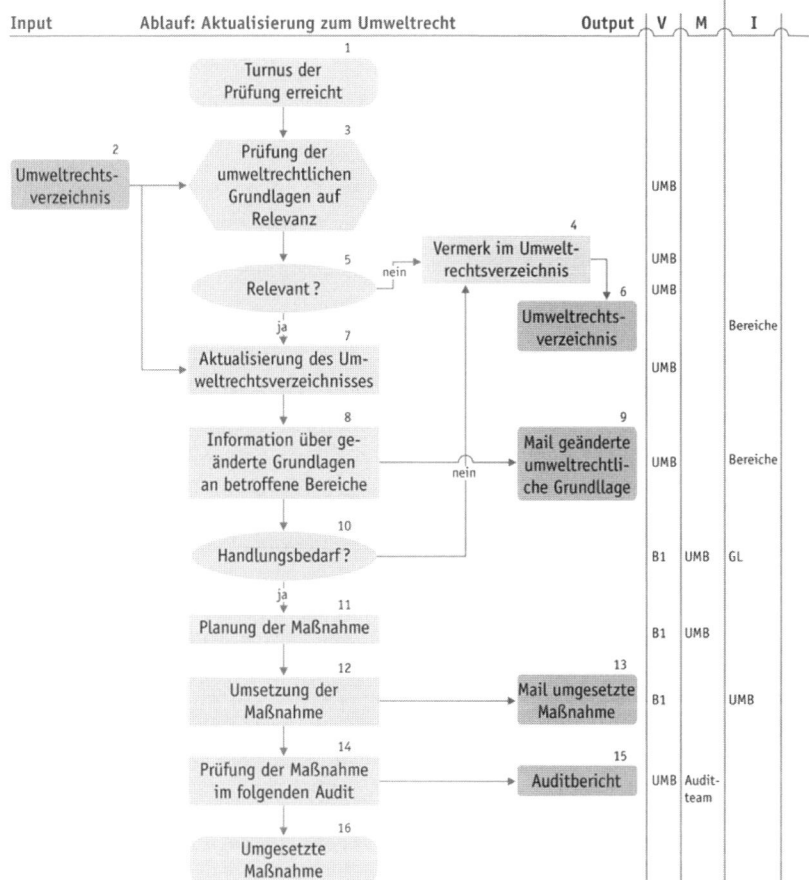

Abb. 7-1: Möglicher Ablauf zur Aktualisierung von umweltrechtlichen Forderungen

natlich oder einmal im Quartal erfolgen (1). Die Prüfung auf Relevanz (3) für
das Unternehmen schließt sich an. Ein Vermerk im Rechtsverzeichnis, Änderung relevant oder nicht relevant (4), zeigt, dass die Prüfung erfolgt ist. Die von
der Änderung betroffenen Bereiche (8) werden informiert. Bei Handlungsbedarf
(10) erfolgt eine Planung zur Umsetzung (11). Die Maßnahme wird umgesetzt
(12) und durch ein Mail an den Umweltmanagementbeauftragten (UMB) (13) be-

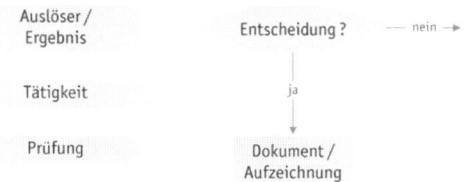

Abb. 7-2: Symbolerklärung

stätigt. Im Folgeaudit (14) wird die Wirksamkeit bestätigt und im Auditbericht (15) aufgezeichnet.

Schritt 5: Organisation

Nachdem die Abläufe und Prozesse definiert sind, idealerweise zusammen mit den an dem Prozess beteiligten Personen, sollte die Organisation im Hinblick auf Prozessoptimierungen angepasst werden. Dazu gehören z. B. die Veränderung der Verantwortlichkeiten, die Ergänzung von zu informierenden Funktionen, die Veränderung von Reihenfolgen im Ablauf. Auch ist es ggf. erforderlich, die Aufbauorganisation des Unternehmens anzupassen.

Schritt 6: Erarbeitung der Nachweise und Dokumente zum UMS

Aufbauend auf den umweltrelevanten Prozessen und Abläufen, dem einzuhaltenden Umweltrecht, den qualitativen und quantitativen Umweltaspekten müssen Nachweise und Dokumente zum UMS erarbeitet werden. So muss die Umweltpolitik durch die Geschäftsleitung festgelegt werden. Diese sollte nach Möglichkeit in die bestehende Unternehmenspolitik, ggf. auch Qualitätspolitik, eingearbeitet werden. Aus der Umweltpolitik werden die umweltrelevanten Ziele mit den davon betroffenen Personen entwickelt. Es muss darauf geachtet werden, dass die Ziele erreichbar sind und sich gegenseitig nicht behindern. Falls im Unternehmen ein Qualitätsmanagementhandbuch vorhanden ist, sollte dieses um die Belange des UMS ergänzt werden. Auch eventuell schon vorhandene Arbeitsanweisungen, Verfahrensanweisungen und Prozessbeschreibungen können um das Thema Umwelt ergänzt werden.

Beispiel

Der Einkauf sorgt dafür, dass z. B. alle Betriebs- und Hilfsstoffe vorhanden sind. Dabei sollte nicht nur auf die Kosten geachtet werden, sondern auch auf die Umweltrelevanz etwa eines Reinigers. Dieser kann krebserzeugend und leichtflüchtig sein und in die Umwelt gelangen.

Ein vorhandenes Weiterbildungskonzept für Qualitätsmanagement sollte um die Themen Umweltmanagement und Umweltleistung ergänzt werden. Auch sollten die Lieferanten hinsichtlich ihrer Umweltleistung bewertet werden und es müssen interne Audits durchgeführt und aufgezeichnet werden. Weitere Nachweise sind zu umweltrelevanten Notfällen zusammenzustellen und zu bewerten. Daraus werden dann Vorsorgemaßnahmen definiert und getroffen. Abschließend muss das Managementsystem bewertet und ein Programm zur Verbesserung der Umweltleistung entwickeln werden.

Schritt 7: Zertifizierung

Im Vorfeld der Zertifizierung sollten Vorgespräche mit möglichen Zertifizierungsgesellschaften geführt werden. Diese werden aufgefordert, ein Angebot auf Basis eines Fragebogens für die Durchführung der Zertifizierung zu erstellen. Nach Auswahl der Zertifizierungsgesellschaft wird die geforderte Dokumentation an den Auditor versandt. Der Auditor bewertet die Unterlagen auf Zertifizierungswürdigkeit und macht Vorschläge zur Korrektur oder Ergänzung. Für das externe Audit wird der Auditplan zwischen Auditor und Unternehmen abgestimmt. Als Ergebnis des externen Audits erstellt der externe Auditor einen Auditbericht. Dieser enthält Empfehlungen, die umgesetzt werden sollten und/ oder Nebenabweichungen, die umgesetzt werden müssen. Bei größeren Abweichungen erhält das Unternehmen kein Zertifikat, ggf. muss nachgebessert werden. Ist das Zertifikat erteilt, darf es zu Werbezwecken auf dem Briefbogen verwendet werden.

7.4 Umweltmanagement nach EMAS

→ EMAS steht für die Abkürzung der englischen Bezeichnung „Eco-Management and Audit Scheme". Ausgehend von der Verordnung aus dem Jahr 1993 (EWG) Nr. 1836/93 des Rates vom 29. Juni 1993 wurde im Dezember 1995 das euro-päische Gemeinschaftssystem für das Umweltmanagement und die Umweltbe-triebsprüfung in Deutschland unter der Bezeichnung EG-Öko-Audit-Verord-nung gesetzlich eingeführt. Die Verordnung wurde mehrfach novelliert und die aktuell gültige Rechtsgrundlage ist die Verordnung (EG) Nr. 1221/2009 des Europäischen Parlaments und des Rates vom 25. November 2009 (EMAS III).

Die Teilnahme an EMAS ist freiwillig und ist für Organisationen unterschiedlichster Wirtschaftsbereiche innerhalb und außerhalb der Europäischen Union möglich. Eine Organisation kann das UMS an einem oder mehreren Standorten einführen. EMAS trägt dazu bei, dass Organisationen ihre Ressourceneffizienz verbessern und Umweltrisiken mindern und die Kosten für die Einführung eines UMS werden durch die Einsparungen mehr als aufgewogen.[184]

Begriff: Organisation

Unter Organisation wird eine Gesellschaft, Körperschaft, ein Betrieb, Unternehmen, eine Behörde oder Einrichtung bzw. ein Teil oder eine Kombination davon verstanden. Die Organisation kann innerhalb oder außerhalb der Gemeinschaft, mit oder ohne Rechtspersönlichkeit, öffentlich oder privat, mit eigenen Funktionen und eigener Verwaltung agieren.[185]

7.4.1 Forderungen nach EMAS

Das oberste Ziel von EMAS ist die kontinuierliche Verbesserung der Umweltleistung von Organisationen durch die Errichtung eines UMS und die Durchführung von Umweltbetriebsprüfungen.

Zur Einführung von EMAS müssen bestimmte Anforderungen erfüllt werden. So muss die Organisation zunächst eine Umweltprüfung durchführen. Hierbei werden alle Tätigkeiten der Organisation im Hinblick auf deren Umweltaspekte untersucht und es werden die geltenden Umweltvorschriften ermittelt. Die Umweltprüfung dient als Ausgangsbasis für die Einführung eines UMS gemäß der → ISO 14001. Mit einem UMS werden die Umweltleistungen der Organisation erfasst und bewertet, mit dem Ziel, diese kontinuierlich zu verbessern. Es folgt die Überprüfung des UMS im Rahmen einer internen Umweltbetriebsprüfung und einer Managementbewertung. Die Erstellung einer Umwelterklärung ist eine weitere Forderung der Verordnung. Ein externer, staatlich zugelassener und beaufsichtigter Umweltgutachter begutachtet das Verfahren und den Ablauf zur Durchführung der Umweltprüfung und die Tauglichkeit des UMS zur Erreichung der vorgegebenen Ziele. Der Umweltgutachter validiert zudem die Umwelterklärung, d.h. die Ausführung und Inhalte der Umwelterklärung werden für „gültig" erklärt. Nach erfolgter Validierung kann die Organisation bei der zuständigen Stelle einen EMAS-Registrierungsantrag stellen. Mit dem Eintrag in das EMAS-Register ist die Organisation zertifiziert nach EMAS.

---

[184] Vgl. Beschluss der Kommission vom 4.3.2013 über ein Nutzerhandbuch (2013), S. 5
[185] Vgl. Verordnung (EG) Nr. 1221/2009 (2009), S. 5

7.4.2   Vorgehensweise für die Einführung von EMAS

Für die Einführung eines UMS ist eine systematische Vorgehensweise sinnvoll (Abb. 7-3).

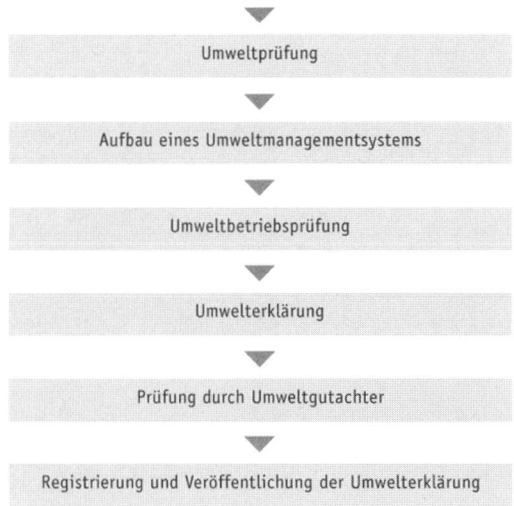

Abb. 7-3: Vorgehensweise für die Einführung von EMAS

Schritt 1: Umweltprüfung

Der erste Schritt zur Einführung von → EMAS besteht in der Durchführung einer Umweltprüfung. Die Organisationen müssen ihre internen Strukturen und Tä-tigkeiten gründlich untersuchen. Ziel ist, alle Aspekte, die sich auf die Um-welt auswirken können, zu ermitteln. Umweltaspekte können inputbezogen (z.b. Ma-terial- und Energieverbrauch) oder outputbezogen (z.B. Emissionen in die At-mosphäre, Abfallaufkommen) sein. Um einen Überblick über das Spektrum der Umweltaspekte zu erhalten, empfiehlt sich die Darstellungsform der betrieb-lichen Ökobilanz. Dazu werden zunächst einmal alle betrieblichen Inputs und Outputs erhoben, registriert und hinsichtlich der Wesentlichkeit bewertet. Bei der Beurteilung der Bedeutung sind u.a. das Umweltgefährdungspotenzial, die Anfälligkeit der lokalen, regionalen oder globalen Umwelt, das Ausmaß (Emis-sionsniveau, Energie- und Wasserverbrauch usw.) und die Anzahl der Aspekte oder der Auswirkungen, das Vorliegen einschlägiger Umweltvorschriften und deren Anforderungen sowie die Interessen Dritter und der Mitarbeiter der Organisation zu berücksichtigen. Beispiele für Umweltaspekte von Tätigkeiten und ihre Umweltauswirkungen sind in Tabelle 7-3 aufgeführt.

Tätigkeit	Umweltaspekt	Umweltauswirkungen
Verkehr	• verbrauchte Motorenöle • Kohlenstoffemissionen von LKW	• Boden-, Wasser-, Luftverschmutzung • Treibhauseffekt
Bürodienstleistungen	• Verbrauch von Papier, Toner etc. • Stromverbrauch	• Umweltverschmutzung durch Siedlungsabfälle • Treibhauseffekt
Chemische Industrie	• Abwasser • Emissionen flüchtiger organischer Verbindungen und ozonabbauender Stoffe	• Wasserverschmutzung • photochemisches Ozon • Zerstörung der Ozonschicht

Tab. 7-3: Beispiele für Umweltaspekte und Umweltauswirkungen[186]

Es müssen sowohl direkte als auch indirekte Umweltaspekte berücksichtigt werden. Direkte Umweltaspekte betreffen die Tätigkeiten der Organisation, deren Ablauf sie kontrolliert, indirekte Umweltaspekte betreffen die Tätigkeiten, Produkte und Dienstleistungen einer Organisation, die sie u.U. nicht in vollem Umfang kontrollieren kann (Tabelle 7-4).

Direkte Umweltaspekte	Indirekte Umweltaspekte
• Emissionen in die Atmosphäre, Wasseremissionen, Abfall • Nutzung von natürlichen Ressourcen • lokale Phänomene (Lärm, Erschütterungen, Gerüche) • Flächenverbrauch • verkehrsbedingte Luftemissionen • Gefahren, die von Umweltunfällen und Notfallsituationen ausgehen	• Produktlebenszyklusbezogene Aspekte • Kapitalinvestitionen • Versicherungsdienstleistungen • Verwaltungs- und Planungsentscheidungen • Umweltleistung von Auftragnehmern und Lieferanten • Auswahl und Zusammensetzung von Dienstleistungen (z.B. Transport etc.)

Tab. 7-4: Beispiele für direkte und indirekte Umweltaspekte[187]

---

[186] Vgl. Beschluss der Kommission vom 4.3.2013 über ein Nutzerhandbuch (2013), S. 10

Mit Hilfe der Bewertung können Schwachstellen identifiziert und der Handlungsbedarf aufgezeigt werden. Daraus werden die Ziele sowie Schwerpunktbereiche und Prioritäten für das Umweltprogramm des Unternehmens abgeleitet.

Schritt 2: Aufbau eines UMS

Im zweiten Schritt muss ein UMS aufgebaut werden. Mit einem UMS werden Abläufe, Strategien und Instrumente definiert und die Organisationsstrukturen und Zuständigkeiten festgelegt, damit eine Organisation ihre Umweltleistung kontinuierlich verbessern kann. Die Anforderungen der ISO 14001 an ein UMS sind auch in EMAS enthalten (siehe Kapitel 7.3). Das System orientiert sich an der bekannten PDCA-Struktur (Managementzyklus „Planen – Durchführen – Prüfen – Anpassen"). Hierzu ist es notwendig, eine Umweltpolitik, Umweltziele und ein Umweltprogramm festzulegen.

Das oberste Management der Organisation muss in schriftlicher Form Grundsätze zum Umweltschutz verabschieden und in den Unternehmensgrundsätzen verankern. Diese Umweltpolitik enthält eine Verpflichtung zur kontinuierlichen Verbesserung der Umweltleistung und zur Einhaltung der relevanten Umweltgesetze und -vorschriften. Die Umweltpolitik bildet den Rahmen für die Festsetzung umweltbezogener Ziele und muss allen Mitarbeitern vermittelt werden.

Ein Programm zur Verwirklichung der umweltbezogenen Zielsetzungen und Einzelziele ist einzuführen und aufrechtzuerhalten. In diesem Umweltprogramm sind Verantwortlichkeiten, die Mittel und der Zeitraum für die Verwirklichung der Zielsetzungen und Einzelziele festgelegt. Kommt es zu neuen Entwicklungen sowie zu neuen oder modifizierten Tätigkeiten, Produkten oder Dienstleistungen, muss, falls erforderlich, das Programm entsprechend ergänzt werden.

Beispiel[188]

Umweltzielsetzung: Minimierung des Aufkommens gefährlicher Abfälle

Einzelziel: Reduzierung des Einsatzes von organischen Lösungsmitteln im Prozess um 20% innerhalb von 3 Jahren

Maßnahme: möglichst weitgehende Wiederverwendung von Lösungsmitteln, Recycling organischer Lösungsmittel

---

[187] Vgl. ebenda
[188] Vgl. Beschluss der Kommission vom 4.3.2013 über ein Nutzerhandbuch (2013), S. 13

Die Leitung der Organisation muss die für die Implementierung und Überwachung des UMS benötigten Mittel (Personal, Finanzmittel) bereitstellen und einen Beauftragen der obersten Leitung bestellen, für den Verantwortlichkeiten und Befugnisse festzulegen sind, um sicherzustellen, dass die Forderungen an das UMS eingehalten sind. Die Aufgaben müssen dokumentiert und bekannt gemacht werden, um ein wirkungsvolles Umweltmanagement zu erleichtern.

3. Schritt: Umweltbetriebsprüfung

Durch interne Umweltbetriebsprüfungen wird festgestellt, ob eine Organisation die festgelegten Verfahren einhält und ob im Zusammenhang mit diesen Verfahren Probleme auftreten oder sich Verbesserungsmöglichkeiten bieten. Innerhalb eines bestimmten Zeitraumes sind alle Tätigkeiten einer Organisation einer Umweltbetriebsprüfung zu unterziehen. Die Betriebsprüfer, auch Auditoren genannt, können Mitarbeiter der betreffenden Organisation mit fundierter Ausbildung und Erfahrung für die spezifische Prüftätigkeit sein oder externe Betriebsprüfer. Sie müssen gegenüber den Tätigkeiten, die sie kontrollieren, ausreichend unabhängig sein, um eine objektive und neutrale Bewertung abgeben zu können.

Die Tätigkeiten bei der Durchführung der Umweltbetriebsprüfung umfassen u.a. Gespräche mit dem Personal, die Prüfung der Betriebsbedingungen und Betriebsausstattungen, die Prüfung von Archiven, schriftlichen Anweisungen und anderen einschlägigen Dokumenten mit dem Ziel einer Bewertung der Umweltleistung der jeweils geprüften Tätigkeit.

Nach jeder Umweltbetriebsprüfung und nach jedem Betriebsprüfungszyklus wird von den Prüfern ein schriftlicher Umweltbetriebsprüfungsbericht in geeigneter Form und mit angemessenem Inhalt zur förmlichen Vorlage erstellt. Der Bericht enthält sämtliche Erkenntnisse und Schlussfolgerungen der Umweltbetriebsprüfung. Die Erkenntnisse und Schlussfolgerungen müssen der Leitung der Organisation förmlich mitgeteilt werden.

Die Umweltbetriebsprüfung oder der Betriebsprüfungszyklus ist in regelmäßigen Abständen, die nicht mehr als 3 Jahre (bzw. 4 Jahre bei kleinen und mittelgroßen Unternehmen) betragen dürfen, abzuschließen. Die Häufigkeit, mit der eine Tätigkeit geprüft wird, hängt von folgenden Faktoren ab: Art, Umfang und Komplexität der Tätigkeiten, Wesentlichkeit der damit verbundenen Umweltauswirkungen, Bedeutung und Dringlichkeit der bei früheren Umweltbetriebsprüfungen festgestellten Probleme und Vorgeschichte der Umweltprobleme. Komplexere Tätigkeiten mit wesentlicheren Umweltauswirkungen werden häufiger geprüft. Die Organisationen erstellen ihr eigenes Umweltbetriebsprüfungsprogramm und legen die Häufigkeit der Umweltbetriebsprüfungen fest.

Die oberste Leitung der Organisation muss das Umweltmanagementsystem in festgelegten Abständen bewerten, um seine fortdauernde Eignung, Angemessenheit und Wirksamkeit sicherzustellen. Bei der Bewertung durch die oberste Leitung müssen eventuell notwendige Änderungen von Umweltpolitik, umweltbezogenen Zielsetzungen sowie anderen Elementen des UMS aufgrund der Ergebnisse von Audits, sich ändernder Umstände und der Verpflichtung zur kontinuierlichen Verbesserung angesprochen werden.

4. Schritt: Umwelterklärung

Eine Organisation legt bei ihrer ersten Eintragung Umweltinformationen vor, die als Umwelterklärung bezeichnet werden und vom Umweltgutachter zu validieren, d.h. für gültig zu erklären sind.

Ziel der Umwelterklärung ist es, die Öffentlichkeit und andere interessierte Kreise über die Umweltauswirkungen und die Umweltleistung der Organisation sowie über die kontinuierliche Verbesserung dieser Umweltleistung zu informieren. Die Umwelterklärung ist eines der Alleinstellungsmerkmale des EMAS-Systems. Bezüglich der Umweltleistung sind Kernindikatoren auszuweisen. Die Kernindikatoren gelten für alle Arten von Organisationen. Sie dienen der Messung der Umweltleistung in den folgenden Schlüsselbereichen: Energieeffizienz, Materialeffizienz, Wasser, Abfall, biologische Vielfalt und Emissionen.

Bei der ersten Eintragung und danach alle 3 Jahre (bzw. alle 4 Jahre bei kleinen und mittelgroßen Unternehmen) muss die Organisation die Informationen in einer konsolidierten gedruckten Fassung zur Verfügung stellen. Die Organisation muss die Informationen jährlich (bzw. alle 2 Jahre bei kleinen und mittelgroßen Unternehmen) aktualisieren und jegliche Änderungen von einem Umweltgutachter jährlich für gültig erklären lassen. Nach der Gültigkeitserklärung müssen diese Änderungen ferner der zuständigen Stelle übermittelt und öffentlich zugänglich gemacht werden.

5. Schritt: Prüfung durch Umweltgutachter

Ein Umweltmanagementsystem nach → EMAS, das in einer Organisation einge-führt wurde, wird von staatlich zugelassenen und beaufsichtigten Umweltgutachtern bzw. Umweltgutachterorganisationen geprüft. Geprüft wird sowohl die Einhaltung aller gesetzlichen Regelungen als auch die Umsetzung selbst auferlegter Ziele, einschließlich einer Umwelterklärung. Der Umweltgutachter erklärt die Umwelterklärung nicht für gültig, wenn er während der Begutachtung, beispielsweise bei Stichproben, feststellt, dass die Organisation Rechtsvorschriften nicht einhält.

7

Die Zulassung der Umweltgutachter basiert auf den in der EMAS-Verordnung genannten allgemeinen Prinzipien für die fachliche Qualifikation. Die Zulassungsstellen können Einzelpersonen, Organisationen oder beide als Umweltgutachter zulassen. Die Zulassung und die Überwachung der Gutachter in Deutschland sind über den Umweltgutachterausschuss (UGA) und die Deutsche Akkreditierungs- und Zulassungsgesellschaft für Umweltgutachter mbH (DAU) eindeutig geregelt.

6. Schritt: Registrierung und Veröffentlichung der Umwelterklärung

Bei erfolgreichem Bestehen der Prüfung und der Validierung der Umwelterklärung beantragt die Organisation die EMAS-Registrierung bei der zuständigen Stelle. In Deutschland sind dies die Industrie- und Handelskammern bzw. Handwerkskammern. Dem Antrag sind die validierte Umwelterklärung und die vom Umweltgutachter unterzeichnete Bescheinigung, dass die Begutachtung und die Validierung gemäß der EMAS-Verordnung durchgeführt wurden, beizufügen. Die zuständige Stelle sollte die endgültige Entscheidung über die EMAS-Registrierung einer Organisation innerhalb von drei Monaten nach Antragstellung fällen. Danach kann die Umwelterklärung veröffentlicht werden.

Mit der EMAS-Registrierung ist die Organisation berechtigt, das EMAS-Logo (Abb. 7-4) zu benutzen. Das EMAS-Logo vermittelt, dass das EMAS-System korrekt angewendet wird und es ist gut geeignet, um das Umweltbewusstsein nach außen zu kommunizieren. Das EMAS-Logo darf nur von Organisationen mit gültiger EMAS-Registrierung verwendet werden. Auf Produkten oder Produktverpackungen darf es nicht verwendet werden, um Verwechslungen mit Umwelt-Produktkennzeichnungen zu vermeiden.[189]

Abb. 7-4: EMAS-Logo[190]

---

[189] Vgl. Beschluss der Kommission vom 4.3.2013 über ein Nutzerhandbuch (2013), S. 35
[190] ebenda

EMAS gilt im Vergleich mit ISO 14001 als das anspruchsvollere System. EMAS verlangt die Erfüllung der Anforderungen an ein UMS gemäß ISO 14001 und darüber hinaus noch eine Umwelterklärung und besondere Anstrengungen hinsichtlich der Einhaltung von Rechtsvorschriften, der Umweltleistung, externer Kommunikation und der Einbeziehung der Arbeitnehmer. EMAS ist vor allem auf Kommunikation, Partizipation, Dialog und Transparenz ausgerichtet, was Vertrauen und Glaubwürdigkeit schafft und Verbindlichkeit und Dynamik in den Prozess der kontinuierlichen Verbesserung der Umweltleistung bringt. EMAS ist aber im Wesentlichen in Europa verbreitet, während die ISO 14001 über die EU hinausgehende, internationale Akzeptanz erfährt.

7.5   Vereinfachte Systemansätze

EMAS und ISO 14001 erreichen aufgrund des hohen Zeit- und Kostenaufwands kleine und mittelgroße Unternehmen nur bedingt. Umweltmanagementansätze unterstützen kleine und mittelgroße Unternehmen v.a. bei der Einführung von UMS. Die Ansätze richten sich i.d.R. an bestimmte Zielgruppen (z.B. Handwerksbetriebe, Campingplatzbetreiber). Alle Umweltmanagementansätze orientieren sich zwar an den Anforderungen von EMAS, aber die meisten Ansätze konzentrieren sich ausschließlich auf Umweltaspekte und Einsparungen. Die externe Prüfung ist die vorherrschende Form der Qualitätssicherung, ohne eigenständiges Akkreditierungssystem für die Prüfer. In der Tabelle 7-5 sind einige bekannte Umweltmanagementansätze gegenübergestellt.

	ECOCAMPING	EMAS easy	Ökoprofit
Zielgruppe	Campingplatz-betreiber	kleine und mittelgroße Unternehmen	kleine und mittelgroße Unternehmen
regionale Verbreitung	Deutschland, Österreich, Schweiz	EU	Österreich, Deutschland, andere Länder
verfügbar seit	2001	2002	1993
Schwerpunkte	Umwelt- und Qualitätsmanagement	Umwelt- und Nachhaltigkeitsmanagement	Umwelt- und Arbeitsschutzmanagement

Institutionali-sierung	durchführende Institution ist ECOCAMPING e.V.	durchführende Institution ist ECE (ecoconseilenterprise) – ein europaweit agierendes Beraternetzwerk; baut auf Eco-mapping (einfache Checklisten, Tabellen, vorgefertigte Formulare) auf und führt den Vorgang bis zum Aufbau eines UMS weiter („10 Tage Arbeit, für 10 Mitarbeiter und mit 10 Formblättern")	CPC (cleaner productioncenter Austria) ist die zentrale Vergabestelle für die Ökoprofit-Lizenz. Kommunen, die das Programm durchführen, schließen einen Vertrag mit CPC über die Nutzung der Arbeitsmaterialien. Verträge werden i.d.R. zwischen Beratern und Unternehmen abgeschlossen
externe Prüfung	Prüfung durch Berater des ECO-CAMPING e.V.	Validierung durch zugelassene Umweltgutachter	Prüfung durch eine Kommission, der Vertreter der Kammer und der Kommune angehören, z.T. auch Umweltgutachter
EMAS-Orientierung	enge Orientierung an EMAS (70% der EMAS-Anforderungen werden erfüllt)	EMAS-Anforderungen werden erfüllt	enge Orientierung an EMAS. Kostengünstiger Einstieg in ein UMS (50-70% der EMAS-Anforderungen werden erfüllt)

Tab. 7-5: Umweltmanagementansätze[191]

---

[191] Vgl. BMU, UBA (2005), S. 36 ff.

7.6 Weiterentwicklung des Umweltmanagementsystems

Materialflusskostenrechnung

→ Materialflusskostenrechnung ist ein Managementinstrument, das Unternehmen dabei unterstützen kann, umwelt- und kostenbezogene Verbesserungspotenziale im Bereich Material- und Energieverwendung aufzuzeigen. Es wurde in den 1990er Jahren im deutschsprachigen Raum von Wagner und Strobel entwickelt und hat die größte Verbreitung und Institutionalisierung in der japanischen Fer-tigungsindustrie gefunden.[192]

Die Norm ISO 14051 formuliert allgemeine Rahmenbedingungen für die Materialflusskostenrechnung. Durch die Entwicklung eines Materialflussmodells, das die Materialflüsse und -bestände sowie den Energieeinsatz innerhalb eines Unternehmens in physikalischen Einheiten verfolgt und quantifiziert, wird die Transparenz der Material- und Energieverbräuche erhöht. Alle Kosten, die durch Materialverwendung oder Energieeinsatz entstehen und/oder mit ihnen verbunden sind, werden genauso quantifiziert und zugeordnet. Im Fokus der Materialflusskostenrechnung steht der Vergleich zwischen Kosten, die Produkten zurechenbar sind und Kosten, die auf Materialverluste (wie z.B. Abfall und Abwasser) zurückzuführen sind.

Die tatsächlichen Kosten, die durch Materialverluste entstehen, sind vielen Unternehmen nicht bekannt, weil die Daten zu Materialverlusten und die damit verbundenen Kosten oft nur sehr schwer aus den konventionellen betrieblichen Umweltinformationssystemen bzw. Abrechnungssystemen zu gewinnen sind. Mit Hilfe der Materialflusskostenrechnung können diese Daten verfügbar gemacht werden und dazu genutzt werden, Möglichkeiten aufzuzeigen, Materialverbrauch und/oder Materialverluste zu reduzieren, die Material- und Energieverwendung zu verbessern, die unerwünschten Umweltauswirkungen zu vermindern und die Kosten zu reduzieren.[193]

Die Materialflusskostenrechnung ersetzt nicht die konventionelle Kostenrechnung im Unternehmen, sondern sie ist eine zusätzliche spezifische Auswertung. In einer Art Szenario werden jene Kosten ausgewiesen, die eingespart werden könnten, wenn die Reststoffe vollständig vermieden werden. Allerdings wird damit noch nichts über die technische Realisierungsmöglichkeit ausgesagt. Einsparpotenziale im Bereich von 5 % des Umsatzes scheinen durchaus denkbar –

---

[192] Vgl. Schmidt, M. / Schneider, M. (2010), S. 163
[193] Vgl. DIN EN ISO 14051:2011-12 (2011), S. 8 ff.

ob sie in den Unternehmen auch umgesetzt werden, hängt allerdings entscheidend von der Innovations- und Veränderungsbereitschaft in den Unternehmen ab.[194]

Die Flusskostenrechnung wird zu einem zentralen Instrument des nachhaltigen Wirtschaftens und der Ökoeffizienz.[195] In Japan zeichnet sich bereits eine dynamische Entwicklung von Materialflusskostenrechnung als etabliertes Tool des Nachhaltigkeitsmanagements ab, das insbesondere die Zielsetzung der Prozessinnovation verfolgt. Zukünftig soll die Materialflusskostenrechnung in Japan dahingehend entwickelt werden, dass die Methode auch einen Beitrag zur sozialen Nachhaltigkeit leisten kann. In Deutschland und Europa steht das Thema stärker hinsichtlich der Ressourceneffizienz im Fokus von Politik und Unternehmen.[196]

Gesellschaftliche Verantwortung von Organisationen nach ISO 26000

In einer globalisierten Welt bedarf es eines gemeinsamen internationalen Verständnisses über Werte, Prinzipien und Regeln im Bereich der verantwortlichen Organisationsführung. Mit der Veröffentlichung der DIN ISO 26000 im November 2010 wird Organisationen ein international erarbeiteter und anerkannter Leitfaden mit Umsetzungshilfen angeboten. Die DIN ISO 26000 empfiehlt Organisationen, ihr Verhalten an bestimmten Grundsätzen, Kernthemen und Handlungsfeldern auszurichten bzw. sich mit diesen auseinanderzusetzen. Kernthemen sind Menschenrechte, Arbeitspraktiken, faire Betriebs- und Geschäftspraktiken, Umweltschutz, Konsumentenanliegen sowie Einbindung und Entwicklung des gesellschaftlichen Umfelds der Organisation.[197]

Mit der Einführung eines UMS nach → EMAS oder → ISO 14001 führen die Organisationen Strukturen und Handlungsgrundsätze ein und erbringen Umweltleistungen, die umfassende Teile der nur unverbindlichen Empfehlungen und Anregungen der ISO 26000 konkret in die Praxis umsetzen. Die ISO 26000 beschreibt selbst kein Managementsystem, sondern listet Aspekte von gesellschaftlicher Verantwortung und den empfohlenen Umgang auf. Die meisten Vorgaben im Umweltschutzteil der ISO 26000 sind in Deutschland bereits gesetzlich geregelt.[198] Nach ISO 26000 geht die Wahrnehmung gesellschaftlicher Verantwortung über das bloße Engagement für gemeinnützige Zwecke und das

---

[194] Vgl. Schmidt, M. / Schneider, M. (2010), S. 164
[195] Vgl. Strobel, M. (2001), S. 305 ff.
[196] Vgl. Wagner, B. / Nakajima, M. / Prox, P. (2010), S. 202
[197] Vgl. Bundesministerium für Arbeit und Soziales (Hrsg.) (2011), S. 9
[198] Vgl. Geschäftsstelle des Umweltgutachterausschusses (Hrsg.) (2012), S. 1

Einhalten von Rechtsvorschriften deutlich hinaus. Gesellschaftliche Verantwortung ist der Beitrag, den eine Organisation zur nachhaltigen Entwicklung der globalen Gesellschaft insgesamt leisten kann und soll.[199]

Begriff: Gesellschaftliche Verantwortung

DIN ISO 26000 definiert gesellschaftliche Verantwortung als die „Verantwortung einer Organisation für die Auswirkungen ihrer Entscheidungen und Aktivitäten auf die Gesellschaft und die Umwelt durch transparentes und ethisches Verhalten, das zur nachhaltigen Entwicklung, Gesundheit und Gemeinwohl eingeschlossen, beiträgt, die Erwartungen der Anspruchsgruppen berücksichtigt, anwendbares Recht einhält und im Einklang mit internationalen Verhaltensstandards steht, in der gesamten Organisation integriert ist und in ihren Beziehungen gelebt wird."[200]

Energiemanagementsysteme nach ISO 50001

Energieeffizienz ist ein zentrales Thema der EU-Umwelt- und -Energiepolitik. Zur Realisierung von Energieeffizienz spielen Energie- oder Umweltmanagementsysteme in Unternehmen eine wichtige Rolle. Im Sommer 2011 erschien die internationale Norm ISO 50001, die im Dezember 2011 in deutscher Übersetzung als „DIN EN ISO 50001: Energiemanagementsysteme – Anforderungen mit Anleitung zur Anwendung"[201] veröffentlicht wurde.

Ziel dieser Norm ist es, Organisationen beim Aufbau von Systemen und Prozessen zur Verbesserung ihrer Energieeffizienz zu unterstützen. Der systematische Ansatz soll die Organisation in die Lage versetzen, eine kontinuierliche Verbesserung der Leistung des Energiemanagements, der Energieeffizienz und der Energieeinsparung zu erzielen.

Die Norm wurde für eine eigenständige Anwendung entwickelt, kann aber an andere Managementsysteme angepasst oder in diese integriert werden und ist anwendbar auf alle Organisationen. Die Struktur der ISO 50001 basiert auf den gemeinsamen Elementen von ISO-Managementsystemnormen, insbesondere der ISO 9001 und der ISO 14001.

EMAS und ISO 14001 erfüllen nicht automatisch alle Anforderungen der ISO 50001. Für die meisten Unternehmen ist aber die Energienutzung als bedeuten-

---

[199] Vgl. Kleinfeld, A. (2011), S. 5
[200] Vgl. Bundesministerium für Arbeit und Soziales (Hrsg.) (2011), S. 11
[201] DIN EN ISO 50001:2011-12(2011), S. 1 ff.

der Umweltaspekt bereits Bestandteil des Umweltmanagementsystems, so dass nur wenige inhaltliche Anpassungen und Konkretisierungen, z. B. hinsichtlich energiebezogener Leistung, energetischer Bewertung usw., erforderlich sein werden. Zugelassene EMAS-Umweltgutachter sind befugt, Zertifizierungsbescheinigungen nach ISO 50001 zu erteilen. Innerhalb des Zertifizierungsverfahrens haben sie die Pflicht, alle Anforderungen der Norm zu prüfen.[202]

Anwendung der Vorgaben des Business Excellence auf Umwelt

Werden die Vorgaben des Business-Excellence-Modells in einem Unternehmen angewendet, entwickelt es sich nachweislich wirtschaftlich besser als ohne die Anwendung dieses Modells. Es geht bei der Anwendung dieses Modells darum, exzellente Ergebnisse im Hinblick auf die Leistung, die Kunden, die Mitarbeiter und die Gesellschaft zu erzielen. Diese Exzellenz wird erreicht, indem nach den folgenden Grundkonzepten gelebt wird:

- einen Nutzen für den Kunden schaffen,
- die Zukunft nachhaltig gestalten,
- die Fähigkeiten der Organisation entwickeln,
- Kreativität und Innovation fördern,
- mit Vision, Inspiration und Integrität führen,
- Veränderungen aktiv managen,
- durch Mitarbeiterinnen und Mitarbeiter erfolgreich sein,
- dauerhaft herausragende Ergebnisse erzielen.

Grundlage des Vorgehens ist eine Selbstbewertung, aus der Stärken und Schwächen hervorgehen. Die Bewertungskriterien berücksichtigen beim → EFQM-Modell nicht nur Ergebnisse (die gute Leistungen in der Vergangenheit anzeigen), sondern auch sogenannte Befähiger, d.h. Aktivitäten, bei denen die Unternehmen mit geplantem, systematischem Vorgehen auch zukünftig gute Ergebnisse sicherstellen sollen. Im EFQM-Excellence-Modell sind neun Hauptkriterien festgelegt, unterteilt in Befähiger (Führung, Mitarbeiter, Strategie, Partnerschaften und Ressourcen, Prozesse, Produkte und Dienstleistungen) und Ergebnisse (mitarbeiter-, kunden- und gesellschaftsbezogene Ergebnisse sowie Schlüsselergebnisse). Diese Hauptkriterien sind unterteilt in Teilkriterien, in denen die Verknüpfung mit den Grundkonzepten stattfindet. So findet sich das Themenfeld „mit Vision, Inspiration und Integrität führen" etwa in Fragen zu den Kriterien „Führung", „Strategie" und „Partnerschaft und Ressourcen" (und

---

[202] Vgl. Umweltgutachterausschuss (Hrsg.) (2012), S. 3

weiteren) wieder. Erweitert man diese Kriterien um das Thema Umweltschutz, ergänzt also die Teilkriterien mit den Worten „hinsichtlich Umweltschutz", so wird das Unternehmen seine Umweltleistung deutlich verbessern.

Hauptkriterium „Führung"

- Führungskräfte entwickeln die Vision, Mission, Werte und ethischen Grundsätze und sind Vorbilder
- Führungskräfte definieren, überprüfen und verbessern das Managementsystem und die Leistung der Organisation
- Führungskräfte befassen sich persönlich mit externen Interessengruppen
- Führungskräfte stärken zusammen mit den Mitarbeiterinnen und Mitarbeitern der Organisation eine Kultur der Excellence
- Führungskräfte gewährleisten, dass die Organisation flexibel ist und Veränderungen effektiv gemanagt werden

Hauptkriterium „kundenbezogene Ergebnisse"

- Wahrnehmungen
- Leistungsindikatoren

Abb. 7-5 zeigt die Kriterien mit Gewichtungen zur internen und externen Bewertung des Grades der Business Excellence[203].

Abb. 7-5: Hauptkriterien nach → EFQM

---

[203] Vgl. EFQM, S. 1 ff.

Auf den Punkt gebracht

Der technische Umweltschutz wurde in den 1990er Jahren mit der Einführung von Umweltmanagementsystemen durch organisatorische Aspekte erweitert, um damit den Entwicklungsschritt von der Nachsorge zur Vorsorge zu vollziehen. Mit → EMAS und → ISO 14001 stehen den Unternehmen zwei international anerkannte Regelwerke zu Umweltmanagementsystemen zur Verfügung, die das Ziel haben, einen ökologischen Verbesserungsprozess in den Unternehmen zu fördern. Die Konzepte setzen dabei auf Eigeninitiative und Selbstverantwortung der Unternehmen. Die Anforderungen der ISO 14001 an ein Umweltmanagementsystem sind auch Kernbestandteil von EMAS. Zur Integration dieser Systeme in die Organisation ist die Orientierung an den in der Organisation ablaufenden Prozessen hilfreich. Ein Qualitätsmanagementsystem nach ISO 9001 unterstützt diese Vorgehensweise. Das Material- und Energieflussmanagement ist ein wichtiges Instrument zur Unterstützung der Umweltmanagementsysteme nach EMAS und ISO 14001, mit dem Ziel, die Effizienz im Material- und Energieeinsatzbereich zu steigern. Mit den Normen ISO 14051 und ISO 50001 wurden Leitfäden zu den Rahmenbedingungen der → Materialflusskostenrechnung und von Energiemanagementsystemen veröffentlicht. Die Flusskostenrechnung wird zu einem zentralen Instrument des nachhaltigen Wirtschaftens und der Ökoeffizienz. Nach ISO 26000 geht die Wahrnehmung gesellschaftlicher Verantwortung über das bloße Engagement für gemeinnützige Zwecke und das Einhalten von Rechtsvorschriften deutlich hinaus. Gesellschaftliche Verantwortung ist der Beitrag, den eine Organisation zur nachhaltigen Entwicklung der globalen Gesellschaft insgesamt leisten kann und soll. Der Qualitätsmanagementansatz nach → EFQM unterstützt die Unternehmen, um mit geplantem, systematischem Vorgehen exzellente Ergebnisse sicherzustellen.

Literaturtipps

Weiterführende Ausführungen zu betrieblichem Umweltmanagement:

Baumast, A.; Pape, J. (Hrsg.) (2009): Betriebliches Umweltmanagement – Nachhaltiges Wirtschaften im Unternehmen, 4. Auflage, Stuttgart

Nachschlagewerk zur Einführung eines Umweltmanagementsystems:

Förtsch, G.; Meinholz, H. (2011): Handbuch Betriebliches Umweltmanagement, 1. Auflage, Wiesbaden

Zur Vertiefung des Themas Qualitätsmanagement:

Wagner, K. W.; Käfer, R. (2010): PQM Prozessorientiertes Qualitätsmanagement – Leitfaden zur Umsetzung der ISO 9001, 5. Auflage, München

DIN EN ISO 9001: 2008-12 (2008): Qualitätsmanagementsysteme – Anforderungen (ISO 9001: 2008), Berlin

Moll, A; Kohler, G. (Hrsg.) (2013): Excellence-Handbuch Grundlagen und Anwendung des EFQM Excellence Modells, 1. Auflage, Düsseldorf

7

Literaturquellen

Beschluss der Kommission vom 4. März 2013 über ein Nutzerhandbuch mit den Schritten, die zur Teilnahme an EMAS nach der Verordnung (EG) Nr. 1221/ 2009 des Europäischen Parlaments und des Rates über die freiwillige Teilnahme von Organisationen an einem Gemeinschaftssystem für Umweltmanagement und Umweltbetriebsprüfung unternommen werden müssen

Bundesministerium für Umwelt, Naturschutz und Reaktorsicherheit (BMU), Umweltbundesamt (UBA) (Hrsg.) (2005): Umweltmanagementansätze in Deutschland, 1. Auflage, Berlin

Bundesministerium für Arbeit und Soziales (Hrsg.) (2011): Die DIN ISO 26000 Leitfaden zur gesellschaftlichen Verantwortung von Organisationen – Ein Überblick, 1. Auflage, Bonn

Cord-Landwehr, K.; Kranert, M. (Hrsg.) (2010): Einführung in die Abfallwirtschaft, 4. Auflage, Wiesbaden

DIN EN ISO 14001:2009-11 (2009): Umweltmanagementsysteme – Anforderungen mit Anleitung zur Anwendung (ISO 14001:2004 + Cor. 1:2009), Berlin

DIN EN ISO 14051:2011-12 (2011): Umweltmanagement – Materialflusskosten-rechnung – Allgemeine Rahmenbedingungen, Berlin

DIN ISO 26000:2011-01 (2011): Leitfaden zur gesellschaftlichen Verantwortung (ISO 26000:2010), Berlin

DIN EN ISO 50001:2011-12 (2011): Energiemanagementsysteme – Anforde-rungen mit Anleitung zur Anwendung, Berlin

EFQM (2012): EFQM Excellence Modell 2013, Brüssel

Enzler, S. (2000): Integriertes Prozessorientiertes Management: die Verbindung von Umwelt, Qualität und Arbeitssicherheit in einem Managementsystem anhand der betrieblichen Prozesse, 1. Auflage, Berlin

Geschäftsstelle des Umweltgutachterausschusses (Hrsg.) (2012): Die ISO 26000 unter der EMAS-Lupe, 1. Auflage, Berlin

Kleinfeld, A. (2011): Gesellschaftliche Verantwortung von Organisationen und Unternehmen – Fragen und Antworten zur ISO 26000, 1. Auflage, Berlin

Schmidt, M.; Schneider, M. (2010): Kosteneinsparungen durch Ressourceneffizienz in produzierenden Unternehmen, uwf 18 (S. 153-164)

Simon, F.-G.; Dosch, K. (2010): Verbesserung der Materialeffizienz von kleinen und mittleren Unternehmen, Wirtschaftsdienst 11 (S. 754-759)

Strobel, M. (2001): Systemisches Flussmanagement – flussorientierte Kommuni-kation als Perspektive für eine ökologische und ökonomische Unternehmens-entwicklung, 1. Auflage, Augsburg

Umweltgutachterausschuss (Hrsg.) (2012): Erfüllung der Anforderungen der DIN EN ISO 50001 „Energiemanagementsysteme" durch EMAS, 1. Auflage, Berlin

Verordnung (EG) Nr. 1221/2009 des Europäischen Parlaments und des Rates vom 25. November 2009 (über die freiwillige Teilnahme von Organisationen an einem Gemeinschaftssystem für Umweltmanagement und Umweltbetriebsprüfung – EMAS III)

Wagner, B.; Nakajima, M.; Prox, P. (2010): Materialflusskostenrechnung – die inter-nationale Karriere einer Methode zur Identifikation von Ineffizienzen in Produk-tionssystemen, uwf 18 (S. 197-202)

Wagner, K. W.; Käfer, R. (2010): PQM Prozessorientiertes Qualitätsmanagement Leitfaden zur Umsetzung der ISO 9001, 5. Auflage, München

8 Finanzmanagement und Nachhaltigkeit

von Prof. Dr. Frank Andreas Schittenhelm

Lernziele

Die Leser

- verstehen die Grundzüge der Methoden der Investitionsrechnung,
- sind in der Lage, den Shareholder-Value richtig einzuordnen,
- erkennen die Bedeutung des Risikomanagements für das nachhaltige Finanzmanagement.

Schlagwortliste

- Dynamische Investitionsrechnung ■ Portfoliotheorie ■ Risiko-Rendite-Analyse ■ Nutzwertanalyse ■ Venture Capital ■ Shareholder-Value ■ Risikomanagement

8.1 Einleitung

Das Finanzmanagement eines Unternehmens besteht aus verschiedenen Teilaufgaben, die im Wesentlichen eine Unterstützungsfunktion für die operativen Stellen im Unternehmen einnehmen.

Die Teilaufgabe Finanzierung optimiert die Kapitalbeschaffung, um die Liquidität des Unternehmens sicherzustellen, wobei gleichzeitig die Kapitalkosten so niedrig wie möglich gehalten werden. Die Teilaufgabe Investition setzt sich mit den Entscheidungskriterien bei Investitionen im Allgemeinen auseinander.

Ross, Westerfield und Jordan[204] definieren die Steigerung des Unternehmenswertes als das zentrale Ziel des Finanzmanagements.

Da das Finanzmanagement in großem Maße quantitative Aspekte beinhaltet, spielt die Finanzmathematik eine bedeutende Rolle bei der Bewertung von Entscheidungen. Die rein quantitative Ausrichtung vermittelt häufig einen negativen

---

[204] Vgl. Ross, S./Westerfield, R./Jordan B. (2011)

Eindruck dieses Teilgebiets der Betriebswirtschaftslehre. Insbesondere erscheint gerade die moderne Finanzmathematik mit verantwortlich für die Ausbeutung von Ressourcen, kurzfristigem Gewinnstreben und Finanzkrisen. Es stellt sich somit die Frage:

▓ Ist dieses Empfinden einfach falsch und entspricht nicht der Realität;

oder

▓ sind die im Finanzmanagement verwendeten Modelle zwar in sich stimmig, die Inputparameter jedoch i.d.R. falsch gewählt und führen damit zu unerwünschten Ergebnissen;

oder

▓ müssen die Modelle grundsätzlich überdacht und verändert werden?

Zunächst werden zur Beantwortung dieser Frage die grundsätzlichen Entscheidungsverfahren bei Investitionen diskutiert. Im anschließenden Kapitel geht es um die Finanzierungsfragen des Unternehmens. Schließlich wollen wir uns dann mit den daraus gewonnenen Erkenntnissen theoretischer und praktischer Natur für das Management eines Unternehmens auseinandersetzen. Dabei werden die verwendeten Modelle und Methoden an den Grundsätzen nachhaltiger Betriebswirtschaftslehre gemessen. Als zentrale Erkenntnis aus den vorherigen Kapiteln ergibt sich aus Sicht des Finanzmanagements, dass Nachhaltigkeit eine kontinuierliche Verbesserung des Risikomanagements im Unternehmen erfordert. Deshalb schließen wir mit einem Kapitel über die Grundzüge eines erfolgreich im Unternehmen integrierten Risikomanagements.

8.2   Investitionsrechnung

Der Erfolg eines Unternehmens basiert aus Sicht des Finanzmanagements auf einem einfachen Zusammenhang, dem Kapitalfluss zwischen Mittelherkunft (Passiva) und Mittelverwendung (Aktiva) innerhalb des Unternehmens. Der Kapitalfluss (Cashflow) aus der operativen Tätigkeit kann demnach nur in Anlage- und Umlaufvermögen reinvestiert werden (in Form von Rücklagen) oder an die Eigen- und Fremdkapitalgeber zurückgegeben werden. Die nachfolgende Abbildung 8-1 macht diesen Zusammenhang deutlich:[205]

---

[205] Vgl. Flad, M./Günther, P./Schittenhelm, F.A. (2012), S. 96

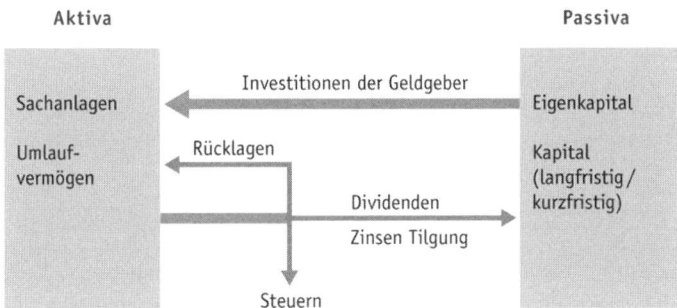

Abb. 8-1: Zahlungsströme im Unternehmen

Zwei Aspekte sind in diesem Zusammenhang von Bedeutung:

1. **Zunächst muss festgehalten werden, dass ein Unternehmen weder arm noch reich ist.** Es verwaltet nur Gelder (von Eigen- und Fremdkapitalgebern). Beide haben je nach tatsächlichem oder empfundenem Risiko unterschiedliche Erwartungen bzw. Anforderungen an die Rendite ihrer Investition.

2. **Die Aufgabe des Unternehmens ist es, diese Renditeerwartungen zu erfüllen. Ein Unternehmen ist dann aus finanzieller Sicht erfolgreich, wenn die tatsächliche Rendite der eingesetzten Gelder (von Eigen- und Fremdkapitalgebern) über der erwarteten Rendite liegt.** Vereinfacht ausgedrückt bedeutet dies, dass wenn ein Unternehmen zu 5% Geld zur Verfügung gestellt bekommt, die Investition eben mindestens 5% erwirtschaften muss. In der Regel haben die verschiedenen Geldgeber unterschiedliche Renditeerwartungen, weshalb sich das Unternehmen an einem gewichteten Kapitalkostensatz orientieren muss, der auch als → WACC (weighted average cost of capital) bezeichnet wird. Dabei muss berücksichtigt werden, dass die Renditeerwartungen u.U. nicht explizit bekannt sind. Während bei Fremdkapital zumeist eine Form von Kreditzins vorliegt, der entsprechend verbindlich ist, kann man bei Eigenkapital im Wesentlichen nur von einer vom Eigenkapitalgeber gewünschten Verzinsung sprechen. Die erwartete Verzinsung der Eigenkapitalgeber sollte insbesondere die eingegangenen Risiken berücksichtigen und damit bei höherem Risiko ansteigen. Wird die erwartete Verzinsung der Eigenkapitalgeber nicht erreicht, so hat dies zunächst keine gravierenden Auswirkungen für das Unternehmen selber, wenngleich man von einer Wertvernichtung sprechen kann. Kann die Verzinsung des Fremdkapitals allerdings nicht erreicht werden, so ist das

8

Unternehmen grundsätzlich in seiner Existenz gefährdet, was letztendlich den Konkursfall und das Einstellen des Geschäftsbetriebs bedeuten kann. Investierte Gelder (also Anlage- und Umlaufvermögen) müssen freigesetzt werden und (häufig) zu ungünstigen Konditionen verkauft werden. Die Geldgeber erhalten ihr eingesetztes Kapital gegebenenfalls nur teilweise zurück.

Die Schwierigkeit für das Unternehmen liegt in einer Art Fristentransformation. Zins- und Dividendenzahlungen sowie Kapitalrückzahlungen finden nicht zwangsläufig zu denselben Zeitpunkten wie die Ertragsgenerierung statt. Häufig ergeben sich Erträge bzw. genauer Einzahlungen aus Investitionen erst nach einer gewissen Zeit, während Zinsen fortlaufend zu zahlen sind. Das Unternehmen muss demnach bewerten, ob die Investitionen der erhaltenen Gelder den oben beschriebenen Anforderungen genügen. Wir wollen uns deshalb im Folgenden kurz mit zwei Fragen auseinandersetzen:

▪ Wie bewertet ein Geldgeber die Rendite- und Risikoprofile seiner Investition?

▪ In wie fern spielt die Nachhaltigkeit eines Unternehmens hierbei eine Rolle?

Zur ersten Frage: Moderne Verfahren basieren heute auf der Prämisse, dass Rendite und Risiko eng miteinander verbunden sind und höheres Risiko stets durch eine höhere erwartete Rendite bzw. einen höheren Nutzen kompensiert werden sollte. Ist dies nicht der Fall, so handelt der Investor entweder irrational oder verfügt über unzureichende Informationen bezüglich seiner Investition. Drei Methoden seien hier erwähnt:

1. Dynamische Investitionsrechnung

2. Moderne Portfoliotheorie

3. Nutzwertanalyse

8.2.1 Dynamische Investitionsrechnung

Die Methode der dynamischen Investitionsrechnung basiert auf der Idee des Zeitwertes zukünftiger Kapitalflüsse. Bei der Beurteilung einer Investition werden zunächst die mit der Investition verbundenen zukünftigen Ein- und Auszahlungen abgeschätzt. Dynamische Verfahren der Investitionsrechnung berücksichtigen den Zeitwert des Geldes, d.h. sie beziehen Ein- und Auszahlungen, die zu unterschiedlichen Zeitpunkten erfolgen, auf einen gemeinsamen Zeitpunkt. Zur Vereinfachung des Diskontierungsvorgangs werden teilweise weitere Annahmen getroffen. So wird bei der Bewertung von Projekten meist ein einheitlicher Zinssatz verwendet. Die Betrachtung beschränkt sich rein auf Ein- und Auszahlungen.[206]

Dynamische Methoden der Investitionsrechnung sind in der Praxis weit verbreitet. Die sich daraus ergebenden drei am häufigsten verwendeten dynamischen Kennzahlen werden im Folgenden dargestellt.

Bei der Kapitalwertmethode werden alle zukünftigen Zahlungen eines Projektes auf den heutigen Zeitpunkt diskontiert. Dabei ergibt sich der **Kapitalwert** (oder Barwert, englisch *Net Present Value:* **NPV**) einer Investition oder eines Investitionsprojekts durch die anschließende Addition der diskontierten zukünftigen Zahlungsströme.

Ein positiver Kapitalwert kann als Mehrwert, der durch die Investition generiert wird, interpretiert werden. Da jeder Unternehmer bestrebt ist, den Wert des Unternehmens zu erhöhen, wird also diejenige Investition gewählt, die den höchsten positiven Kapitalwert besitzt.

Mathematisch erfolgt diese Diskontierung von Zahlungsströmen folgendermaßen:

$$NPV(i) = -z_0 + \frac{z_1}{(1+i)^1} + \frac{z_2}{(1+i)^2} + \dots + \frac{z_T}{(1+i)^T} = -z_0 + \sum_{t=1}^{T} \frac{z_t}{(1+i)^t},$$

wobei i den Abzinsungsfaktor und z_t die jeweiligen (jährlichen) Zahlungsströme, also Ein- und Auszahlungen, beschreiben. Der zu wählende Abzinsungsfaktor sollte dem gewichteten Kapitalkostensatz (WACC) entsprechen, um – wie oben erläutert – die Renditeerwartungen von Eigen- und Fremdkapitalgebern zu beschreiben. Ein Kapitalwert von 0 erfüllt dann genau diese Erwartungen, ein Kapitalwert größer als 0 übererfüllt die Erwartungen und schafft einen Mehrwert, der letztendlich den Eigenkapitalgebern zusteht.

Bei der Methode des internen Zinssatzes wird derjenige Kalkulationszinssatz i^* bestimmt, für den gilt: $NPV = 0$. Dieser interne Zinssatz wird häufig auch als Rendite (englisch: Internal Rate of Return: **IRR**) einer Investition bezeichnet. Eine Investition ist dann vorteilhaft, falls die interne Rendite größer als eine vorgegebene Mindestverzinsung des eingesetzten Kapitals ist. Diese Mindestverzinsung sollte analog zur Überlegung beim Kapitalwert dem gewichteten Kapitalkostensatz entsprechen. Bei mehreren Investitionsalternativen wird die Alternative mit der höchsten (nicht-negativen) internen Rendite gewählt. Auf mathematische Besonderheiten bei der Berechnung des Internen Zinssatzes

---

[206] Vgl. Flad, M./Günther, P./Schittenhelm, F.A. (2012), S. 57 ff.

wollen wir hier nicht eingehen und verweisen auf die entsprechende Fachliteratur.

Die Methode der dynamischen Amortisationsrechnung schließlich ermittelt den Zeitraum, der benötigt wird, um investiertes Kapital über die Rückflüsse „zurückzugewinnen". Es wird diejenige Investitionsalternative ausgewählt, die die kürzeste Kapitalwiedergewinnungszeit (englisch *Pay-Back-Period*) aufweist. Ziel ist wiederum, die mit der Investition verbundene zeitliche Unsicherheit zu minimieren, indem auf einen frühzeitigen Kapitalrückfluss Wert gelegt wird. Ein allgemeines Kriterium für die Vorteilhaftigkeit bei nur einer Investitionsalternative lässt sich hier nicht formulieren. Die dynamische Amortisationsrechnung akkumuliert die Rückflüsse einer Investition, wobei die Zeitwerte der Rückflüsse explizit berücksichtigt werden.

Beispiel: Innovationen

Bei der Bewertung von Innovationen, als einem wesentlichen Aspekt der Nachhaltigen Betriebswirtschaftslehre (vgl. die Grundsätze 4 und 7) kommt die Methode der dynamischen Investitionsrechnung meist zur Bewertung der finanziellen Auswirkungen zur Anwendung. Die Vorgehensweise soll hier kurz skizziert werden. Ziel ist es, eine Innovation in seiner zukünftigen Entwicklung zu modellieren, und die Profitabilität an Hand der Methoden der Investitionsrechnung zu überprüfen.

Die Vorgehensweise besteht aus folgenden Einzelschritten:

1. Modelliere die mit der Innovation verbundenen Ein- und Auszahlungen über mehrere Jahre mit Hilfe von Planbilanzen und Plan-GuVs.

2. Anschließend ermittle die sich daraus ergebenden jährlichen (andere Zeitperioden sind natürlich auch möglich) Zahlungsströme.

3. Bewerte die Zahlungsströme anhand der hier eingeführten Kennzahlen aus der Investitionsrechnung.

4. Überprüfe die Ergebnisse:

   a) das Modell anhand von Szenario- und Sensitivitätsanalysen,

   b) die liquiden Mittel anhand einer kurzfristigen Liquiditätsplanung,

   c) die Profitabilität anhand einer Break-even-Analyse, bei der Umsätze den fixen und variablen Kosten gegenübergestellt werden.

Die Risikobeurteilung erfolgt also bei der dynamischen Investitionsrechnung meist durch Szenario- und Sensitivitätsanalysen, bei denen unterschiedliche positive und negative Konstellationen und Entwicklungen berücksichtigt werden. Eine explizite Risikomessung erfolgt jedoch nicht.

In Unternehmen kann die mangelnde Risikoanalyse zu Fehlallokationen führen, wenn man sich bei der Bewertung beispielsweise an einem für das ganze Unternehmen geltenden einheitlichen Diskontierungsfaktor orientiert. Die Problematik ergibt sich dann aus der Tatsache, dass risikoreichere Investitionen (oder Anlagen) i.d.R. zu höheren erwarteten positiven Zahlungsströmen (Cashflows) führen. Dies lässt sich natürlich auch aufgrund der oben angeführten Prämisse erklären, dass mehr Risiko zu mehr Rendite führen sollte. Damit ergibt sich aber zwangsläufig, dass risikoreichere Investitionen (bei einheitlichen Diskontierungsfaktor) bessere Kapitalwerte aufweisen als die risikoloseren. Gleiches gilt für den internen Zinssatz, der bei der risikoreicheren Variante höher sein wird. Da dieser wiederum an dem oben definierten einheitlichen Abzinsungsfaktor als Benchmark gemessen wird, schneidet auch hier die risikobehaftete Variante besser ab.

Es zeigt sich, dass die dynamische Investitionsrechnung in ihrer Grundstruktur die Grundsätze nachhaltiger Betriebswirtschaftslehre bereits berücksichtigt bzw. berücksichtigen kann, da mit Hilfe der zukünftigen Zahlungsstruktur langfristige Entwicklungen des Unternehmens berücksichtigt werden und Risiken zumindest theoretisch über den Diskontierungsfaktor modelliert werden können.

Zusammenfassend liegt die größte Schwäche der dynamischen Investitionsrechnung in der rein quantitativen Ausrichtung, was eine Berücksichtigung qualitativer Ziele erschwert. Ökologische und soziale Ziele sind zwar integrierbar, führen in der Regel aber eher zu einer Risikoreduktion als zu einer Renditesteigerung. Die entsprechenden Maßnahmen müssten sich deshalb auf den Diskontierungsfaktor auswirken, was allerdings in praxi meist nicht der Fall ist. Ziel der nachhaltigen Finanzmanagementlehre muss es deshalb sein, einen Schwerpunkt auf das Risikomanagement zu legen. Im Rahmen der Risikoanalyse müssen negative Auswirkungen auf die oben angesprochenen Aspekte innerhalb der Nachhaltigkeitsgrundsätze besonders herausgearbeitet werden und Fehlallokationen von Kapital vermieden werden.

8

8.2.2   Moderne Portfoliotheorie

Die Methode der → Risiko-Rendite-Analyse beruht auf der modernen Portfoliotheorie, die auf die Arbeit von Harry Markowitz[207] 1952 zurückgeht. Hier wird vor allem die Schwäche der dynamischen Investitionsrechnung aufgegriffen, dass keine explizite Quantifizierung des einer Investition innewohnenden Risikos erfolgt. **Das Risiko wird in der Portfoliotheorie meistens anhand der erwarteten Standardabweichung (bzw. Varianz) der Renditen einer Investition gemessen.** Da dieses Risikomaß für viele Anwendungen keine befriedigenden Resultate liefert, haben sich in der Vergangenheit aber viele weitere Risikomaße herausgebildet. Stichworte sind hier Beta, Lower Partial Moments oder etwa Value at risk. Hier sei auf die entsprechende vertiefende Literatur verwiesen.[208]

Grundlage der Untersuchung bilden im Allgemeinen drei Parameter:

- μ_i := Erwartungswert der Rendite einer Anlage A_i,

- σ_i := Standardabweichung der Rendite als Maß für das Risiko einer Anlage A_i,

- $\rho_{i,j}$:= Korrelationskoeffizient der Renditen zweier verschiedener Anlagen A_i und A_j.

In praxi sind die Parameter μ, σ und ρ nicht bekannt, so dass sie geschätzt werden müssen. Bei Wertpapieren, bei denen die Portfoliotheorie die größte praktische Anwendung erfährt, erfolgt diese Schätzung anhand von empirisch bestimmten Renditen aus der Vergangenheit und den entsprechenden statistischen Schätzfunktionen für die einzelnen Parameter. Eine wesentliche Erkenntnis der Portfoliotheorie ist der sogenannte → Diversifikationseffekt.

Die Portfoliotheorie hat im einfachen Grundmodell den Vorteil, dass Risiken explizit berücksichtigt werden können. Dies bietet insbesondere für die Aspekte der Nachhaltigkeit viele Möglichkeiten. Allerdings ist man stark auf Vergangenheitsdaten angewiesen, um entsprechende Parameter abschätzen zu können.

Zusammenfassend lässt sich sagen, dass die moderne Portfoliotheorie den Nachhaltigkeitsprozess im Unternehmen nicht unterstützt. Trotzdem muss sich die nachhaltige Finanzmanagementlehre mit der Portfoliotheorie auseinander setzen. Die moderne Portfoliotheorie gibt Aufschluss über Handlungsmotive einer wesentlichen Anspruchsgruppe eines Unternehmens, nämlich der Investo-

---

[207] Vgl. Markowitz, H. (1952)

[208] Vgl. Flad, M./Günther, P./Schittenhelm, F.A. (2013), S. 93 ff.

ren. Der erhebliche Kapitalbedarf von Unternehmen bringt es mit sich, dass der Bezug der Investoren zu Unternehmen immer geringer wird, eine rein quantitative Beurteilung der Investition ist die logische Folge. Dieses Wissen um die Motive der Investoren muss in die Nachhaltige Betriebswirtschaftslehre einfließen. Weitergehende Ansätze nehmen neben den Parametern Rendite und Risiko auch soziale und ökologische Aspekte explizit mit auf, wodurch die Anzahl der Dimensionen im Entscheidungsprozess erhöht wird. Eine solche Methodik spielt beispielsweise bei nachhaltigen Investments, sogenannten Nachhaltigkeitsfonds, eine Rolle. Die Vorgehensweise bleibt im Kern erhalten. Die Bewertung der sozialen und ökologischen Performance ist indes schwierig, insbesondere da zukünftige Entwicklungen zu berücksichtigen sind.

8.2.3   Nutzwertanalyse

Die Nutzwertanalyse versucht der Tatsache Rechnung zu tragen, dass Investitionsentscheidungen im Unternehmen häufig nicht nur rein finanzieller bzw. quantitativer Natur sind. Gerade bei komplexen Investitionsentscheidungen spielen häufig auch qualitative Merkmale eine Rolle. **Die Nutzwertanalyse berücksichtigt diesen mehrdimensionalen Kriterienkatalog bei der Entscheidungsfindung in Form eines Scoring-Modells.** Sie misst dabei den Gesamtnutzen einer Investitionsalternative mit Hilfe der nachfolgenden Schritte:[209]

1. Festlegung der relevanten quantitativen und qualitativen Entscheidungskriterien,

2. Gewichtung der Kriterien,

3. Bewertung der Kriterien anhand eines vorher festgelegten Punktesystems,

4. Durchschnittsbildung zur Ermittlung des Nutzwertes einer Alternative.

Der Vorteil der Nutzwertanalyse ergibt sich offensichtlich durch die Einbeziehung nicht-quantitativer Merkmale. Dies ist allerdings auch gleichzeitig eine Schwäche der Methode, da die Festlegung der Kriterien sowie deren Gewichtung und Punktebewertung offensichtlich subjektiv erfolgen muss. Schließlich muss angemerkt werden, dass eine Risikoerfassung und -messung nicht systematisch erfolgt.

Dennoch bietet die Nutzwertanalyse ein Werkzeug, um die Investitionsentscheidung ganzheitlich zu lösen und schafft somit unter den hier vorgestellten Methoden die höchste Vereinbarkeit mit den Grundsätzen nachhaltigen Wirt-

---

[209] Vgl. Flad, M./Günther, P./Schittenhelm, F.A. (2012), S. 84 f.

schaftens. Die aufgeführten Nachteile der Nutzwertanalyse können jedoch zu einem Akzeptanzproblem führen. Die dynamische Investitionsrechnung erfreut sich aufgrund der scheinbar unbestechlichen Genauigkeit bei vielen Entscheidern großer Beliebtheit und stellt zudem häufig einen Bestandteil der Nutzwertanalyse dar. Die moderne Portfoliotheorie ist häufig Basis für Investitionsentscheidungen institutioneller Anleger. Jedes nachhaltig agierende Unternehmen muss deshalb auch diese Methode berücksichtigen. Aspekte der Risikoquantifizierung bei nicht nachhaltiger Wirtschaftsweise kommen jedoch bei allen drei vorgestellten Methoden in praxi zu kurz.

8.3 Finanzierung

Finanzierungen dienen grundsätzlich der Deckung eines bestehenden Kapitalbedarfs, d.h. Finanzierungen versorgen ein Unternehmen mit den notwendigen (finanziellen) Mitteln, um Investitionen tätigen zu können und damit am Wirtschaftsprozess teilzunehmen. Der Kapitalbedarf einer Unternehmung entsteht einerseits bei der Beschaffung von Produktionsfaktoren, also alle Positionen des Anlage- und Umlaufvermögens, andererseits durch laufende Bedienung von Fremd- und Eigenkapital, also Zins- und Tilgungszahlungen sowie Dividendenzahlungen. Schließlich wird Kapital für die Zahlung von Steuern benötigt.

Die Deckung des Kapitalbedarfs soll in einer Form passieren, dass das Unternehmen stets zahlungsfähig und damit unabhängig bleibt. **Finanzierungen müssen also die jederzeitige Liquidität des Unternehmens gewährleisten. Neben der Sicherung der Liquidität als Hauptziel der Finanzierung geht es um die Reduktion der Finanzierungskosten.** Unterstützt wird dieses Vorhaben durch die sogenannte Finanzplanung, deren Ziel es ist, die Unsicherheit über die zukünftige finanzielle Lage des Unternehmens zu reduzieren. Aufgrund der zeitlichen Erfassung der zukünftigen Zahlungsströme werden die finanziellen Steuerungsmöglichkeiten verbessert. Dies soll zu allererst zur Vermeidung überraschender Liquiditätsengpässe führen und damit die Aufnahme teurer Kredite oder sogar eine Notliquidation von Vermögensgegenständen vermeiden helfen. Darüber hinaus ermöglicht das Erfassen der zukünftigen Zahlungsströme auch die Zuführung freien Kapitals zu ertragreichen Anlagealternativen.

Im Grunde stellt nachhaltige Finanzierung keine revolutionäre Weiterentwicklung dar. Der klassische Businessplan mit Projektionsrechnungen und die Anwendung der Methoden der dynamischen Investitionsrechnung als Basis für Finanzierungsgenehmigung stellen seit je her den langfristigen Unternehmenserfolg und damit Nachhaltigkeit in den Fokus.[210]Zwei Aspekte sind jedoch von Bedeutung. Zum Einen zielt nachhaltige Finanzierung auf weiche Faktoren ab. Die Rolle des Kapitalnehmers sollte sich vom Bittsteller zum Partner des Investors entwickeln. Dass dies in der Vergangenheit häufig nicht so war, ist aber eher auf Arroganz und ein falsches Kundenverständnis auf Seiten der Kapitalgeber zurückzuführen und nicht so sehr auf fehlende Nachhaltigkeit im Geschäftsmodell. Zum Anderen stellt sich die Frage nach neuen Finanzierungsmodellen zur Finanzierung. Hier lässt sich an eine Koppelungen mit Nachhaltigkeitskennzahlen denken. Innovative Produkte seitens der Kapitalgeber könnten beispielsweise auf Optionsrechte bei Verbesserung der Nachhaltigkeit abzielen. Dies könnten Krediterhöhungen, -verlängerungen oder auch Zinsreduktionen sein. Dies setzt – nicht zuletzt auch im Kontext von Basel III – eine Validierung positiver Korrelationseffekte zwischen Risikominimierung bzw. Renditesteigerung und Nachhaltigkeitsverbesserung voraus.

Finanzierungsformen lassen sich einfach entsprechend der bilanziellen Aufteilung und damit nach der Rechtsstellung des Kapitals in eine Eigen- und Fremdfinanzierung einteilen. Folgende wesentlichen Aspekte sind bei der Kapitalbeschaffung zu berücksichtigen:

1. Kapitalkosten

2. Kapitalverfügbarkeit

3. rechtliche Aspekte

4. steuerliche Aspekte

Auch an dieser Stelle sei vertiefend auf die entsprechende Darstellung von expliziten Finanzierungsformen in der Literatur verwiesen.

Wir wollen hier vielmehr den Zusammenhang der Finanzierungsaktivität zur Investition nochmals aufgreifen. Jede Finanzierung des Unternehmens ist aus Sicht der Kapitalgeber eine Investition. Wie in unseren vorherigen Ausführungen dargestellt, wird der Kapitalgeber nachhaltig investieren, wenn er daraus einen Nutzen erzielen kann. Er wird demnach nur dann einem Unternehmen, das sich durch nachhaltiges Wirtschaften auszeichnet, eine Finanzierung zu bestimmten Konditionen anbieten, falls keine Alternativinvestition zur Verfügung steht, bei der entweder die Renditechance größer oder das Investitionsrisiko kleiner ist. Es gilt demnach auch hier, dass sich insgesamt das Rendite-Risiko-Profil für den Kapitalgeber verbessern muss. Interessant ist hier zu beobachten, dass gerade Nachhaltigkeitsfonds als Kapitalsammelstellen diesen

8

210 Vgl. Gasior, S./Schittenhelm, F.A. (2012), S. 24 f.

Aspekt inzwischen herausarbeiten. Es wird argumentiert, dass nachhaltig wirtschaftende Unternehmen tatsächlich auch ökonomisch erfolgreicher sind und demnach zu einer besseren Performance beitragen.

Eigenkapital bietet den Vorteil, dass das Kapital zeitlich unbegrenzt zur Verfügung gestellt wird. Man mag deshalb vermuten, dass Eigenkapital bzw. eine hohe Eigenkapitalquote als Garanten nachhaltigen Wirtschaftens anzusehen sind, dem ist entgegenzuhalten, dass die Anforderungen institutioneller Investoren an die kurzfristige Profitabilität dies häufig ins Gegenteil umkehren. Dies gilt insbesondere für börsen-notierte Unternehmen aber auch für Start-ups, die sich über → Venture Capital finanzieren müssen. Langfristige Bankkredite hingegen führen häufig zu einer stärkeren Beaufsichtigung und damit nachhaltigeren Orientierung des Unternehmens.

Zusammenfassend lässt sich sagen, je länger das Kapital eines Anlegers (Kapitalgebers) an ein Unternehmen gebunden ist, desto mehr Wert wird er auf nachhaltiges Wirtschaften legen und entsprechende Maßnahmen ergreifen, um dies im Unternehmen und dessen Management durchzusetzen. Je einfacher hingegen die Weitergabe der Investition an Dritte, desto stärker wird das Interesse an einer kurzfristigen starken Wertsteigerung sein, die häufig auf Kosten einer langfristigen nachhaltigen Wertsteigerung erfolgt. Sehr viele Maßnahmen an den Kapitalmärkten in der Vergangenheit, die zur Schaffung von mehr Liquidität und Flexibilität gedacht waren, haben leider gerade in diese falsche Richtung geführt.

Beispiel: → Collateralized Debt Obligations

Collateralized Debt Obligations (CDO) bündeln Wertpapiere oder Kredite und sollen so mehr Liquidität im Markt schaffen. Diese Form von Anleihenverbriefung ermöglicht es somit Investoren (Banken), ihre Kredite an Dritte weiterzugeben. Gleichzeitig geht aber die Verantwortung zur Prüfung der Kreditwürdigkeit zurück, da man das Risiko einfach an einen Dritten weitergibt. Es genügt, diesen Dritten „kurzfristig" davon zu überzeugen, dass das Risiko-Rendite-Profil günstig ist. So führte die Schaffung von Collateralized Debt Obligations mit zur Finanzkrise 2008.

Beispiel: → Initial Public Offerings IPO

Ähnlich verhält es sich am Aktienmarkt. Der einfache Zugang zum Kapitalmarkt über Initial Public Offerings ermöglicht Altinvestoren, bestehende Risiken an Dritte weiterzugeben unabhängig von fehlender Nachhaltigkeit im Geschäftsmodell. Die IPO-Welle während des Internetbooms zu

Ende des letzten Jahrtausends und die damit verbundene Dot.com-Blase seien hier als Beispiel genannt.

Nachhaltiges Finanzmanagement bedeutet demnach auch die Schaffung von Rahmenbedingungen, die langfristige Investitionen der Kapitalgeber hervorrufen.

8.4   Auswirkungen auf Unternehmensführung und Controlling

Controlling ist neben Organisation und Personalwesen eines der Führungs-instrumentarien eines Unternehmens. Es deckt dabei die finanziellen Aspekte ab. Das Controlling hat einerseits in den letzten Jahrzenten massiv an Bedeu-tung gewonnen, andererseits war es selbst im Laufe der Zeit Veränderungen unterworfen. Der größte Einschnitt erfolgte mit der Orientierung am sogenann-ten → Shareholder-Value. Eingeführt wurde das Konzept von Alfred Rappa-port 1986.[211] Rappaport stellt in seinem Ansatz die Shareholder-Value-Orientierung als wichtigstes eventuell sogar einziges Ziel der Unternehmensfüh-rung dar. Die Messung des Wertes einer Unternehmung erfolgt hierbei an zu-künftig generierten Cashflows, die dann abgezinst werden. Als Abzinsungsfaktor wird der gewichtete Kapitalkostensatz verwendet, wobei in der Regel die Er-kenntnisse der modernen Portfoliotheorie (oder genauer des Capital Asset Pri-cing Modells) in die Schätzung der Eigenkapitalkosten eingehen. **Die Sharehol-der-Value-Idee ist damit nichts anderes als die konsequente Applikation der oben dargestellten Kapitalwertmethode aus der Investitionsrechnung in Verbindung mit Erkenntnissen der modernen Portfoliotheorie.** Dieser Ansatz erfuhr schnell eine hohe Akzeptanz, die Kritik richtete sich zumeist gegen die einseitig materielle Ausrichtung des Ansatzes.

Ein erster Gegenentwurf entstand mit der Balance Scorecard von Robert Kap-lan und David Norton[212], die die Unternehmensführung an weiteren Zielen ausrichtet, namentlich meist an einer Finanz-, Kunden, Prozess- und Potenzial-perspektive. Letztendlich konnte die Balance Scorecard aber den Shareholder-

---

[211] Vgl. Rappaport, A. (1998)

[212] Vgl. Kaplan, R./Norton, D. (1992)

Value-Gedanken nie ersetzen, da auch bei der Balance Scorecard die Finanzperspektive eine wesentliche Rolle spielt. Damit erweitert die Balanced Scorecard den Shareholder-Value-Gedanken im Grunde nur. Der Shareholder-Value-Gedanke fand im sogenannten Value-based-Management seine konsequente Fortsetzung.

8.5   Nachhaltiges Finanzmanagement

Wir wollen uns an dieser Stelle mit den ursprünglich aufgeworfenen Fragen auseinandersetzen. Ihre Beantwortung stellt das Fundament für unseren Ansatz eines nachhaltigen Finanzmanagements dar.

Zunächst muss man festhalten, dass aus unserer Sicht die Marktkräfte tatsächlich nicht in der Form regulativ gewirkt haben, wie von vielen gehofft wurde. Quantitativ orientiertes Denken hat dazu geführt, dass

−   Finanzskandale zugenommen haben,

−   Managementgehälter exorbitant angestiegen sind,

−   Volatilitäten an den Finanzmärkten zugenommen haben.

Allerdings spiegeln die hier aufgeführten Methoden tatsächliches Finanzmanagement wider. Sie stehen nicht grundsätzlich im Widerspruch zur Nachhaltigkeit, unterstützen diese allerdings auch nur dann, wenn die externen Rahmenbedingungen entsprechend gesetzt werden.

Die Alternative wäre, den Shareholder-Value-Gedanken komplett zu verwerfen. Einige Autoren und Aussagen gehen in diese Richtung. Alternative Ansätze, die aus dieser Kritik erwachsen, stellen letztendlich aber auch die Profitabilität eines Unternehmens in den Vordergrund, wodurch letztendlich aber ohnehin wieder der Unternehmenswert (oder Shareholder-Value) gesteigert wird. Es ist vielleicht eher so, dass die Idee des Shareholder-Values eine Trivialität darstellt. Natürlich hat der Investor bzw. Eigentümer einer Firma immer den Wunsch, dass seine Investition rentabel und damit wertsteigernd ist. Die Alternative wäre ja, dass ein Unternehmen die Wertvernichtung als Unternehmensziel definiert.

Die oben beschriebenen negativen Auswirkungen können auch darauf zurück zu führen sein, dass entweder kurzfristig eine Fehlbewertung der tatsächlichen risikoberücksichtigenden Unternehmenswerte stattfindet oder dass durch nicht nachhaltiges Wirtschaften tatsächlich Unternehmenswert gesteigert werden kann. Beides ist möglich.

Der erste Aspekt, nämlich kurzfristige Fehlbewertungen können sowohl im Interesse des Managements als auch der Investoren sein:

- Das sogenannte Principal-Agent-Problem wurde in vielen Fällen nicht gelöst. Das Management des Unternehmens hatte also falsche Anreize, um nachhaltigen Unternehmenswert zu schaffen. Dies ist insbesondere dann der Fall, wenn Gehaltskomponenten an den Aktienkurs (und damit den aktuellen Unternehmenswert) gekoppelt werden, ohne auf den langfristigen Erhalt des Unternehmenswertes zu achten. Wird darüber hinaus über Optionen eine Hebelwirkung der Gehälter geschaffen, verstärkt sich der Effekt. Letztendlich ist aber eine zumindest kurzfristige Möglichkeit zur Fehlbewertung des Unternehmens für ein Fehlverhalten des Managements verantwortlich. Ist diese Möglichkeit nicht gegeben, macht auch für das Management nur Nachhaltigkeit Sinn.

- Kurzfristige fehlerhafte Bewertungen können allerdings auch im Interesse der Investoren sein, falls man zu einem möglichst hohen Preis verkaufen möchte oder um zum Schaden Dritter Geld aus dem Unternehmen zu ziehen.[213] Auslöser ist allerdings auch hier die Möglichkeit, durch unzureichende Transparenz Käufer über das tatsächliche Risiko-Rendite-Profil des Unternehmens im Unklaren zu lassen.

Der zweite Aspekt ist, dass Unternehmen zu Recht ihren Unternehmenswert gesteigert haben, allerdings auf Kosten anderer, d.h. durch Ausnutzung von Ressourcen, die zu günstig waren, natürliche Ressourcen, die umsonst oder günstig verfügbar sind, oder aber auch Arbeitskräfte, die ausgenutzt wurden.

Als Schlussfolgerung lässt sich somit ziehen, die Idee des Shareholder-Values wird als Unternehmensziel (eventuell unter anderem Namen) bestehen bleiben bzw. Teil mehrerer Unternehmensziele bleiben[214], so dass aus Sicht des nachhaltigen Finanzmanagements zwei Hauptaufgaben definiert werden können:

---

[213] Es sei an dieser Stelle nochmals daran erinnert, dass sich das Unternehmen selber nicht bereichern kann – es ist weder arm noch reich. Es verwaltet nur Gelder (Investitionen) Dritter.

[214] Alfred Rappaport hat in einem Interview sein Konzept des Shareholder-Values erläutert: „Mein Konzept des Shareholder-Value bezog sich immer auf die nachhaltige Wertsteigerung eines Unternehmens. Leider trugen viele Vorstände das Postulat nur noch wie ein politisches Statement vor sich her. Sie kümmerten sich mehr darum, Gewinne und Kurse hochzutreiben, statt langfristigen Kapitalfluss zu schaffen." In Schiessl, Michaela Interview mit Rappaport, A. (2002): „Alle folgten der Meute", Der Spiegel, 22.07.2002.

– Zum Einen gilt es, die Vorteile nachhaltigen Wirtschaftens aufzuzeigen. Tatsächlich zeigen Untersuchungen, dass Unternehmen, die sich an den Prinzipien der Nachhaltigkeit orientieren nicht systematisch schlechtere wirtschaftliche Ergebnisse erzielen als solche, die dies nicht tun. Darüber hinaus muss die Transparenz in den Unternehmen weiter gestärkt werden, um Fehlbewertungen zu verhindern oder zumindest zu reduzieren. Diese Transparenz wird durch weiter verbessertes Risikomanagement geschaffen. Eine realistische Risikoquantifizierung führt bei allen hier vorgestellten quantitativen Modellen zu einer Adjustierung der Unternehmensbewertung.

– Zum Anderen muss sich nachhaltiges Finanzmanagement mit der Frage auseinandersetzen, in welchen Bereichen die gewünschte Nachhaltigkeit nicht zu einer Wertsteigerung des Unternehmens führt. Hier kann nachhaltiges Finanzmanagement Auslöser externer Korrekturmaßnahmen sein.

8.6 Risikomanagement

Obige Ausführungen haben die zentrale Rolle des Risikomanagements innerhalb des nachhaltigen Finanzmanagements dargestellt. **Risikomanagement erfüllt damit nicht nur den Zweck, Risiken steuern zu können, sondern ermöglicht vielmehr eine risikoadäquate Bewertung von Investitionen.** Damit werden zukünftige negative Auswirkungen heutigen Handelns transparent, was wiederum kurzfristige Fehlbewertungen verhindert bzw. Möglichkeiten schafft, von außen regulativ in den Wirtschaftsprozess einzugreifen.

Risikomanagement wird zumeist in eine strategische und eine operative Komponente unterteilt. **Der strategische Teil des Risikomanagements hat zur Aufgabe, Risikomanagement in alle Geschäftsprozesse zu integrieren, den grundsätzlichen Umgang mit Risiken zu definieren, aber auch den organisatorischen Rahmen für ein Risikomanagement zu schaffen.** Ziele des Risikomanagements werden definiert, wobei die Schaffung von Unternehmenswert und die Erfüllung rechtlicher Normen wesentlich sind. Darüber hinaus sollten aber durch entsprechende Zielsetzung auch soziale und ökologische Aspekte mit aufgenommen werden.

Das operative Risikomanagement ist zumeist durch einen vierstufigen Prozess gekennzeichnet. Der erste Schritt beschreibt die Risikoidentifizierung und damit die systematische Erfassung aller Risiken, denen das Unternehmen ausgesetzt ist. Im zweiten Schritt erfolgt eine angemessene Quantifizierung und Qualifizierung der ermittelten Risiken. Die Komplexität und Fundiertheit der verwendeten Methoden ergibt sich aus den strategischen Zielen des Risikomanagements. Da Transparenz einen wichtigen Aspekt innerhalb des Risikomanagements darstellt, spielt bei der Wahl von Bewertungsmodellen auch die Verständlichkeit der Methode eine große Rolle. Ziel des Risikomanagements ist es, im gesamten Unternehmen ein Risikobewusstsein zu schaffen. Im dritten Schritt werden Maßnahmen zur Steuerung der Risiken getroffen. Grundsätzlich ergeben sich folgende Möglichkeiten: Risiken können grundsätzlich vermieden werden, in dem man beispielsweise auf bestimmte Technologien verzichtet. Risiken können reduziert werden, indem man im Sinne der Portfoliostrategie Anlagen streut und auf Diversifizierungseffekte setzt. Risikoreduktion kann aber auch im sozialen Bereich erfolgen, indem man Personalmaßnahmen ergreift, die die Mitarbeiterfluktuation im Unternehmen reduziert. Risiken können aber einfach nur begrenzt werden, indem beispielsweise Höchstgrenzen für den Einsatz nicht umweltschonendender Ressourcen definiert werden. Für andere Risiken besteht die Möglichkeit von Absicherungen, dies kann von Sicherheitsdiensten zum Schutze vor Diebstahl über klassische Versicherungsprodukte bis hin zum Einsatz von Derivaten zur Absicherung von Kapitalmarktinvestitionen gehen. Schließlich können Risiken aber auch ganz bewusst eingegangen werden, wenn das Unternehmen sich in der Lage sieht, die finanziellen Lasten gegebenenfalls tragen zu können, oder weil es schlicht zum Geschäftsmodell des Unternehmens gehört. Der vierte Schritt im Risikomanagementprozess dient der Überwachung und Berichterstattung. Dieser letzte Schritt schafft schließlich die oben geforderte Transparenz und ermöglicht eine bessere Risikoeinschätzung des Unternehmens und damit eine fairere Bewertung des Risiko-Rendite-Profils. Neben der Vermeidung von Unternehmensfehlbewertungen kann Risikomanagement somit auch Grundlage für eine risikoadäquate Entlohnung des Managements sein.

Auf den Punkt gebracht

Die Aufgabe betriebswirtschaftlicher Wissenschaft kann es nicht sein, altruistisch handelnde Menschen zu erzeugen. Es geht vielmehr darum, im Rahmen bestehender Gegebenheiten ein nachhaltiges Wirtschaftssystem zu schaffen. Die Auseinandersetzung mit realen Gegebenheiten ist deshalb fundamental, um Rahmenbedingungen zu verbessern und alle Akteure zu nachhaltigem Verhalten aus wirtschaftlichen Gegebenheiten heraus zu zwingen. Die Tatsache, dass sich dadurch Managementtechniken im Laufe der Zeit verändern, ist gewünscht.

8

Literaturtipps

Verständliche Einführung in das Risikomanagement:
Lam, J. (2003): Enterprise Risk Management, Hoboken.

Standardwerk zum Shareholder-Value:
Rappaport, A. (1998): Shareholder Value, Schäffer-Poeschel Verlag, Stuttgart.

Literaturquellen

Arnold, G. (2008): Corporate Financial Management, 4. Auflage, Financial Times Prentice Hall.

Berk, J./DeMarzo, P. (2011): Corporate Finance, 2. Auflage, Pearson International, Boston.

Blohm, H./Lüder, K. (2006): Investition. Schwachstellen im Investitionsbereich des Industriebetriebes und Wege zu ihrer Beseitigung, 9. Auflage, Vahlen, München.

Eayrs, W./Ernst,D./Prexl S. (2007): Corporate Finance Training, Schaeffer-Poeschel, Stuttgart.

Ermschel, U./Möbius, C./Wengert, H. (2009): Investition und Finanzierung, Physica-Verlag, Heidelberg.

Flad, M./Günther, P./Schittenhelm, F.A. (2012): Finanzmanagement, Pro Business.

Flad, M./Günther, P./Schittenhelm, F.A. (2013): Investments, Pro Business.

Gasior, S./Schittenhelm, F.A. (2012): Mehr als nur ein Modewort – Wie nachhaltige Finanzierungskonzepte in Zukunft aussehen könnten, in VentureCapital Magazin, Juli 2012, S. 24–25.

Günther, P./Schittenhelm, F.A. (2003): Investition und Finanzierung, Schaeffer-Poeschel, Stuttgart.

Kaplan, R./Norton, D. (1992): The Balanced Scorecard – Measures that Drive Performance. In: Harvard Business Review. 1992, Januar/Februar, S. 71–79.

Kruschwitz, L. (2011): Investitionsrechnung, 13. Auflage, Oldenbourg, München, Wien.

Lam, J. (2003): Enterprise Risk Management, Hoboken.

Markowitz, H. (1952): Portfolio Selection, Journal of Finance, 7/1952, S. 77–91.

McGuigan, J./Kretlow, W./Moyer, R.C. (2009): Contemporary Corporate Finance, South-Western.

Megginson, W./Smart, S./Lucey, B. (2008): Introduction to Corporate Finance, South-Western.

Perridon. L./Steiner, M. (2009): Finanzwirtschaft der Unternehmung, 15. Auflage, Vahlen, München.

Rappaport, A. (1998): Shareholder Value, Schäffer-Poeschel Verlag Stuttgart.

Ross, S./Westerfield, R./Jordan B. (2011): Fundamentals of Corporate Finance, 9. Auflage, McGraw-Hill.

Ryan, B. (2007): Corporate Finance and Valuation, Thomson.

Spremann, K. (1996): Wirtschaft, Investition und Finanzierung, 5. Auflage, Oldenbourg, München, Wien.

von Flotow, P./Häßler, R./Kachel, P. (2003): Nachhaltigkeit und Shareholder Value aus Sicht börsennotierter Unternehmen. In: von Rosen, R. (Hrsg.): Studien des Deutsches Aktieninstituts, Heft 22.

8

9 Controlling

von Prof. Dr. Ulrich Sailer

Lernziele

Die Leser

- kennen die Aufgaben und die Bedeutung des Controllings,
- sind mit der Unterscheidung von einfachen, komplizierten und komplexen Systemen vertraut und wissen, wie sich diese auf die geeignete Handlungsweise auswirken,
- kennen den Ansatz der ganzheitlichen Problemlösung und wissen, wie sich dieser von der traditionellen Problemlösung unterscheidet,
- sind sich den Grenzen des traditionellen Rechnungswesens und eines primär auf Kennzahlen basierenden Controllings bewusst und kennen die wesentlichen Merkmale eines nachhaltigen Controllings.

Schlagwortliste

■ komplizierte Systeme ■ komplexe Systeme/Komplexität ■ Modellierung/Modell ■ Selbstorganisation

9

9.1 Was versteht man unter Controlling?

Gleich zu Beginn müssen zwei Irrtümer über das Controlling beseitigt werden.

Erster Irrtum über das Controlling

Im Deutschen wird Controlling häufig fälschlicherweise als Kontrolle übersetzt. Jedoch bedeutet „to control" steuern bzw. regeln. Hierbei ist die Kontrolle zwar ein Bestandteil, doch besteht Controlling aus weit mehr. Da die Kontrolle zumeist eher negativ belegt ist, denn man kontrolliert, wenn man anderen misstraut oder etwas nicht zutraut, haftet auch dem Controlling oftmals das Misstrauen oder auch das Besserwisserische an. Controlling bedeutet also nicht Kontrolle, sondern es beinhaltet die Zielbildung, den Plan zur Zielerreichung sowie die Steuerung, in der die Umsetzung kontrolliert, Abweichungen analysiert und steuernde Eingriffe vollzogen werden.

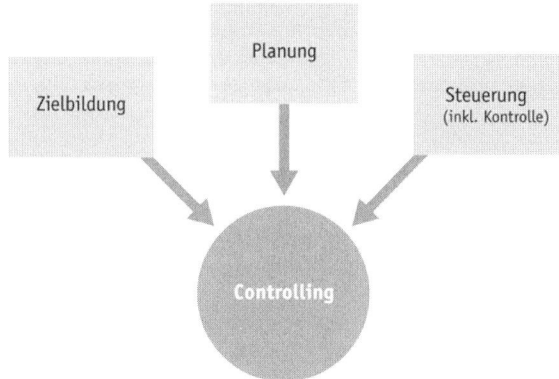

Abb. 9-1: Bestandteile des Controllings

Zweiter Irrtum über das Controlling

Der zweite Irrtum liegt darin, dass Controlling scheinbar nur eine Aufgabe der Controller ist. Natürlich muss jeder, der nicht nur Vorgaben strikt ausführt, sondern zwischen verschiedenen Alternativen entscheiden kann, seine Ziele und sein Vorgehen planen, Entscheidungen treffen, deren Umsetzung überwachen und bei ungünstiger Entwicklung eingreifen und korrigieren. Für den Controller ist dies aber der Schwerpunkt seiner Arbeit. Der Controller ist quasi unternehmensweit dafür verantwortlich, dass dieses zielorientiert, planvoll und gut informiert agiert. In dieser Funktion kann man ihn als das kaufmännische Gewissen im Unternehmen bezeichnen.

Unternehmerische Entscheidungen zu treffen, liegt letztlich aber in der Hand des Managements. Doch der Controller stellt die dafür notwendigen, erfolgsrelevanten Informationen zur Verfügung und trägt für die Zielerreichung somit eine Mitverantwortung. Er befähigt die Manager, die Zielbildung, Planung und Steuerung noch besser zu erfüllen. Controller und Manager arbeiten daher eng miteinander zusammen. Eine gelingende Zusammenarbeit ist geradezu Voraussetzung für unternehmerischen Erfolg. Ergänzend zu den Controlling-Informationen kennt der Manager die spezifische Entscheidungssituation, er kennt die beteiligten und betroffenen Personen und er verfügt aus vergleichbaren Situationen über Erfahrung.

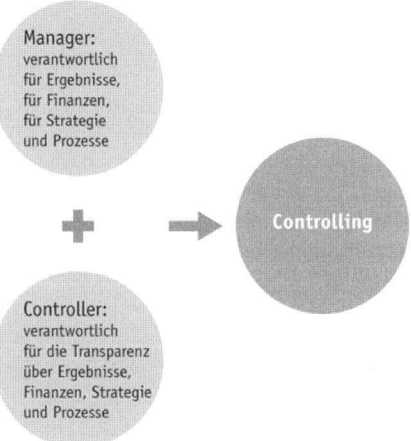

Abb. 9-2: Controlling als Produkt der Manager und Controller

Ein weitgehender Konsens darüber, was Controlling ist und was ein Controller macht, kann dem nachstehenden Controller-Leitbild der IGC International Group of Controlling[215] entnommen werden:

- Controller sorgen für Strategie-, Ergebnis-, Finanz- und Prozesstransparenz und tragen somit zu höherer Wirtschaftlichkeit bei.
- Controller koordinieren Teilziele und Teilpläne ganzheitlich und organisieren unternehmensübergreifend das zukunftsorientierte Berichtswesen.
- Controller moderieren und gestalten den Managementprozess der Zielfindung, der Planung und der Steuerung so, dass jeder Entscheidungsträger zielorientiert handeln kann.
- Controller leisten den dazu erforderlichen Service der betriebswirtschaftlichen Daten- und Informationsversorgung.
- Controller gestalten und pflegen die Controlling-Systeme.

Controller und Controlling-Abteilungen finden sich in allen mittelständischen und großen Unternehmen. Aber weshalb konnte sich die Controller-Funktion weltweit so erfolgreich durchsetzen? Gerade in der jüngeren Vergangenheit erlebten die Controller zudem noch eine weitere Zunahme ihrer Bedeutung und damit einhergehend oft auch einen Ausbau der Controlling-Abteilungen.

---

[215] Vgl. http://www.igc-controlling.org/DE/_leitbild/leitbild.php

Ein Unternehmen zum Erfolg zu führen, für klare Ziele, Strategien und Pläne zu sorgen, funktionierende Prozesse sicherzustellen, Mitarbeiter mit den notwendigen Informationen zu versorgen etc. sind nicht nur Aufgaben des Controllers, sondern vor allem auch der Manager. Dies gilt für den Geschäftsführer oder Vorstand wie auch für den Leiter einer Geschäftseinheit oder eines Produktbereichs, aber auch für die Manager einzelner Funktionsbereiche, wie den Vertriebsleiter oder den Produktionsleiter. Warum machen die Manager dies dann nicht alleine? Dafür dürfte ihnen schlichtweg die Zeit und oft auch das notwendige Fach- und Methodenwissen fehlen, um all diese Aufgaben gewissenhaft auszuüben. Dass es Controlling gibt, resultiert also aus einer Arbeitsteilung im Management. Das Durchführen einer Investitionsrechnung, die Kalkulation von Mindestpreisen, die Erarbeitung einer integrierten Unternehmensplanung oder die Aufbereitung einer Make-or-Buy-Entscheidung erfordert vertiefte Methodenkenntnisse, über die viele Manager nicht verfügen. Demnach braucht man solche Experten, auf deren Wissen und Empfehlungen sich das Management verlassen kann. Aus der Arbeitsteilung resultiert also eine Spezialisierung.

Dennoch ist zu beobachten, dass in den letzten etwa zwei Jahrzehnten die Bedeutung des Controllings nochmals deutlich zugenommen hat. Dies liegt zum einen darin begründet, dass durch die Globalisierung, durch die enorm gestiegene Kapazität der Informationsverarbeitung aufgrund rasanter Entwicklungen in der Informationstechnologie und durch das zunehmend dynamische Unternehmensumfeld die Manager immer mehr Unterstützung durch die Controller benötigen. Der große Informationsumfang, die rasche Veränderung der Informationen und die zahlreichen Detailanforderungen überfordern das Management. Zum anderen ist die gestiegene Bedeutung des Controllings von den Unternehmen auch hausgemacht. Denn auf die veränderten Rahmenbedingungen haben viele Unternehmen mit einer verstärkt dezentralen Organisation und mit dem Abbau von Hierachieebenen reagiert. Dem gestiegenen Managementbedarf standen nunmehr weniger Manager gegenüber. In dieser Lücke hat das Controlling zunehmende Bedeutung gewonnen. Auf die fehlende Managementkapazität wurde durch eine Ausweitung der Controllingsysteme, durch eine erweiterte Informationsbeschaffung, durch umfangreiche Analysen und ein extensives Berichtswesen reagiert. Letztlich wurde dadurch aber auch die individuelle und persönliche Führung der Manager durch eine anonymisierte Erfolgsmessung auf der Basis von Kennzahlen und umfassender Berichte ersetzt. Die Unternehmensführung wurde dadurch zwar objektiver und verlässlicher, aber auch unpersönlicher und technokratischer.

9.2   Aufgaben der Controller

Wenn das Management nachfolgende Aussagen bestätigt, hat das Controlling seine Aufgaben erfüllt:

	so sieht dies das Management:	dafür hat das Controlling gesorgt:
1.	Wir wissen, welche Ziele das Unternehmen langfristig erreichen möchte und sind von der Sinnhaftigkeit und Realisierbarkeit überzeugt!	transparente Unternehmensziele und Vision
2.	Wir kennen den grundsätzlichen Weg zur Vision und sind überzeugt, dass die grundlegenden Maßnahmen richtig sind!	klare Unternehmensstrategie (die richtigen Dinge tun)
3.	Wir wissen, wo wir uns auf dem Weg zur Erreichung der Vision befinden und es ist klar, welche operativen Maßnahmen die Strategie unterstützen!	transparente Strategieumsetzung, etwa durch eine Balanced Scorecard
4.	Die operativen Ziele des Unternehmens, insbesondere Ergebnis-, Rentabilitäts- und Kostenziele sind bekannt, zueinander stimmig auf die einzelnen Bereiche, Abteilungen und Teams heruntergebrochen und realistisch!	abgestimmte und realisierbare operative Unternehmensplanung, (die Dinge richtig tun)
5.	Wir wissen, ob wir bei der Erreichung der operativen Ziele im Plan liegen, mit welchen Produkten und in welchen Geschäftsfeldern Geld verdient wird und wir wissen ebenfalls, wie sich einzelne Maßnahmen und Ideen auf die Ergebnisgrößen auswirken!	zielgruppenorientierte Managementreports und fallbezogene Analysen und Prognosen
6.	Wir wissen, welche Risiken wir eingehen und haben geeignete Maßnahmen ergriffen, um diese auf das angestrebte Niveau zu begrenzen!	umfassendes Risikomanagementsystem

Tab. 9-1: Controllingaufgaben

Das Controlling kann dabei seine Aufgaben nur unzureichend erfüllen, wenn es ausschließlich aus der Unternehmenszentrale heraus versucht, zu informieren und zu steuern. Die Controller sind in hohem Maße davon abhängig, von den operativen Funktionen und Geschäftsbereichen Informationen zu erhalten, die operativen Prozesse und Denkweisen zu kennen und für die operativen Einheiten verständlich zu kommunizieren.

Dem entsprechend werden in größeren Unternehmen in der Zentrale vorwiegend Aufgaben wie das strategische Controlling, die Festlegung einer einheitlichen Controlling-Methodik, die Koordination und Zusammenführung der Unternehmensplanung, das Beteiligungscontrolling und die Überwachung des generellen Unternehmensumfelds erbracht. Dezentral erfolgt dann das Controlling innerhalb einzelner Geschäftsbereiche oder funktional als Vertriebscontrolling, Beschaffungscontrolling, Produktionscontrolling, Projektcontrolling, Investitionscontrolling usw.

In der Praxis teilen sich die Aufgaben der Controller folgendermaßen auf:

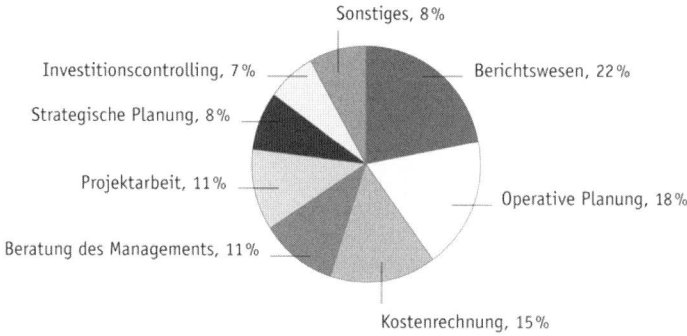

Abb. 9-3: Aufgabenverteilung der Controller in der Praxis (Quelle: Weber (2008), S. 97)

9.3   Vom traditionellen zum nachhaltigen Controlling

Was unterscheidet ein nachhaltiges Controlling vom traditionellen Controlling? Auch wenn es auf den ersten Blick so scheinen mag: Der Unterschied liegt nicht im Zeithorizont. Auch das traditionelle Controlling ist grundsätzlich langfristig ausgerichtet. Dies gilt insbesondere für das strategische Controlling. Der Unterschied liegt viel mehr in einer integrierten Betrachtung von ökonomischen, ökologischen und sozialen Aspekten. Die beiden Letztgenannten sind nicht einfach Nebenbedingungen, die quasi wie Leitplanken den Spielraum des Managers begrenzen, innerhalb dieser aber nach wie vor ausschließlich ökonomische

Ziele maximiert werden. Im nachhaltigen Controlling wird nicht mehr gefragt, was das Oberziel, was ein Unterziel und was Nebenbedingungen sind. Letztlich soll das Unternehmen als ein lebensfähiges System aufrecht erhalten werden. Und in keinem lebensfähigen System werden Einzelziele maximiert. Genau wie ein Arzt verschiedene Blutwerte misst und sie alle auf ein gesundes Niveau bringen möchte, muss der Controller die Werte, welche für ein lebensfähiges Unternehmen wichtig sind, hin in einen gesunden Bereich lenken.

In dem noch sehr jungen Themengebiet des nachhaltigen Controllings wird dieser Wandel von der Zielhierarchie zur Zielbalance keinesfalls einhellig geteilt.[216] Je operativer die Aufgaben sind, desto leichter lassen sich hierbei eindeutige Ziele benennen. Auf Unternehmensebene, die Lebensfähigkeit vor Augen, ist die ausgewogene Beachtung verschiedener Ziele aber angeraten.

Beispiel: BMW AG

„Anspruch der BMW Group ist es, das Leitbild der Nachhaltigkeit zu konkretisieren und in die täglichen Geschäftsabläufe zu integrieren. Die Ziele sind dabei klar definiert: Es gilt Ressourcen im Unternehmen schonend und effizient einzusetzen, Risiken zu erkennen und Chancen zu nutzen sowie durch verantwortungsvolles Handeln gegenüber Mitarbeitern und der Gesellschaft, die Unternehmensreputation zu stärken."[217]

Im Vergleich zu einer eindimensionalen Betrachtung und einer Missachtung der vielfältigen Wechselbeziehungen wird das Controlling nun → komplexer. Ein alleine an den Daten des Rechnungswesens ausgerichtetes Steuerungskonzept, wie etwa das bekannte DuPont-Kennzahlensystem, genügt den Anforderungen nicht mehr. Die im Rechnungswesen vorherrschenden kausalen Ursache-Wirkungsbeziehungen, aus denen sich Kosten, Unternehmensergebnisse und Renditen berechnen lassen, können nicht einfach um ökologische und soziale Kriterien erweitert werden. Anstatt zuverlässiger und gut prognostizierbarer Wirkungsketten sieht man sich nun vielgestaltigen Wirkungsnetzen gegenüber. Faktoren wie Mitarbeiterzufriedenheit, Renditen, Umweltbelastung, ethische

---

[216] Vgl. hierzu etwa Weber, J./Georg, J./Janke, R./Mack, S. (2012), S. 73. Dort wird gefordert, dass vor der Konzeption einer Steuerung die Hierarchie zwischen ökonomischen, ökologischen und sozialen Zielen geklärt werden muss.

[217] http://www.bmwgroup.com/d/0_0_www_bmwgroup_com/investor_relations/fakten_zum_unternehmen/nachhaltigkeit.html, Zugriff am 16.02.13

Beschaffungsstandards, Innovationskraft etc. sind vielfach miteinander verwoben und durch Rückkopplungen geprägt. Ein solches System kann man allenfalls näherungsweise verstehen, durch die dynamische Veränderung lassen sich Ergebnisse aber kaum prognostizieren. Der sinnvolle Umgang mit → Komplexität ist damit eine wichtige Erkenntnis aus der Nachhaltigkeit. Wir können nachhaltiges Controlling daher folgendermaßen begreifen:

Erkenntnis

Nachhaltiges Controlling integriert ökonomische, ökologische und soziale Ziele zu einer ganzheitlichen Unternehmenssteuerung, wodurch das Unternehmen langfristig lebensfähig wird. Ein nachhaltiges Controlling vermag mit der → Komplexität des Unternehmensumfelds und des Unternehmens als ein soziales System angemessen umzugehen.

Die → Komplexität bezieht sich dabei sowohl auf die Aufgaben der Manager, auf das Umfeld sowie auf das Unternehmen selbst. Jedoch müssen wir das Controlling nicht neu erfinden. Vieles ist gut und hat sich bewährt, manches ist in → komplexen Systemen aber wenig geeignet und anderes sollte dringend erweitert werden. Man sollte sich daher einen Eindruck darüber verschaffen, wie ein System aussieht. Anschließend können geeignete Maßnahmen ergriffen werden.

Wir können drei Ausprägungen von Systemen unterscheiden:

- einfache Systeme
- komplizierte Systeme
- komplexe Systeme

Einfache Systeme bestehen aus einer begrenzten Anzahl an Faktoren. Solche Systeme kann man schnell durchschauen und man versteht, wie sie funktionieren. Dies gilt selbst dann, wenn sie sich verändern. → Komplizierte Systeme bestehen hingegen aus so vielen Faktoren, dass solch ein System nur unter großen Anstrengungen verstanden werden kann. Jedoch ist das System stabil und somit sind die Auswirkungen von Eingriffen grundsätzlich vorhersagbar. → Komplexe Systeme bestehen ebenfalls aus sehr vielen Faktoren. Doch selbst große Anstrengungen führen nicht dazu, dieses im Detail zu verstehen, da sich das System laufend verändert. Ereignisse treten vielmehr überraschend auf und sind nicht prognostizierbar. In Unternehmen finden wir alle drei Systemausprägungen.

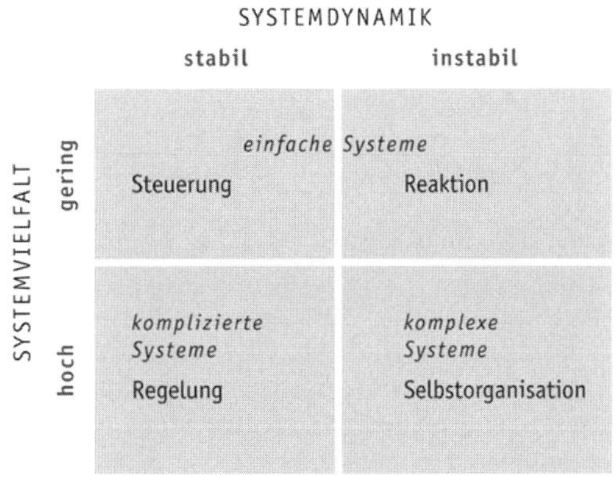

SYSTEMDYNAMIK

	stabil	instabil
SYSTEMVIELFALT — gering	*einfache Systeme* Steuerung	Reaktion
SYSTEMVIELFALT — hoch	*komplizierte Systeme* Regelung	*komplexe Systeme* Selbstorganisation

Abb. 9-4: Systemtypen und Handlungskompetenz (Quelle: Sailer, U. (2012), S. 129; Kruse, P. (2009), S. 41)

Typische Beispiele für einfache, → komplizierte und → komplexe Systeme:

Einfache Systeme: Verbuchung eindeutiger Geschäftsvorfälle, Kontrolle des Wareneingangs, Durchführung der Inventur

Komplizierte Systeme: Programmierung einer Software, Entwicklung einer Maschine, Produktionsplanung

Komplexe Systeme: Entwicklung einer Unternehmensstrategie, Leitung einer großen Projektgruppe, Führung eines Teams, langfristige Kundenbindung, Führung eines Unternehmens

---

In Abhängigkeit von der Systemausprägung ist eine jeweils geeignete Handlungsweise zu empfehlen:[218]

- Steuerung einfacher und stabiler Systeme: notwendige Arbeitsschritte können im Detail vorweg geplant und anschließend entsprechend umgesetzt werden, z.B. Bearbeitung eines Werkstücks am Fließband.
- Reaktion bei einfachen und instabilen Systemen: Treten Abweichungen zum geplanten Vorgehen auf, erkennt man diese und reagiert entsprechend, z.B.

---

[218] Vgl. Sailer, U. (2012), S. 128 ff.

Produktionsunterbrechung aufgrund einer Lieferverzögerung bei Rohstoffen.

- Regelung komplizierter Systeme: Ein verbindlicher, umfangreicher Plan bildet das System im Detail ab. Auf Basis dieser Regelung kann z.B. eine Maschine gebaut oder ein Sicherheitssysteme eines Kraftwerks installiert werden.
- Systemgestaltung und Selbstorganisation bei komplexen Systemen: Das System kann nicht geregelt werden, da seine Entwicklung nicht prognostizierbar ist. Auf Veränderungen zu reagieren ist ebenfalls nicht möglich, da das System zu unübersichtlich ist. Da die Fremdsteuerung von außen versagt, ist das System zu befähigen, möglichst selbst mit Änderungen klar zu kommen. Beispiel: Die zentrale Produktentwicklung wird aufgrund zu geringen Erfolgs aufgelöst und in die Verantwortung der einzelnen Geschäftseinheiten übertragen. Weiterbildungsmaßnahmen werden nicht mehr zentral von der Personalabteilung vorgegeben, sondern den Mitarbeitern wird zur eigenverantwortlichen Verwendung ein Budget zugeteilt. Mitarbeiter erhalten keine Arbeitsanweisung, sondern Erwartungen werden besprochen und die notwendigen Kompetenzen erteilt.

Erkenntnis

Controller wie Manager müssen steuern, regeln, reagieren und Systeme gestalten, um sie zur Selbststeuerung zu befähigen.

Häufige Ursache von Misserfolg ist ein ungeeigneter Umgang mit → komplexen Systemen. Oftmals wird versucht, → Komplexität durch eine detaillierte Regelung zu beherrschen. Man denke dabei an eine detaillierte Unternehmensplanung in einem sehr dynamischen Markt oder an eine minutiös, verbindliche Planung eines Großprojektes. In → komplexen Systemen muss man nicht noch detaillierter analysieren, sondern das Muster grundsätzlicher Zusammenhänge und Abhängigkeiten erkennen. Hierzu kann die Methode der → Modellierung und Simulation hilfreich sein.

Erkenntnis

Ein nachhaltiges Controlling beinhaltet die Fähigkeit, den Charakter eines Systems zu erkennen, die jeweils geeignete Vorgehensweise zu bestimmen und hilfreiche Methoden anzuwenden.

Beispiel zum Umgang mit komplexen Systemen: ein Fußballspiel

Kein Trainer würde auf die Idee kommen, ein komplettes Spiel vorab sekundengenau durchzuplanen und dann auch noch erwarten, dass tatsächlich zu Beginn der 69. Minute der eingeplante Querpass auch erfolgt. Der Trainer muss vielmehr seine Spieler befähigen, auf dem Platz selbständig und auch kreativ die richtigen Entscheidungen zu treffen. An wen ein Spieler abspielt, entscheidet er, nicht der Trainer. Doch gibt er seiner Mannschaft mit der Aufstellung und der Spieltaktik einen gewissen Orientierungsrahmen. Zugleich gibt es beim Fußballspiel aber auch stabile Regeln, nämlich Spielregeln, die dem Ganzen eine Ordnung geben. Und bei Standardsituationen, wie einem Eckball oder Freistoß, ist das Spiel unterbrochen und gleicht damit vorübergehend einem stabilen System. Nun folgen geregelte Abläufe, die zuvor eingeübt wurden. Aufgabe des Trainers ist es, geeignete Spieler zu finden, diese gut auszubilden, sie passend einzusetzen, der Mannschaft eine Ordnung und Spielsystem zu geben und bei Bedarf vom Spielfeldrand in das Geschehen einzugreifen. Vieles mag den Manager an seine Arbeit erinnern.

9.4 Ganzheitliche Problemlösung

Mit einfachen und komplizierten Systemen können wir zumeist gut umgehen. Nicht so mit komplexen Problemen. An der Universität St. Gallen wurde hierfür ein sechsstufiges Problemlösungskonzept entwickelt.[219] Dieses wird mehrfach durchlaufen, so dass sich trotz Komplexität Runde für Runde eine bessere Lösung entwickelt.

---

[219] Vgl. Ulrich, H./Probst, G. (1990), S. 103 ff.

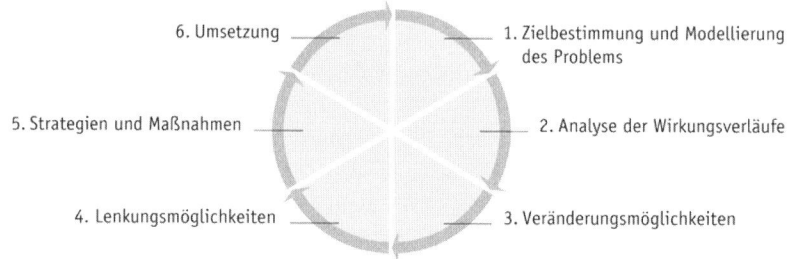

6. Umsetzung   1. Zielbestimmung und Modellierung
                         des Problems

5. Strategien und Maßnahmen   2. Analyse der Wirkungsverläufe

4. Lenkungsmöglichkeiten   3. Veränderungsmöglichkeiten

Abb. 9-5: 6 Schritte der ganzheitlichen Problemlösung (Quelle: angelehnt an Ulrich, H./Probst, G. (1990), S. 114)

Nach der Klärung des Ziels ist das Problem zu → modellieren. Ein Modell ist zwar ein begrenztes Abbild der Realität, allerdings beschränkt es sich auf die wesentlichen Zusammenhänge und ist damit verständlicher als die Realität. Bei der Modellerstellung werden die das Ziel beeinflussenden Faktoren gesucht und die Beziehungen zwischen den Faktoren aufgezeigt. Die verschiedenen Faktoren können sich stark oder schwach, positiv oder negativ, schnell oder langsam beeinflussen. Ist ein solches Modell erstellt, lässt sich daraus ablesen, welche Rollen die einzelnen Faktoren für das gesamte System einnehmen. Zur Erstellung eines solchen Modells ist der Einsatz geeigneter Modellierungssoftware notwendig.[220] Durch die Simulation werden Faktoren erkannt, die sich gut für Lenkungseingriffe eignen oder die den Zustand des Systems zutreffend erkennen lassen. Manche Faktoren lassen schnelle Wirkungen erwarten, andere werden erst über eine längere Frist wirksam. Ein System lässt sich aber auch dadurch gestalten, dass weitere Faktoren hinzugefügt werden. Somit kann beispielsweise die Fähigkeit zur → Selbstorganisation gesteigert werden.

Das Modell führt allerdings nicht dazu, dass die Ergebnisse von Eingriffen nun sicher prognostiziert werden können. In komplexen Systemen ist dies nicht möglich. Allerdings lassen sich typische Verhaltensmuster erkennen und man lernt, ein System besser zu verstehen. Durch das softwaregestützte Simulieren können einzelne Maßnahmen beurteilt und optimiert werden, bevor sie in der Praxis angewendet werden.

---

[220] Hierfür eignet sich beispielsweise das Sensitivitätsmodell von Frederic Vester, der iModeler von der Consideo GmbH oder aus der System Dynamics Vensim von der Ventana Systems Inc.

9.5 Die Grenzen des Rechnungswesens in einem nachhaltigen Controlling

Ein Manager wird aus Gesprächen mit Mitarbeitern, Kunden und Lieferanten einen guten Eindruck gewinnen, ob das Unternehmen erfolgreich ist, wo es gut und wo es weniger gut ist. Dennoch sind quantitative Daten, die den Erfolg und den aktuellen Stand des Unternehmens beschreiben, unerlässlich. Die positiven Rückmeldungen des Kunden über die Produkte müssen sich tatsächlich auch im Auftragsvolumen und in den Umsätzen widerspiegeln. Die Ankündigung des Abteilungsleiters, die Prozesse zu verschlanken, muss sich auch in geringeren Kosten widerspiegeln. Die Daten liefern also Fakten, die die vielfältigen subjektiven Eindrücke bestätigen – oder auch nicht. Diese quantitativen Fakten bergen jedoch auch Gefahren in sich.

Die erste Gefahr resultiert aus der großen Arbeitslast des Managements. Die quantitativen Daten aus dem Controlling dienen dann nicht mehr nur zur Überprüfung und zum Abgleich der subjektiven Eindrücke aus den Gesprächen mit Mitarbeitern, Kunden oder Lieferanten, sondern sie ersetzen diese. Der Manager trifft dann seine Entscheidungen überwiegend auf Basis der Zahlen, die er als Monatsreport vom Controlling erhält. Die Orientierung an Zahlen geht aber noch über das Rechnungswesen hinaus. Was etwa ein Kunde wirklich wünscht, weiß man nicht. Jedoch liegen die detaillierten Ergebnisse einer Kundenzufriedenheitsbefragung vor. Und wenn man wissen möchte, was die Mitarbeiter von der jüngsten Umstrukturierung halten, kann man ebenfalls eine Zufriedenheitsbefragung durchführen und die Veränderung der Werte zum Vorjahr analysieren. Natürlich könnte man mit den Mitarbeitern auch einfach sprechen. Letzteres wird zwar etwas subjektiver sein und vom Manager mehr Zeit erfordern, doch wird er so weit qualifiziertere und umfassendere Informationen erhalten. Zugleich hält er die Mitarbeiter dadurch informiert und drückt ihnen gegenüber seine Wertschätzung aus. Werden den Mitarbeitern quasi aus erster Hand Argumente auch für unangenehme Entscheidungen erläutert, werden sie diese oftmals auch mittragen. Durch solch ein persönliches Engagement des Managements werden die Mitarbeiter motiviert, nicht aber durch das Ausfüllen eines standardisierten Fragebogens.

Des Weiteren ist es kritisch, wenn das Management das Zustandekommen der Daten nicht kennt. Ein guter Controller zeichnet sich dadurch aus, dass er das Management so mit Daten versorgt, dass sie deren Erwartungen entsprechen. Freut sich der Manager etwa über den im letzten Monat im Vergleich zum Vormonat gestiegenen Umsatz, sollte dieser nicht alleine deshalb entstanden sein, weil ein Buchungsfehler aus dem vorletzten Monat im letzten Monat korrigiert wurde. Lobt der Manager den Abteilungsleiter, weil er im abgelaufenen Monat seine Abteilungskosten senken konnte, mag dies möglicherweise nur darauf beruhen, dass das Controlling die internen Verrechnungspreise überarbeitet hat. Und schließlich sind Vorjahresvergleiche oftmals nur noch eingeschränkt möglich, da das Unternehmen zwischenzeitlich umstrukturiert wurde. Als Folge wurden auch die Kostenstellen neu zurechtgeschnitten. So arbeitet etwa ein Produktbereich mit geringeren Kosten als noch im Vorjahr, doch wurde mittlerweile die produktspezifische Forschung in einen neuen zentralen Forschungsbereich ausgelagert. Das Management sollte daher grundsätzlich wissen, wie das Controlling arbeitet und wie die Daten zustande kommen. Um Fehlinterpretationen zu vermeiden, müssen Controlling und Management gut miteinander kommunizieren.

Eine Begrenzung erfahren die Daten des Rechnungswesens auch dadurch, dass nur solche Sachverhalte erfasst werden, die im Sinne des Rechnungswesens auch einen Geschäftsvorfall darstellen. Das ist natürlich nur ein Bruchteil der für die Steuerung relevanten Daten. In einem nachhaltigen Controlling muss das am Rechnungswesen ausgerichtete Steuerungskonzept um kunden- und mitarbeiterspezifische Informationen ergänzt werden. Erst hierdurch wird dem ökonomischen Ziel Rechnung getragen, da dieses zufriedene Kunden und engagierte Mitarbeiter voraussetzt. Zur Wahrung der sozialen und ökologischen Verantwortung muss das Controlling erweitert werden um Methoden zur Messung der Sozio-Effektivität und der Öko-Effektivität. Somit werden die ökonomischen, sozialen und ökologischen Ziele in einem Steuerungskonzept integriert. Zwar werden auch schon heute Konzepte zur Steuerung der ökologischen und sozialen Ziele genutzt, in aller Regel erfolgt dies aber getrennt von der ökonomischen Steuerung.[221] Über Nachhaltigkeit können wir also nur sprechen, wenn diese Kriterien im Steuerungskonzept integriert sind. Nicht jeder, der einen Nachhaltigkeitsbericht veröffentlicht, führt auch das Unternehmen nachhaltig.

Problematisch erweist sich schließlich auch die kurzfristige Natur der Daten aus dem Rechnungswesen. Es handelt sich zumeist um Daten, die sich auf einen Monat, ein Quartal oder ein Jahr beziehen. Wir streben aber einen nachhaltigen Erfolg an. Zwischen den kurzfristig ausgerichteten Daten und dem Ziel eines nachhaltigen, langfristigen Erfolgs, treten häufig Widersprüche auf. Kurzfristig kann man den Aufwand senken und damit das Ergebnis und wichtige Renditekennziffern erhöhen, wenn man auf Investitionen verzichtet. Man verringert also den Forschungs- und Entwicklungsumfang, man reduziert Maßnahmen der Personalentwicklung und Weiterbildung oder man kürzt Werbeausgaben. Das

---

[221] Vgl. Schaltegger, S. et al. (2007), S. 12

Ergebnis des laufenden Geschäftsjahres kann man hiermit steigern. Dies mag sich positiv auf das nächste Rating auswirken, aber auch auf die Tantiemen oder auf die Verlängerung des Geschäftsführungsvertrags, nachhaltig dürfte die Lebensfähigkeit des Unternehmens aber geschwächt werden.[222] Vor diesem Hintergrund scheint der häufig kritisierte, oft aber auch falsch verstandene → Shareholder-Value, eine interessante Alternative zu sein. Er ist zumindest sehr langfristig ausgerichtet und könnte, richtig eingesetzt, kurzfristige Ergebnisoptimierungen verhindern.

9.6   Kennzahlencontrolling versus nachhaltiges Controlling

Wir haben gelernt, dass in → komplexen Systemen eine lineare Planung und ein Denken in strikten Ursache-Wirkungs-Kategorien ungeeignet ist. Vielmehr ist in Systemzusammenhängen zu denken. Diese Erkenntnis sollte sich auch im Controlling widerspiegeln. Heute dominieren zumeist mechanistische Controllingsysteme, die einseitig auf die Daten des Rechnungswesens und auf die Maximierung bzw. Planerfüllung von Ergebnisgrößen ausgerichtet sind. Ein solches an Kennzahlen orientiertes Controlling wollen wir dem systemisch orientierten, nachhaltigen Controlling gegenüberstellen. Abbildung 9-6 stellt die beiden Ansätze plakativ gegenüber.

Im nachhaltigen Controlling nimmt man Abstand vom Glauben einer allumfassenden Steuerungsfähigkeit. Das Unternehmen ist kein Flugzeug, das vom Cockpit aus, alle relevanten Informationen und Stellhebel vor Augen, sicher durch die Zukunft gesteuert werden kann. Wir haben gesehen, dass die Selbststeuerung der operativen Einheiten die besten Ergebnisse liefern kann. Das Management ist hier für das „Enabling" verantwortlich. Es hat die personellen, die organisatorischen und die kulturellen Rahmenbedingungen zu schaffen, damit die operativen Einheiten selbstorganisiert ihre Leistung erbringen können. Das Controlling hat dann nicht die Aufgabe, rückblickend die Schuldigen für Planabweichungen zu finden, sondern es muss in kurzen Abständen aufgrund veränderter Umfeldbedingungen Forecasts tätigen und Empfehlungen zur Ausgestaltung des Unternehmens erarbeiten.

9

---

[222] Vgl. Müller, A. (2009), S. 236 f.

	Kennzahlencontrolling	Nachhaltiges Controlling
Denkmuster	lineare Ursache-Wirkungszusammenhänge	Denken in Systemzusammenhängen
Datenbasis	an quantitativen Daten des Rechungswesens orientiert	an quantitativen und qualitativen Daten orientiert
Umsetzung	Vorgaben, Abweichungsanalyse, Ursachenfindung, Behebung	Selbstorganisation, Enabling, Forecasts, Modelling
Ziele	Maximierung des Gewinns, des ROI oder des Unternehmenswerts	Lebensfähiges System: Optimierung ökonomischer, sozialer und ökologischer Ziele im Systemgeflecht

Abb. 9-6: Kennzahlencontrolling vs. nachhaltiges Controlling (Quelle: Sailer, U. (2012), S. 306, in Anlehnung an Gadatsch, A./Mayer, E. (2006), S. 9)

Die → Selbstorganisation verändert die Rolle der Mitarbeiter. Und ein guter Manager ist nicht der, der fachlich alles besser weiß, sondern der, der seine Mitarbeiter besser einsetzt. Das Controlling soll dabei helfen, dass die Mitarbeiter ihre Arbeit bestmöglich erbringen können. Dafür sind diese mit den notwendigen Informationen und Ressourcen zu versorgen. Die Mitarbeiter und die dezentralen Einheiten sollen somit zum „Selbstcontrolling" befähigt werden. Genau so wenig wie die Personalabteilung alleine für die Personalführung verantwortlich ist, ist das Controlling alleine für die Unternehmenssteuerung verantwortlich. Den Mitarbeitern muss es vielmehr ermöglicht werden, selbständig die Steuerungsfunktion auszufüllen. Mitarbeiter, die ihre Ziele selber ausgestalten und sich für Maßnahmen entscheiden, können auch ihren eigenen Erfolg beurteilen. Dafür benötigen sie die geeigneten Tools und Informationen. Das

Controlling nimmt hierbei eine informierende, koordinierende und moderierende Rolle ein. Damit einher geht ein Wandel vom buchhaltungstechnisch versierten, vorwiegend unternehmensintern ausgerichteten Controllingspezialisten hin zum extern orientierten, in Systemzusammenhängen denkenden Generalisten.

9.7 Praxis des Nachhaltigkeitscontrollings

Die WHU Otto Beisheim School of Management stellte 2011 eine Zukunftsstudie zum Controlling vor, bei der 41% der Controller in den nächsten Jahren eine hohe Bedeutungszunahme der Nachhaltigkeit erwarten, 52% erwarten eine moderate Zunahme und 7% eine geringe Zunahme.[223] Ursächlich für die hohe Relevanz ist neben dem großen öffentlichen Druck auch der sogenannte Schneeballeffekt. Hierbei fordern Kunden die Nachhaltigkeit auch von ihren Lieferanten ein. Der Sportartikelhersteller Puma ist selber etwa nur für 6% der Umweltkosten seiner Produkte verantwortlich. 94% fallen in der Lieferkette, also vor allem bei den Zulieferern, an.[224] Die Sicherstellung der ökologischen Nachhaltigkeit erfordert deshalb einen weiten Blick über das eigene Unternehmen hinaus.

Schließlich fördern umfangreiche Nachhaltigkeitsberichte eine Fokussierung auf Nachhaltigkeitsziele, die somit auch vermehrt in Ratings Eingang finden können. Viele der hierbei anfallenden Aufgaben gehören zur Kernkompetenz der Controller: geeignete Zielgrößen definieren, messen und über diese berichten. Nicht wenige Controller sind aber gerade bei den nichtökonomischen Zielgrößen aufgrund unzureichenden Wissens noch zurückhaltend.[225] Dies ist bis heute weder Bestandteil einer klassischen betriebswirtschaftlichen Ausbildung noch wurde ein solches Wissen in der Vergangenheit von den Controllern eingefordert. Oft stehen Controller der Nachhaltigkeit deshalb insgesamt noch reserviert gegenüber. Diesen neuen Zielen, wie der Messung des Ressourcenverbrauchs, die Wertschöpfung je Tonne CO_2-Ausstoß, die Messung eines Company Carbon Footprints oder die Quantifizierung eines Wertbeitrags für die Gesellschaft, müssen sich die Nachhaltigkeitscontroller zukünftig zuwenden. In manchen Unternehmen werden diese Aufgaben von einem eigens gegründeten Nachhaltigkeitsteam verantwortet, in anderen ist dies dem Controlling zugeordnet.[226]

---

[223] Vgl. Weber, J./Goretzki, L./Meyer, T. (2012), S. 242 ff.

[224] Vgl. Zeitz, J. (2012), S. 21

[225] Vgl. Weber, J./Goretzki, L./Meyer, T. (2012), S. 247

[226] Vgl. Weber, J./Georg, J./Janke, R./Mack, S. (2012), S. 91 f.

Die Herausforderungen liegen in der Praxis also weniger auf der Entwicklung von Nachhaltigkeitsleitbildern, die in der Gesellschaft Akzeptanz finden und dem Unternehmen eine „license-to-operate" verleiht. Vielmehr sind nun geeignete Methoden und Steuerungssysteme zu entwickeln, die in verschiedenen Funktionsbereichen und Hierarchien die Nachhaltigkeit umsetzbar machen.[227]

Allzu häufig liegt der Schwerpunkt im Nachhaltigkeitscontrolling aber noch in der Erfüllung diverser externer und interner Vorgaben. Der Internationale Controller Verein (ICV) hat daher Wert darauf gelegt, den Blick auf die Chancen zu richten, die sich aus der Nachhaltigkeit ergeben.

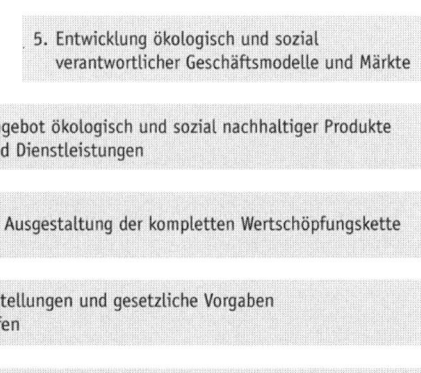

Abb. 9-7: 5 Stufen zum nachhaltigen Erfolg (Quelle: in Anlehnung an Internationaler Controllerverein http://www.controllerverein.com/Green_Controlling.150142.html)

Dem entsprechend sollten auch die Controller zukünftig noch mehr auf die Realisierung der Chancen blicken, die sich durch nachhaltige ausgestaltete Wertschöpfungsketten, durch nachhaltige Produkte oder gar neue Geschäftsmodelle ergeben.[228]

---

[227] Vgl. Georg, J./Ströhm, C. (2012), S. 249 f.

[228] Ein zukunftsgerichteter Blick erfolgte auch schon in Kapitel 6, Innovationsmanagement und Nachhaltigkeit.

Auf den Punkt gebracht

Nachhaltig geführte Unternehmen bedürfen eines nachhaltigen Controllings. In → komplexen Systemen versagt ein Controlling, das auf stringenten Ursache-Wirkungsbeziehungen basiert, das ausschließlich quantitativen Daten Bedeutung zumisst und das bis auf die Detailebene Empfehlungen aussprechen möchte. In der betrieblichen Praxis liegt die Hauptaufgabe gegenwärtig aber vor allem darin, ökologische und soziale Kennziffern in das vorherrschende Steuerungssystem zu integrieren. Für den nächsten Schritt, hin zu einem systemisch basierten nachhaltigen Controlling, liegen noch keine ausgereiften und verständlich kommunizierbaren Konzepte vor. Dieser Schritt, abseits der Erweiterung der Kennzahlensysteme, wird Manager und Controller, aber auch die Wissenschaft, noch länger beschäftigen.

Literaturtipps

Anschauliches Grundlagenwerk zum Controllings aus ganzheitlicher Sicht:

Müller, A. (2009): Grundzüge eines ganzheitlichen Controlling, 2. Auflage, München

Management-Kompendium aus ganzheitlicher Perspektive:

Sailer, U. (2012): Management. Komplexität verstehen: Systemisches Denken, Business Modeling, Handlungsfelder nachhaltigen Erfolgs, Stuttgart

9

Literaturquellen

Gadatsch, A./Mayer, E. (2006): Masterkurs IT-Controlling, 3. Auflage, Wiesbaden

Georg, J./Ströhm, C. (2012): Das unternehmerische Nachhaltigkeitsleitbild und dessen Umsetzung und Steuerung in relevanten Funktionsbereichen, in: Zeitschrift für Controlling und Management, Heft 4/2012, S. 249–254

Henzler H. (1974): Der Januskopf muß weg. In: Wirtschaftswoche, 28. Jg., 1974, H. 38, S. 60 f.

International Group of Controlling (2012), http://www.igc-controlling.org/DE/_leitbild/leitbild.php

Internationaler Controllerverein, http://www.controllerverein.com/Green_Controlling. 150142.html

Kruse, P. (2009): next practice – Erfolgreiches Management von Instabilität. Veränderung durch Vernetzung, 4. Auflage, Offenbach

Losbichler, H. (2012): Das Nachhaltigkeits-Paradoxon des Shareholder Value, in: Zeitschrift für Controlling und Management, 5/2012, S. 266–270

Müller, A. (2009): Grundzüge eines ganzheitlichen Controlling, 2. Auflage, München

Sailer, U. (2012): Management. Komplexität verstehen: Systemisches Denken, Business Modeling, Handlungsfelder nachhaltigen Erfolgs, Stuttgart

Schaltegger, S. et al. (2007): Nachhaltigkeitsmanagement in Unternehmen, herausgeben durch das Bundesministerium für Umwelt, Naturschutz und Reaktorsicherheit u.a., Berlin/Lüneburg

Ulrich, H./Probst, G. (1990): Anleitung zum ganzheitlichen Denken. Ein Brevier für Führungskräfte, 2. Auflage, Bern/Stuttgart

Vester, F. (2008): Die Kunst vernetzt zu denken – Ideen und Werkzeuge für einen neuen Umgang mit Komplexität, 7. Auflage, München

Weber, J. (2008): Fähigkeitsprofil von Controllern – Kann die Empirie die Notwendigkeit einer verhaltensorientierten Perspektive des Controllings stützen?, in: Zeitschrift für Controlling und Management, Sonderheft 1/2008 – Controlling und Verhalten, S. 95–103

Weber, J./Georg, J./Janke, R./Mack, S. (2012): Nachhaltigkeit und Controlling, Weinheim

Weber, J./Goretzki, L./Meyer, T.: Nachhaltigkeit als neues Aufgabenfeld für Controller – Ergebnisse der WHU-Zukunftsstudie, Zeitschrift für Controlling und Management, Heft 4/2012, S. 242–248

Zeitz, J.: Wir brauchen Ökokalorien, Interview in der WirtschaftsWoche vom 26.11.2012 „Green Economy", S. 20–21

Zünd. A. (1985): Der Controller-Bereich (Controllership). In: Probst/Schmitz-Draeger (Hrsg.): Controlling und Unternehmensführung. Bern/Stuttgart, S. 28 f.

10 Instrumente zur Umsetzung der Nachhaltigkeit

von Prof. Dr. Thomas Barth und Prof. Dr. Steffen Scheurer

Lernziele

Die Leser

- verstehen, dass der Begriff der Nachhaltigkeit im Kontext nachhaltigen Managements differenziert gesehen werden muss,
- kennen die wesentlichen Voraussetzungen einer erfolgreichen Umsetzung nachhaltigen Managements,
- lernen die Aufgaben des Controllings im Rahmen einer Umsetzung nachhaltigen Managements kennen,
- lernen exemplarisch einige Instrumente kennen, mit denen das Controlling die Umsetzung eines nachhaltigen Managements konkret unterstützen kann,
- bekommen einen ersten Überblick über die Nachhaltigkeitsberichterstattung.

Schlagwortliste

- situatives Verständnis nachhaltigen Managements ■ Nachhaltigkeitsassessment ■ Carbon Controlling ■ Sustainable Scorecard ■ Nachhaltigkeitsberichterstattung

10

10.1 Einleitung

In diesem Beitrag wollen wir einige Überlegungen dazu anstellen, wie nachhaltiges Management in der Praxis erfolgreich umgesetzt werden kann. Hierbei soll insbesondere die Rolle des Controllings nochmals näher betrachtet werden.

Mit unseren Überlegungen knüpfen wir an einigen Gedankengängen an, die bereits an anderer Stelle in diesem Sammelband dargestellt wurden, insbesondere an der von *Sailer* vorgestellten Definition der Nachhaltigkeit.

Sailer bezieht sich bei der Definition von Nachhaltigkeit auf die breit akzeptierte Begriffsdefinition der Brundtland-Kommission von 1987 und auf den 1992 auf der Konferenz von Rio entwickelten Tripple-Bottom-Line-Ansatz der Nachhaltigkeit. Demnach wird eine nachhaltige Entwicklung durch eine ökonomische, eine soziale und eine ökologische Dimension beschrieben. Gemäß dem Tripple-Bottom-Line-Ansatz sollen die vorgenannten drei Dimensionen der Nachhaltigkeit alle gleichgewichtig Berücksichtigung bei der Umsetzung einer nachhaltigen Entwicklung finden.

Dementsprechend argumentiert *Sailer* auch wie folgt: „Ökologische und soziale Ziele sind nicht nur weitere Vorgaben für das Unternehmen, quasi zusätzliche Leitplanken, die den Handlungsspielraum im Management eben noch etwas weiter einengen […] Es werden keine Einzelziele maximiert, sondern es wird eine Zielbalance angestrebt […]" (Sailer, Nachhaltigkeit, 2013, S. 28)

Wie wichtig eine konsequente Umsetzung dieser Ideen gerade auch im wirtschaftlichen Handeln ist, wird klar, wenn die zunehmende Verknappung von Rohstoffen betrachtet wird. In einigen Fällen sorgte die Knappheit bestimmter Rohstoffe für extreme Preissteigerungen an den Märkten. Dies war in den vergangenen zwei Jahren sehr gut am Beispiel der Seltenen Erden zu sehen, die zur Produktion von Elektroprodukten benötigt werden. In extremen Fällen kann die zunehmende Knappheit von Rohstoffen für die Endlichkeit von ganzen Produktionsketten sorgen (Vgl. Financial Times Deutschland, Ressourcenknappheit, 2012).

Bereits an diesem exemplarisch ausgewählten Beispiel wird unmittelbar deutlich, dass langfristig gesehen kein Widerspruch zwischen ökonomischen Zielen von Unternehmen und den ökologischen und sozialen Dimensionen der Nachhaltigkeit besteht. Kurzfristig betrachtet, kann allerdings zu Recht argumentiert werden, dass ein solcher Widerspruch entstehen kann. So können sich Investitionen in umweltverträgliche Technologien oder Fertigungsverfahren, rein finanziell betrachtet, möglicherweise erst nach Jahren amortisieren. Insofern geht es aus Sicht einer konkreten Umsetzung von Nachhaltigkeit in Unternehmen nicht nur darum eine Balance zwischen den drei Dimensionen zu finden, sondern auch eine Balance im Hinblick auf die Fristigkeit der betrachteten Auswirkungen. Dies ist umso wichtiger, da auf Kapitalmärkten nach wie vor Unternehmen aus Sicht ihrer Eigner als Mittel der Rentabilitätssteigerung, oder mit anderen Worten: als Mittel zur Verbreiterung ihres Konsumstromes gesehen werden. Aus einer solchen Perspektive wird Nachhaltigkeit nicht als Selbstzweck, sondern eher als Mittel zur Steigerung des Unternehmenswertes gesehen.

Diese Perspektive kann nicht ausgeblendet werden, wenn es um die Frage einer erfolgreichen Umsetzung von nachhaltigem Management geht. Mindestens die Verantwortlichen in börsennotierten Unternehmen sind von den Sichtweisen ihrer Investoren und der damit verbundenen Kapitelüberlassung abhängig. Nachhaltiges Management wird sich folglich nur dann erfolgreich umsetzen lassen, wenn die Kapitalgeber mindestens mittelfristig Rentabilitätsvorteile erkennen.

Wie wichtig gerade die Wirtschaft im Hinblick auf eine weltweite nachhaltige Entwicklung ist, wurde auf der jüngsten United Nations Conference on Sustainable Development in Rio 2012 deutlich. Demnach kommt den Unternehmen eine entscheidende Rolle bei einer erfolgreichen Umsetzung einer nachhaltigen Entwicklung zu. Aus diesem Grund einigten sich 193 Länder zum ersten Mal auf Aussagen über „*Green Economies*". Nachhaltiger Verbrauch und nachhaltige Produktion (SCP) wurden als Grundlagen für ökologische Nachhaltigkeit anerkannt. Es wurde zudem Übereinkunft erzielt, dass eine nachhaltige Produktion durch ökologisch orientierte wirtschaftliche Maßnahmen gefördert werden muss.

Diese Entwicklung nimmt ganz aktuell auch die Bundesregierung auf. Die ehemalige Bundesforschungsministerin Annette Schavan und Bundesumweltminister Peter Altmaier wollen mit einer gemeinsamen Initiative den Umbau der Wirtschaft zu einer nachhaltigen „*Green Economy*" beschleunigen. Hierzu wurde im September 2012 eine zweitägige Konferenz in Berlin abgehalten, auf die 450 Experten eingeladen wurden. Auf dieser Konferenz betonte Peter Altmaier, u.E. gerade auch in Kenntis der Kaptialmarktmechanismen, eindringlich die ökonomischen Vorteile einer Green Economy: „Die Marktchancen sind enorm: Energie- und Rohstoffeffizienz werden mehr und mehr zum Wettbewerbsfaktor, Umwelt- und Effizienztechnologien sind Wachstumstreiber entlang der gesamten industriellen Wertschöpfungskette." (Bundesministerium für Bildung und Forschung. Pressemitteilung 109/2012 Green Economy – Ein neues Wirtschaftswunder, 2012).

Wenn wir uns nun im Folgenden detaillierter mit der erfolgreichen Umsetzung nachhaltigen Managements und der Rolle des Controllings beschäftigen, wird es zunächst darum gehen, wie die drei Dimensionen der Nachhaltigkeit situativ sinnvoll auf allen Managementebenen umgesetzt werden können. Ein Schwerpunkt wird dabei darauf liegen, wie diese Umsetzung zur Generierung von Wettbewerbsvorteilen führt und somit auch sinnvoll die Sichtweise von Investoren berücksichtigen kann. Grundlegend orientieren sich die weiteren Ausführungen immer an der Idee, dass ökologisch und sozial verantwortliche Geschäftsmodelle entwickelt werden müssen, die mindestens mittel- bzw. langfristig zugleich zu einer Wertsteigerung des Unternehmens führen. Aus dieser Sicht ergeben sich dann auch die Voraussetzungen für eine erfolgreiche Umsetzung nachhaltigen Managements, die wir in Kapitel 10.2 kurz darstellen.

In Kapitel 10.3 werden wir uns dann exemplarisch einigen Instrumenten zuwenden, mit denen das Controlling die Umsetzung des nachhaltigen Managements unterstützen kann. Abschließend werden wir anhand ausgewählter Beispiele aufzeigen, wie Investoren und andere Stakeholder des Unternehmens mittels externer Berichterstattung über den Umsetzungsstand der Nachhaltigkeit im Unternehmen informiert werden können.

10.2 Umsetzung von nachhaltigem Management in Unternehmen

Wenn Nachhaltigkeit aus unternehmerischer Perspektive nicht per se als Selbstzweck, sondern realistischerweise eher als Mittel zur Steigerung des Unternehmenswertes zu begreifen ist, ergibt sich hieraus die *erste Voraussetzung* für eine erfolgreiche Umsetzung: Nachhaltigkeit muss konkrete Wettbewerbsvorteile für Unternehmen bringen, am besten messbare Wertsteigerungen.

Hier soll jedoch nicht so weit gegangen werden wie bei anderen Autoren, die die Meinung vertreten, dass soziale und ökologische Aspekte im unternehmerischen Handeln nur dann berücksichtigt werden sollten, wenn sie einen ökonomischen Mehrwert generieren (vgl. Weber/Georg/Janke/Mack, 2012, S. 17). Wir setzen mit den weiteren Betrachtungen auf dem Triple-Bottom-Line-Ansatz der Nachhaltigkeit auf, aber immer mit einem klaren Blick auf die ökonomische Sinnhaftigkeit einer Umsetzung von Nachhaltigkeit im Unternehmen. Dies manifestiert sich auch in unserem situativen Verständnis von Nachhaltigkeit.

Eine *zweite Voraussetzung* für die Umsetzung einer nachhaltigen Entwicklung in Unternehmen ist die Verankerung des nachhaltigen Managements auf allen Ebenen des Unternehmens. Beginnend auf der normativen Ebene muss nachhaltiges Management sich über die Formulierung nachhaltiger Wettbewerbsstrategien bis hin zum operativen Management auf der konkreten Umsetzungsebene in den Fachbereichen durchziehen.

Als letzte und *dritte wesentliche Voraussetzung* für eine erfolgreiche Umsetzung eines nachhaltigen Managements sehen wir ein situatives Verständnis von nachhaltigem Management. Nachhaltiges Management hat nicht für alle Unternehmen dieselbe Bedeutung. Vielmehr hängt diese entscheidend von verschiedenen Kontextfaktoren des Unternehmens ab.

Im folgenden Abschnitt werden zwei der vorgenannten Voraussetzungen noch ein wenig detaillierter dargestellt, da sich hieraus wichtige Aufgaben des Controllings im Rahmen einer erfolgreichen Umsetzung nachhaltigen Managements ergeben. Nicht gesondert betrachtet wird die Berücksichtigung der ökonomischen Dimension, da das Controlling aus der Verfolgung von Ergebniszielen schon seit jeher seine Aufgaben ableitet.

10.3 Der situative Ansatz des nachhaltigen Managements

Nachhaltiges Management kann nicht von allen Unternehmen einheitlich umgesetzt werden. Vielmehr hängt eine erfolgreiche Umsetzung von Nachhaltigkeit im Unternehmen ganz wesentlich vom situativen Kontext des Unternehmens ab. Aus der Ausprägung verschiedener Kontextfaktoren lässt sich die relative Bedeutung des nachhaltigen Managements für jedes einzelne Unternehmen ableiten.

Dabei können interne und externe Kontextfaktoren und Akteure des Unternehmens eine Rolle spielen. Bei der Skizzierung des situativen Ansatzes des nachhaltigen Managements orientieren wir uns weitgehend an den Überlegungen von *Weber/Georg/Janke/Mack* die hierzu 2012 den bislang umfassendsten Ansatz präsentiert haben (vgl. Weber/Georg/Janke/Mack, 2012, S. 18 ff.). Die Autoren schlagen folgendes Erklärungsmodell der Umsetzung von Nachhaltigkeit vor:

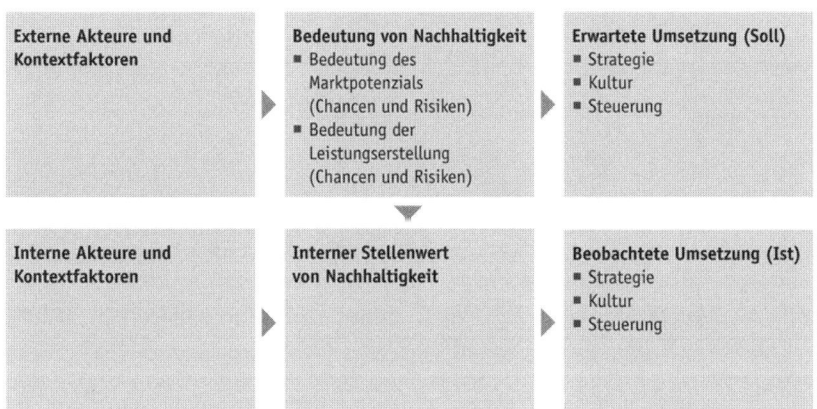

Abb. 10-1: Erklärungsmodell der Umsetzung von Nachhaltigkeit (vgl. Weber/ Georg/ Janke/Mack, 2012, S. 32).

Demnach verlangt aus Sicht der Autoren ein bestimmtes Unternehmensumfeld mit den zugehörigen Anforderungen an eine Branche ein bestimmtes Ausmaß an Umsetzung einer nachhaltigen Unternehmensstrategie. Diese Anforderungen können aus Interessen verschiedenster Stakeholder wie Umweltverbänden oder Kapitalgebern resultieren, ebenso aber auch aus Vorschriften, die sich von Seiten der Politik bzw. der Regulierungsbehörden ergeben.

Die Anforderungen aus dem Umfeld werden von den Autoren weiter in die Bedeutung von Nachhaltigkeit für das Marktpotenzial und die Bedeutung der Nachhaltigkeit für die Leistungserstellung eines Unternehmens unterschieden (vgl. Weber/Georg/Janke/Mack, 2012, S. 33):

	MARKTPOTENZIAL	LEISTUNGSERSTELLUNG
ZENTRALE FRAGESTELLUNG	Wie wirkt sich das Thema Nachhaltigkeit durch die externen Akteure und Kontextfaktoren auf das Marktpotenzial des Unternehmens aus?	Wie wirkt sich das Thema Nachhaltigkeit durch die externen Akteure und Kontextfaktoren auf die Leistungserstellung des Unternehmens aus?
Kriterien für die Bedeutung von Nachhaltigkeit	**Chancen** ▪ Nachhaltige Produkteigenschaften bestehender Produkte ▪ Entwicklung neuer, nachhaltiger Produkte **Risiken** ▪ Nachfragerückgang aufgrund nichtnachhaltiger Produkteigenschaften ▪ Gefahr durch Alternativprodukte	**Chancen** ▪ Differenzierung durch nachhaltige Leistungserstellung ▪ Kostenreduktion durch nachhaltige Leistungserstellung **Risiken** ▪ Nachfragerückgang aufgrund nichtnachhaltiger Leistungserstellung ▪ Zunahme des öffentlichen Drucks auf Unternehmen

Abb. 10-2: Leitfragen und Kriterien der Bedeutung von Nachhaltigkeit (vgl. Weber/Georg/Janke/Mack, 2012, S. 34).

Die Bedeutung der Nachhaltigkeit für ein Unternehmen wird aus der Chancen/Risiken-Kombination für das Marktpotenzial oder die Leistungserstellung eines Unternehmens abgeleitet. Die Autoren schlagen hierfür eine Matrix vor (s. Abb. 10-3).

Da die jeweiligen Chancen-/Risiko-Kombinationen für alle Unternehmen einer Branche vergleichbar ausfällt, würde die bislang beschriebene Systematik eigentlich eine branchenbezogen ähnliche Bedeutung von Nachhaltigkeit und damit eine bestimmte „Soll-Umsetzung" nachhaltiger Strategien innerhalb aller Unternehmen einer Branche nahelegen.

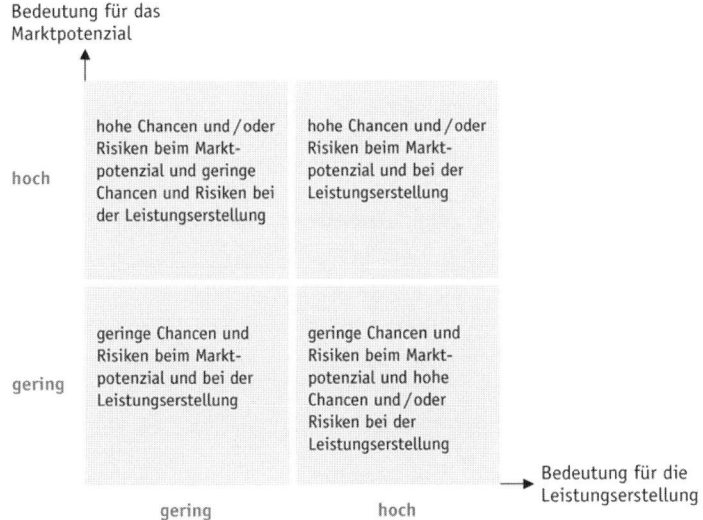

Abb. 10-3: Chancen- und Risikomatrix der Nachhaltigkeit (vgl. Weber/Georg/Janke /Mack, 2012, S. 36)

Trotzdem sind auch branchenbezogen deutlich abweichende Umsetzungsgrade feststellbar. Hier greift dann aus Sicht der Autoren der zweite Erklärungsstrang des Modells: Das tatsächliche Ausmaß der Umsetzung von nachhaltigen Strategien hängt zusätzlich vom Einfluss interner Kontextfaktoren und interner Akteure des Unternehmens ab. Dabei kann der interne Stellenwert, der im Unternehmen dem Thema der Nachhaltigkeit beigemessen wird, über oder unter dem Stellenwert liegen, der gemäß der externen Anforderungen zu erwarten wäre. Hierfür spielen die Einflussnahme der Mitarbeiter, aber insbesondere auch der CEO als Treiber in Sachen Nachhaltigkeit eine besondere Rolle (vgl. Weber/Georg/Janke/Mack, 2012, S. 41 ff.).

Zusammenfassend kann festgestellt werden, dass von einem situativen Ansatz des nachhaltigen Managements ausgegangen werden muss. Je nach externen und internen Kontextfaktoren eines Unternehmens sind selbst branchenbezogen höchst unterschiedliche Umsetzungsgrade einer nachhaltigen Strategie sinnvoll und deshalb auch in der Unternehmenspraxis vorzufinden. Damit kann aber umgekehrt nicht davon ausgegangen werden, dass die erfolgreiche Umsetzung eines nachhaltigen Managements etwas mit der Umsetzung einer „standardisierten Nachhaltigkeitsnorm" zu tun hätte. Von einer erfolgreichen Umsetzung nachhaltigen Managements soll also dann gesprochen werden, wenn der Umsetzungsgrad zur externen und internen Situation des Unternehmens passt.

Bevor also an eine Umsetzung nachhaltigen Managements überhaupt gedacht wird, sollte somit eine Situationsanalyse vorgenommen werden, anhand derer geklärt wird, welche Bedeutung das nachhaltige Management für das jeweilige Unternehmen überhaupt hat und welche Unternehmensbereiche davon hauptsächlich betroffen sind.

10.4 Die Umsetzung im Rahmen eines integrierten Managements

Neben dem situativen Verständnis von Nachhaltigkeit spielt für eine erfolgreiche Umsetzung von Nachhaltigkeit die Betrachtung aller relevanten Managementebenen eines Unternehmens eine wichtige Rolle.

Um zu verdeutlichen, was hierunter verstanden wird, soll auf das „Konzept Integriertes Management" der St. Galler Schule zurückgegriffen werden. Der Ansatz basiert auf dem Systemansatz von Hans Ulrich, dem Begründer der St. Galler Schule. Demnach ist ein Unternehmen als ein offenes System zu verstehen, das in ständiger Interaktion mit seiner Umwelt steht, bei dessen Weiterentwicklung es aber zugleich der Berücksichtigung aller internen Systemebenen bedarf. Die Weiterentwicklung eines Unternehmens muss somit im Rahmen eines ganzheitlichen, oder mit den Worten von Bleicher, integrierten Managementkonzepts erfolgen (vgl. Bleicher, 2004, S. 80 ff.). Bleicher unterscheidet drei Managementdimensionen, zwischen denen ständige Vor- und Rückkopplungen stattfinden. Im Folgenden werden diese Managementdimensionen in Anlehnung an Bleicher kurz skizziert (vgl. Bleicher, 2004, S. 80 ff.):

Normatives Management

Diese Managementebene beschäftigt sich mit den generellen Zielen des Unternehmens. Es geht um die Festlegung der grundlegenden Prinzipien, Normen und Werte des Unternehmens. Die Werte eines Unternehmens manifestieren sich in der Unternehmenskultur, die Prinzipien und Normen werden in der Unternehmensverfassung festgelegt.

Strategisches Management

Diese Managementebene beschäftigt sich mit dem Aufbau, mit der Pflege und der Nutzung von Erfolgspotenzialen des Unternehmens. Dabei geht es um die systematische Ausrichtung des Unternehmens an erfolgversprechenden Produkt-/Marktkombinationen und um den Aufbau der hierfür vom Unternehmen benötigten Ressourcen. Die normative und strategische Ebene des Unternehmens stellt die effektive Ausrichtung des Unternehmens sicher.

Operatives Management

Diese Managementebene leistet die Umsetzung der Ideen aus dem normativen und strategischen Management in konkrete real- und finanzwirtschaftliche Unternehmensprozesse.

Den Zusammenhang zwischen normativem, strategischem und operativem Management zeigt Abbildung 10-4.

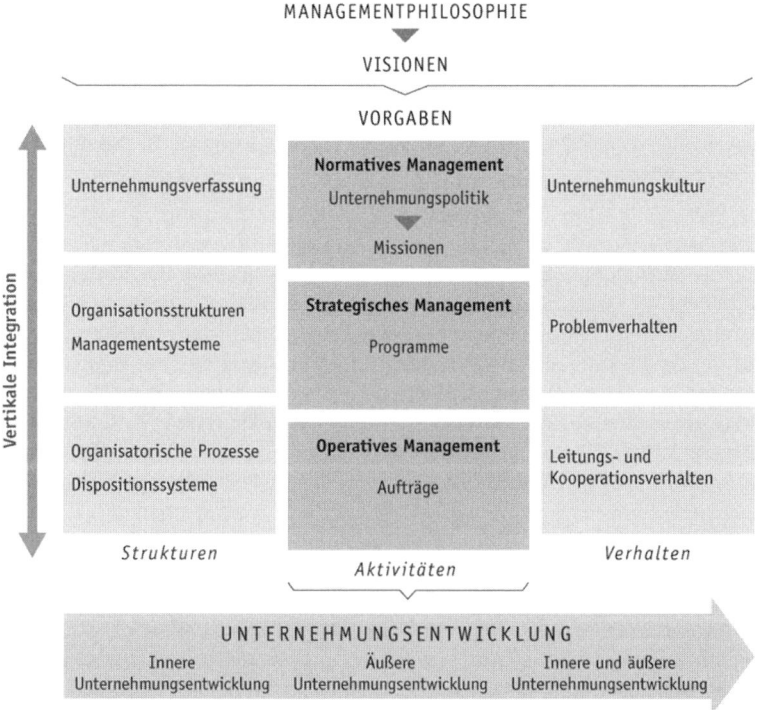

Abb. 10-4: Integriertes Managementkonzept nach Bleicher (vgl. Bleicher, 2011, S. 96)

Anhand dieser Abbildung wird nochmals deutlich, dass eine Umsetzung eines nachhaltigen Managements nur dann gelingen kann, wenn der Grundgedanke der Nachhaltigkeit in allen Managementebenen verankert wird.

Ausgangspunkt muss hierbei die Verankerung der Nachhaltigkeit im Normen- und Wertegerüst eines Unternehmens sein. Nur wenn Nachhaltigkeit in die Kultur des Unternehmens verankert wird, kann hieraus eine dauerhafte Steuerungswirkung durch die anderen Managementebenen entstehen. Diese Steuerungswirkung entfaltet sich implizit anhand von Grundannahmen im Hinblick auf die Bedeutung der Nachhaltigkeit für die Entwicklung des Unternehmens, die weithin von den Mitarbeitern geteilt werden. Explizit kann sich eine Kultur der Nachhaltigkeit in einem Unternehmen an unterschiedlichsten Punkten manifestieren. Denkbar sind sozialverträgliche Kommunikations- und Verhaltensweisen zwischen Führungsebenen im Unternehmen, eine authentische Berücksichtigung einer Work-Life-Balance, die Einführung eines betrieblichen Gesundheitsmanagements oder die aktive Berücksichtigung des Diversity-Gedankens. Dies waren einige Beispiele für einen sichtbarer Ausdruck der Berücksichtigung der sozialen Dimension der Nachhaltigkeit. Auch für die ökologische Dimension lassen sich leicht sichtbare Beispiele finden, wie beispielsweise die generelle Verwendung umweltfreundlicher Technologien und Produktionsverfahren.

Das Wertegerüst der Nachhaltigkeit muss zudem Eingang in die Unternehmensvision und darüber auch in die konkreten Wettbewerbsstrategien des Unternehmens finden. Nachhaltigkeit muss also konsequent in die Strategieanalyse, -formulierung und Strategieumsetzung integriert werden. Hierbei kann die bereits dargestellte Abschätzung der Auswirkungen nachhaltiger Strategien auf das Marktpotenzial und auf die Leistungserstellungsprozesse des Unternehmens eine wichtige Hilfestellung sein. Wenn dem ökonomischen Triple-Bottom-Line-Ansatz gefolgt wird, müssen für das Unternehmen Produkt-/Marktkombinationen oder Ressourcenkombinationen gefunden werden, die einerseits Kriterien der Nachhaltigkeit erfüllen, andererseits aber zugleich die Realisierung eines Wettbewerbsvorteils gegenüber der Konkurrenz versprechen. Weber/Georg /Janke/Mack sprechen in diesem Zusammenhang von der Identifikation von strategischen Fokusfeldern (vgl. Weber/Georg/Janke/Mack, 2012, S. 53 ff.). Anhand dieser Fokusfelder wird für das Unternehmen klar abgegrenzt, welche Nachhaltigkeitsthemen für das Unternehmen wichtig sind und entsprechende Rentabilitätspotenziale versprechen. Dies können sowohl produkt- als auch prozessorientierte Fokusfelder sein.

Diese strategischen Fokusfelder bilden dann zugleich den Ausgangspunkt für die Formulierung konkreter Maßnahmen auf der operativen Ebene, mit denen die nachhaltigen Strategien dann auch konkret mit den Leistungserstellungsprozessen des Unternehmens in den jeweiligen Funktionsbereichen umgesetzt werden können. Damit verbunden ist dann auch die Formulierung klarer Nachhaltigkeitsziele und von Indikatoren zur Messung der Zielerreichung.

Insgesamt wird nochmals deutlich: Eine erfolgreiche Umsetzung von Nachhaltigkeit im Rahmen des Managements kann keinesfalls nach irgendwelchen allgemeinen Standards erfolgen. Vielmehr ist zunächst eine detaillierte Betrachtung der internen und externen Kontextfaktoren des Unternehmens notwendig, um so zunächst einzuschätzen, in welchem Ausmaß eine Umsetzung von Nachhaltigkeit für ein spezielles Unternehmen überhaupt sinnvoll erscheint. Darüber hinaus müssen Aspekte der Nachhaltigkeit durch alle Managementebenen hindurch im Unternehmen verankert werden. Dies ist ein lang anhaltender Prozess, der immer wieder auf seine generelle Richtigkeit, aber auch auf seine Umsetzungsqualität hin geprüft werden muss. Zudem darf diese Verankerung von Nachhaltigkeit nicht unabhängig von den anderen Prozessen der Unternehmensentwicklung ablaufen, sondern muss als fester Bestandteil in diese Prozesse integriert werden.

10.5 Aufgaben des Controllings im Rahmen einer erfolgreichen Umsetzung nachhaltigen Managements

Eine erfolgreiche Umsetzung von Aspekten der Nachhaltigkeit im Rahmen der Entwicklung des Unternehmens stellt zahlreiche neue Herausforderungen an das Management und damit auch an das Controlling: Nachhaltigkeitsaspekte müssen in die bisherigen Prozesse und Routinen des Unternehmens eingebracht werden. Die Anforderungen seitens des Managements an verfügbare Steuerungsinformationen weiten sich aus. Betriebswirtschaftliche Methoden müssen um Aspekte der Nachhaltigkeit erweitert werden. Dies gilt sowohl für Methoden innerhalb des Planungs- als auch des Kontrollsystems. Sinnvolle Indikatoren müssen gefunden werden, um die unternehmerischen Fortschritte in Sachen Nachhaltigkeit zu messen. Dabei muss eine Orientierung an internationalen Maßstäben der Nachhaltigkeitsmessung sichergestellt werden. Nicht zuletzt auch, um damit auch eine international verständliche Berichterstattung über die Fortschritte der eigenen Umsetzungsaktivitäten zu gewährleisten. Insbesondere muss jedoch laufend überprüft werden, welches Ausmaß an nachhaltiger Wettbewerbsstrategie und welche konkrete Ausrichtung dieser nachhaltigen Wettbewerbsstrategie für ein Unternehmen in einer konkreten Situation überhaupt sinnvoll sind.

10

Im Grunde sind mit den oben genannten Herausforderungen eine ganze Reihe von Aufgaben beschrieben, die nach weit verbreitetem Verständnis dem Controlling zukommen (vgl. Barth/Barth, 2008, S. 16 ff.; Weber/Schäffer, 2008, S. 20 ff.): Informationsversorgung des Managements und der Stakeholder des Unternehmens, Sicherstellung der erweiterten Zielerreichung, Bereitstellung erweiterter betriebswirtschaftlicher Methoden, Abstimmung von Planungs- und Kontrollsysteme auf die Erfordernisse der Nachhaltigkeit und nicht zuletzt eine Hilfestellung im Sinne einer Rationalitätssicherung des eingeschlagenen Kurses in Sachen Nachhaltigkeit. Damit wird auch deutlich, dass dem Controlling eine zentrale Rolle bei der erfolgreichen Umsetzung des nachhaltigen Managements zukommt.

Alle diese Aufgabenstellungen können im Rahmen dieses Beitrages nicht detaillierter betrachtet werden. Wir wollen jedoch drei Aufgabenstellungen exemplarisch näher beleuchten, um so einen ersten Eindruck zu vermitteln, wie das Controlling zur erfolgreichen Umsetzung nachhaltigen Managements beitragen kann.

Bewusst haben wir dafür drei höchst unterschiedliche Aufgabenfelder gewählt. Zum Ersten wollen wir aufzeigen, mit welchen Hilfsmitteln das Controlling zur Rationalitätssicherung eines nachhaltigen Managements beitragen kann. In diesem Zusammenhang werden wir mit dem *Sustainability Quick Check* ein Assessment anskizzieren.

Zum Zweiten wollen wir anhand von zwei Beispielen aufzeigen, wie das Controlling ganz konkret dazu beitragen kann, entsprechend der neuen Anforderungen zusätzliche Informationen in Sachen Nachhaltigkeit zu erheben bzw. bekannte betriebswirtschaftliche Instrumente den neuen Anforderungen anzupassen. Hierzu werden wir detaillierter auf das Carbon-Controlling bzw. auf die Sustainable Scorecard eingehen.

Abschließend werden wir exemplarische Beispiele für die Berichterstattung der Nachhaltigkeit an externe Stakeholder des Unternehmens aufzeigen.

10.6 Vorstellung eines Assessments zur Prüfung der generellen Umsetzung nachhaltigen Managements

Als grundlegende Aufgabe des Controllings kann die Rationalitätssicherung des Managements gesehen werden (vgl. Weber/Schäffer, 2008, S. 33 ff.). Im Falle des nachhaltigen Managements sollte das Controlling dazu beitragen, dass Nachhaltigkeit im Unternehmen angemessen, also situativ sinnvoll, Berücksichtigung findet und auf allen Managementebenen durch den Aufbau entsprechender Nachhaltigkeitskompetenzen umgesetzt wird.

Ob die Aktionsfelder des nachhaltigen Managements wirklich adäquat auf die jeweilige Unternehmens- und Umweltsituation zugeschnitten sind, kann nur mittels eines umfassenden Analyseinstruments herausgefunden werden. Wir schlagen hierfür die Verwendung eines systematischen → Nachhaltigkeitsassessments vor.

10.6.1 Anforderungen an ein Nachhaltigkeitsassessment

An dieses → Nachhaltigkeitsassessment sind aus unserer Sicht folgende Anforderungen abzuleiten (in Anlehnung an Scheurer, Ribeiro, 2009, S. 286):

- Mit dem Assessmentmodell sollte ein situativer Ansatz des Nachhaltigkeitsmanagements überprüft werden können.

- Das Assessmentmodell sollte einen ausreichenden Einblick in situations- und strategiebezogene Stärken und Schwächen des Nachhaltigkeitsmanagements auf allen Managementebenen des Unternehmens ermöglichen.

- Das Assessmentmodell sollte die drei wesentlichen Dimensionen der Nachhaltigkeit gemäß dem Tripple-bottom-Line-Modell berücksichtigen.

- Das Assessmentmodell muss die Grundlage für praxisrelevante und situationsadäquate Verbesserungen des Nachhaltigkeitsmanagements bieten, die dem jeweiligen Unternehmen einen praktischen Mehrwert bringen.

- Die Durchführung des Assessments muss mit einer sinnvollen Aufwands-/Nutzenrelation möglich sein.

- Das Assessmentmodell sollte sowohl das Topmanagement als auch das Management auf der strategischen und operativen Ebene sowie die Fachexperten in Sachen Nachhaltigkeit mit einbeziehen.

- Das Assessmentmodell sollte zugleich als gemeinsame Diskussionsplattform für das Management und die Nachhaltigkeitsexperten dienen, um so eine gemeinsame Reflexion der Unternehmenssituation im Hinblick auf die Sinnhaftigkeit nachhaltigen Managements und dessen Umsetzungsgrades zu ermöglichen.

Bewusst wird hier somit von einem allgemeinverbindlichen Umsetzungsstandard von Nachhaltigkeit im Unternehmen Abstand genommen, gegen den jede Organisation identisch geprüft wird. An die Stelle von benchmarkingorientierten Assessmentansätzen muss u. E. ein situationsspezifischer, auf die konkreten strategischen Erfordernisse des Unternehmens zugeschnittener Evaluationsansatz treten. Das Assessment muss von seinem Grundaufbau alle wichtigen Dimensionen der Nachhaltigkeit und alle Ebenen des Unternehmens abbilden.

10.6.2 Überblick über den Assessmentprozess

Die Entwicklung des *Sustainability-Quick-Checks* ist bewusst als ein eher gröber gehaltenes Assessment konzipiert und kann in diesem Rahmen auch nur anskizziert werden. Das Nahziel des Assessments besteht zunächst darin, möglichst effizient „auf den Punkt zu kommen", um so für ein Unternehmen möglichst schnell Ansatzpunkte für konkrete Verbesserungen in den für das Unternehmen wirklich wichtigen Nachhaltigkeitsthemen ableiten zu können. Wenn die für die

10

jeweilige Unternehmenssituation wichtigsten Nachhaltigkeitskompetenzen erst identifiziert sind, kann bei Bedarf in einem zweiten Schritt eine tiefer gehende Detailanalyse vorgenommen werden.

Im Folgenden wird ein kurzer Überblick über den Assessmentprozess gegeben.

In den Assessementprozess sind sowohl das Topmanagement als auch die Fachexperten in Sachen Nachhaltigkeit auf den verschiedenen Unternehmensebenen eingebunden. Eine breite Beteiligung von Management und Fachexperten ist unumgänglich, wenn Nachhaltigkeit auf allen Ebenen des Unternehmens ernsthaft umgesetzt werden soll.

Abbildung 10-5 stellt den fünfstufigen Prozessablauf von unten nach oben aufsteigend dar.

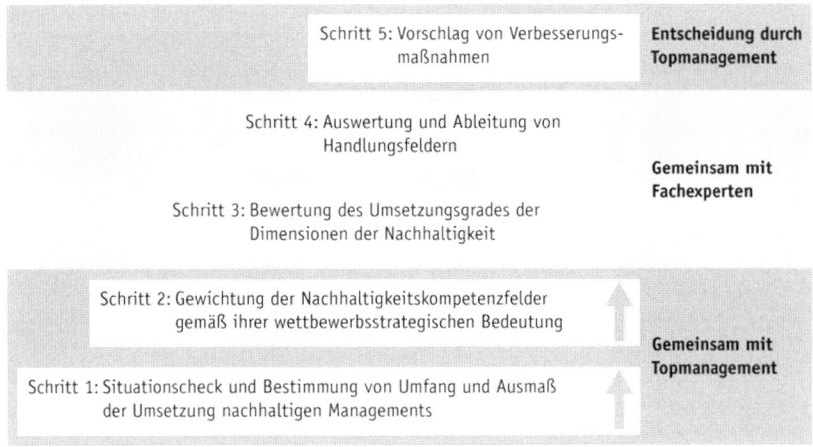

Abb. 10-5: Ablauf des Assessmentprozesses

Schritt 1

In einem ersten Schritt findet ein Situationscheck von externen und internen Kontextfaktoren des Unternehmens statt. Dieser Situationscheck orientiert sich an der von Weber/Georg/Janke/Mack vorgeschlagenen Methodik.

Anhand dieses Situationschecks wird dann zusammen mit dem Topmanagement eine Bewertung durchgeführt und festgelegt, welche wettbewerbsstrategische Bedeutung der Nachhaltigkeit für das Unternehmen zukommt. Hieraus ergibt sich dann zugleich eine grobe Festlegung des wettbewerbsstrategisch sinnvollen Umsetzungsumfangs von Nachhaltigkeitskompetenzen im Unternehmen.

Schritt 2

Aus der Situationsanalyse und der Untersuchung der wettbewerbsstrategischen Bedeutung für das Unternehmen lassen sich auch Erkenntnisse darüber ableiten, welche Dimensionen der Nachhaltigkeit und welche Kompetenzen innerhalb dieser Dimensionen einen besonders wichtigen wettbewerbsstrategischen Beitrag für das Unternehmen leisten. Das Topmanagement legt in einem zweiten Schritt über die Durchführung von Gewichtungen die Bedeutung der verschiedenen Nachhaltigkeitsdimensionen und deren Kompetenzausprägungen für das betrachtete Unternehmen fest. Die Gewichtung dient der weiteren Konkretisierung der Passung von Unternehmensstrategie und der benötigten Nachhaltigkeitskompetenzen in der vorliegenden Situation aus Sicht des Topmanagements.

Diese Priorisierung der Kompetenzfelder in Zusammenarbeit mit dem Topmanagement ist ein essentielles Merkmal des Assessmentmodells. Damit wird sichergestellt, dass sich die Ausrichtung des weiteren Assessments wirklich unmittelbar am Bedarf und an der konkreten Situation des untersuchten Unternehmens orientiert. Auf diese Weise entsteht ein jeweils unternehmensspezifisches Profil von Gewichtungen.

Ökologische Dimension	G1	G2
Normative Ebene		
	5	4
Strategische Ebene		
	3	5
Operative Ebene		
Umgang mit Umweltinformationen	4	4
Umgang mit Energie	4	5
Umgang mit Einsatzstoffen	4	4
Berücksichtigung der Biodiversität	3	3
Behandlung von Lebewesen	4	5
Umgang mit Emissionen	4	4
Umgang mit Transporten	4	4
Nachhaltige Produkte und Dienstleistungen	5	5

Abb. 10-6: Gewichtung der ökologischen Dimension (Auszug mit detaillierter Darstellung der operativen Managementebene)

Schritt 3

Operative Ebene						
Umgang mit Umweltinformationen						
Deklaration aller umweltrelevanten Informationen gemäß den Vorschriften	▶	4,7	◀	G	◀ 3,8 ▶	G
Konkreter Umgang des Unternehmens mit internen umweltrelevanten Erkenntnissen	◀	3,2	▶	R	◀◀ 2,4 ▶▶	R
Konkreter Umgang des Unternehmens mit externen umweltrelevanten Erkenntnissen	▶	4,4	◀	G	◀ 3,9 ▶	G
Mitarbeiterausbildung zum Umgang mit umweltrelevanten Informationen	◀	4,3	◀	G	▶ 2,7 ◀	R
Regelmäßige Berichterstattung zu den unternehmensspezifischen Umweltdaten	◀	3,5	▶	G	◀ 2,9 ▶	R
Umgang mit Energie						
Initiativen zur Verringerung des direkten Energieverbrauchs	◀	3,5	▶	G	▶ 3,2 ◀	R
Initiativen zur Verringerung des indirekten Energieverbrauchs	▶	2,7	◀	R	▶ 1,8 ◀	R
Einsatz regenerativer Energien	▶	3,8	◀	G	◀ 3,7	G
Initiativen zur Gestaltung von Produkten und Dienstleistungen mit höherer Energieeffizienz	◀	4	▶	G	▶ 2,4 ◀	R
Initiativen zur Gestaltung von Produkten und Dienstleistungen, die auf regenerativen Energien basieren	◀	4	▶	G	▶ 2,4 ◀	R
Optimierung von Heizanlagen zur Wärmeerzeugung	▶	3,8	◀	G	▶ 3,8 ◀	G
Nutzung bzw. Erschließung von Möglichkeiten zur Verminderung des Wärmeverlusts in Gebäuden	▶	3,8	◀	G	▶ 3,4 ◀	G
Nutzung oder Vermeidung von Abwärme	▶	3,4	◀	G	▶▶ 2 ◀◀	R
Konzepte zur Effizienzsteigerung bei der für Beleuchtung eingesetzten Energie	▶	2,7	◀	R	▶ 2,7 ◀	R
Energieeffizienz in unternehmenseigenen Kraftwerken	▶	4,5	◀	G	◀ 4,3 ▶	G
Nutzung aller Möglichkeiten zur unternehmenseigenen Produktion regenerativer Energien	◀	3,1	▶	R	▶ 2,4 ◀	R
Umgang mit Einsatzstoffen						
Berücksichtigung der Biodiversität						
Behandlung von Lebewesen						
Umgang mit Emissionen						
Umgang mit Transporten						
Nachhaltige Produkte und Dienstleistungen						

Abb. 10-7: Bewertung des Umsetzungsgrades (Auszug mit detaillierter Darstellung von zwei Nachhaltigkeitskompetenzfeldern der operativen Managementebene)

Die Bewertung des Umsetzungsgrades der drei Dimensionen der Nachhaltigkeit wird anhand von konkreten Einzelausprägungen gemeinsam mit den Nachhaltigkeitsexperten auf allen Ebenen des Unternehmens vorgenommen. Wir schlagen dabei eine Orientierung an den drei Ebenen des integrierten Managementmodells nach Bleicher vor. Demnach wird der Umsetzungsgrad bezogen auf die drei Dimensionen der Nachhaltigkeit auf der normativen, strategischen und operativen Ebene des Unternehmens untersucht. Das Assessment kann so aufgebaut werden, dass eine Unterscheidung nach vorhandenen Nachhaltigkeitskompetenzen und deren praktischer Umsetzung möglich wird. Dabei wird die Bewertung dokumentierter Prozesse und Methoden der Nachhaltigkeit auf den verschiedenen Ebenen eines Unternehmens unter der Kategorie „Existent" vorgenommen. Parallel dazu wird deren praktische Umsetzung in den Prozessen bzw. Projekten des Unternehmens unter der Kategorie „Angewendet" erfasst. Mit der Kategorie „Existent" wird dokumentiert, in welchem Grade ein Unternehmen bereits dabei ist, Nachhaltigkeitskompetenzen aufzubauen. Mit der Kategorie „Angewendet" wird überprüft, inwieweit diese Nachhaltigkeitskompetenzen bereits Eingang in konkrete unternehmerische Handlungen gefunden haben.

Schritt 4

Die Ergebnisse werden ausgewertet und zusammen mit den Nachhaltigkeitsexperten im Unternehmen analysiert. Handlungsfelder werden identifiziert und mit einem Ansatz für eine verbesserte Nachhaltigkeitsumsetzung hinterlegt.

Aus unserer Sicht ermöglicht allerdings erst die Korrelation zwischen zugewiesener Gewichtung und ermitteltem Beherrschungsgrad der untersuchten Nachhaltigkeitskompetenzfelder eine klare Aussage über den konkreten Verbesserungsbedarf im Unternehmen. Im Zuge des Assessments mit dem *Sustainability-Quick-Check* wird diese Information in Aktionsportfolios für die ökologische, für die soziale sowie für die ökonomische Dimension der Nachhaltigkeit aufbereitet. Hierbei wird jeweils ein Aktionsportfolio für die Kategorien „Existent" und „Angewendet" auf der normativen, strategischen bzw. operativen Managementebene erstellt.

In Abbildung 10-8 wird auszugsweise ein Beispiel eines Aktionsportfolios für ökologische Dimension auf der operativen Managementebene („Existent") dargestellt. Die neun Felder des Aktionsportfolios tragen die Ampelfarben grün (G), gelb (Y) und rot (R).

10

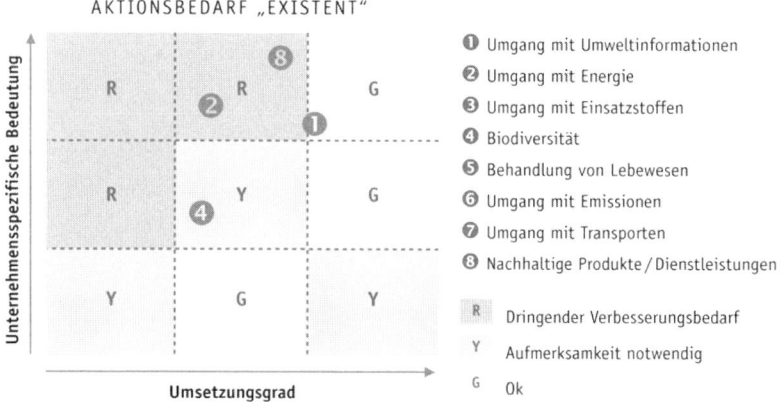

Abb. 10-8: Aktionsportfolio (Auszug mit detaillierter Darstellung von zwei Nachhaltigkeitskompetenzfeldern der operativen Managementebene)

In der Matrix werden die verschiedenen operativen Nachhaltigkeitskompetenzfelder jeweils in Form eines Punktes eingetragen. In dem Beispiel weisen die Kompetenzfelder 2, 4 und 8 nur einen mittelmäßigen Umsetzungsgrad auf. Diese Erkenntnis gibt für sich alleine noch keinen Hinweis darauf, ob wirklich Handlungsbedarf besteht. Erst durch die Korrelation mit der Gewichtung, die die durch das Topmanagement festgelegte unternehmensspezifische Bedeutung der Kompetenzfelder zeigt, entsteht ein klares Bild des Aktionsbedarfs.

Nachhaltigkeitskompetenzfelder, die bei der Assessmentauswertung in einem grünen Feld des Aktionsportfolios landen, sind entweder ausreichend beherrscht, oder haben aus Sicht des Topmanagements eine geringere unternehmensspezifische Bedeutung. Hier besteht kein weiterer Verbesserungsbedarf. Im vorliegenden Beispiel wäre dies bei Kompetenzfeld 1 der Fall. Im Gegenteil hierzu stehen die Kompetenzfelder, die in einem roten Feld des Aktionsportfolios landen. Hier handelt es sich um Kompetenzfelder, die aus Sicht der Unternehmensführung eine hohe unternehmensspezifische Bedeutung haben und deren Kompetenzen nicht ausreichend ausgeprägt und beherrscht werden. Im Beispielsfall sind dies die Kompetenzfelder 2 und 8. Hier besteht aus Sicht der Unternehmensführung dringender Handlungsbedarf. Bei allen Kompetenzfeldern, die in den gelben Feldern des Aktionsportfolios landen, ist im Einzelfall zu prüfen, ob wirklich Verbesserungsbedarf besteht. Im Beispielsfall wäre dies Kompetenzfeld 4.

In einem nächsten Schritt erfolgt nun eine vertiefte Analyse der Kompetenzfelder mit dringendem Verbesserungsbedarf. Hierzu wird direkt auf der Ebene der einzelnen Nachhaltigkeitskompetenzen des betroffenen Kompetenzfeldes und deren Beherrschungsgrad angesetzt. Diese Analyse bildet den Ausgangspunkt für eine intensive Diskussion zwischen Nachhaltigkeitsexperten und Topmanagement zur Ableitung konkreter Aktionsprogramme. Natürlich ist die Ableitung konkreter Aktionsprogramme wichtig zur Verbesserung der Nachhaltigkeitskompetenzen eines Unternehmens. Der eigentliche Wert der Auswertungsphase liegt jedoch in der intensiven Diskussion, die im Rahmen dieser Assessmentphase geführt werden muss.

Schritt 5

Die Assessmentergebnisse und die Verbesserungsvorschläge werden gemeinsam mit dem Topmanagement und den Nachhaltigkeitsexperten diskutiert. Durch diese Vorgehensweise wird die direkte Kommunikation zwischen Topmanagement und Nachhaltigkeitsexperten zum Umsetzungsstand im Unternehmen nochmals intensiviert. Eine solche Diskussion trägt ganz wesentlich dazu bei, nochmals kritisch zu reflektieren, ob und wenn ja in welchem Ausmaß, Aspekte der Nachhaltigkeit zur wettbewerbsstrategischen Ausrichtung des Unternehmens einen positiven Beitrag leisten.

10.7 Beispiele für konkrete Instrumente zur Steuerung nachhaltigen Managements

Nachdem wir in den vorigen zwei Abschnitten einige Überlegungen dazu angestellt haben, wie das Controlling mittels eines *Sustainability-Quick-Checks* dazu beitragen kann, die grundlegende Sinnhaftigkeit von nachhaltigem Management und dessen Ausprägungsgrad für ein Unternehmen zu überprüfen, werden in den folgenden zwei Abschnitten zwei konkrete Beispiele aufgezeigt, wie das Controlling mit neuen bzw. angepassten Instrumenten und Methoden die Umsetzung nachhaltigen Managements auf der strategischen bzw. operativen Managementebene unterstützen kann. Dabei werden wir mit der Sustainable Scorecard zunächst darstellen, wie bereits bestehende Instrumente für die neuen Herausforderungen des nachhaltigen Managements auf der strategischen Managementebene angepasst werden können. Mit dem Carbon-Controlling geben wir einen Überblick über ein neu entwickeltes Controllinginstrument auf der operativen Managementebene, dessen Entwicklung durch politische Vorgaben notwendig wird.

10

10.7.1 Die Sustainable Balanced Scorecard als ein Instrument für nachhaltiges Management auf der strategischen Unternehmensebene

Der Anfang der 1990er Jahre von Robert S. Kaplan und David P. Norton an der Harvard Business School entwickelten Balanced Scorecard (BSC) lag die Grundidee zugrunde, dass Führungskräfte anhand der Zusammenstellung an strategischen Zielen und Kennzahlen und den durch die Hypothesen über die Vernetzung zwischen den Zielen der einzelnen Perspektiven gewonnenen Ursachen-Wirkungsbeziehungen die Strategie ihres Unternehmens erkennen können und somit in der Lage sind, mit einigen wenigen, ausbalancierten Kennzahlen ihr Unternehmen zu führen. Im Wesentlichen bildet die konventionelle BSC das marktlich-ökonomische Umfeld ab.

Die → Sustainability Balanced Scorecard (SBSC) stellt ein wertorientiertes Konzept des strategischen Nachhaltigkeitsmanagements dar. Die konventionelle BSC wird zur SBSC erweitert, indem man Umwelt- und Sozialaspekte (d.h. das nicht marktliche Umfeld) integriert. Das Ziel der SBSC ist, die strategisch wichtigsten ökonomischen, ökologischen und sozialen Ziele zu ermitteln, zu systematisieren und zu steuern (vgl. Pufé, I.; Kamiske, G. F., 2012, S. 48 f.). Die SBSC ermöglicht es Unternehmen, strategisch relevante Nachhaltigkeitsziele in der klassischen Balanced Scorecard zu steuern und einen direkten Bezug zu deren strategischer Geschäftsausrichtung herzustellen. Dieser Integrationsansatz vermindert den Aufwand und sorgt für eine Vereinheitlichung der Interessen innerhalb der Organisation, anstatt dieses in einem separaten Managementsystem zu berücksichtigen. In der Literatur und Praxis werden die folgenden zwei Möglichkeiten für die Implementierung der SBSC gesehen:

Die integrative Möglichkeit	Die additive Möglichkeit
Hierbei werden die strategisch relevanten Umwelt- und Sozialaspekte in den vier Perspektiven der konventionellen BSC eingebettet.	Bei dieser Vorgehensweise wird die herkömmliche BSC um eine zusätzliche Perspektive ergänzt, die auch nicht direkt auf das Geschäftsergebnis hinwirkende Nachhaltigkeitsaspekte integriert und systematisch steuert.

Abb. 10-9: Integrationsmöglichkeiten zur Abwandlung einer BSC zu einer SBSC. (Quelle: in Anlehnung an Grothe, A.: Nachhaltiges Wirtschaften für KMU: Ansätze zur Implementierung von Nachhaltigkeitsaspekten, München 2012, S. 108.)

Der Nachhaltigkeit im Rahmen einer fünften Perspektive (z.B. als Gesellschaftsperspektive) Eingang in die BSC zu gewähren, wie es die additive Integrationsmöglichkeit vorsieht, wird hier als schwierig angesehen, da eine Berücksichtigung der gesellschaftlichen Ansprüche an ein Unternehmen bereits in den anderen „klassischen" Perspektiven erfolgen kann und sollte. Vor dem Hintergrund wird der integrativen Methode der Vorzug eingeräumt (vgl. Abbildung 10-10). (Vgl. Burschel/Losen/Wiendl, 2004, S. 342 f.)

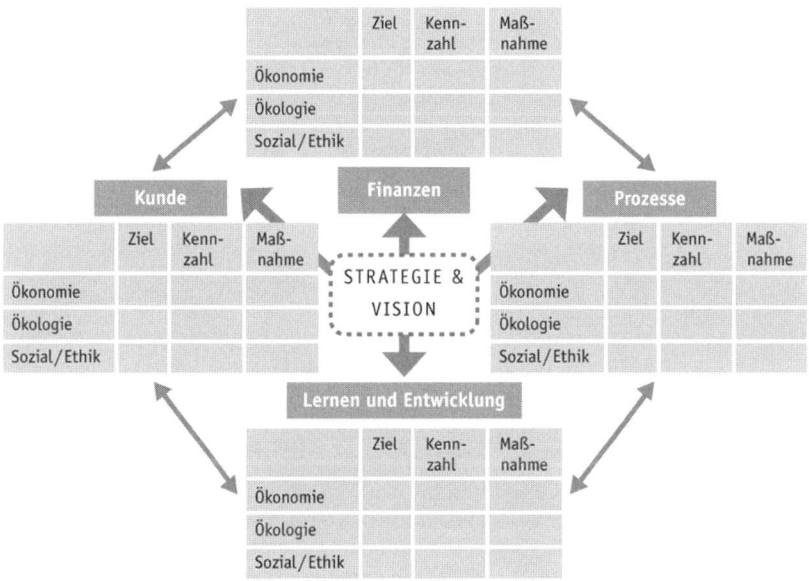

Abb. 10-10: Integrative Sustainability Balanced Scorecard (Quelle: Grothe, 2012, S. 107.)

Das Umwelt- und Sozialmanagement eines Unternehmens wird mit Hilfe der SBSC auf die erfolgsfokussierte Umsetzung der Strategie ausgerichtet, um mögliche Potentiale zwischen ökonomischen, ökologischen und sozialen Zielen auszuschöpfen. Die → Sustainability Balanced Scorecard gewährleistet dies unter Beachtung der folgenden Ansatzpunkte (vgl. Pufé, I.; Kamiske, G. F., 2012, S. 49):

- erfolgsrelevante Umwelt- und Sozialaspekte identifizieren,
- kausale Verknüpfungen der Umwelt- und Sozialaspekte mit dem Unternehmenserfolg herstellen,

- die strategische Relevanz aller Umwelt- und Sozialaspekte dem Management aufzeigen,
- entsprechende Kennzahlen und Maßnahmen entwickeln,
- Umwelt- und Sozialmanagement in das konventionell ökonomisch ausgerichtete Management integrieren.

Die SBSC ermöglicht somit, weiche und nicht-marktliche Aspekte bei der Planung und Umsetzung von Unternehmensstrategien zu berücksichtigen.

Die Vorgehensweise bei der Implementierung einer SBSC erfolgt analog zur „konventionellen" BSC mit dem Unterschied, dass bei der integrativen Vorgehensweise ökologische und soziale Aspekte integraler Bestandteil der BSC sind.

Ausgangspunkt für die Implementierung einer SBSC sind eine Vision und eine nachhaltigkeitsorientierte Strategie. Nachhaltigkeit ist ein Leitbild, eine Vision und eine klar formulierte Aussage über die Stärken und Chancen einer nachhaltigen Entwicklung. Hierfür sind zunächst die strategischen Geschäftseinheiten sowie die nachhaltigkeitsorientierte Strategie für diese Geschäftsbereiche festzulegen. Des Weiteren sind die Umwelt- und Sozialaspekte dieser strategischen Geschäftseinheit zu identifizieren sowie nach deren strategischer Relevanz zu differenzieren. Hierbei wird zwischen Umwelt- und Sozialaspekten unterschieden, welche strategische Kernelemente darstellen oder nur Leistungstreiber zur Erzielung der drei Dimensionen der Nachhaltigkeit sind. Erstere stellen unmittelbare Ergebniskennzahlen, wie z.B. Marktanteile in einem ökologischen Marktsegment dar. Leistungstreiber ist beispielsweise eine gesteigerte Produktivität durch eine verbesserte Energieeffizienz. Hiervon zu unterscheiden sind Hygienefaktoren, welche keine Wettbewerbsvorteile darstellen und grundsätzlich ohne strategische Relevanz sind. Dies sind z.B. umweltrechtliche oder arbeitsrechtliche Vorschriften, welche bei Nichteinhaltung zu Wettbewerbsnachteilen führen. Die Hygienefaktoren werden außerhalb der BSC überwacht. (Vgl. Hahn/Wagner/Figge/Schaltegger, 2002, S. 68 ff.).

Bei jeder Perspektive sind entsprechend der jeweiligen Ansatzpunkte anschließend unternehmensindividuelle strategische Stoßrichtungen festzulegen. Strategische Stoßrichtungen können z.B. Wachstum, Qualität, Kundenorientierung oder Innovationskraft sein. Entsprechend der Grundidee der BSC sind qualitative und quantitative Zielsetzungen und Kennzahlen aus der Vision und Strategie des Unternehmens abzuleiten. Hierbei geht es insbesondere darum, die Strategie zu fokussieren und zu konkretisieren. Grundsätzlich sollten aufgrund der Komplexität nicht mehr als maximal fünf strategische Ziele je Perspektive formuliert werden. Hierdurch wird die Kommunikation der wesentlichsten Ziele aber auch die Orientierung der Mitarbeiter vereinfacht. Für die SBSC werden die Umwelt- und Sozialaspekte der einzelnen Geschäftsbereiche auf ihre strategische Relevanz überprüft. Anschließend müssen die strategischen Ziele innerhalb und zwischen den Perspektiven mit Hilfe von Ursache-Wirkungsbeziehungen verknüpft werden. Für die SBSC hat insbesondere die Mitarbeiterperspektive eine große Bedeutung, da die Erreichung von Nachhaltigkeitszielen in der Regel hier ihren Ursprung hat. Die Berücksichtigung der sozialen und ökologischen Aspekte in der Ursache-Wirkungsbeziehung kann durch Beteiligung der Umweltverantwortlichen des Unternehmens bzw. der Personalverantwortlichen berücksichtigt werden. Häufig wird es dazu kommen, dass die Kausalbeziehungen zwischen Sozial- und Umweltzielen und ökonomischen Zielen diskutiert und transparent gemacht werden müssen. Da in der Regel die Finanzperspektive bei der Ursache-Wirkungsbeziehung an oberster Stelle steht, ist es empfehlenswert, in die Finanzperspektive auch die beiden anderen Dimensionen der Nachhaltigkeit aufzunehmen. Das hat den Vorteil, dass bei der Verknüpfung der Ziele eventuelle Zieldivergenzen zwischen den Dimensionen der Nachhaltigkeit auf der obersten Ebene deutlich werden. Als strategische Ziele im Bereich z.B. der Kundenperspektive können im Zusammenhang mit Nachhaltigkeit Image/ Reputation, nachhaltigkeitsorientierte Differenzierungsstrategie (z.B. über Umweltlabels) oder Kundenbindung genannt werden. Für die Finanzperspektive kommt z.B. die Kosteneffizienz durch Energieeffizienz zur Steigerung der Produktivität in Betracht.

Die Bildung und Zuordnung von Kennzahlen zu den einzelnen Zielen im nächsten Schritt hat im Rahmen der SBSC in den Dimensionen Ökonomie, Ökologie und Sozialem zu erfolgen.

Im Anschluss daran sind die konkreten Zielwerte festzulegen. Hierbei sollen die konkreten Zielwerte die Etappenziele auf dem Weg zur Erreichung nachhaltigkeitsorientierter Strategien ausrichten.

Zum Abschluss sind strategische Maßnahmen festzulegen, mit deren Hilfe die festgelegten Zielwerte erreicht werden sollen. Auch hier muss bei einer ausgewogenen Scorecard darauf geachtet werden, dass alle Dimensionen der Nachhaltigkeit bei den Maßnahmen berücksichtigt werden.

Zusammenfassend kann gesagt werden, dass der Grundaufbau der BSC bei der integrierten SBSC erhalten bleibt. Neben der ökonomischen Ausrichtung sind hier allerdings in jedem Projektschritt die beiden anderen Dimensionen der Nachhaltigkeit (Ökologie, Soziales) zu berücksichtigen und deren strategische Bedeutung aufzuzeigen. Darüber hinaus zeigt die SBSC durch die Ursache-Wirkungsbeziehungen, durch welche Einflüsse die Umwelt- und Sozialaspekte in den jeweiligen Perspektiven berücksichtigt werden. Die SBSC stellt damit ein gut geeignetes Instrument zur Integration von Nachhaltigkeit (insbesondere der ökologischen und sozialen Aspekte) in das Management dar.

10.7.2 Carbon-Controlling als ein Instrument für nachhaltiges Management auf der operativen Unternehmensebene

Der direkte Beitrag des Controllings bei der Umsetzung der Nachhaltigkeit kann gut am Beispiel der Zurechnung von Emissionen auf Produkte im Rahmen der Kostenrechnung aufgezeigt werden. Unter dem Begriff des → Carbon Accounting und → Carbon Controlling erfolgt dies vor allem bei Unternehmen mit hoher Treibhausgasemission.

Der gesellschaftliche und politische Fokus beim Thema Klimawandel aufgrund der Treibhausgasemissionen hat in den letzten Jahren stark zugenommen. Die im Zuge des Kyoto-Protokolls vereinbarte Senkung der Treibhausgasemission der Europäischen Union (EU) um 8 % bis 2012 im Vergleich zum Basisjahr 1990 zeigt die Aktualität des Themas. Für Deutschland wurde eine Reduzierung um 21% für alle relevanten Sektoren (Private Haushalte, Gewerbe, Verkehr, Industrie und Energiewirtschaft) festgelegt. Zur Erreichung der Emissionsziele wurde von der EU ein europäisches Emissionshandelssystem eingeführt. Für entstehende Emissionen (CO_2 und NO_2) sind von bestimmten Verursachern Emissionszertifikate vorzuweisen. Hierzu zählen europäische Unternehmen mit Industrieanlagen, die eine Leistung von über 20 Megawatt haben, sowie der Flugverkehr. Diese Unternehmen sind seit der Einführung des europäischen Emissionshandels gezwungen, ihre CO_2-Emissionen zu erfassen und ein Verrechnungssystem aufzubauen. Derzeit kostet eine Tonne CO_2 ca. 7 €. Es wird aber mit einer Erhöhung um das Vierfache bis 2020 gerechnet.

Neben den gesetzlichen Kosten für Zertifikate stehen die Unternehmen auch von Verbraucherseite unter Druck. Aufgrund der hohen Aufmerksamkeit für das Thema Klimawandel achten immer mehr Kunden auf Emission der Produkte und sind auch bereit, höhere Preise dafür zu bezahlen. Daneben bietet eine transparente Emissionsberichterstattung den Unternehmen die Möglichkeit, ihr Image zu verbessern und so künftige Wettbewerbsvorteile zu erlangen.

Unter *Carbon Accounting* wird die Erfassung und Bewertung von Emissionen (Treibhausgasen, ab 2013 werden neben CO_2 noch weitere Treibhausgase in den Emissionshandel einbezogen) eines Unternehmens verstanden. Dies dient zum einen der externen Rechnungslegung von Emissionsberechtigungen und zum anderen der Emissionsberichterstattung. Für das Carbon Accounting sind umfassende Informationen, abhängig von der jeweiligen Unternehmensform notwendig. Für die Bestimmung des Informationsumfangs werden in der Literatur *fünf Dimensionen* unterschieden. Hier sind zum einen die abgedeckten Emissionsquellen relevant, also die Frage, ob nur die direkten Emissionen, die Emissionen aus fremdbezogenen Energien oder auch sonstige Emissionen berücksichtigt werden sollen. Daneben ist der Produktlebenszeitraum, also die Frage nach den betrachteten Phasen des Produktlebenszykluses für den Umfang der Informationen relevant. Als dritter Faktor stellt sich die Frage nach den berücksichtigten Emissionsarten, d.h. die Frage, ob Carbon Accounting nur CO_2 oder auch andere Treibhausgase berücksichtigt werden. Im Rahmen der Objekttiefe als vierter Dimension ist zu entscheiden, ob die Emissionen nur auf Unternehmens- oder auch auf Produkt- oder Prozess- oder sogar Mitarbeiterebene ermittelt werden. Die letzte Dimension ist die der Supply-Chain-Abdeckung und steht für die Betrachtungstiefe und -richtung der betrachteten Teilnehmer. (vgl. Botta/Freigang/Hufschlag/Spittler/Weber, 2012, S. 27 f.)

Das *Carbon Controlling* stellt die Bewertung (monetär und/oder nicht-monetär) der Emissionen für Steuerungs- bzw. Entscheidungszwecke dar (vgl. Günther; Stechemesser, 2010 S. 63). Die unmittelbare Auswirkung der regulatorischen Anforderungen auf die Bilanz und Gewinn- und Verlustrechnung führen dazu, dass Unternehmen emissions- intensive Prozesse und Bereiche identifizieren und den Entscheidungsträgern entscheidungsrelevante Informationen hierzu zur Verfügung stellen müssen. Ziel ist es, dass die Emissionen im Rahmen der Unternehmenssteuerung berücksichtigt werden.

Ziel eines Carbon Controlling ist damit primär die Steuerung der Emissionen. Die Entwicklungsstufe des jeweiligen Carbon Controlling bzw. der Ausbaugrad in der Praxis hängen davon ab, inwieweit die Emissionen in einem klassischen Controllingkreislauf erfasst werden. Nach einer Studie des Center for Controlling & Management (CCM) sind die folgenden Kriterien für den Ausbaugrad des Carbon Controlling bestimmend (vgl. Botta/Freigang/Hufschlag/Spittler/ Weber, 2012, S. 35):

- Vorhandensein von Reduktionszielen
- Definition strategischer Fokusfelder zur Emissionsreduktion
- Incentivierung des Managements
- Verknüpfung der Emissionskennzahlen mit der finanziellen Regelsteuerung

Nach Günter und Stechemesser sind die folgenden Bestandteile für den Aufbau eines Carbon Controlling hervorzuheben (vgl. Günther/Stechemesser, 2010; S. 65):

- Kennzahlenbildung für Zeitvergleiche
- Bestimmung von Treibergrößen
- Festlegung von Reduktionszielen für Soll-Ist-Vergleiche
- Berichterstattung
- Externe Verifizierung

Es zeigt sich, dass die über das Carbon Accounting erfassten Emissionen im Rahmen des Regelsteuerungsprozesses (Information-Planung-Steuerung-Kontrolle) implementiert werden müssen.

Weiteres Kriterium für die Konzeption bzw. den Ausbaugrad eines Carbon Controlling ist die Frage, inwieweit die Unternehmen bei der Leistungserstellung direkte Emissionen erzeugen. Zum Beispiel zeichnet sich ein Unternehmen der Aluminiumherstellung durch einen hohen direkten Emissionsumfang im Vergleich zu einer Versicherung aus. Zudem ist entscheidend, inwieweit ein Unternehmen Einfluss auf die Emissionshöhe hat und insofern überhaupt zu einer Reduktion beitragen kann.

Um Emissionsziele konkret planen und steuern zu können, bedarf es einer möglichst exakten Verrechnung der Emissionswerte auf die einzelnen Planungsobjekte.

Grundsätzlich können bestehende Kostenrechnungssysteme von der Systematik her als Ausgangspunkt für diese Verrechnung herangezogen werden. Entsprechend der Dreiteilung der Kostenrechnung in Kostenarten-, Kostenstellen- und Kostenträgerrechnung könnte das Carbon Controlling analog aufgebaut werden. Inwieweit die einzelnen Ansätze aus der Kostenrechnung auf die Emissionsverrechnung übertragen werden können, soll nachfolgend kurz betrachtet werden. (vgl. Eitelwein/Goretzki, 2010, S. 28 ff.)

Kostenartenrechnung/Emissionserfassung

Im Rahmen der Kostenrechnung werden die Kosten zum einen anhand von Rechnungen Externer bzw. messbarer Werteverzehre ermittelt. Im Rahmen der Emissionsmessung sind zunächst die oben genannten fünf Dimensionen relevant.

Sollen nur die direkten internen *Emissionen* oder zusätzlich auch Emissionen aus fremdbezogenen Energien oder sogar auch Emissionen der Zulieferer erfasst werden?

Die internen Emissionen können entweder über direkte Messungen oder indirekt durch Ableiten aus dem Energieverbrauch, z.B. anhand von Kennzahlen für Durchschnittsverbräuche je Fahrzeug ermittelt werden. Möchte man alle Emissionsquellen erfassen, müssen zusätzlich auch Zulieferer in die Emissionsermittlung einbezogen werden.

Ähnliche Überlegungen ergeben sich in Bezug auf den betrachteten *Produktlebenszeitraum*. Eine Erfassung von Emissionen im After-Sales-Bereich bereitet erhebliche Schwierigkeiten bei der Informationsgewinnung.

Dasselbe gilt in Bezug auf den *Emissionsumfang*. Möchte man neben CO_2 auch andere Treibhausgase wie z.B. Methan erfassen, werden in der Regel Messgeräte für die direkte Messung bzw. Kennzahlen für die Ableitung aus dem Verbrauch nicht immer zur Verfügung stehen.

Die jeweilige Ausprägung der *Objekttiefe* wiederum wirft Fragen bezüglich der zweiten Stufe, d.h. der Kostenstellenrechnung bzw. Verteilung auf Emissionsstellen auf. Die *Supply-Chain-Abdeckung* ist dabei abhängig davon, inwieweit Emissionsinformationen von den vor- oder nachgelagerten Unternehmen zur Verfügung stehen. Betrachtet man z.b. ein Unternehmen der Logistikbranche ist diese Problematik besonders evident. Weit über die Hälfte der Wertschöpfung wird hier in der Regel von Zulieferern übernommen. In diesem Fall müssten die Zulieferer das Unternehmen mit Emissionswerten versorgen oder es müssen verwendbare Standards für die Emissionswerte festgelegt werden.

Bei der Erfassung der Emissionsdaten kann zwischen der direkten und indirekte Methode differenziert werden. Bei der direkten Methode werden die Ist-Verbräuche direkt mit Hilfe von Messgeräten gemessen (z.b. Treibstoffverbrauch eines LKW oder Energieverbrauch einer Maschine über Zähler) oder aus den Kosten (z.b. Kraftstoffkosten aus der Kostenartenrechnung) und den dazugehörigen Preisen (€/Liter Kraftstoff) zurückgerechnet. Bei den indirekten Methoden werden die Emissionen anhand von verschiedenen Methoden geschätzt. Zum Beispiel wurde über die *The Network for Transport and Environment (NTM)* eine gemeinsame Basis vergleichbarer Messstandards eingerichtet, über welche die Umweltbelastung verschiedener Transportmittel berechnet werden kann. Für die Emissionen welche durch Transporte mit fremden Dritten verursacht wurden, können z.b. aus empirischen Daten ein bestimmter Anteil der Transportkosten als Treibstoffkosten unterstellt werden und daraus dann der Treibstoffverbrauch ermittelt werden.

Kostenstellenrechnung/Verteilung auf Emissionsstellen

Die Verteilung der Kosten auf die einzelnen Kostenstellen z.B. im Rahmen eines Betriebsabrechnungsbogens erfolgt in der Regel anhand von direkten oder indirekten Bezugsgrößen entsprechend dem Verursachungsprinzip. Hier sind aus Wirtschaftlichkeitsgründen häufig Schätzungen notwendig.

Die Emissionsstellen als Ort der Emissionsentstehung können weitgehend aus der Kostenrechnung übernommen werden. Die Kriterien für die Stellenbildung (Einheitlichkeit der Bezugsgröße, Entscheidungsverantwortung) sind identisch. Die innerbetriebliche Leistungsverrechnung gestaltet sich bei der Emissionsverteilung weitaus schwieriger, da hier die Bezugsgrößen für die Verteilung der Emissionen auf andere Kostenstellen oder Prozesse schwieriger zu identifizieren sind. Die benötigten Informationen für die Verrechnung der Emissionen nehmen mit dem Detaillierungsgrad innerhalb der einzelnen oben genannten Dimensionen zu.

10

Kostenträgerrechnung/Verteilung auf Prozesse/Produkte/Dienstleistungen

Die Verrechnung der Kosten je Produkt/Dienstleistung über die direkte Verrechnung bzw. Prozessinanspruchnahme ist im Rahmen der Kostenrechnung sehr weit fortgeschritten.

Im Rahmen der Verrechnung der Emissionen werden die vorgenannten Probleme, insbesondere das Problem direkt messbarer Bezugsgrößen (z.B. über Messgeräte) bzw. fehlender Standards oder Durchschnittswerte relevant. Dies ist hauptsächlich der hohen Komplexität und den damit verbundenen Kosten der Informationsgewinnung geschuldet.

Zusammenfassend kann gesagt werden, dass abgesehen von der Erfassung der Emissionen die weiteren Bereiche noch nicht voll leistungsfähig sind. Eine Entscheidungsunterstützung des Managements über alle Dimensionen hinweg ist derzeit nicht realisierbar.

10.8 Externe Berichterstattung nachhaltigen Managements

Für Unternehmen gibt es vielfältige Gründe, in ein Nachhaltigkeitsmanagement zu investieren. Die daraus resultierende Notwendigkeit zur Unterstützung einer systematischen Nachhaltigkeitssteuerung kann sicher als Kernaufgabe des Controllings angesehen werden. Dies allein reicht jedoch nicht aus, da für Investoren und Nachfrager die Nachhaltigkeitsaktivitäten der Unternehmen immer mehr zu entscheidungsrelevanten Größen im Hinblick auf ihre Anlage- bzw. Konsumentscheidungen werden. Insofern wird es zunehmend wichtiger, die Aktivitäten des Nachhaltigkeitsmanagements den externen Stakeholdern zu präsentieren. Insofern kommt dem Controlling mit der externen Berichterstattung nachhaltigen Managements eine weitere Aufgabenstellung zu. Im Folgenden werden wir exemplarisch einige Ansätze zur Messung und Darstellung von Nachhaltigkeit überblicksartig vorstellen.

10.8.1 Ansätze zur Messung von Nachhaltigkeit

DJSI

Der *Dow Jones Sustainability Index (DJSI)* liefert seit 1999 Informationen über die weltweit besten Unternehmen jeder Branche auf dem Gebiet der Nachhaltigkeit. Nach dem Best-in-Class-Prinzip finden nur 10% der Unternehmen jeder Branche mit den besten Nachhaltigkeitsleistungen Berücksichtigung in dem Index. Zur Beurteilung der Nachhaltigkeitsleistung eines Unternehmens werden ökonomische, ökologische und soziale Kriterien herangezogen. Die Kriterien für die

Beurteilung der Nachhaltigkeitsleistung stammen aus den Bereichen Managementsysteme, Unternehmensführung, Verhaltensregeln, Umweltberichterstattung, Personalentwicklung, Arbeitspraxis, Corporate Citizenship etc. (vgl. http://www.nachhaltigkeit.info/artikel/dow_jones_sustainability_index_djsi_15 98.html, Aufruf am 3.3.2013). Es werden dabei sowohl branchenspezifische als auch branchenübergreifende Kriterien abgefragt.

Nach dem Motto „Tue Gutes und berichte darüber" müssen Unternehmen neben der Implementierung und Umsetzung eines Nachhaltigkeitsmanagements auch über ihre Anstrengungen diesbezüglich berichten.

WBCSD

Der Standard des *World Business Council for Sustainable Development (WBCSD)* zieht allgemeine und spezifische Indikatoren für die ökonomische und ökologische Nachhaltigkeit heran. Der WBCSD entstand aus der Initiative von ca. 200 Unternehmen mit der Aufgabe, das Thema „Wirtschaft und nachhaltige Entwicklung" zu untersuchen. Es wird von Unternehmensvorständen geführt und bietet für die Unternehmen vor allem ein Forum für Prozessverbesserungen hinsichtlich der Ökoeffizienz. (vgl. http://www.wbcsd.org/about/ overview.aspx, Aufruf am 3.3.2013). Das WBCSC ist somit kein Berichtsstandard, sondern ein Forum für den Erfahrungs- und Wissensaustausch in Sachen Nachhaltigkeit. Neben der Erarbeitung von Verbesserungspotentialen in Sachen Nachhaltigkeit für Unternehmen liegt der Fokus des WBCSD auf der Formulierung von gemeinsamen Positionen in Sachen Nachhaltgkeit und deren Einbringung in politische Prozesse.

ISO 14031

Bei der *Norm 14031 der Internationalen Standard Organzation (ISO)* wird die Umweltleistung gemessen. Die Norm 14031 definiert Umweltleistung als die „Ergebnisse, die aus dem Management der Umweltaspekte einer Organisation resultieren" (DIN EN ISO 14031:2000-02 (D/E) S. 4). Im Fokus steht hier die Verbesserung der Umwelteffizienz. Die Umweltleistungsbewertung wird durch ein Prozessmodell dargestellt (vgl. DIN EN ISO 14031:2000-02 (D/E) S. 6 ff.). Grundsätzlich werden für die Umweltleistungsbewertung zwei Kategorien von Kennzahlen herangezogen. Die Größen der ersten Kategorie zielen auf die Umweltzustände ab. Die zweite Kategorie stellt Umweltleistungskennzahlen dar, wobei diese wiederum in Managementleistungskennzahlen und operative Leistungskennzahlen differenziert werden. Managementleistungskennzahlen beziehen sich auf Kennzahlen zur Darstellung der Aktivitäten des Managements zur Verbesserung der Umweltleistung, z.B. durch die Einhaltung gesetzlicher Vorgaben. Die operativen Leistungskennzahlen beziehen sich auf operative Leistungen des Unternehmens, wie z.B. die Energieverwendung oder Emissionen.

10

IFAC

Intensiv mit dem Reporting nachhaltigen Managements hat sich auch die *International Federation of Accountants (IFAC)* auseinandergesetzt. Im *Sustainability Framework 2.0* der IFAC finden sich eine Vielzahl von Anregungen zur Messung und zum Reporting der Nachhaltigkeit (vgl. http://viewer.zmags.com/ publication/052263e2#/052263e2/1, Aufruf am 3.03.13). Insbesondere macht die IFAC Vorschläge zur Einbeziehung und Messung von Nachhaltigkeitsaspekten in das strategische und operative Management eines Unternehmens.

10.8.2 Nachhaltigkeitsberichterstattung nach dem Konzept der Global Reporting Initiative (GRI)

Bei der konkreten Berichterstattung über das nachhaltige Management eines Unternehmens richten sich viele Unternehmen an dem Konzept der Global Reporting Initiative (GRI) aus. Die GRI ist eine gemeinnützige Stiftung, die 1997 gemeinsam von CERES und dem Umweltprogramm der Vereinten Nationen (UNEP) in den USA gegründet wurde.

Ziel der Global Reporting Initiative ist die Unterstützung der Nachhaltigkeitsberichterstattung aller Organisationen. Die GRI hat einen umfassenden Rahmen für Nachhaltigkeitsberichterstattung erarbeitet, der Prinzipien und Indikatoren zur Messung der ökonomischen, ökologischen und sozialen Leistung aller Organisationen vorschlägt. Neben dem Rahmen wurde von der GRI ein Berichterstattungsleitfaden erarbeitet, welcher allen Organisationen zur Nutzung zur Verfügung steht. Nach dem Status Quo Report Deutschland von 2007 basiert die deutsche Nachhaltigkeitsberichterstattung stark auf der Umweltberichterstattung. Hiernach haben zwei Drittel der Unternehmen, welche Nachhaltigkeitsberichte erstellen, zuvor Umweltberichte oder EMAS-Umwelterklärungen veröffentlicht. Im Jahr 2007 lag der Anteil der Unternehmen, welche die GRI bei der Nachhaltigkeitsberichterstattung verwendeten, bei 46% der deutschen Unternehmen. (Vgl. Bundesministerium für Umwelt, Naturschutz und Reaktorsicherheit (BMU): Nachhaltigkeitsberichterstattung von Unternehmen Status Quo Report Deutschland 2007, Berlin 2007; S. 28) Hierbei handelt es sich im Wesentlichen um Großunternehmen, die vollumfänglich nach dem umfangreichen GRI-Kriterienkatalog berichten (10 von insgesamt 48 Unternehmen).

Bisher besteht weder in Deutschland noch in anderen Ländern eine gesetzliche Verpflichtung zur Veröffentlichung von Nachhaltigkeitsberichten. Trotzdem haben heute nahezu alle 30 Dax-Unternehmen einen Nachhaltigkeitsbericht veröffentlicht. Hierbei orientieren sich alle an der GRI. Die Nachhaltigkeitsberichte können online und bei den meisten Unternehmen auch noch in gedruckter Form als abrufbares PDF-Dokument eingesehen werden. Der Nachhaltigkeitsbericht stellt einen zusätzlich zum Geschäftsbericht erscheinenden Bericht dar. In wenigen Ausnahmen ist der Nachhaltigkeitsbericht in den Geschäftsbericht integriert (vgl. Bundesministerium für Umwelt, Naturschutz und Reaktorsicherheit (BMU): Nachhaltigkeitsberichterstattung von Unternehmen Status Quo Report Deutschland 2007, Berlin 2007; S. 31). In der Regel erfolgt die Berichterstattung analog der Finanzberichterstattung jährlich. Grundsätzlich ist aber kein Berichtszyklus vorgeschrieben.

Die folgende Abb. 10-11 gibt einen Überblick über den Leitfaden der Sustainability Reporting Guidelines Vol. 3 der GRI.

Der GRI-Leitfaden umfasst die Prinzipien der Berichterstattung, die Anleitung für die Berichterstattung sowie die Standardangaben.

Im Rahmen der Prinzipien der Berichterstattung und der Anleitung für die Berichterstattung werden die Prinzipien

- Wesentlichkeit,
- Einbeziehung von Stakeholdern,
- Nachhaltigkeitskontext und
- Vollständigkeit

festgelegt. Aus den Prinzipien resultierten die Themen und Indikatoren, welche der Bericht enthalten soll. Mit den darauf aufbauenden Prinzipien

- Ausgewogenheit,
- Vergleichbarkeit,
- Genauigkeit,
- Aktualität,
- Zuverlässigkeit und
- Klarheit

wird die Qualität der Berichtsinhalte sichergestellt (vgl. Global Reporting Initiative: RG Leitfaden zur Nachhaltigkeitsberichterstattung, Amsterdam 2006, S. 4).

Nach dem GRI-Leitfaden sind die drei Kategorien von Standardangaben

- Strategie und Profil,
- Managementansatz und
- Leistungsindikatoren

in den Nachhaltigkeitsbericht aufzunehmen.

10

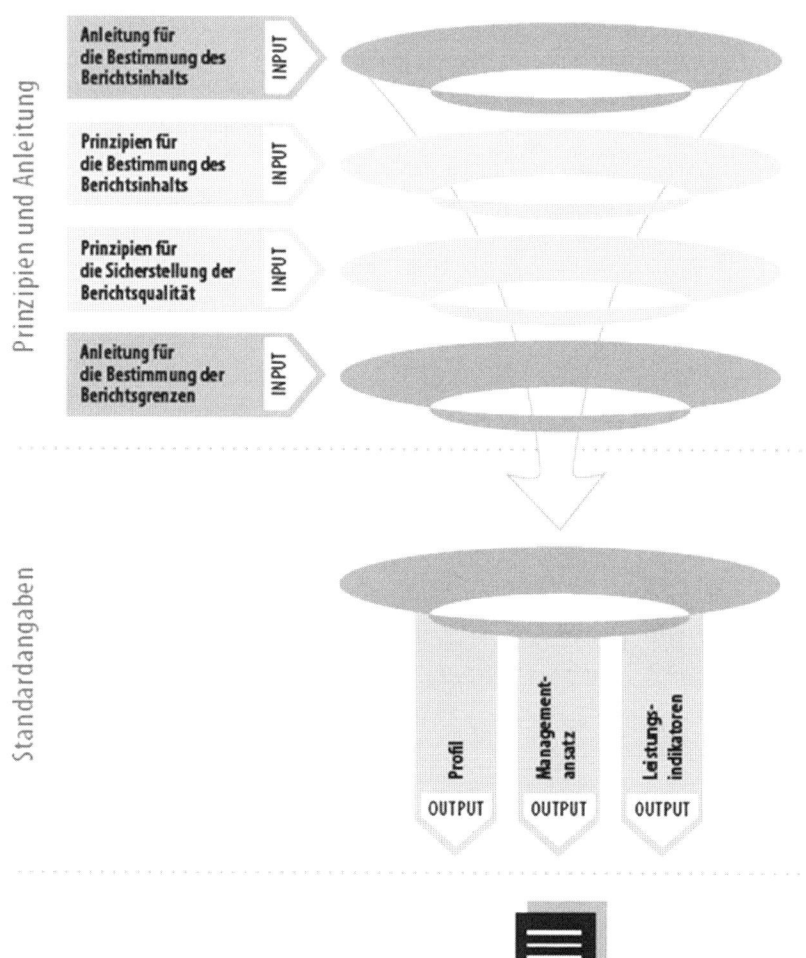

Abb. 10-11: Möglichkeiten der Berichterstattung (entnommen aus: Global Reporting Initiative: RG Leitfaden zur Nachhaltigkeitsberichterstattung, Amsterdam 2006, S. 4)

Im Rahmen der Angabe *Strategie und Profil* wird das Nachhaltigkeitsverständnis der Organisation auf strategischer Ebene betrachtet. Im Rahmen des *Managementansatzes* sollen Aussagen über die Vorgehensweise zur Umsetzung der Leistungen der Organisation in bestimmten Bereichen gemacht werden. Die *Leistungsindikatoren* haben die Aufgabe, eine vergleichbare Information über die ökonomische, ökologische und soziale Leistung der Organisation zu geben (vgl. Global Reporting Initiative: RG Leitfaden zur Nachhaltigkeitsberichterstattung, Amsterdam 2006, S. 19).

Bei den *ökonomischen Indikatoren* wird zwischen Aspekten der wirtschaftlichen Leistung, Marktpräsenz und mittelbaren wirtschaftlichen Auswirkungen differenziert. Für die verschiedenen Aspekte sind verschiedene Kennzahlen zu deren Erfassung im GRI-Leitfaden aufgeführt.

Für die wirtschaftliche Leistung werden z.B. die „finanziellen Folgen des Klimawandels für die Aktivitäten der Organisation und andere mit dem Klimawandel verbundene Risiken und Chancen" (EC 2) als Kennzahl herangezogen. Für die Marktpräsenz wird z.B. die Kennzahl „Spanne des Verhältnisses der Standardeintrittsgehälter zum lokalen Mindestlohn an wesentlichen Geschäftsstandorten" (EC 5) erhoben.

Die mittelbaren wirtschaftlichen Auswirkungen werden z.B. über die Kennzahl „Entwicklung und Auswirkungen von Investitionen in die Infrastruktur und Dienstleistungen, die vorrangig im öffentlichen Interesse erfolgen, sei es in Form von kommerziellen Engagement, durch Sachleistungen oder durch pro-bono-Arbeit" (EC 8) erfasst. Hier wurde z.B. vom Axel Springer Verlag das Engagement für „Ein Herz für Kinder" aufgeführt.

Die *ökologischen Indikatoren* beziehen sich auf die Aspekte Materialien, Energie, Wasser, Biodiversität, Emissionen, Abwasser und Abfall, Produkte und Dienstleistungen, Einhaltung von Rechtsvorschriften, Transport und insgesamt Umweltschutzausgaben und -investitionen.

Bei Materialien wird z.B. die Kennzahl „Anteil von Recyclingmaterial am Gesamtmaterialeinsatz" (EN 2) herangezogen. Für den Aspekt Abfall wird z.B. die Kennzahl EN 22 „Gesamtgewicht des Abfalls nach Art und Entsorgungsmethode" ermittelt.

Die *sozialen Indikatoren* sind in die Bereiche Menschenrechte, Gesellschaft und Produktverantwortung unterteilt und werden durch Berücksichtigung von Kennzahlen für die folgenden Aspekte erfasst: Beschäftigung, Arbeitnehmer-Arbeitgeber-Verhältnis, Arbeitsschutz, Aus- und Weiterbildung, Vielfalt und Chancengleichheit, Investitions- und Beschaffungspraktiken, Gleichbehandlung, Vereinigungsfreiheit und Recht auf Kollektivverhandlungen, Kinderarbeit, Zwangs- und Pflichtarbeit, Sicherheitspraktiken, Rechte der Ureinwohner, Gemeinwesen, Korruption, Politik, Wettbewerbswidriges Verhalten, Kennzeichnung von Produkten und Dienstleistungen etc. (vgl. Global Reporting Initiative: RG Leitfaden zur Nachhaltigkeitsberichterstattung, Amsterdam 2006, S. 20 ff).

Die oben genannten Berichtsinhalte sollten durch interne Kontrollmechanismen innerhalb der Management- und Berichtsprozesse ständig kontrolliert werden. Zur Verbesserung der Glaubwürdigkeit der Berichte empfiehlt die GRI jedoch die *Bestätigung der Nachhaltigkeitsberichte* zusätzlich durch einen Externen. Für die externe Bestätigung können professionelle Anbieter, wie z.b. Wirtschaftsprüfungsgesellschaften, Stakeholder-Gremien oder andere externe Gruppen und Einzelpersonen herangezogen werden (vgl. Global Reporting Initiative: RG Leitfaden zur Nachhaltigkeitsberichterstattung, Amsterdam 2006, S. 38).

Eine freiwillige Prüfung von Nachhaltigkeitsberichten kann folgende Vorteile bieten:

- Erhöhung der Glaubwürdigkeit von Nachhaltigkeitsberichten,
- Erhöhung der Verlässlichkeit der Berichtsangaben,
- Verbesserung der Kommunikation der Gesellschaft mit externen Stakeholdern,
- Ermöglichung von Benchmarking hinsichtlich Vollständigkeit und Relevanz der Berichtsinhalte,
- Einfachere Kommunikation von Nachhaltigkeitsthemen und deren Relevanz in der Organisation.

Als Prüfungsstandards werden vor allem die folgenden angewendet.

- ISAE 3000 (International Standard on Assurance Engagements) der International Federation of Accountants,
- AA1000 Assurance Standard (AA1000AS) von Account Ability und
- IDW PS 821 vom Institut der Wirtschaftsprüfer.

Im Wesentlichen beziehen sich die Prüfungen nach dem ISAE 3000 und dem IDW PS 821 auf die Richtigkeit und Vollständigkeit von Berichtsangaben.

Die Nachhaltigkeitsberichterstattung nach GRI liefert neben den Key Performance Indicators for Environmental, Social and Governance Issues (KPIs for ESG) der EFFAS/DVFA auch die wesentlichen Grundlagen für den Deutschen Nachhaltigkeitskodex. Dieser wurde 2011 vom Rat für Nachhaltige Entwicklung der Bundesregierung zur Einführung empfohlen.

Der Deutsche Nachhaltigkeitskodex soll die Nachhaltigkeitsleistungen von Unternehmen in einer Datenbank sichtbar machen, um diese mit einer höheren Verbindlichkeit transparent und vergleichbar zu machen. Der Nachhaltigkeitskodex wendet sich an Unternehmen jeder Größe und Rechtsform (vgl. http://www.nachhaltigkeitsrat.de/deutscher-nachhaltigkeitskodex, Abruf am 3.03.13).

10.9 Fazit

Fragen der Nachhaltigkeit werden wohl zukünftig gesamtgesellschaftliche und wirtschaftliche Diskussionen zunehmend prägen. Insofern müssen sich Unternehmen intensiv mit dem Thema des nachhaltigen Managements auseinanderzusetzen. Dabei ist jedoch zu beachten, dass es kein normiertes und für jedes Unternehmen gleichermaßen richtiges Nachhaltigkeitsmanagement geben kann. Vielmehr ist von einem situativen Ansatz des nachhaltigen Managements auszugehen. Ausmaß und Ausrichtung der Umsetzung von Nachhaltigkeit werden von Unternehmen zu Unternehmen sinnvollerweise unterschiedlich ausfallen.

Folglich muss auch bei einer erfolgreichen Umsetzung nachhaltigen Managements differenziert vorgegangen werden. Damit kommen dem Controlling im Rahmen der Umsetzung wichtige Aufgaben zu.

Das Controlling sollte das Management im Sinne einer Rationalitätssicherung der Führung zunächst bei der generellen Einschätzung der Bedeutung der Nachhaltigkeit für das jeweilige Unternehmen unterstützen. Darauf aufbauend sollte dann identifiziert werden, welche konkreten Nachhaltigkeitskompetenzen für das spezielle Unternehmen wettbewerbsstrategisch entscheidend sind. Erst dann macht es Sinn, eine situativ angepasste Ist-Analyse in Sachen Nachhaltigkeitskompetenzen des Unternehmens vorzunehmen, um so die konkreten Handlungsfelder für die Umsetzung nachhaltigen Managements zu identifizieren. Für diese Aktivitäten haben wir im vorliegenden Beitrag einen Sustainability-Quick-Check vorgeschlagen.

Wenn die konkreten Handlungsfelder auf der normativen, strategischen und operativen Managementebene geklärt sind, kann das Controlling in vielfältiger Weise zu einer erfolgreichen Umsetzung nachhaltigen Managements beitragen. Dabei steht dann die unternehmensspezifische Entwicklung und Bereitstellung des benötigten Steuerungsinstrumentariums im Vordergrund. Hier haben wir anhand der Sustainable Scorecard exemplarisch dargestellt, wie bereits bestehende Controllinginstrumente angepasst werden können oder anhand des Carbon-Controllings bei Bedarf auch vollkommen neue Instrumente entwickelt werden müssen.

Ebenso bedeutsam wie die Unterstützung des Managements in Hinblick auf die Umsetzung von Nachhaltigkeit im Unternehmen ist die Aufgabe des Controllings die erreichten Umsetzungsergebnisse des nachhaltigen Managements mög-

10

lichst objektiv zu messen und für die externen Stakeholder nach internationalen Standards nachvollziehbar aufzubereiten.

Sowohl in Hinblick auf die Entwicklung geeigneter Steuerungsinstrumente sowie in Hinblick auf die Berichterstattung besteht noch großer praktischer und theoretischer Handlungsbedarf. Dies gilt gerade auch in Bezug auf die ökologische und soziale Dimension der Nachhaltigkeit. Die Wissenschaft macht aber in jüngster Zeit deutlich erkennbare Schritte in dieser Richtung (vgl. Gleich/Bartels/Breisig, 2012).

Literaturtipps

Guter Überblick zum Zusammenhang zwischen Controlling und Nachhaltigkeit und zum situativen Blickwinkel der Nachhaltigkeit:

Weber, J.; Georg, J.; Janke, R.; Mack, S. (2012): Nachhaltigkeit und Controlling, Weinheim

International dominierendes Konzept zur Messung von Nachhaltigkeit und zur Nachhaltigkeitsberichterstattung:

GRI: Global Reporting Initiative: RG Leitfaden zur Nachhaltigkeitsberichterstattung, Amsterdam 2006:
https://www.globalreporting.org/resourcelibrary/German-G3-Reporting-Guidelines.pdf

Literaturquellen

Barth, T.; Barth, D.: Controlling, 2. Auflage, München, 2008

Botta; J.; Freigang, S.; Hufschlag, K.; Spittler, S.; Weber, J.: Carbon Acccounting und Controlling, Weinheim 2012

Bleicher, K.: Das Konzept Integriertes Management. 7. Auflage, Frankfurt am Main, 2004

Bleicher, K.: Das Konzept Integriertes Management. 8. Auflage, Frankfurt am Main, 2011

Bundesministerium für Bildung und Forschung: Pressemitteilung 109/2012 Green Economy – Ein neues Wirtschaftswunder,
http://www.bmbf.de/press/3336.php, Abruf 5.10.12

Bundesministerium für Umwelt, Naturschutz und Reaktorsicherheit (BMU): Nachhaltigkeitsberichterstattung von Unternehmen Status Quo Report Deutschland 2007, Berlin, 2007

Burschel, C.J.; Losen, D.; Wiendl, A.: Betriebswirtschaftslehre der Nachhaltigen Unternehmung, München, 2004

Deutscher Nachhaltigkeitskodex: http://www.nachhaltigkeitsrat.de/deutscher-nachhaltigkeitskodex, Abruf am 3.03.13

DIN EN ISO 14031:2000-02: http://www.umweltmanagement-normen.de/cmd%3Bjsessionid=246AD9CED655BBA76FF153D2AA6CA214.4?workflowname=infoInstantdownload&docname=8840613&contextid=umweltm&serviceref name=umweltm&ixos=toc, Abruf am 17.3.2013

DJSI: http://www.nachhaltigkeit.info/artikel/dow_jones_sustainability_index_djsi_1598.html, Abruf am 3.3.2013

Eitelwein, O.; Goretzki, L.: Carbon Controlling und Accounting erfolgreich implementieren – Status Quo und Ausblick, in: ZfCM, Vol. 54 Nr. 1 (2010), S. 23-31

Financial Times Deutschland, Ressourcenknappheit: http://www.ftd.de/unternehmen/industrie/:forschung-zur-rohstoffeffizienz-ressourcenknappheit-zwingt-zu-innovationen/70019170.html?page=2, Abruf 5.10.12

Gleich, R.; Bartels, P.; Breisig, V. (Hrsg.): Nachhaltigkeitscontrolling, Konzepte, Instrumente und Fallbeispiele für die Umsetzung. Freiburg, München, 2012

Google, Nachhaltigkeit: https://www.google.de/search?q=nachhaltigkeit&ie=utf-8&oe=utf-8&aq=t&rls=org.mozilla:de:official&client=firefox-a, Zugriff am 29.09.2012

GRI: Global Reporting Initiative: RG Leitfaden zur Nachhaltigkeitsberichterstattung, Amsterdam 2006: https://www.globalreporting.org/resourcelibrary/German-G3-Reporting-Guidelines.pdf, Abruf am 17.03.13

Grothe, A.: Nachhaltiges Wirtschaften für KMU: Ansätze zur Implementierung von Nachhaltigkeitsaspekten, München, 2012

Günther, E.; Stechemesser, K.: Carbon Controlling; in: ZfCM, Vol. 54 Nr. 1 (2010), S. 62-65

Hahn, T; Wagner, M.; Figge, F.; Schaltegger, S.: Wertorientiertes Nachhaltigkeitsmanagement mit der Sustainability Balanced Scorecard, in: Schaltegger, S.; Dyllick, T. (IIrsg.): Nachhaltig managen mit der Balanced Scorecard, Wiesbaden, 2002, S. 43-94

10

IFAC: International Federation of Accountants (IFAC): Sustainability Framework 2.0: http://www.ifac.org/publications-resources/ifac-sustainability-framework-20, Abruf am 17.03.13

Lexikon der Nachhaltigkeit, Definition: http://www.nachhaltigkeit.info/artikel/brundtland_report_1987_728.htm, Abruf 4.10.12

Pufé, I.; Kamiske, G. F.: Nachhaltigkeitsmanagement, München, 2012

RNE, Der Rat: http://www.nachhaltigkeitsrat.de/der-rat/, Abruf 5.10.12

RNE, Deutscher Nachhaltigkeitskodex: http://www.nachhaltigkeitsrat.de/deutscher-nachhaltigkeitskodex, Abruf 5.10.12.

Sailer, U.: Nachhaltigkeit – eine Einführung. In: Ernst, D.; Sailer, U. (Hrsg.): Nachhaltige Betriebswirtschaft, München, 2013

Scheurer, S.; Ribeiro, M.: Die neue Rolle des Projektmanagements – mit dem richtigen Projektmanagement-Assessment zu Wettbewerbsvorteilen. In Zeitschrift: Gruppendynamik und Organisationsberatung, VS Verlag für Sozialwissenschaften. Online publiziert: 15. September 2009, sowie H3/2009, S. 279 ff.

Weber, J.; Georg, J.; Janke, R.; Mack, S.: Nachhaltigkeit und Controlling, Weinheim, 2012

Weber, J.; Schäffer, U.: Einführung in das Controlling, Stuttgart, 2008

WBCSD: *World Business Council for Sustainable Development* http://www.wbcsd.org/about/ overview.aspx, Aufruf am 3.3.2013

WWF, Living Planet Report, 2012: http://www.wwf.de/themen-projekte/biologische-vielfalt/reichtum-der-natur/der-living-planet-report, Abruf 5.10.1

11 Rechtliche Implikationen der Nachhaltigkeit

von Prof. Dr. Katja Gabius

Lernziele

Die Leser

- kennen die juristische, insbesondere die gesellschaftsrechtliche Basis der Nachhaltigkeit und deren Begrifflichkeiten,
- vermögen die Bereiche der Corporate Social Responsibility von denjenigen der Corporate Governance und der Corpoarte Compliance zu unterscheiden,
- erkennen die daraus folgenden Herausforderungen für Unternehmen und Unternehmer im nationalen wie im internationalen Kontext.

Schlagwortliste

■ Corporate Social Responsibility (CSR) ■ Corporate Governance ■ Corporate Compliance ■ Grünbuch der Europäischen Union ■ Aktionsplan der Europäischen Kommission ■ Shareholder ■ Stakeholder ■ Comply-or-explain-Prinzip

11.1 Grundlagen der Nachhaltigkeit

Wie groß ist der Einfluss der Nachhaltigkeitsdebatte auf die eher konservative Disziplin der Rechtswissenschaften? Er ist erheblich, wie ein Blick auf die aktuelle Literatur – sowohl national als auch europäisch beeinflusst – zeigt. Gerade unter dem Gesichtspunkt der sog. Sustainability, also der Nachhaltigkeit, sind große Herausforderungen und Veränderungen gleichermaßen zu realisieren.

Der Nachhaltigkeitsgedanke zeigt sich im rechtswissenschaftlichen Bereich zunächst im öffentlichen Recht, allen voran im Umweltrecht mit seinen Nebengebieten.[229] Daneben aber spielt er im Rahmen umfassender Forderungen nach

---

[229] So auch das Baurecht, das Recht der Raumordnung, das Agrarrecht, das Verkehrsrecht etc. bis hin zum Umweltvölkerrecht.

größerer Transparenz und verantwortungsvollem Wirtschaften eine große Rolle im gesellschaftsrechtlichen Bereich. Das hat unmittelbare Auswirkungen auf die Untersuchung, wie Unternehmen einerseits nach außen auftreten und sich gleichzeitig im Inneren organisieren. Zahlreiche Unternehmensschieflagen mit zum Teil erheblichen Folgen für die private wie die kollektive Wirtschaft haben neben den dramatischen Auswirkungen der Finanzmarktkrise in den Jahren 2008 bis 2010 erkennen lassen, dass Verantwortung und nachhaltiges Wirtschaften unabdingbare Elemente der Unternehmensstrukturierung und Unternehmenslenkung sind.

Basierend auf der Erkenntnis, dass sich faires und nachhaltiges wirtschaftliches Handeln positiv auf den Unternehmenswert auswirkt,[230] übernehmen zahlreiche kleine und mittelständische, aber auch börsennotierte sowie sämtliche im DAX gelisteten Unternehmen gesellschaftliche Verantwortung. Insofern kommt es auch zu einem engen wechselseitigen Verhältnis zwischen Unternehmen und der Gesellschaft, in die sie eingebettet sind. Denn um das soziale Gleichgewicht aufrecht erhalten zu können, braucht jede Gesellschaft ein stabiles wirtschaftliches Fundament; gleichzeitig können Unternehmen nicht ohne ein solides gesellschaftliches Umfeld existieren.[231]

Dabei werden die gesellschaftlichen Anforderungen und Erwartungen an die Wirtschaft höher, je transparenter und globaler diese aufgestellt ist. Die Unternehmen sehen sich zwischenzeitlich durchaus Fragen nach der ökologischen und sozialen Qualität ihres unternehmerischen Handelns und ihrer – durchaus auch globalen – gesamtwirtschaftlichen Verantwortlichkeiten ausgesetzt. Zwischenzeitlich werden an den Börsen Indizes geführt, welche die CSR-Performance der weltweit tätigen Unternehmen bewerten.[232]

Der folgende Beitrag soll einen Überblick geben über die konkreten (gesellschafts-) rechtlichen Vorgaben, durch die unternehmerische Verantwortung im Sinne eines nachhaltigen Wirtschaftens implementiert und gegebenenfalls auch Missstände sanktioniert werden.

Verantwortungsbewusstes unternehmerisches Handeln als rechtlich relevanter Bereich vollzieht sich auf vielerlei Ebenen und wird mit unterschiedlichen – zum Teil nicht trennscharf abzugrenzenden – Begrifflichkeiten definiert. Insbesondere die beiden großen Bereiche der *Corporate Social Responsibility (CSR)* sowie derjenige der *Corporate Governance (CG)* wollen voneinander unterschieden wer-

---

[230] Raupp/Jarolimek/Schultz, Handbuch CSR S. 520

[231] Hecker, D. „CSR und die möglichen Auswirkungen auf den Unternehmenswert" S. 1

[232] Fuchs-Gamböck, S. 7 f.

den. Diese Unterscheidung ist nicht leicht vorzunehmen, da die Anwendungsbe-
reiche ineinander übergehen und eine gesetzliche Definition fehlt. Beide Bereiche stellen Systeme zur guten Unternehmensführung dar und sind eng miteinander verbunden. Der Unterschied besteht darin, dass sich die → Corporate
Governance primär mit der inneren wie äußeren Strukturierung der Unterneh-
mensverwaltung beschäftigt und die CSR-Initiativen den Fokus auf das verantwortungsvolle und moralisch richtige Verhalten der wirtschaftlichen Entscheidungsträger im internationalen Kontext legen.[233]

11.2 Corporate Social Responsibility

11.2.1 Definition

Die Unternehmensethik, oder auch → *Corporate Social Responsibility* (CSR), hat in
der Sozialbindung des Eigentums ihre verfassungsrechtlichen Grundlagen[234]
und stellt den Oberbegriff über verschiedene Handlungsfelder gesellschaftlicher
Verantwortung von Unternehmen dar. Sie orientiert sich am Grundsatz der →
Nachhaltigkeit und bezieht unterschiedliche Bereiche, wie beispielsweise Ökonomie, Ökologie und Soziales ein. Vor diesem Hintergrund ist es vertretbar,
vom Oberbegriff der Corporate Responsibility auszugehen, da die Begrifflichkeit *Social* eine Eingrenzung begründet, die der Gesamtheit der Betätigungsfelder
nicht gerecht wird.

Die den (kapitalmarktorientierten) Unternehmen verbundenen → Stakeholder,
also diejenigen Anspruchsgruppen, die die gesellschaftliche Verflechtung des
Unternehmens prägen, wie beispielsweise Arbeitnehmer, Lieferanten, Kunden,
Gesellschaft, Staat, Aktionäre, fordern eine verstärkte Übernahme von unternehmerischer Verantwortung und ein höheres Maß an Unternehmensethik. Das
hat konkrete betriebswirtschaftliche Auswirkungen, denn zunehmend kauf- und
damit erfolgsentscheidend ist das hinter dem Produkt und der Marke stehende
Unternehmen.[235] Insofern besteht auch ein enger Zusammenhang zwischen der
unternehmerischen Verantwortung gegenüber den Anspruchsgruppen, der
unternehmerischen Persönlichkeit und nicht zuletzt dem wirtschaftlichen Erfolg
des Unternehmens.

11

---

[233] Pliakos, N.: Herausforderungen der Corporate Governance im Lichte der Finanzmarktkrise, S. 5

[234] Michalski, GmbHG § 43, RNr. 49

[235] Köppl/Neureiter: CSR – Leitlinien und Konzepte im Management der gesellschaftlichen Verantwortung von Unternehmen, S. 13 f.

Die Begriffe *Corporate Responsibility* oder *Corporate Social Responsibility* (*CSR*) stehen für vielfältige Aktivitäten von Unternehmen, die darauf gerichtet sind, wirtschaftliche, soziale und ökologische Belange in der Geschäftstätigkeit zu vereinbaren[236]. Hierbei geht es im Bereich der CSR aber nicht nur um die unternehmensinterne Verantwortlichkeit, vielmehr kommen zu den wirtschaftlichen und rechtlichen Implikationen noch ethische und philanthropische Aspekte hinzu.[237]

Die Definition der Europäischen Kommission[238] nennt soziale Belange und Umweltbelange als zwei zentrale Punkte für CSR. Erweitert man diese um die ökonomischen Belange, erhält man die drei Dimensionen der Nachhaltigkeit.

11.2.2 Historische Wurzeln

Die historischen Wurzeln der Unternehmensethik reichen bis ins Mittelalter hinein, wo der „ehrbare Kaufmann" schon im Zeitalter des Merkantilismus auftauchte. In der Industrialisierung dann übernahmen die Unternehmen erste soziale Verantwortung beispielsweise in Fragen der Arbeits- und Arbeitnehmersicherheit.

Im Jahr 1992 fand in Rio de Janeiro die UNCED-Konferenz statt, die *United Nations Conference on Environment and Development*, wo intensiv die Frage diskutiert wurde, ob die gesamtwirtschaftliche Entwicklung ausschließlich auf betriebswirtschaftlichen Unternehmenskennzahlen basieren kann, oder nicht zusätzlich unternehmerische soziale und ökologische Verantwortung zum Erfolg beiträgt.[239] In Europa schließlich wurde die CSR auf dem EU-Gipfel in Lissabon im Jahr 2000 thematisiert. Die teilnehmenden Regierungen vereinbarten, dass sich die EU bis zum Jahr 2010 zu einem Wirtschaftsraum entwickelt haben werde, der weltweit dynamisch und wettbewerbsfähig ist und dauerhaftes Wirtschaftswachstum in Verbindung mit verbesserten Arbeitsbedingungen und höheren sozialen Errungenschaften mit sich bringt.[240] Im Jahr 2002 tagte in Johannesburg der *Weltgipfel für nachhaltige Entwicklung* (WSSD).[241] In der Abschlusserklärung einigte man sich auf die weltweite Implementierung von Nachhaltigkeitszielen, wie bei-

---

[236] Sog. *Triple-bottom-line*; vgl. Blowfield/Murray: Corporate Responsibility, Oxford 2008; Göbel: Unternehmensethik, 2. Aufl. (2010)

[237] Lattermann, C.: Corporate Governance im globalisierten Informationszeitalter, S. 187

[238] Vgl. Grünbuch Europäische Rahmenbedingungen für die soziale Verantwortung von Unternehmen, S. 29 ff

[239] www.worldsummit2002.org

[240] Wieser, C.: CSR, S. 32 f.

[241] http://www.bmu.de/files/pdfs/allgemein/application/pdf/johannesburg_declaration.pdf

spielsweise der Verringerung der Armut, der Minimierung der gesundheits- und umweltschädlichen Auswirkungen bei der Produktion und dem Gebrauch von Chemikalien sowie der Reduktion des Rückgangs der Biodiversität. Die Europäische Kommission schließlich hat mit ihrem Grünbuch „Europäische Rahmenbedingungen für die soziale Verantwortung der Unternehmen" im Jahr 2001 die CSR-Debatte in Westeuropa entscheidend vorangetrieben und von Unternehmen ein höheres CSR-Engagement gefordert.[242]

11.2.3 Rechtliche Implikationen der CSR

Bislang fehlt es an einheitlichen und vor allem konkreten gesetzlichen Vorgaben, so dass sich die Unternehmen in der Umsetzung dieser Aktivitäten im Wesentlichen auf freiwillige Verhaltenskodizes verständigt haben. Diese sind beispielsweise die OECD-Leitsätze für multinationale Unternehmen[243], der UN Global Compact der Vereinten Nationen mit seinem Compact Netzwerk (DGCN), dem offiziell mandatierten nationalen Netzwerk des GC in Deutschland[244], die Global Reporting Initiative[245] sowie die CSR Standards[246].

Bedeutung und Einfluss der CSR auf den wirtschaftlichen Erfolg des Unternehmens bedeuten gleichzeitig auch einen unmittelbaren Einfluss auf die Reputation des Unternehmens, denn langfristiger wirtschaftlicher Erfolg und das „moralische" Ansehen eines Unternehmens sind untrennbar miteinander verbunden. Da aber im deutschen Recht konkrete gesetzliche Vorgaben fehlen, wird vermehrt zur freiwilligen Selbstverpflichtung gegriffen, indem sich die Unternehmen innerbetriebliche Regelwerke geben, sog. *Codes of Conduct*.

11.2.4 Abgrenzung

CSR meint somit ein ganzes System von unternehmerischen Aktivitäten zur Förderung der Nachhaltigkeit, die über die gesetzlich geforderten Maßnahmen weit hinausgehen und im Wesentlichen auf Freiwilligkeit beruhen. Konzentriert man sich auf den Aspekt **freiwilliger** Selbstverpflichtung seitens der Unternehmen durch interne Regelwerke, stellt sich die Frage nach der Abgrenzung von der CSR zur Corporate Governance. Denn neben der durch die Corporate Social Responsibility gekennzeichneten Form sozialen und ökologischen Wirt-

11

---

[242] Raupp/Jarolimek/Schultz, aaO, S. 12

[243] http://www.oecd.org/dataoecd/56/40/1922480.pdf

[244] www.globalcompact.de

[245] www.globalreporting.org

[246] www.sa-intl.org

schaftens steht der große Bereich derjenigen Regeln, die die Verwirklichung einer verantwortungsvollen Leitung und Kontrolle von Unternehmen zum Inhalt haben.

Diesem Ziel dient die Corporate Governance. Sie bezieht sich primär auf den inneren (Verwaltungs-)Bereich des Unternehmens und hat den großen Vorteil einer bereits erfolgten Kodifizierung unternehmensethischer Regularien im *Deutschen Corporate Governance Kodex*.

> **Merke**: Die Corporate Social Responsibility (CSR) stellt ein System dar, kraft dessen die unternehmerische Wertschöpfung stakeholderorientiert, verantwortungsvoll und nachhaltig erfolgen kann. Ein bindender rechtlicher Rahmen besteht im deutschen Recht (noch) nicht

11.3 Corporate Governance

11.3.1 Begriffsbestimmung

Corporate Governance ist der Oberbegriff für das System der internen und externen Entscheidungs-, Einfluss- und Kontrollstrukturen eines Unternehmens. Dies schließt die Beziehungen des Unternehmens zu den wichtigsten Interessensgruppen sowie die entsprechenden Zielsetzungen mit ein. Ihr Bestreben ist die verantwortungsvolle Leitung von Unternehmen, um das Vertrauen von Aktionären, Kapitalgebern und Kapitalmärkten, Arbeitnehmern, Geschäftspartnern sowie der nationalen wie internationalen Öffentlichkeit zu fördern. Die Corporate Governance ist dabei ohne die Corporate Compliance, nämlich das System zur Sicherstellung und Überwachung regelkonformen Verhaltens im Unternehmen, nicht vorstellbar.

Durch die Corporate Governance wird also ein rechtlicher und faktischer Ordnungsrahmen für die Leitung eines Unternehmens festgelegt, mit Bezügen nach innen (Rollen, Kompetenzen, Zusammenwirken der Unternehmensorgane) wie nach außen (Shareholder, Stakeholder). Dass durch verantwortungsvolle Unternehmensorganisation und Unternehmenskontrolle auch der Unternehmenswert nachhaltig gesteigert wird, ist ein durchaus gewollter Effekt der Corporate Governance.[247]

---

[247] Strenger, Chr.: Einfluß von Corporate Governance auf Unternehmenswertsteigerung im alten Europa – eine nutzenorientierte Analyse. www.capital-governance-advisory.com

Denn durch die gelebte gute Unternehmensführung und die verantwortungsvolle Unternehmenskontrolle liegt ihr Zweck auch in der Erreichung langfristiger Unternehmensziele sowie der Berücksichtigung der Interessen aller am Unternehmen beteiligter Gruppen.

11.3.2 Historische Wurzeln

Unternehmensschieflagen und -zusammenbrüche mit drastischen betriebswirtschaftlichen wie volkswirtschaftlichen Folgen haben zu einem Umdenken geführt. Auch in Europa, wie im anglo-amerikanischen Rechtsraum, war der mit dieser Entwicklung einhergehende Vertrauensverlust an den Kapitalmärkten Anlass, sich verstärkt um die Kodifizierung von Unternehmensleitlinien zu bemühen. Denn die Bilanzskandale der börsennotierten Unternehmen, wie beispielsweise ENRON, Worldcom, Philipp Holzmann oder Balsam, hatten erhebliche Defizite in der Corporate Governance gezeigt.

Darüber hinaus sah und sieht sich der deutsche Kapitalmarkt einer immer härter werdenden internationalen Konkurrenz an den globalen Kapitalmärkten ausgesetzt; die Attraktivität des Finanzplatzes Deutschland muss sich mehr und mehr an internationalen Standards messen lassen.

Vor diesem Hintergrund war es erforderlich, das deutsche Gesellschaftsrecht zum einen transparenter zu gestalten und zum anderen im Bezug auf Corporate Governance international vergleichbarer zu machen und international gültigen Wohlverhaltens-Standards anzupassen.

a) Principal-Agent-Modell

Einerseits war der Wunsch nach größerer unternehmerischer Transparenz und nach einer internationalen kapitalmarktorientierten Vergleichbarkeit der Auslöser für eine verstärkte Fokussierung auf Corporate Governance. Andererseits aber existierte bereits lange vorher im industriellen Zeitalter ein Grundkonflikt, der als Auslöser für Corporate-Governance-Konzepte galt, nämlich das sog. Principal-Agent-Problem.

Die Ausgangsproblematik, die zu einem Bestreben nach nachhaltiger und verantwortungsvoller Unternehmensorganisation führte, liegt in der Trennung von Kapital, also Eigentum des Unternehmens, auf der einen und der Kontrolle desselben auf der anderen Seite.[248]

11

---

[248] So schon Adam Smith im Jahr 1776 („The Wealth of nations"); Jensen, M. / Meckling, W.: Theory of the firm: Managerial Behaviour, Agency Cost and Ownership Structure, in: Journal of Financial Economics, 1976, 305 ff.

Dies birgt Konfliktpotenzial, da beide Individuen einen unterschiedlichen Informationsstand und unterschiedliche Handlungsmotivationen haben.

Im Gesellschaftsrecht zeigt sich dies in der Situation des Aktionärs (Kapitalgeber und Principal), der die Führung der Geschäfte und mit ihr die unternehmerische Entscheidungskompetenz an das Management delegiert hat; ihm verbleibt „lediglich" die Rolle des Kapitalgebers. Hierbei kann es zum einen zu einer Informationsasymmetrie kommen, da das Management regelmäßig mehr Information über das Unternehmen hat als der Eigentümer. Andererseits soll das Management dazu bewegt werden, im Interesse seines Principals, namentlich des Aktionärs, zu handeln.

Aus dieser Situation heraus wird ein Ordnungsrahmen diskutiert, der die Interessenkonflikte zwischen Management und Kapitalgeber verhindern bzw. kanalisieren soll. Dabei bewegen sich die im Rahmen des Spannungsverhältnisses zwischen Principal und Agent diskutierten Lösungsmechanismen allesamt im Bereich einer guten Corporate Governance (beispielsweise erweiterte Offenlegungspflichten, Aktienoptionsprogramme, die Sicherung der Unabhängigkeit der Abschlussprüfer und der Ausbau interner Risikomanagementsysteme[249]).

b) Unternehmensziele und Corporate Governance: Stakeholder- versus Shareholder-Ansatz

Die Maßstäbe, mit denen die vom Unternehmen zu erlangenden Werte gemessen werden können, sind die Unternehmensziele.[250] Das Unternehmen kann nur dann in seiner Effizienz gemessen werden, wenn es die gesetzten Unternehmensziele auch erreicht. Fraglich ist jedoch, nach welchen Kriterien diese Ziele definiert werden, welche Anspruchsgruppen hierfür maßgeblich sind. Um dies beantworten zu können, wurden zwei verschiedene Ansätze entwickelt: der Stakeholder-Ansatz auf der einen sowie das Shareholder-Value-Konzept auf der anderen Seite.

c) Shareholder-Value-Ansatz

Ein Unternehmen, das primär die Interessen der Aktionäre verfolgt, richtet seine Unternehmensziele am Shareholder-Value-Prinzip aus. Maßgeblich ist, vor allen anderen möglichen Interessen, dasjenige der Eigentümer und Kapitalgeber

---

[249] Lessing, J.: The Checks and balances of Good Corporate Governance. In Corporate Governance ejournal Bond University Faculty of Law, 009 S. 2; Burkhard, S.: Corporate Governance in den USA und in Deutschland, S. 7 f.

[250] Wöhe, G./Döring, U.: Einführung in die Allgemeine Betriebswirtschaftslehre, S. 74

an einer möglichst hohen Rendite, also der Wertsteigerung des angelegten Kapitals. Den übrigen Interessengruppen wird hingegen nur die gesetzlich geforderte Mindestaufmerksamkeit zuteil.

Bei einem reinen Shareholder-Value-Ansatz wäre es Ziel guter Corporate Governance, das Management dahingehend zu disziplinieren, ausschließlich im Sinne der Aktionärsinteressen zu handeln, um Unternehmenskrisen oder gar Insolvenzen zu vermeiden.[251] Der Nachteil einer ausschließlich Shareholder-orientierten Unternehmensführung liegt in den bereits beschriebenen Interessenasymmetrien des Principal-Agent-Konflikts: Das Management, an das die Leitung durch die Eigentümer abgegeben worden ist, verfolgt möglicherweise andere Motivationen als die Eigentümer.

d) Stakeholder-Ansatz

Als Stakeholder werden diejenigen Anspruchsberechtigten bezeichnet, deren Interessen vom Unternehmen beeinflusst werden. Der Stakeholder-Ansatz bezieht sich auf die Interessen der Arbeitnehmer, Manager, Kunden, Lieferanten sowie der Öffentlichkeit und des Staats, also all derjenigen, die vom Unternehmenshandeln direkt oder indirekt betroffen werden. Das Unternehmen hat nunmehr die Aufgabe, alle Stakeholder am Unternehmenserfolg in angemessener Weise zu beteiligen und alle individuellen Interessen in ihrer Gleichwertigkeit zu berücksichtigen.

Das führt im Idealfall dazu, dass bei der Definition der Unternehmensziele und -werte die Interessen aller beteiligten Anspruchsgruppen in einem angemessenen Verhältnis berücksichtigt werden.

Bei einer angemessenen Gewichtung aller Interessen, und das bedeutet durchaus auch eine wesentliche Berücksichtigung der kapitalgebenden Shareholder, führen solche Corporate-Govenance-Modelle zu einer nachhaltigen Steigerung des Unternehmenswertes. Vor diesem Hintergrund zeichnet sich eine effektive Corporate Governance mithin durch die Schaffung eines guten Investitions- und Arbeitsklimas, geeignete Anreiz- und Absicherungsmechanismen sowie eine ausgewogenen Machtbalance aus, um Interessenasymmetrien zu vermeiden und einen nachhaltigen Unternehmenserfolg zu gewährleisten.

11

---

[251] Wentges, P.: Corporate Governance und Stakeholder-Ansatz, S. 83 f.

11.3.3 Rechtliche Grundlagen der Corporate Governance

Seit 1990 entstand eine Vielzahl von Codes, Principles, Rules und Guidelines im amerikanischen Rechtsraum, die sich mit guter Corporate Governance beschäftigten.[252] 2002 wurde schließlich vom US-Kongress als Reaktion auf Unternehmenspleiten, Betrugsskandale und einen ganz erheblichen Vertrauensverlust in die am Kapitalmarkt agierenden Unternehmen der Sarbanes Oaxley Act (SOA) verabschiedet. Er stellt ein Regelwerk dar, das die Verlässlichkeit der Rechnungslegung und der Berichterstattung von Kapitalmarkt-orientierten Unternehmen verbessern sollte.[253]

Deutschland hat mit der Entwicklung einer Kodifizierung von Unternehmensregeln vergleichsweise spät begonnen. In Orientierung an den → OECD-Principles und dem Combined Code konnte man bei der Schaffung eines Kodex zunächst auf deutsche gesetzgeberische Maßnahmen zurückgreifen, nämlich auf das KonTraG und das TransPUG. Das Gesetz zur Kontrolle und Transparenz im Unternehmensbereich, KontraG, trat im Jahr 1988 in Kraft und fand als Artikelgesetz Eingang ins AktG, HGB und GmbHG. Es hatte zum Ziel, durch eine intensivere Zusammenarbeit von Aufsichtsrat und Abschlussprüfern, durch eine höhere Transparenz bei Jahresabschlüssen und besserer Qualität der Abschlussprüfung die unternehmensinternen Verwaltungs- und Kontrollmechanismen zu optimieren.[254]

Im Transparenz- und Publizitätsgesetz, TransPUG, wurde 2002 der gesetzliche Ordnungsrahmen für den Deutschen Corporate Governance Kodex gelegt. Das Artikelgesetz hat, neben anderen Regelungen, Vorstände und Aufsichtsräte börsennotierter Gesellschaften dazu verpflichtet, gem. § 161 AktG in einer jährlichen Entsprechenserklärung der Hauptersammlung mitzuteilen, inwieweit die AG den Vorgaben des DCGK nachkommt.

Der damalige Bundeskanzler Gerhardt Schröder gründete im Jahr 2000 die nach ihrem Vorsitzenden, Professor Dr. Theodor Baums, benannten Baums-Kommission, deren Aufgabe die Entwicklung von Reformvorschlägen zur Verbesserung von Unternehmensführung, -kontrolle und -transparenz war. Die endgültige Version des Deutschen Corporate Governance Kodex wurde der Öffentlichkeit von der (weiterführenden) Cromme-Kommission am 26. Februar 2002 präsentiert und auch ins Englische, Französische, Spanische und Italienische übersetzt.

---

[252] Ringleb/v.Werder: DCGK RNr. 6 mwN

[253] www.sec.gov/about/laws/soa2002.pdf

[254] Wolf, K./Runzheimer, B.: Risikomanagement und KontraG, S.20 ff.

Auch heute noch wird der Kodex einmal jährlich überprüft und gegebenenfalls angepasst. Dies geschah zuletzt im Mai 2013.

11.4 Der Deutsche Corporate Governance Kodex (DCGK)

11.4.1 Begriff und Wesen

Seit 2002 gibt es im deutschen Recht eine Kodifizierung guter Unternehmensführung, mehr als ein Gesetz, gleichzeitig auch weniger. Der Deutsche Corporate Governance Kodex stellt ein Regelwerk dar, das aus dem Gedanken geboren wurde, den Finanzplatz Deutschland für ausländische Investoren attraktiver zu gestalten und gleichzeitig künftigen durch unternehmerisches Fehlverhalten hervorgerufene Krisen und Unternehmensschieflagen vorzubeugen. Er formuliert Vorschriften zur Leitung und Überwachung von Unternehmen und richtet sich in erster Linie an börsennotierte (Aktien-)Gesellschaften.

Der DCGK setzt unmittelbar an der Unternehmensverfassung an und kodifiziert die Grundsätze guter und verantwortungsvoller Unternehmenslenkung. Dabei ist der Kodex kein Gesetz, vielmehr ergänzt er bereits bestehende gesellschaftsrechtliche Vorschriften, indem er zunächst handels- und aktienrechtliche Normen wiederholt, und diese dann durch Empfehlungen und Anregungen erweitert.

Der DCGK hat zwei Funktionen, die Kommunikations- und die Ordnungsfunktion. Entsprechend der Kommunikationsfunktion soll durch eine verständliche und transparente Darstellung der Corporate Governance das Vertrauen der Kapitalmärkte, der Stakeholder sowie der Kunden und Mitarbeiter gestärkt werden. Insofern hat auch die Kommunikation zwei Zielrichtungen: Zum einen soll die Diskussionskultur unter den Organen im Unternehmen intensiviert und verbessert werden. Zum anderen soll eine umfassende Information des Überwachungsorgans eine Risikominimierung gewährleisten.

Im Rahmen der Ordnungsfunktion soll die Unternehmensführung verbessert und die gemeinschaftliche Arbeit von Aufsichtsrat und Vorstand unter Leitungs- und Überwachungsgesichtspunkten effizienter gestaltet werden. Ziel ist es, Risiken frühzeitig zu erkennen und somit einen nachhaltigen Unternehmenserfolg zu gewährleisten.

Der Anwendungsbereich des Deutschen Corporate Governance Kodex beschränkt sich de jure zunächst auf börsennotierte Gesellschaften. Seit Erlass des SE-Ausführungsgesetzes (SEAG) vom 22.12.2004 kann in Deutschland als Rechtsform eines börsennotierten Unternehmens auch die Europäische Gesell-

11

schaft (SE) gewählt werden. Da der Kodex für alle börsennotierten deutschen Gesellschaften gilt, unterliegen somit auch börsennotierte SE seinen Bestimmungen.[255] Ausweislich seiner Präambel soll der Kodex allerdings auch von nicht börsennotierten Gesellschaften beachtet werden.

11.4.2 Formaler Aufbau des DCGK

Der Deutsche Corporate Governance Kodex besteht aus drei, teilweise ineinander verwobenen, aber dennoch rechtlich klar unterscheidbaren und auch in ihrer rechtlichen Bedeutung unterschiedlichen Teilen.

Inhaltlich ist der Kodex in eine Präambel und sechs Themenkomplexe unterteilt, die die internationale Kritik am deutschen Gesellschaftsrecht und der deutschen Unternehmensverfassung aufgreifen. Dabei handelt es sich vor allem um das duale System der Trennung von Vorstand und Aufsichtsrat, um das Bedürfnis nach größerer Ausrichtung auf die Aktionärsinteressen sowie eine größere Transparenz und die mangelnde Unabhängigkeit von Aufsichtsräten und Abschlussprüfern.[256]

11.4.3 Materieller Inhalt: die normative Struktur des DCGK

Der Kodex hat keine Normqualität, wie sie einem im ordnungsgemäßen parlamentarischen Verfahren entstandenen Gesetz zukommt, er ist also weder Gesetz noch Rechtsverordnung noch eine behördliche Allgemeinverfügung, sondern ein von einer staatlich eingesetzten und von Weisungen unabhängigen Kommission verfasstes Regelwerk, das keinen rechtlichen Zwang zur Befolgung der Regeln auslöst. Einen rechtlichen Zwang entfalten nur § 161 AktG mit der Verpflichtung von Vorstand und Aufsichtsrat zur Abgabe der Entsprechenserklärung und die daran anknüpfenden bilanzrechtlichen Vorschriften (s.u.).

Der Kodex enthält international und national anerkannte Standards guter und verantwortungsvoller Unternehmensführung. Rechtssystematisch ist der Kodex in drei Kategorien eingeteilt: *Muss-Vorschriften, Soll-Empfehlungen* und *Sollte-Anregungen*.

---

[255] Ringleb u.a.: DCGK RNr. 89a

[256] Pfizer, N./Oder,P./Orth, C.: Deutscher Corporate Governance Kodes. Ein Handbuch für Entscheidungsträger, S. 32

11.4.3.1 Muss-Vorschriften

Der das geltende Recht beschreibende Teil der *Muss-Vorschriften* liefert eine fragmentarische Darstellung geltender Rechtsvorschriften im Wesentlichen aus dem Aktiengesetz, dem Handelsgesetzbuch, aber auch kapitalmarktrechtlicher Normen. Die Einhaltung dieser Vorschriften ist für die Unternehmen verbindlich, was sich jedoch nicht aus dem Kodex selbst, sondern bereits aus der bestehenden Rechtslage ergibt: Der DCGK zitiert lediglich die für eine gute Corporate Governance relevanten Normen aus dem Gesellschaftsrecht, dem Handels-, Mitbestimmungs- und Kapitalmarktrecht.

11.4.3.2 Soll-Empfehlungen und Sollte-Anregungen

Wesentlich interessanter in ihrer rechtlichen Bedeutung sind die Empfehlungen, gekennzeichnet durch den Begriff „soll" sowie die Anregungen, gekennzeichnet durch den Begriff „sollte". Sowohl die Empfehlungen als auch die Anregungen sollen zur kritischen Analyse ihrer Anwendbarkeit auf die spezifische Situation des betroffenen Unternehmens anregen und Raum für unternehmensindividuelle Anpassungen lassen[257] und sind nicht unmittelbar rechtlich verbindlich.

Die *Soll-Empfehlungen* des Kodex begründen allerdings für börsennotierte Unternehmen gewisse Obligationen: Nach der Neufassung des § 161 AktG sind die deutschen börsennotierten Unternehmen dazu verpflichtet, einmal jährlich der Hauptversammlung mitzuteilen, ob und inwieweit sie den **Empfehlungen** des Kodex Folge geleistet haben, Abweichungen von anwendbaren Corporate Governance Kodizes sind im Rahmen der „Erklärung zur Unternehmensführung" zu begründen. Treffend wird dies als das sog. Comply-or-explain-Prinzip bezeichnet. Es bleibt der Gesellschaft dabei allerdings unbenommen, den Kodex in seinen Empfehlungen und Anregungen überhaupt nicht zu befolgen (sog. opting-out). In diesem Fall hat das Unternehmen die Pflicht, seine Entscheidung gegenüber den Eigentümern, also den Aktionären, aber auch den Kapitalmarktteilnehmern zu begründen.

Indirekt kann es dann für das „abweichende" Unternehmen nun aber durchaus doch zu einer Sanktionierung kommen: die öffentlich erklärte Nicht-Befolgung der *Sollte-Empfehlungen* im DCGK demonstriert, dass das Unternehmen die im Kodex enthaltenen internationalen Standards guter Unternehmensführung nicht übernimmt. Das kann zu einer negativen Resonanz der Öffentlichkeit und in der Folge zu einem kapitalmarktrelevanten Druck auf die Unternehmensleitung führen, obwohl für ein solches unternehmerisches Verhalten durchaus gute Gründe sprechen können.

11

---

[257] Baums, Bericht RNr. 8; RegEntwurf, S. 49, 50

11.4.3.3 Die Entsprechenserklärung nach § 161 AktG

§ 161 AktG wurde in seiner heutigen Fassung im Jahr 2006 im Aktienrecht implementiert. Die Vorschrift normiert die Verpflichtung des Vorstands und des Aufsichtsrates, den Aktionären zu erklären, ob der Kodex überhaupt angewandt wird und in welchem Umfang von seinen Vorgaben abgewichen wurde.

Hiernach haben „Vorstand und Aufsichtsrat jährlich zu erklären, dass den Empfehlungen der Regierungskommission Deutscher Corporate Governance Kodex entsprochen wurde und wird, oder welche Empfehlungen nicht angewendet wurden oder werden und warum nicht. Die Erklärung ist den Aktionären dauerhaft zugänglich zu machen."

Wird die Entsprechenserklärung falsch abgegeben, kann dies zur Anfechtbarkeit der Entlastungsbeschlüsse der Hauptversammlung und gegebenenfalls auch zur Anfechtbarkeit der Wahl zum Aufsichtsratsmitglied führen.[258]

11.4.4 Aktuelle Entwicklungen im Deutschen Corporate Governance Kodex

Da der Kodex keine normative Gesetzesqualität hat, kann er auch ohne langwieriges Gesetzgebungsverfahren geändert und angepasst werden.[259] Der Kodex wird daher einmal jährlich auf seine Aktualität und seinen Anpassungsbedarf hin überprüft. Am 15.05.2012 hat die Regierungskommission Deutscher Corporate Governance Kodex ihre Änderungen des DCGK veröffentlicht. Diese betreffen insbesondere den Aufsichtsrat. So beinhaltet die Neufassung ein geändertes Verständnis der Unabhängigkeit der Aufsichtsratsmitglieder und eine überarbeitete Empfehlung zur Vergütungsstruktur.[260]

a) Diversity

Hinter dem Stichwort *Diversity* wird eine professionelle Zusammensetzung der Führungsebenen im Unternehmen verstanden. Nachdem aktuell nur rund 3 % aller Vorstände Frauen sind, ist eine höhere Frauenbeteiligung angestrebt sowie darüber hinaus ein größerer Anteil von international ausgerichteten Mitarbeitern. Vor diesem Hintergrund empfiehlt der Kodex in Nr. 4.1.5, dass in Führungsfunktionen und dem Aufsichtsrat mehr Diversität gelebt werde.

---

[258] OLG Frankfurt ZIP 2011, 1613; OLG Frankfurt ZIP 2011, 24f; BGH NZG 2010, 1618 ff.

[259] Ringleb/v.Werder: DCGK RNr. 86

[260] Rubner/Fischer NJW Spezial 2012, 399 ff.

Der Aufsichtsrat soll für seine Zusammensetzung konkrete Ziele benennen, die unter Beachtung der unternehmensspezifischen Situation die internationale Tätigkeit des Unternehmens, potentielle Interessenskonflikte, eine festzulegende Altersgrenze für Aufsichtsratsmitglieder und Vielfalt (Diversity) berücksichtigen. Diese konkreten Ziele sollen insbesondere eine angemessene Beteiligung von Frauen vorsehen.[261]

b) Vorstandsvergütung

Gelernt hatte man aus der Finanzkrise in den Jahren 2008 und 2009, dass ein wesentlicher Faktor für eine nachhaltige Unternehmensentwicklung das Vergütungssystem der Vorstände und des leitenden Managements ist. Vor diesem Hintergrund hatte die CG-Kommission schon in den Modifikationen des Kodex im Jahr 2009 die Veränderungen durch das VorstAG (Gesetz für die Angemessenheit der Vorstandsvergütung) eingearbeitet. Nunmehr ist der Vergütungsbetrag des Vorstandes in einen fixen und einen variablen Teil zu zerlegen, orientiert am horizontalen Vergleichsumfeld und an der generellen Vergütungsstruktur des Unternehmens. Dabei hat die Hauptversammlung gem. Standard 2.2.1 die grundsätzliche Befugnis, über das System der Vorstandsbefugnis zu beschließen und sich an langfristigen und auch in riskanten Zeiten stabilen Zielen zu orientieren.[262]

c) Veröffentlichungen

Die Gesellschaft hat die Einberufung ihrer Hauptversammlung nebst den dafür erforderlichen Unterlagen, wie beispielsweise Geschäftsbericht und Jahresabschluss, im Internet auf der Homepage des Unternehmens zu veröffentlichen.[263] Darüber hinaus sollen diese Informationen auch in die englische Sprache übersetzt werden; das soll der Vermeidung von Informationsasymmetrien zwischen Vorstand und Aktionären dienen.

Nr. 3.10 des Deutschen Corporate Governance Kodex empfiehlt nun neuerdings die Veröffentlichung eines Corporate-Governance-Berichtes. Hier ist man im Vergleich zur früheren Kodex-Fassung von einer Muss-Vorschrift auf die Soll-Empfehlung zurück gestuft, da das Unternehmen ohnehin eine Entsprechenserklärung gem. §161 AktG abzugeben hat.

11

---

[261] Kodex Nr. 5.4.1

[262] Ringleb/ v.Werder: DCGK RNr. 162; Weber, M.: aaO, NJW 2011, 273 ff.

[263] Kodex Nr. 2.3.1

d) Weiterbildung und Konzentration im Aufsichtsrat

Schließlich ergibt sich nunmehr aus Nr. 5.4.1 und Nr. 5.4.5 des Kodex das Bestreben nach einer größeren Professionalisierung des Aufsichtsrats, unter anderem indem dieser verpflichtet wird, sich laufend weiterzubilden.

Zusätzlich sollen die Aufsichtsräte nicht zu viele Aufsichtsratsmandate gleichzeitig ausüben:[264] Wer dem Vorstand einer börsennotierten Gesellschaft angehört, soll insgesamt nicht mehr als drei Aufsichtsratsmandate in konzernexternen börsennotierten Gesellschaften oder in Aufsichtsgremien von Gesellschaften mit vergleichbaren Anforderungen wahrnehmen.

e) Unabhängigkeit der Aufsichtsratsmitglieder

Dem Aufsichtsrat soll nach der geänderten Empfehlung der Ziff. 5.4.2 DCGK „eine nach seiner Einschätzung angemessene Anzahl **unabhängiger** Mitglieder angehören". Die Empfehlung wird erläuternd ergänzt, wonach in Zukunft auch eine persönliche oder geschäftliche Beziehung des Aufsichtsratsmitglieds zu einem kontrollierenden Aktionär oder einem mit diesem verbundenen Unternehmen die Unabhängigkeit des Aufsichtsratsmitglieds beeinträchtigen soll, sofern diese geschäftliche Beziehung einen wesentlichen und nicht nur vorübergehenden Interessenkonflikt begründen kann.

f) Anzahl unabhängiger Mitglieder

Aus der Forderung nach unabhängigen Aufsichtsratsmitgliedern ergibt sich de facto, dass jeder Vertreter eines kontrollierenden Aktionärs als nicht unabhängig gilt. Jedoch soll dem Aufsichtsrat eine „nach seiner Einschätzung angemessene Anzahl" unabhängiger Mitglieder angehören. Diese unkonkrete Regelung wird dadurch konkretisiert, dass die Beurteilung, welche Anzahl angemessen ist, dem Aufsichtsrat selbst überlassen wird.[265] Gesetzlich ist der Aufsichtsrat dazu verpflichtet, mindestens ein unabhängiges Mitglied zu haben, §§ 107 IV, 110 V AktG.

g) Erfolgsorientierte Vergütung von Aufsichtsratsmitgliedern

Auch die Mitglieder des Aufsichtsrates können erfolgsorientierte Vergütungsbestandteile erhalten. Falls diese zugesagt wurden, sollen sie auf eine nachhaltige Unternehmensentwicklung ausgerichtet sein (Ziff. 5.4.6 II DCGK).

---

[264] Kodex Nr. 4.5.4

[265] Lieder, NZG 2005, 569 ff.

11.5 Grünbuch der EU-Kommission vom 5.4.2011: Europäischer Corporate Governance-Rahmen KOM (2011)

Die Europäische Kommission hat am 05.04.2011 ein Grünbuch „Europäischer Corporate Governance-Rahmen" vorgelegt. Es befasst sich im Wesentlichen mit der → Corporate Governance börsennotierter Gesellschaften. Darin werden 25 Fragen an die interessierten Kreise, betreffend Aufsichtsrat, Aktionäre und Entsprechenserklärung gerichtet.[266]

Im Rahmen dieses dritten Grünbuchs sieht die Kommission Probleme beim Verwaltungs-/Aufsichtsrat (Diversität, Qualität, Vergütung und Risikomanagement), bei den Aktionären (institutionelle Anleger, proxy advisors, Minderheitenschutz) und in der Kodexpraxis (comply or explain).[267] Nach der Auswertung der Antworten auf das Grünbuch wird die Kommission entscheiden, ob neue Regulierungsschritte notwendig sind.

11.6 Aktionsplan Corporate Governance der EU

Die Europäische Kommission hat einen Aktionsplan angenommen, in dem künftige Initiativen im Bereich des Gesellschaftsrechts und der Corporate Governance umrissen werden. Kernpunkte des Aktionsplans sind die Erhöhung der Transparenz zwischen den Unternehmen und ihren Aktionären, die Förderung des langfristigen Engagements der Aktionäre sowie die Unterstützung europäischer Unternehmen und die Förderung ihres Wachstums und ihrer Wettbewerbsfähigkeit.[268]

Merke: Die Corporate Governance stellt ein System der verantwortungsvollen Unternehmensführung dar, die auf Transparenz und Kontrolle basiert und das Vertrauen vor allem der Kapitalmärkte, aber auch aller anderen → Stakeholder in eine verantwortungsvolle Unternehmensführung herstellen möchte. Rechtliche Normen finden sich im deutschen Recht vor allem im Deutschen Corporate Governance Kodex sowie in gesellschafts- und handelsrechtlichen Vorgaben.

11

---

[266] Rubner/Leuering NJW-Spezial 2011, S. 591

[267] Hopt, Klaus J., EuZW 2011, S. 609

[268] Siehe auch Aktionsplan: http://ec.europa.eu/internal_market/company/docs/modern/121212_company-law-corporate-governance-action-plan_de.pdf

11.7 Corporate Compliance

11.7.1 Begriff

Im Zusammenhang mit der Corporate Responsibility und auch der Corporate Governance stellt sich die Frage, wie die Unternehmen gewährleisten können, dass die Normen, Gesetze aber auch die selbst auferlegten internen Regelwerke eingehalten werden.

Im Zusammenhang mit den aus dem angloamerikanischen übernommenen Begriffen der CSR und der CG hat sich der Begriff der Corporate Compliance oder auch kürzer Compliance etabliert.[269] Dabei handelt es sich um ein internes Sicherungssystem zur Garantie der Einhaltung sämtlicher rechtlichen und selbst auferlegten Regularien.

Die Compliance will also die mit einem Regelverstoß einhergehenden wirtschaftlichen und strafrechtlichen Risiken durch eine vorbeugende Unternehmensorganisation minimieren[270]; sie gehört zu den Leitungsaufgaben des Vorstandes gem. § 76 AktG und unterliegt mithin der Überwachung durch den Aufsichtsrat gem. § 111 AktG.

Aber auch unter einem weiteren Aspekt fördert die Compliance den Nachhaltigkeitsgedanken, führt sie doch im Unternehmensvergleich zu einer Steigerung der unternehmerischen Wettbewerbsfähigkeit und damit zu einer Verbesserung des Unternehmensratings. Legt man mithin die Definition der Compliance als ein ganzheitliches Organisationsmodell mit Prozessen und Systemen, das die Einhaltung von gesetzlichen Bestimmungen, internen Standards sowie die Erfüllung wesentlicher Ansprüche der Stakeholder sicherstellt, zugrunde, so trägt sie ganz erheblich dazu bei, die Beständigkeit des Geschäftsmodells, das Ansehen in der Öffentlichkeit und die finanzielle Situation eines Unternehmens zu verbessern.

11.7.2 Rechtliche Einordnung

Nach § 91 II AktG ist der Vorstand einer börsennotierten Gesellschaft gesetzlich dazu verpflichtet, ein Überwachungssystem einzurichten, um den Fortbestand der Gesellschaft gefährdende Entwicklungen früh zu erkennen.

---

[269] Schneider, U./Schneider, S.: Konzern-Compliance als Aufgabe der Konzernleitung, ZIP 2007, S. 2061 ff. Schneider ZIP 2003, S. 646; Bachmann in VGR [Hrsg] Gesellschaftsrecht in der Diskussion 2007, 2008, S. 65; Hauschka,: Chr.: Corporate Compliance, Handbuch der Haftungsvermeidung; Fleischer CCZ 2008, S.1; Kort NZG 2008, S. 81; Reichert/Ott ZIP 2009, S. 2173; Schneider/Schneider ZIP 2007, S. 2061; M. Winter FS Hüffer, 2010, S. 1103

[270] Hauschka, Chr.: Corporate Compliance; Handbuch der Haftungsvermeidung, § 1 RNr. 4

Für einzelne Branchen mit zum Teil erhöhtem Risiko wurden gesetzliche Compliance-Regelungen normiert:

Kredit- und Finanzdienstleistungsinstitute sind gemäß § 25a Abs. I S.1 KWG, Wertpapierdienstleistungsunternehmen gemäß § 33 Abs. I S. 1, 2 WpHG und Versicherungsunternehmen gemäß § 64a Abs. I S. 1 VAG zur Einrichtung einer ordnungsgemäßen Geschäftsorganisation, die die Einhaltung der gesetzlichen Bestimmungen gewährleistet, verpflichtet. Den genannten Unternehmen ist die Errichtung und Unterhaltung einer unabhängigen, dauerhaften und wirksamen Compliance-Funktion vorgeschrieben. Für den Versicherungsbereich bringt die Solvabilität II-Richtlinie[271] eine Beratungs- und Überwachungsfunktion und definiert die Pflicht zur Beurteilung des Compliance-Risikos.

11.7.3 Grundzüge einer Corporate-Compliance-Organisation im Unternehmen

Vor diesem Hintergrund erscheint es bereits aus haftungsrechtlichen Erwägungen heraus unerlässlich, eine funktionierende Compliance-Organisation im Unternehmen zu implementieren. Der Aufbau einer solchen Struktur erfolgt in der Regel in unterschiedlichen Phasen und auf unterschiedlichen Feldern.

Zunächst sollte die Compliance-Organisation von Innenrevision und einer Abteilung für Risikomanagement separiert werden. Das Ressort Compliance kann einem Vorstandsmitglied übertragen werden, wobei aber die durch das Compliance-System zu erfüllende Leitungsaufgabe in der Verantwortung des Gesamtvorstands verbleibt.[272] Es bleibt jedoch dem Vorstand unbenommen, auf einer nachgeordneten Ebene einen oder mehrere *Compliance-Beauftragte* zu installieren.

Schwerpunkte in der Corporate Compliance bilden zumeist das Kapitalmarkt-, Kartell- und Korruptionsstrafrecht sowie das Umweltrecht, das Produkthaftungsrecht und der Schutz vor Diskriminierung und sexueller Belästigung am Arbeitsplatz.

11

---

[271] Hartmann NZG 2010, S. 211 ff

[272] Hölters, Kommentar zum AktG RNr. 98

Auf den Punkt gebracht

In den letzten Jahren sind die Anforderungen an eine verantwortungsvolle und damit nachhaltige Unternehmensorganisation und -führung, denen sich ein (kapitalmarktorientiertes) Unternehmen ausgesetzt sieht, ganz erheblich gestiegen. Neben dem im Kerngeschäft zu implementierenden, weiten Handlungsfeld der Corporate Social Responsibility erwachsen vor allem aus der Corporate Governance unzählige Herausforderungen. Risikominimierung, Kontrolle und Transparenz sowie eine effiziente Compliance-Struktur sollen nachhaltiges, erfolgreiches und effizientes Wirtschaften eines Unternehmens im nationalen wie internationalen Kontext sichern.

Merke: Die Corporate Compliance ist die Gesamtheit vorbeugender Maßnahmen im Unternehmen, die sicherstellen, dass die Gesetze, Regeln und Usancen eingehalten und Interessenkonflikte vermieden werden.

Literaturtipps

Sehr praxisrelevant:

Corporate Compliance: Handbuch der Haftungsvermeidung im Unternehmen von Christoph E. Hauschka, C.H. Beck Verlag, 9. Juni 2010

Anwenderorientiert:

Corporate-Governance-Management. Theorie und Praxis der guten Unternehmensführung von Martin Welge und Marc Eulerich., Verlag Gabler 2012

Das Standardwerk zum Kodex:

Kommentar zum Deutschen Corporate Governance Kodex von Henrik-Michael Ringleb, Thomas Kremer, Marcus Lutter, Axel von Werder, C.H. Beck Verlag 2010

Zum Weiterlesen und Vertiefen:

Corporate Social Responsibility und nachhaltige Entwicklung: Einführung, Strategie und Glossar von Jan Jonker, Wolfgang Stark und Stefan Tewes; Verlag Springer 2011

Literaturquellen

Bachmann, G.: Compliance - Rechtsgrundlagen und offene Fragen, in: Gesellschaftsrechtliche Vereinigung (Hrsg.), Gesellschaftsrecht in der Diskussion 2007; Jahrestagung der gesellschaftsrechtlichen Vereinigung (VGR), 2008, S. 65-101

Baums, Th.: Bericht der Regierungskommission Corporate Governance, 2001

Blowfield, M. /Murray, A. (2008): Corporate Responsibility, Oxford

Burkhard, S.: Corporate Governance in den USA und in Deutschland

Fleischer, H.: Corporate Governance im aktienrechtlichen Unternehmensverbund, CCZ 2008, 1

Fuchs-Gamböck, K (2006): Corporate Social Responsibility im Mittelstand: Wie Ihr Unternehmen durch gesellschaftliches Engagement gewinnt

Göbel, E.(2010): Unternehmensethik, 2. Aufl.

Grünbuch Europäische Rahmenbedingungen für die soziale Verantwortung von Unternehmen, S. 29 ff. www.worldsummit2002.org

Hartmann, J.: Die Krise und ihre Auswirkungen auf das Gesellschafts-, Steuer- und Insolvenzrecht, NZG 2010, S. 211 ff

Hauschka, Chr.(2010) : Corporate Compliance; Handbuch der Haftungsvermeidung, München

Hecker, D.(2010). CSR und die möglichen Auswirkungen auf den Unternehmenswert, Stuttgart

Hölters, W.(2011): Kommentar zum Aktiengesetz, München

Hopt, K. J.: Ein drittes Grünbuch: Europäischer Corporate Governance Rahmen? EuZW 2011, S. 609

Jensen, M. / Meckling, W.: Theory of the firm: Managerial Behaviour, Agency Cost and Ownership Structure, in: Journal of Financial Economics, 1976

Köppl, P./Neureiter, M.(2004): CSR – Leitlinien und Konzepte, Wien

Kort, M.: Verhaltensstandardisierung durch Corporate Compliance NZG 2008, S. 81 ff

Lattermann, Chr. (2010): Corporate Governance im globalisierten Informationszeitalter, München

Lessing, J. (2009): The Checks and balances of Good Corporate Governance in Corporate Governance ejournal Bond University Faculty of Law, London

Lieder, J.: Das unabhängige Aufsichtsratsmitglied… NZG 2005, S. 569 ff.

Michalski, L. (2010).: Kommentar zum GmbHG, München

11

Pfizer, N./Oder, P./Orth, Chr. (2005): Deutscher Corporate Governance Kodex. Ein Handbuch für Entscheidungsträger

Pliakos, N.(2010): Herausforderungen für die Corporate Governance im Lichte der Finanzmarktkrise, Nürtingen

Raupp, J./Jarolimek, S./Schultz, F.(2010): Handbuch CSR

Reichert, J. /Ott, N.: Non-Compliance in der AG, ZIP 2009, S.2173

Ringleb, H.-M.(2010): Kommentar zum Deutschen Corporate Governance Kodex: Kodex-Kommentar von Henrik-Michael Ringleb, Thomas Kremer, Marcus Lutter und Axel von Werder, München

Rubner, D./ Fischer: Unabhängigkeit des Aufsichtsrats - Corporate Governance Kodex NJW-Spezial 2012, S. 399

Rubner, D. /Leuering, D.: Grünbuch Corporate Governance, NJW-Spezial 2011, S. 591

Schneider, U./Schneider, S.: Konzern-Compliance als Aufgabe der Konzernleitung, ZIP 2007, S. 2061 ff

Schneider, U.: Compliance als Aufgabe der Unternehmensleitung, ZIP 2003, S. 646

Smith, A..: The Wealth of nations, 1776

Strenger, Chr. Einfluß von Corporate Governance auf Unternehmenswertsteigerung im ‚alten Europa'– eine nutzenorientierte Analyse in: www.capital-governance-advisory.com

Weber, M.: Die Entwicklung des Kapitalmarktrechts im Jahr 2010 NJW 2011, S. 273 ff

Wentges, P.: Corporate Governance und Stakeholder-Ansatz.

Wieser, C.: CSR- Ethik, Kosmetik oder Strategie? Über die Relevanz der sozialen Verantwortung in der strategischen Unternehmensführung, 2005

Winter, M.: Die Verantwortlichkeit des Aufsichtsrats für Corporate Compliance, FS Hüffer, 2010, S. 1103

Wöhe, G./Döring, U. (2010): Einführung in die Allgemeine Betriebswirtschaftslehre, 24. Auflage, München

Wolf, K./Runzheimer, B.: Risikomanagement und KontraG, 4. Auflage, 2003

12 Gestaltung der betrieblichen Wertschöpfung

von Prof. Dr. Monika Reintjes

Lernziele

Die Leser

- verstehen, wie die Nachhaltigkeitsdiskussion das Zielsystem betrieblicher Wertschöpfung geprägt hat,
- kennen die Handlungsfelder von Unternehmen bei der Gestaltung wertschöpfender Systeme, Prozesse und Technologien in Unternehmen,
- begreifen die vielschichtigen Konsequenzen aus diesen Gestaltungsoptionen für die betriebliche Zielerreichung,
- sind sich bewusst, dass in erweiterten, mehrdimensionalen Zielsystemen sowohl Zielkonflikte als auch harmonische Zielbeziehungen auftreten,
- wissen, welchen Beitrag Beschaffung, Produktion, Distribution und Logistik zur nachhaltigen Unternehmensführung leisten können.

Schlagwortliste

■ Beschaffung ■ Produktion ■ Distribution ■ Logistik ■ betriebliche Wertschöpfung ■ fertigungssynchrone Beschaffung ■ lieferantengesteuerte Bestandsführung ■ Vendor Managed Inventory ■ City-Logistik

12.1 Grundlagen

12.1.1 Betriebliche Wertschöpfung

12

Gegenstand der folgenden Überlegungen bilden die funktionalen Subsysteme → Beschaffung, → Produktion, (physische) → Distribution und → Logistik. Das funktionale Subsystem Marketing wird hier nicht betrachtet, aber an anderer Stelle in diesem Buch gewürdigt. Innerhalb dieser Subsysteme stößt die →

betriebliche Wertschöpfung durch die Kombination von Produktionsfaktoren Leistungserstellungsprozesse an, die einen Wertzuwachs erzeugen.

Aufgabe der **Beschaffung** ist die zielorientierte, systematische Gewinnung der benötigten, aber nicht selbst hergestellten Inputfaktoren aus den Beschaffungsmärkten und die Bereitstellung dieser Inputfaktoren zur Aufrechterhaltung der betrieblichen Leistungsprozesse. **Produktion** hingegen meint die Transformation dieser Inputfaktoren in absetzbare Leistungen oder in Zwischenerzeugnisse, welche in weiteren Transformationsprozessen als Inputfaktoren genutzt werden.[273] **Distribution** wiederum stellt dem Nachfrager die nachgefragten Leistungen in geeigneten Mengen zum Bedarfszeitpunkt am Bedarfsort bereit.[274]

Logistik schließlich umfasst die Planung, Steuerung, Durchführung und Kontrolle der Materialflüsse und der damit zusammenhängenden Wert- und Informationsflüsse innerhalb eines Unternehmens, aber auch zwischen dem Unternehmen und seinen Kunden und Lieferanten. Objekte der Logistik sind Roh-, Hilfs-, Betriebsstoffe sowie Zwischen- und Fertigerzeugnisse, aber auch Handelsware, Rest- und Abfallstoffe.[275] Logistische Systeme und Prozesse überlagern somit die Wertschöpfungsketten in und zwischen Unternehmen. Bezogen auf die Material-, Wert- und Informationsflüsse innerhalb der Subsysteme Beschaffung, Produktion und Distribution spricht man von **Beschaffungslogistik**, **Produktionslogistik** und **Distributionslogistik**.

12.1.2 Anpassungsdruck

Entscheidungen zur Gestaltung betrieblicher Prozesse und Systeme orientieren sich traditionell an den Geboten ökonomischer → Nachhaltigkeit. So geraten Gestaltungsentscheidungen, etwa für eine lagerlose Just-in-Time (JIT) Beschaffungslogistik zwischen Automobilzulieferer und -hersteller insofern rational, als sie sich auf die Erreichung und den Ausgleich von Wirtschaftlichkeits- und Servicezielen richten.

Die Erweiterung betrieblicher Zielsysteme um ökologische und soziale Nachhaltigkeit führt zusätzliche Bewertungsmaßstäbe wie z.B. Umweltschutzziele ein. Die Berücksichtigung von Umweltschutzzielen fügt den klassischen Konflikten, z.B. zwischen ökonomischen Zielen wie „hohe Teileverfügbarkeit" und „geringe Kapitalbindung" neue Zielkonflikte hinzu.

---

[273] Vgl. Gössinger, R. (2008), S. 445 ff.

[274] Vgl. Wöhe, G. (2010) S. 499 f. sowie die Abgrenzung gegenüber verwandten Begriffen wie Absatz oder Marketing: ebenda, S. 381 ff.

[275] Vgl. Schulte, C. (2009) S. 1 f.

Beispiel

So etwa zwischen den niedrigen Kapitalbindungskosten einer JIT-Belieferung und dem CO_2-Ausstoß eines LKW je gelieferter Einheit. Dieser steigt tendenziell bei hoher Anlieferfrequenz bedarfsgerechter Mengen in nicht voll ausgelasteten Transportmitteln gegenüber Transporten von gebündelten Mengen, die über dem Bedarf im Anlieferzeitraum liegen, aber das Transportmittel voll auslasten. Letztlich kann der Ausgleich zwischen den gegenläufigen Zielen „niedrige Kapitalbindungskosten" und „geringer CO_2-Ausstoß je Liefereinheit" andere Anliefermengen vorteilhaft erscheinen lassen, als dies bei ausschließlicher Verfolgung ökonomischer Ziele der Fall wäre.

Neben dieser Verschiebung der Ausgleichspunkte gegenläufiger Zielwirkungen zwingen eine Reihe wirtschaftlicher, ökologischer und gesellschaftlicher Entwicklungen zur Anpassung von Prozessen und Strukturen in Beschaffung, Produktion und Distribution: die zunehmende Transportintensität des Wirtschaftens, die Logistik als Treibhausgasverursacher, allgemein steigende Transportkosten, eine begrenzt verfügbare Verkehrsinfrastruktur und gesellschaftlicher Druck auf Akteure in Politik und Wirtschaft bei wachsenden Konsumentenbedürfnissen nach Individualisierung und Servicemaximierung.[276]

12.1.3 Ökologische Nachhaltigkeit und betriebliche Wertschöpfung

Betriebliche Wertschöpfung wirkt in vielfältiger Weise auf die Umwelt ein. Unterstellt man, dass langfristig erfolgreiches Wirtschaften eine effiziente internationale Standort- und Arbeitsteilung voraussetzt, so verursachen Beschaffung und Distribution unmittelbar physischen Gütertransport, Lagerhaltung und Materialumschlag. Dies erzeugt neben der Flächenversiegelung für Gebäude, Umschlagpunkte und Verkehrswege vor allem gasförmige Emissionen in die Luft, Schallemissionen, Vibrationen, Verkehrsstaus und Unfälle.[277] Die Herstellung von Produkten durch Industrie und Gewerbe beansprucht Umweltgüter wie Energie, Rohstoffe oder Flächen und emittiert Schadstoffe in Boden, Luft und Wasser.[278]

12

---

[276] Vgl. Bretzke, W.-R./Barkawi, K. (2010) S. 27 ff.

[277] Vgl. McKinnon, A.et al. (2010) S. 31 ff.

[278] Vgl. Umweltbundesamt (2012a) online

Eine ökonomisch und ökologisch nachhaltige Gestaltung betrieblicher Wertschöpfung orientiert sich bei der Erfüllung der in Abschnitt 12.1. beschriebenen Aufgaben an einem erweiterten System von Formalzielen. Neben die langfristige Gewinnerzielung und Kundenzufriedenheit stellen Unternehmen nun auch die Schonung natürlicher Ressourcen und die Vermeidung von Umweltemissionen. Die Beziehungen dieser Ziele zueinander sind teils konfliktär (Investitionen in die Umwelt verursachen Kosten), teils harmonisch (positive Imagewirkung nachhaltiger Unternehmensführung, Vermeidung negativer Effekte der Nichteinhaltung von Umweltstandards) oder neutral.

Nicht zuletzt wächst die Bedeutung des Umweltschutzes als Wirtschaftsfaktor. Der deutsche Umweltwirtschaftsbericht zeigt etwa, dass der Klimaschutz, die Steigerung der Ressourceneffizienz und der Export von Umwelt- und Effizienztechnologien erhebliche Wachstumschancen bergen.

Welchen Beitrag aber können die Funktionen Beschaffung, Produktion, Distribution und Logistik konkret im Rahmen des skizzierten Zielsystems leisten? Nimmt man an, dass materieller Wohlstand eine wachsende Wirtschaft voraussetzt und diese wiederum Mobilität bedingt, scheint ein wachsendes Verkehrsaufkommen mit den bekannten ökologischen Folgen nicht vermeidbar. Nun begrenzt das Verkehrswachstum zusätzlich durch Staukosten und Mobilitätsbeschränkungen die ökonomisch nachhaltige Entwicklung von Unternehmen. Deren wirtschaftliches Überleben hängt letztlich davon ab, inwiefern Unternehmen selbst einen Beitrag zum Erhalt der Mobilität leisten.[279] So ist etwa die Entkopplung von Wirtschafts- und Verkehrswachstum nicht nur Aufgabe der Politik, die dies z.B. über die Förderung regionaler Erzeuger zu erreichen sucht. Auch Unternehmen verfolgen **Entkopplungsstrategien**, indem sie z. B. die mittlerweile stark zentralisierten Strukturen von Distributionssystemen auf Nachhaltigkeitswirkungen hin überprüfen und ihre Distributionsstrategien mitunter anpassen. Operative Beiträge liegen etwa in einer angepassten Transportdisposition, die über die Bündelung von Transportvolumina unnötige Leerfahrten zu vermeiden versucht.

Solch eine **Neubewertung bekannter Strukturen und Konzepte** in Beschaffung, Produktion, Distribution und Logistik und die **Analyse bestehender** wertschöpfender **Prozesse** können letztlich einen Beitrag zur nachhaltigen Gestaltung betrieblicher Wertschöpfung leisten. **Innovative Technologien** ergänzen die Handlungsfelder zur nachhaltigen Gestaltung betrieblicher Wertschöpfung, was Abbildung 12-1 visualisiert.

---

[279] Vgl. Bretzke, W.-R./Barkawi, K. (2010) S. 52

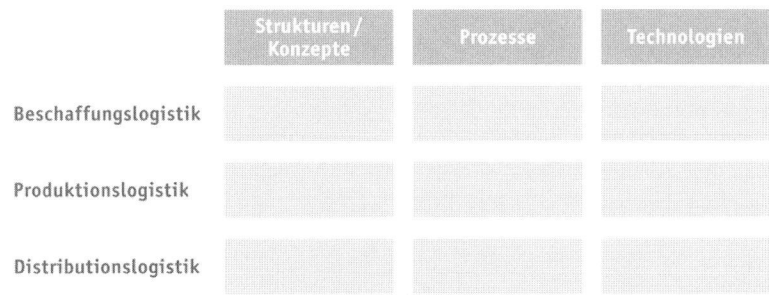

Abb. 12-1: Handlungsfelder zur nachhaltigen Gestaltung betrieblicher Wertschöpfung

Die nachfolgenden Kapitel erläutern ausgewählte **Gestaltungsoptionen** als Beispiele für diese Handlungsfelder, ohne den Anspruch einer vollständigen Übersicht zu erheben.

12.2 Beschaffung und Beschaffungslogistik

12.2.1 Neubewertung bekannter Konzepte

Aus der Vielzahl der bekannten Beschaffungskonzepte werden im Folgenden zwei Formen der fertigungssynchronen Beschaffung beleuchtet. Das Konzept der weltweiten Beschaffung (synonym: Global Sourcing) wird in diesem Beitrag an anderer Stelle im Kontext globaler Produktionsnetzwerke gewürdigt.

Die → **fertigungssynchrone Beschaffung** verzichtet im Gegensatz zur Vorratsbeschaffung weitgehend auf Lagerbestände, indem alleine der konkrete Bedarf der Produktion eine Anlieferung zum benötigten Termin auslöst. Die Anlieferung erfolgt also bedarfssynchron in Bezug auf Anliefermengen und -termine. Dem Oberbegriff der fertigungssynchronen Beschaffung werden mehrere Konzeptausprägungen subsumiert, darunter die extreme Form der lagerlosen Just-in-Time-Anlieferung durch Lieferanten in Werksnähe des Kunden und die Lieferantengesteuerte Bestandsführung (auch Vendor Managed Inventory (VMI) genannt).[280]

12

---

[280] Vgl. Schulte, C. (2009), S. 296 f.

Bei der **Just-in-Time-Anlieferung** durch Lieferanten in Werksnähe eines Automobilherstellers trifft etwa die angelieferte Instrumententafel exakt zu dem Zeitpunkt am Montageband ein, in dem dieses Modul eingebaut werden soll. Die **ökonomischen Effekte** dieser sehr engen Synchronisation sind vielfältig: Die Durchlaufzeit von Aufträgen sinkt, die Kapitalbindungsdauer ist kürzer und der Verzicht auf Zwischenlagerung beim Kunden reduziert das durchschnittlich gebundene Kapital. Die kurze Anlieferzeit befähigt den Automobilhersteller einerseits seine gesamte Auftragsdurchlaufzeit zu verkürzen. Andererseits ermöglicht die Flexibilität der nahe gelegenen Zulieferbetriebe die kurzfristige Änderung von Produktionsreihenfolgen und Produkteigenschaften bis wenige Tage vor Montagebeginn. Diesen Service nimmt der Endkunde als Nutzen und Werterhöhung wahr.

Die Betrachtung der **ökologischen Effekte** wiederum darf nicht auf die hohe Anlieferfrequenz von mehreren Lieferungen je Materialart und Tag begrenzt werden. Die Folgerung, dass häufig in mäßig ausgelasteten Transportfahrzeugen transportiert wird mit dem resultierenden hohen CO_2-Ausstoß je gelieferter Einheit muss relativiert werden. Zum einen überwindet die Lieferung eine kurze Distanz, da die Zulieferer meist innerhalb eines 10-km-Radius oder gar auf dem Werksgelände des Kunden angesiedelt sind. Zum anderen wirken Gebietsspediteur-Konzepte dem Vereinzeln von Transporteinheiten entgegen. Der Kunde beauftragt dazu nur einen Spediteur damit, Material bei mehreren Zulieferbetrieben in Werksnähe abzuholen und so Transportmengen zu bündeln. Begrenzt wird der Dispositionsspielraum der Spediteure jedoch dadurch, dass die Zulieferer oft erst wenige Tage vor Anlieferung einen vom Automobilhersteller endgültig fixierten Anlieferplan nach Art und Variante, Menge und Termin erhalten. Der Bestand an Transportaufträgen, mit denen der Transporteur seinen Laderaum bestmöglich auslasten kann, ist somit begrenzt. Das Fixieren der Produktionspläne über einen längeren Zeitraum dagegen würde der Transportplanung die notwendigen Freiheitsgrade verschaffen, um Transporteinheiten zusammenzufassen.[281] Dieser Ansatz setzt voraus, dass der Kunde von seinem Wunsch nach größtmöglicher Flexibilität in Varianten- und Reihenfolgeplanung zumindest teilweise Abstand nimmt.

Die → **lieferantengesteuerte Bestandsführung** (auch → Vendor Managed Inventory VMI) schaltet zwischen Lieferant und Kunde einen Pufferbestand, aus dem der Kunde das benötigte Material produktionssynchron abruft, und den der Zulieferer entsprechend den Lieferabrufen und vereinbarten Bestandsober- und -untergrenzen wiederauffüllt. Physisch kann der Bestand gerade dort gehal-

---

[281] Vgl. Bretzke, W.-R./Barkawi, K. (2010), S. 142

ten werden, wo er im Hinblick auf die Lieferzeit zum Kunden kürzeste Reaktionszeiten erlaubt. Befindet sich der Bestand etwa an einem Lagerort des Lieferanten, ermöglicht dies die Bündelung der Transporte über mehrere Kunden hinweg. In der Praxis führen oftmals beauftragte Spediteure die Lagerung an eigenen Standorten aus, wo sie zusätzliche Aufgaben wie Warenannahme, Kommissionierung, Anlieferung der Abrufmengen und die Bereitstellung von Bestands- und Lieferdaten für Kunde und Lieferant wahrnehmen.

Einen verbesserten Service erzielt die lieferantengesteuerte Bestandsführung mit den kurzen Reaktionszeiten der Lieferanten auf Kundenbedarfe, welche die Pufferbestände bieten. Im Vergleich zur Just-in-Time-Produktion und -Anlieferung durch Lieferanten in Werksnähe erweitert VMI den Kreis an Zulieferbetrieben, die bedarfssynchron anliefern können. Auch räumlich weit entfernte Lieferanten können ihre Kunden über die Bestände bedarfssynchron bedienen. Gleiches gilt für Zulieferbetriebe, die aufgrund ihrer Fertigungsstrukturen, Technologien oder Rüstkosten zur Produktion bedarfssynchroner Kleinmengen nicht in der Lage wären. Die Pufferbestände erlauben dem Kunden Lieferabrufe in beliebig kleiner Menge bei gleichzeitiger Losgrößenoptimierung im Werk des Lieferanten.

Die Fertigung kostenminimaler Lose bei gleichzeitiger bedarfssynchroner Anlieferung begründet einen wesentlichen **ökonomischen Effekt** der Lieferantengesteuerten Bestandsführung zugunsten des Lieferanten. Im Gegenzug bleibt der Lieferant bis zum Lieferabruf Eigentümer der produzierten und gelagerten Ware. Den Kunden wiederum entlastet eine deutlich verringerte Kapitalbindung, da er einerseits nur die Bestände abruft, die er unmittelbar verbrauchen wird, und er andererseits dieses Anlieferprinzip mit einer Vielzahl von Lieferanten aus der nahen und fernen Umgebung praktizieren kann.

Betrachtet man das Transportaufkommen mit den resultierenden CO_2-Emissionen aus **ökologischer Sicht**, sind mehrere, zum Teil gegenläufige Effekte festzustellen. Befinden sich die Bestände im Werk des Lieferanten, löst jeder Lieferabruf, wie auch bei der JIT-Anlieferung, einen Transport aus. Damit finden die entsprechenden Ausführungen zur JIT-Anlieferung auch Anwendung auf die Lieferantengesteuerte Bestandsführung. Ein differenzierteres Bild bietet die Lagerung der Bestände bei einem Spediteur. Der Transport vom Lieferant zum Kunden wird in diesem Fall unterbrochen. Der Hauptlauf vom Lieferant in das Speditionslager kann gebündelt erfolgen, freie Transportkapazitäten können auf dieser Strecke besser ausgelastet werden. Sendungen des Lieferanten können bis zur maximal möglichen Transportmittelauslastung gebündelt und falls nötig auch zeitlich verschoben werden, da die Lagerbestände beim Spediteur die zeitliche Überbrückung gewährleisten. Die Nachschubfrequenz im Nachlauf aus

12

dem Speditionslager zum Kunden folgt jedoch wieder den Lieferabrufen des Kunden. Kleinteilige und häufigere Transporte in minder ausgelasteten Transportmitteln produzieren nicht nur insgesamt höhere CO_2-Emissionen, sondern auch ungünstige Frachtraten. Inwieweit der Bündelungseffekt im Hauptlauf die ungünstige Sendungsstruktur im Nachlauf zu kompensieren vermag, kann nur im Einzelfall beurteilt werden. Wichtig bleibt die Erkenntnis, dass ein Verzicht auf die extreme Form der JIT-Anlieferung und der Einsatz von Pufferbeständen erhebliche Bündelungswirkungen in Produktion und Transport erzeugen, die mit dem Ziel der Reduktion von CO_2-Emissionen harmonieren.

12.2.2 Erweiterung bestehender Prozesse

Betriebliche Prozesse in der Beschaffung umfassen neben dem eingangs beschriebenen Prozess der Beschaffungslogistik weitere Abläufe, darunter z. B. die Bestellung von Rohstoffen und Zwischenerzeugnissen, die Bestellabwicklung, die Bedarfsermittlung, die Bestell- und Lagerhaltungsplanung oder das Management der externen Lieferanten. Jeder dieser Beschaffungsprozesse setzt sich wiederum aus mehreren Teilprozessen zusammen.[282]

Zahlreiche Ansatzpunkte für eine nachhaltige Prozessgestaltung bietet das Lieferantenmanagement mit den Teilprozessen Lieferantensuche, -bewertung, -auswahl und Lieferantenentwicklung. Strebt das Lieferantenmanagement traditionell nach Wettbewerbsvorteilen über die Erhöhung der Lieferqualität, die Senkung der Beschaffungskosten und die Erhöhung der Versorgungssicherheit, fordern die meisten Unternehmen inzwischen auch das nachhaltige Wirtschaften von ihren Lieferanten aktiv ein. Damit sichern Unternehmen nicht nur den Erhalt einer eigenen funktionsfähigen Beschaffung. Sie leisten zudem einen Beitrag zur Einhaltung von Umweltnormen und Sozialstandards. Nicht zuletzt differenziert Nachhaltigkeit als Erfolgsfaktor Unternehmen gegenüber Wettbewerbern, was Nachhaltigkeitsindizes (z.B. Dow Jones Sustainability Index, Carbon Performance Leadership Index), Nachhaltigkeitsfonds oder Nachhaltigkeitsampeln (z.B. WeGreen, Companize, brandoscope) belegen.

Nachhaltigkeitsberichte von Unternehmen beinhalten regelmäßig die folgenden Elemente im Hinblick auf **nachhaltige Lieferantenbeziehungen**:[283]

◻ Definieren von Anforderungen an nachhaltiges Wirtschaften der Lieferanten in Richtlinien oder Codes,

---

[282] Vgl. Kummer, S./Grün, O./Jammernegg, W. (2009) S. 93 f.

[283] Vgl. Daimler AG (2012), online; Bayer AG (2010), online; Henkel AG & Co. KGaA (2011), online; Volkswagen AG (2012), online

- aktives Informieren der Lieferanten über die Anforderungen,
- Verpflichten der Lieferanten zum Einhalten der Anforderungen,
- Implementieren der Richtlinien mit Hilfe von Trainings für Einkaufsmitarbeiter und Lieferanten,
- Überprüfen der Einhaltung dieser Richtlinien,
- Entwickeln von Systemen zur Früherkennung negativen Verhaltens,
- Belohnen von kooperativem Verhalten, Sanktionieren von Verstößen gegen Nachhaltigkeitsrichtlinien.

Die Definition von Lieferantenrichtlinien oder Verhaltenskodexen stützen viele Unternehmen auf bereits vorhandene Normen und Standards, wie z.B. den zehn Prinzipien des UN Global Compact, den Sozialstandards SA 8000 der Nichtregierungsorganisation Social Accountability International (SAI), auf Umweltnormen wie der DIN: ISO 14001 oder dem Eco-Management and Audit Scheme EMAS, einem Gemeinschaftssystem der Europäischen Union für Umweltmanagement und Umweltbetriebsprüfung. Die Anforderungen zielen meist auf Umweltstandards und ethische Grundsätze (z.B. Korruptionsverbot, Diskriminierungsverbot) sowie auf Arbeitsbedingungen (z.B. Verzicht auf Kinderarbeit, Entlohnung, Arbeitszeiten, Gesundheit, Sicherheit). Neben der Formulierung von Richtlinien finden solche Anforderungen Eingang in Lieferanten-Selbstbewertungen, sie ergänzen Kriterienkataloge zur Bewertung neuer und bestehender Lieferanten sowie Checklisten für Lieferantenbesuche und -audits und werden eingebettet in Allgemeine Geschäftsbedingungen und Lieferverträge.

Bei der aufwendigen Überprüfung der Lieferanten im Hinblick auf die Einhaltung der Nachhaltigkeitsanforderungen konzentrieren sich Unternehmen oftmals auf Geschäftspartner in sogenannten Risikoländern und auf Risikolieferanten. Zu Risikoländern zählen etwa Länder mit Rohstoffvorkommen, bei deren Abbau Menschenrechtsverletzungen bekannt wurden. Als Risikolieferanten eingestuft werden z.B. Lieferanten, die bereits gegen Nachhaltigkeitsrichtlinien verstoßen haben. Die Früherkennung potentieller Risiken leisten Expertenteams, die sich auf Marktbeobachtungen spezialisieren sowie externe Dienstleister, die ausgewählte Länder regelmäßig auf Umweltrisiken hin untersuchen (z.B. Business Environment Risk Intelligence S.A., www.beri.com).

Die eigentliche Überprüfung der Nachhaltigkeitsleistung von Lieferanten findet jährlich in Form von sogenannten Audits vor Ort statt. Oftmals werden Beschaffungsabteilungen über Quotenregelungen zu bestimmten Audit-Umfängen verpflichtet (z.B. mindestens 20% der Risikolieferanten sind jährlich zu auditie-

12

ren). Die ermittelte Nachhaltigkeitsleistung kann dazu führen, dass ein Lieferantenverhältnis beendet wird, wenn der Lieferant etwa bestimmte Sozialstandards nicht erfüllen kann. Im Fall herausragender Nachhaltigkeitsleistung profitiert der Lieferant von einem wachsenden Geschäftsvolumen oder von der Einladung zu attraktiven Qualifizierungs- und Schulungsmaßnahmen.

12.3 Produktion und Produktionslogistik

12.3.1 Neubewertung bekannter Konzepte

Nachhaltiges Wirtschaften in Unternehmen sucht nicht nur nach gänzlich neuen Lösungsansätzen. Vielmehr sind auch solche Strukturen und Konzepte kritisch zu prüfen, die aus dem heutigen Unternehmensalltag kaum fortzudenken sind. Dies gilt etwa für die **weltweite Arbeits- und Standortteilung** ebenso wie für Elemente der **verschwendungsarmen Produktion** (synonym: Lean Production), zu denen unter anderem das Hol- oder Pull-Prinzip gehört.

Die **Neubewertung globaler Produktionsnetzwerke** unter Nachhaltigkeitsaspekten würde jedoch zu kurz greifen, betrachtete man ausschließlich die Transportintensität des international verteilten Wirtschaftens und den resultierenden CO_2-Ausstoß. Gleichwohl ist das z.B. das manuelle Schälen der in Deutschland verkauften Nordseekrabben in Marokko und Weißrussland unter ökologischen Gesichtspunkten negativ zu bewerten. Ebenso das „37.000 km-Shirt" mit der Baumwollproduktion in den USA, der Herstellung in Bangladesh und dem Verkauf in Deutschland.[284] Vielmehr hat eine nachhaltige Gestaltung von Produktionsstrukturen erstens die Frage zu beantworten, ob die zunehmende globale Arbeitsteilung an sich, d.h. das weitreichende Zerlegen von Produktionsschritten, auf lange Sicht ökonomisch nachhaltig sein kann. Zweitens ist zu prüfen, inwieweit das Produzieren in kleineren Wirtschaftsräumen langfristig ökonomisch vorteilhafter werden kann, berücksichtigt man steigende Löhne in heutigen Niedriglohnländern, zunehmende Transportkosten, regionale Nachfrageverschiebungen und sich ändernde Kundenbedürfnisse. Die Beobachtung der Unternehmenspraxis lässt aktuell keine eindeutigen Schlüsse zu. So erweitern deutsche Automobilhersteller ihre Produktionskapazitäten in Übersee während Unternehmen der chemischen Industrie schon vor Jahren Kapazitäten aus dem Ausland nach Deutschland rückverlagert haben. Ebenso wenig eindeutig erscheint die Entwicklung der betrieblichen Wertschöpfungstiefe.

---

[284] Vgl. o.V. (2011) S. 19

Geht man nun von der Annahme aus, dass über einen Zeitraum von 15 bis 20 Jahren Lohnkostenvorteile heutiger Schwellenländer abnehmen und Transportkosten zunehmen werden (über steigende Treibstoffkosten und internalisierte Umweltkosten), muss eine global verteilte Produktion zumindest für bestimmte Produkte oder Branchen an Attraktivität verlieren.

Beispiel

Eine Studie zur Zukunft der Globalisierung knüpft die langfristige Wettbewerbsfähigkeit von Niedriglohnproduktionen an Faktoren wie die Wertdichte und Lebensdauer des Produktes, den Lohnanteil an den Fertigungskosten und die branchenüblichen Lieferzeitanforderungen der Kunden. Für den Fall der Fertigung lohnkostenintensiver, hochwertiger und kurzlebiger Produkte mit entsprechend kurzen Lieferzeitfenstern würde eine Produktion in China ihre Vorteilhaftigkeit gegenüber der Fertigung in Osteuropa erst nach 18 Jahren und bei einem Ölpreis von US$ 350 je Barrel einbüßen. Stellt man diesem Beispiel die Montage von PCs gegenüber (mittlere Lebensdauer, mittlerer Lohnkostenanteil, hohe Wertdichte, kurze Lieferzeiterwartungen europäischer Kunden), kann der regionale Wirtschaftsraum Europa schon heute Wettbewerbsvorteile gegenüber der Fertigung in Fernost bieten.[285]

Das **Pull- oder Hol-Prinzip** ist dadurch gekennzeichnet, dass die Produktion eines Gutes einzig durch einen Kundenauftrag ausgelöst wird. Die Herstellung von DELL-Computern folgt diesem Prinzip. Im Gegensatz dazu steht das Push- oder Bring-Prinzip, wonach die Güterproduktion auf Absatzplanungen und Prognosen basiert. **Ökonomische Vorteile** des Pull-Prinzips liegen zunächst in der konsequenten Kundenorientierung, indem nur diejenigen Produkte produziert werden, die ein Kunde entweder bereits bestellt oder sogar schon verbraucht hat. Eine Überproduktion und Einlagerung von Fertigerzeugnissen wird vermieden. Die kurzen Durchlaufzeiten bedarfsgerechter, kleiner Fertigungsaufträge ermöglichen eine flexible Reaktion auf kurzfristige Kundenwünsche, da die Produktionsanlagen nie über längere Zeit von großen Serien belegt sind. Ökonomisch effizient ist die Fertigung kleiner Lose aber nur dann, wenn die Rüstzeiten kurz und die Rüstkosten hinreichend gering sind, beziehungsweise wenn die Lagerhaltungskosten und die Kapitalbindung in Verbindung mit der

12

---

[285] Vgl. dazu Bretzke, W.-R. (2010) S. 223 ff.

Fertigung größerer Lose entsprechend hoch sind. Ist dies gegeben, so bleibt zum einen die Frage zu klären, ob die ökonomischen Konsequenzen kleiner Fertigungslose damit vollständig erfasst sind. Zum anderen ist zu beurteilen, ob aus kleinen Fertigungslosen ökologische Effekte resultieren, die deren Vorteile ganz oder teilweise aufzehren.

Weitere ökonomische und auch ökologische Effekte des Pull-Prinzips liegen vor allem in der Distributionslogistik, d.h. im Transport der Fertig-Erzeugnisse. Wie schon für die Just-in-Time-Anlieferung der Beschaffungslogistik beschrieben, werden in der Distribution Transporte unverzüglich disponiert, sobald die Ware fertiggestellt ist. Will ein Unternehmen in diesem Abschnitt der Lieferkette Wartezeiten, Liegezeiten und Zwischenlagerung vermeiden, resultieren aus kleinen Fertigungslosen auch kleine Transportaufträge, die zu einer Minderauslastung von Fahrzeugen und damit zur Verschwendung von Transportkapazitäten führen. Hinzu kommt, dass sich die täglichen Schwankungen der Auftragseingänge bei konsequenter Anwendung des Pull-Prinzips unmittelbar auf die Auslastung der Produktions- und der Transportkapazitäten niederschlägt. Selbst wenn für kleinere Transportaufträge auch entsprechend dimensionierte Fahrzeuge zur Verfügung stehen, so wird doch das gesamte Produktionsvolumen in eine Vielzahl von Transporteinheiten zerlegt. Häufigere Transporte kleiner Einheiten erhöhen den insgesamt erzeugten CO_2-Ausstoß sowie die Gesamtzahl an Fahrzeugen, die in einem Zeitraum eingesetzt werden. Dies wiederum erhöht die Verkehrsdichte und damit die Wahrscheinlichkeit von Staus sowie den CO_2-Ausstoß je transportierter Einheit. Außerdem können schwankende Auslastungen Störungen in der Produktion hervorrufen, wenn etwa Auslastungsspitzen personell nicht abgedeckt werden können. Der Ausgleich störungsbedingter Liegezeiten in der Produktion erzwingt häufig die Veranlassung teurer Expresslieferungen.

Eine mögliche Lösung dieses Dilemmas bietet die „Lean"-Philosophie und das Toyota-Produktionssystem mit dem Prinzip der Nivellierung des Produktionsvolumens und der Produktmixes (synonym: Heijunka oder Load Levelling), welches in der betriebswirtschaftlichen Literatur bereits vielfach beschrieben wurde.[286]

Der folgende Abschnitt diskutiert eine andere Maßnahme zur Verbesserung der Tourenauslastung mit dem Ziel, sowohl Transportkosten zu senken, als auch CO_2-Emissionen zu reduzieren. Dieser Vorschlag greift nun an der Organisation von betrieblichen Planungen und Abläufen an.

---

[286] Vgl. dazu Ohno, T. (1988), S. 17 ff.

12.3.2 Erweiterung bestehender Prozesse

Eine weitere Ursache für mangelnde Transportmittelauslastung liegt in der Praxis nicht selten darin begründet, dass verschiedene Abteilungen im Unternehmen isoliert voneinander planen, obwohl sich ihre Pläne gegenseitig beeinflussen und voneinander abhängen. Dies sei hier am Beispiel der **Losgrößenplanung**, der **Bestellmengenplanung** und der **Tourendisposition** erläutert.

Der Produktionsbereich plant die Größe der Fertigungslose. Je mehr Einheiten desselben Erzeugnisses in einem Fertigungslos produziert werden, desto länger belegt das Los die Produktionslinie und umso länger dauert es, bis die Maschinen und Anlagen für die nächste Erzeugnisart vorbereitet werden. Während der Umrüstung stehen die Maschinen in der Regel still, die Produktion auf dieser Linie ruht. Wird eine Produktionslinie z.b. in einer Großserienfertigung in großen zeitlichen Abständen umgerüstet, fallen rüstungsbedingte Stillstände entsprechend selten an, die damit verbundenen Rüstkosten sind niedriger als bei kleinen Losen und häufigen Umrüstungen. Je nach Branche, Fertigungstechnologie und Organisation des Umrüstablaufes kann die Umrüstzeit wenige Minuten aber auch Stunden betragen. Gegenläufig zu den Rüstkosten entwickeln sich die Lagerhaltungskosten. Deckt ein Fertigungslos z.B. einen ganzen Monatsbedarf des Produktes ab, muss ein Teil der gefertigten Einheiten zunächst eingelagert werden, um eventuell erst Wochen später verkauft zu werden. Für diese eingelagerten Mengen und über die Lagerdauer entstehen Lagerhaltungskosten, die umso höher ausfallen, je größer die Fertigungslose sind. Die optimale Losgröße y entspricht gerade der Menge an Erzeugnissen, bei der die Summe aus Rüstkosten K_U und Lagerhaltungskosten K_L minimal ist.[287] Abbildung 12-2 stellt die gegenläufigen Kostenwirkungen graphisch dar.

Die **Tourendisposition** befasst sich anschließend mit dem Transport der Fertigerzeugnisse zum Kunden, in ein Zentrallager oder in ein kundennahes Auslieferungslager und plant die einzusetzenden Transportfahrzeuge, die Größe von Transportbehältern und -verpackungen, Transportrouten und -touren. Organisatorisch eingegliedert ist die Tourenplanung in eine Versandabteilung oder in einen eigenständigen Logistikbereich. Der Logistikbereich strebt nach maximalem Kundenservice (Liefertreue, Lieferflexibilität, Lieferqualität, Lieferzeit etc.) und möglichst geringen Logistikkosten (Transportkosten, Bestandskosten, Auftragsabwicklungskosten, Lagerhauskosten etc.). Planen beide Bereiche unabhängig voneinander und in sequenzieller Abfolge, so erhält die Transportdisposition die täglichen Bedarfe des Kunden und die gefertigten und ver-

12

---

[287] Vgl. Kummer, S. (Hrsg.)/Grün, O./Jammernegg, W. (2009), S. 140

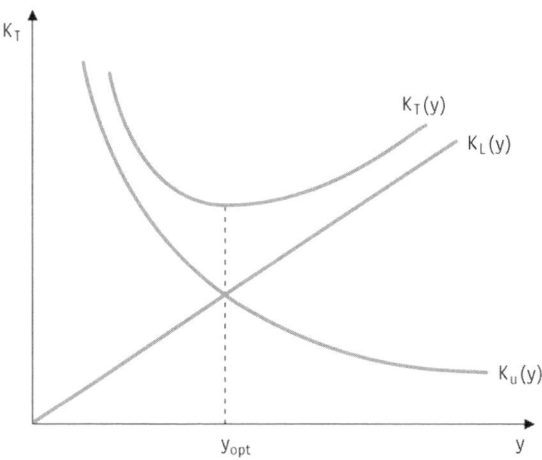

Abb. 12-2: Losgrößenplanung

verfügbaren Erzeugnismengen als Datum für die sich anschließende Transportdisposition.

Im ungünstigsten Fall disponiert die Logistik bedarfsgerechte Kleinmengen mit schlechter Auslastung. Da die Minderauslastung der Transporte die Transportkosten in die Höhe treibt, ist die Frage zu stellen, ob die Einbeziehung der Transportkosten in die Losgrößenplanung eine Veränderung der geplanten Losgrößen und eine Verbesserung der gesamten Kostensituation bewirken kann.

Dazu nimmt man in das lineare Modell zur **Losgrößenplanung** neben den Rüst- und Lagerhaltungskosten auch die Transportkosten auf. Unter der Annahme, dass die Transportkosten degressiv verlaufen, da die Frachtraten mit zunehmendem Transportvolumen sinken, müssen auch die Transportkosten je Einheit mit zunehmender Losgröße sinken. Die Erweiterung des Modells um die Transportkosten bewirkt also, dass die kostenminimale Losgröße gegenüber dem klassischen Losgrößenmodell eher wächst. Die Abteilungsübergreifenden Gesamtkosten könnten also sinken, wenn sich Produktions- und Versand- bzw. Logistikabteilungen in den Planungen ihrer Fertigungs- und Transportaufträge abstimmen würden. Diese Überlegungen setzen voraus, dass alle produzierten Mengen auch unverzüglich, also ohne Zwischenlagerung transportiert werden.

Aus praktischer Sicht könnten jedoch die Bedürfnisse des Kunden gegen diese Vorgehensweise sprechen, sofern der Kunde eine Belieferung vor dem Bedarfszeitpunkt oder eine Liefermenge, die über der aktuellen Bedarfsmenge liegt, ablehnt. Um dennoch große Lose mit dem anschließenden gebündelten Transport zu realisieren, ist eine Lagerstufe zwischen Werk und Kunde notwendig. So können immerhin die Lieferungen zwischen Werk und Lager gebündelt transportiert werden. Schließen dagegen Kostenbetrachtungen eine solche Lagerstufe aus, bleibt die Verhandlung mit dem Kunden über flexiblere Anlieferungsfenster. Im vorliegenden Szenario würde also der Kunde dem Lieferanten zugestehen, dass der Lieferant auch bis zu x Tagen zu früh oder einen halbvollen Transportbehälter liefern darf, um freie Transportkapazitäten besser auszulasten. Dieser Spielraum würde eine gewisse Bündelung erlauben, obwohl zwischen Werkslager und Kunde kein Bestandspuffer eingefügt wurde und obwohl der Kunde grundsätzlich bedarfsgerecht beliefert wird, wenn auch mit gewisser zeitlicher und mengenmäßiger Flexibilität.

Analog lässt sich dieser Gedanke übertragen auf die Beschaffungsseite, wo klassische **Bestellmengenmodelle** den Kostenausgleich zwischen den bestellfixen Kosten pro Bestellvorgang und den Lagerhaltungskosten suchen. Danach generieren Warenwirtschaftssysteme in Unternehmen etwa automatisch einen Bestellvorschlag, sobald der Lagerbestand einer Materialart bis auf einen definierten Mindestbestand verbraucht wurde. Die tatsächliche Bestellung des Materials löst eine Sendung vom Lieferanten zum bestellenden Unternehmen aus. Hätte der Lieferant die Freiheit, den Materialnachschub schon anzustoßen, bevor der Mindestbestand beim bestellenden Unternehmen erreicht ist, um so Fahrzeugauslastungen zu verbessern, könnten auch beschaffungsseitig Schadstoffemissionen reduziert werden.[288] Sowohl bei der Planung von Bestellmengen und -zeitpunkten als auch bei der Planung von Fertigungslosen können Bündelungseffekte nur dann identifiziert und realisiert werden, wenn Mengen und Termine mit der Transportdisposition abgestimmt werden. Hilfreich dabei wäre eine organisatorische Integration dieser drei Teilplanungen.

12.3.3 Einsatz innovativer Technologien

Anders als die bisher beschriebenen konzeptionellen oder prozessualen Gestaltungsfelder setzen umweltschonende Produktionsverfahren an innovativen Technologien an. Deren **Beiträge zur Umweltschonung** liegen vor allem in

▪ der Energieeffizienz von Industrieanlagen,

---

[288] Vgl. dazu Bretzke, W.-R./Brakawi, K. (2010), S. 142 ff.

- der Ressourceneffizienz von Industrieanlagen und Fertigungsverfahren,
- der Anlagensicherheit,
- dem emissionsarmen Betrieb von Maschinen und Anlagen,
- der Herstellung oder dem Einsatz umweltverträglicher Produkte oder umweltschonender Substitutionsstoffe.

Das Umweltbundesamt fördert zahlreiche Innovationsprojekte privater Unternehmen, in denen solche Anlagentechniken und Verfahrenstechniken oder Verfahrenskombinationen erstmalig verwirklicht werden, sofern diese Innovationen zur Vermeidung und Verminderung von Umweltbelastungen beitragen.[289] Das Umweltbundesamt fördert außerdem den Umwelttechnologietransfer unter anderem über das Internetportal „Cleaner Production Germany", welches neben Informationen über Umwelttechnologien und Umweltdienstleistungen auch **Praxisbeispiele** und Projektbeschreibungen bietet.[290]

Praxisbeispiele

Die *Beiersdorf AG* entwickelte ein lösungsmittelfreies Verfahren zur Herstellung von technischen Klebebändern für die tesa-Werke. Der bisherige Einsatz eines Benzin-Ethanol-Gemisches war erforderlich, um die Klebebänder für den Auftrag des Kautschukklebers vorzubereiten. Dabei wurden die Lösungsmittel in das Abwasser und in die Luft emittiert. Ein neues Verfahren mit thermisch-mechanischer Behandlung ersetzt diesen Schritt und verzichtet vollständig auf das Lösungsmittel.

In einem anderen Projekt realisierte die *BBS Kraftfahrzeugtechnik AG* ein neues Verfahren zur Beschichtung von Aluminiumfelgen, das auf die bisherige Verwendung von toxischen, sechswertigen Chromverbindungen verzichtet.

Die *E-Plus-Mobilfunk GmbH & Co. KG* betreibt in Deutschland Mobilfunkbasisstationen, die zum Teil klimatisiert werden müssen. Die bisher eingesetzten Raumklimageräte weisen hohe Energieverbräuche auf und setzen fluorierte Treibhausgase als Kältemittel ein. Kühlmittelfreie und windbetriebene Lüfter sollen pro Jahr 3.600 Tonnen CO_2-Ausstoß vermeiden.

---

[289] Vgl. Umweltbundesamt (1997), S. 1
[290] Vgl. Umweltbundesamt (2012b), online

Die Investitionen in diese Technologien verursachen einerseits Kosten. Diesen Kosten sind andererseits aber die möglichen Umweltabgaben und Sanktionen gegenüberzustellen, ebenso wie Fördermittel, die innovative Technologieprojekte unterstützen.

12.4 Distribution und Distributionslogistik

12.4.1 Neubewertung bekannter Konzepte

Sehr unterschiedliche Umweltaspekte sind zu betrachten, wenn man einerseits Distributionssysteme zur Versorgung von Städten neu bewerten möchte, andererseits Distributionssysteme zur Überwindung größerer Distanzen zwischen Hersteller und Abnehmer (Konsument, Handelsunternehmen, Industrieunternehmen) einer Ware beleuchten will. Beiden Problemen ist gemeinsam, dass Maßnahmen zur Umweltschonung vorrangig im Rahmen einer gebündelten Versorgung zu realisieren sind.

Die Städteversorgung, auch → **City-Logistik** genannt, bezeichnet die ganzheitliche Ver- und Entsorgung von innerstädtischen Einzelhandelsgeschäften. Der innerstädtische Lieferverkehr wird erschwert durch beschränkte Anlieferzeiten, die Begrenzung der Fahrzeuggrößen, enge Straßen, mangelnde Stellplatzflächen sowie durch den fließenden und ruhenden PKW-Verkehr. Gleichzeitig belastet der Lieferverkehr die zum Teil bewohnten Innenstädte erheblich durch Lärm und Abgase. Ein einzelnes Warenhaus erfährt bis zu 200 Anlieferungen pro Woche. Ziel der City-Logistik ist es daher, die geforderte Transportleistung zwar zu erbringen, dies aber mit deutlich verringerter Verkehrsleistung.[291]

Möglich wird dies durch die räumliche **Bündelung von Warenströmen**, die in kollektiven Betriebsformen organisiert wird. Dazu werden sogenannte Güterverteilzentren in Stadtrandlage errichtet. Mehrere Speditionen und Hersteller liefern die für die Innenstadt bestimmten Waren dort ab, aber nur ein einzelnes Citylogistik-Unternehmen disponiert und verteilt die Lieferungen an die Geschäfte in der Innenstadt. Betreiber des Güterverteilzentrums sind oftmals mehrere Speditionen. **Ökologische Effekte** dieser Lösung entstehen über die Sendungsverdichtung einerseits, in dem im Vergleich zum individuellen Anlieferverkehr mehr Sendungen je Kunde bzw. je Stopp entladen werden. Andererseits erzielt das City-Logistik-Unternehmen eine Tourenverdichtung durch eine größere Anzahl von Stopps je Tour. Insgesamt fahren weniger Lieferfahrzeuge die

12

---

[291] Vgl. Pfohl, H.-C. (2010), S. 275 f.

Innenstadt an. In der Stadt Regensburg, dessen Innenstadt nur etwa einen Quadratkilometer umfasst, erzielte das Citylogistik-Konzept eine Einsparung von 4.300 LKW-Kilometern pro Jahr und damit eine erhebliche Minderbelastung durch Lärm und Abgase.[292]

Ökonomische Wirkungen dieser Kooperationslösung fallen für die beteiligten Akteure unterschiedlich aus. Das Citylogistik-Unternehmen profitiert von dem konsolidierten und mehrjährigen Auftragsvolumen und von den Spielräumen bei der Tourendisposition, die eine kosteneffiziente Belieferung erlauben. Die das Güterverteilzentrum beliefernden Hersteller und Speditionen verzichten auf die wirtschaftlich oft unattraktive Belieferung einzelner Kunden in Innenstädten. Sie verbessern unter Umständen so ihre Ertragslage und ihr Image als umweltbewusste Unternehmen. Jedoch fallen im Vergleich zum individuellen Lieferverkehr Kosten des Warenumschlags im Güterverteilzentrum an, die den genannten Kostenvorteil aufzehren könnten. Hinzu kommen die Kosten für den Betrieb des Güterverteilzentrums, welche auf die Kooperationspartner umgelegt werden, sowie die Kosten der Warenverteilung in der Innenstadt durch das Citylogistik-Unternehmen. Der Nutzen für Handelsunternehmen liegt in den Lagerflächen, die das Güterverteilzentrum bietet, in positiven Imagewirkungen und in verringerten Warteschlangen vor den Laderampen der Warenhäuser. Die Kommunen nutzen ebenfalls den positiven Imageeffekt der umweltschonenden Innenstadtbelieferung. Damit hilft das Citylogistik-Konzept den Städten im Wettbewerb gegen Einkaufszentren „auf der grünen Wiese" im Umland.

Dennoch haben zahlreiche **Probleme** den Erfolg vieler Citylogistik-Vorhaben begrenzt oder verhindert, wie z. B.:

- ein zu geringes Geschäftsvolumen für das Citylogistik-Unternehmen,
- die ungleiche Verteilung der Vorteile aus der Kooperation,
- hohe Koordinations- und Informationskosten (Transaktionskosten),
- insgesamt höhere Kosten der gebündelten City-Logistik.

Die Höhe des gebündelten Anliefervolumens hängt maßgeblich von der Kooperationsbereitschaft der Handelsunternehmen ab. Die Mehrheit der Handelshäuser in Innenstädten gehört Filialisten bzw. Handelskonzernen an, welche bereits über eigene Verteil- und Umschlagzentren verfügen und daher ein eher geringes Interesse an einer kooperativen Citylogistik zeigen. Ein weiterer großer Anteil des Anliefervolumens in Innenstädte entfällt auf KEP- (Kurier-, Express-, Paket-)

---

[292] Vgl. ebenda, S. 276 f.

Dienstleister, die einer Kooperation ebenfalls kein Interesse entgegenbringen dürften. Deren Alleinstellungsmerkmal besteht gerade in der individuellen, kurzfristigen Anlieferung und Abholung von Kleinmengen zu Wunschterminen. Für die Transportabwicklung durch das Citylogistik-Unternehmen müssten KEP-Dienstleister ihre Serviceziele jedoch immer wieder kollektiven Zielen unterordnen. Für Produzenten sensibler Waren (z.b. Tiefkühlkost) wiederum schließt der geforderte Warenumschlag im Güterverteilzentrum die Teilnahme an der Kooperation aus, da solche Waren in der Regel ohne Unterbrechung transportiert werden müssen. Zusätzlich begrenzen vorgegebene Anlieferzeiten für bestimmte Waren (z.b. Backwaren vor 7 Uhr) den Teilnehmerkreis einer Citylogistik-Kooperation. Spediteure schließlich lehnen die Kooperation oft aufgrund der oben genannten zusätzlichen Kosten ab. Daher hängt die Vorteilhaftigkeit der Kooperation für die teilnehmenden Speditionen entscheidend von der Tarifgestaltung des Citylogistik-Unternehmens ab. Potentiell geeignete Speditionen, die als Citylogistik-Unternehmen fungieren könnten, scheuen die Übernahme dieser Aufgabe nicht selten aufgrund der hohen Kosten der Anbahnung und Durchführung der Kooperation (Transaktionskosten). Kosten der Anbahnung entstehen z.b. für die Tarifentwicklung, die Auswahl zuverlässiger Kooperationspartner, die Verhandlung eines Kooperationsvertrages oder für die Errichtung eines Güterverteilzentrums. Kosten der Durchführung resultieren aus der Verarbeitung und Übermittlung von Informationen über Liefermengen, Liefertermine und Lieferkonditionen. Die Kontrollkosten entstehen z. B. für die Überwachung der Einhaltung von Kooperationsvereinbarungen.[293]

An der Lösung einer Vielzahl dieser Probleme arbeiten Städte, Kommunen, beratende und forschende Institutionen sowie Logistikunternehmen. Positive Beispiele belegen, dass die Überwindung von Widerständen möglich ist. Das Citylogistikkonzept ist bislang alternativlos geblieben. Denn ohne Transportbündelung ist eine Entlastung der Innenstädte von Lieferverkehr, Lärm und Schadstoffausstoß nur durch Mobilitätsbeschränkende Maßnahmen denkbar (z.b. durch eine City-Maut), wodurch die Innenstädte schon bald an Attraktivität gegenüber Standorten im Umland verlieren würden.

Bei den **Distributionssystemen zur Überwindung größerer Distanzen** zwischen Hersteller und Abnehmer ist seit Dekaden ein Trend zur **Zentralisierung** von Distributionssystemen festzustellen. Ob Philips, Apple, Fresenius, Nike oder Coop: Industrie- und Handelsunternehmen reduzieren vor allem in kleineren Wirtschaftsräumen wie Europa die Anzahl ihrer Regionallager zugunsten

12

---

[293] Vgl. Deutscher Städtetag (2003), S. 13 ff.

großer Zentrallager. Hier begünstigt die gute Erreichbarkeit der nationalen Märkte auf dem Landweg eine zentrale Lagerhaltung.

Positive **ökonomische Effekte** gründen vor allem auf den Größenvorteilen einer zentralen Lagerhaltung. Größere Lagereinheiten in geringer Anzahl weisen geringere Fixkosten auf als viele kleine Lagereinheiten in dezentralen Distributionsnetzen. Dies gilt für Personal- und Verwaltungskosten, für Gebäude- und Raumkosten sowie für Lagerhaltungskosten, welche infolge geringerer Sicherheitsbestände abnehmen. Abschreibungen auf Bestände infolge von Verderb, Überalterung oder Beschädigung der Waren werden aufgrund der besseren Planbarkeit zentraler Bestände vermieden bzw. verringert. Große Zentrallager ermöglichen zudem die Investition in Automatisierungstechnik für Lager-, Kommissionier- und Fördersysteme sowie die Standardisierung von Abläufen. Die Beschleunigung der Lagerprozesse verkürzt Auftragsabwicklungszeiten, wodurch die Kundenzufriedenheit steigt und die Prozesskosten sinken. Eine geringere Zahl an Ein- und Auslagerungsvorgängen beschleunigt die Auftragsabwicklung gegenüber der mehrstufigen Lagerhaltung in dezentralen Systemen zusätzlich. Negative ökonomische Effekte entstehen infolge langer Transportstrecken zwischen Zentrallager und Bedarfsort mit der Folge längerer Transportzeiten und Reaktionszeiten im Hinblick auf kurzfristige Bedarfe sowie durch vergleichsweise höhere Transportkosten. Staubedingt können zudem auf längeren Strecken die Transportzeiten für eine gegebene Strecke erheblich schwanken, was die Transportdisposition erschwert und die Liefertreue beeinträchtigt. Vereinzelt steigen Prozesskosten gegenüber kleinen, dezentralen Lagereinheiten infolge längerer Kommissionierzeiten in Zentrallagern mit großer Sortimentsbreite, aber auch durch die schwerfälligere zentrale Administration.[294] Dennoch überwiegen häufig die ökonomischen Vorteile zentraler Lagereinheiten, insbesondere in relativ kleinen Wirtschaftsräumen wie z.B. Westeuropa.

Jedoch begrenzen Distributionssysteme mit nur einem Zentrallager die Bündelungseffekte im Transportmanagement oder die wirtschaftlichen Effekte der Bündelung. Insofern muss sich dieses ökonomisch oft überlegene Konzept einer kritischen Überprüfung der **ökologischen Effekte** stellen. Das Fehlen von Pufferbeständen zwischen dem Bedarfsort und dem Zentrallager bedingt eine enge zeitliche und mengenmäßige Kopplung von Kundenbedarf und Transport. Die Waren werden bedarfsgerecht disponiert und auftragsbezogenen zum Bedarfsort transportiert. Eine zeitliche Aggregation von Aufträgen mit unterschiedlichen Bedarfszeitpunkten findet kaum statt. Schwankende Auftragseingänge, die umgehend disponiert und transportiert werden, produzieren ver-

---

[294] Vgl. Stölzle, W. et al. (2004), S. 14

gleichsweise häufige und gering ausgelastete Fahrten mit relativ hohen CO_2-Emissionen je Auftrag. Schwankende Auftragseingänge erschweren zusätzlich das Vorhalten richtig dimensionierter Transportmittel und führen nicht selten zur Disposition zu großer Fahrzeuge mit entsprechend schwacher CO_2-Effizienz. Würden diese vermeidbar hohen CO_2-Emissionen den Betreibern zentraler Distributionssysteme als Kosten angelastet, könnte deren wirtschaftliche Vorteilhaftigkeit leiden. Die Verschiebung des Minimums aus Bestandskosten, Handlingkosten, Lagerraumkosten, Transportkosten und Umweltkosten könnte im Vergleich zentraler und dezentraler Distributionssysteme eher dezentrale Strukturen begünstigen. Die Praxis bringt vielfach hybride Strukturen hervor, basierend auf zentralen Distributionssystemen mit kundennahen, bestandlosen Umschlagpunkten.

12.4.2 Erweiterung bestehender Prozesse

Bestehende **Prozesse der Planung und Steuerung von Transportkapazitäten** bieten wesentliche Ansatzpunkte zur nachhaltigen Entwicklung der Distributionslogistik. Aus der Vielzahl möglicher Maßnahmen eines nachhaltigen Kapazitätsmanagements sind die folgenden **Beispiele** herauszustellen:

- elektronische Frachtbörsen,
- horizontale Kooperationen im Transport,
- Sendungsvorverdichtung.

Unter **elektronischen Frachtbörsen** versteht man elektronische Marktplätze, die Angebot und Nachfrage nach Laderaum zusammenführen, so etwa Timo-Com (www.timocom.de) oder Teleroute Freight Exchange (http://corporate.teleroute.com). Zu unterscheiden sind Marktplätze mit und ohne Preisbildungsfunktion. Im Rahmen sogenannter „Reverse Auctions" erhält derjenige Laderaumanbieter den Zuschlag für eine Sendung, der das niedrigste Angebot stellt. Hingegen bleibt das Aushandeln von Preisen den Marktpartnern überlassen, wenn sie sich auf elektronischen Marktplätzen mit reiner Matching-Funktion begegnen. Hier werden einem Versender lediglich passende Laderaumangebote angezeigt. Beiden Formen gemeinsam ist der Versuch, über den Marktplatz die Laderaumausnutzung zu verbessern und Leerfahrten zu vermeiden. Damit einher gehen positive **ökonomische wie ökologische Nachhaltigkeitswirkungen**: Die sinkende Anzahl eingesetzter Fahrzeuge kann sowohl Transportkosten je Sendung als auch die CO_2-Belastung senken sowie die Entstehung von Verkehrsstauungen vermindern. Insofern kann man mit Spannung künftige Untersuchungen erwarten, die die mittelfristige Wirkung solcher Frachtbörsen auf die gesamte Transportkapazität und das gesamte Verkehrsaufkommen be-

12

leuchten. Kurzfristig ist zu befürchten, dass von der Effizienzsteigerung durch Frachtbörsen nur einzelne Unternehmen profitieren, die Kapazität des Gesamtsystems aber unberührt bleibt.[295]

Horizontale Kooperationen zielen darauf ab, gegebene Teilladungen zweier Verlader so zu kombinieren, dass die auftragsbezogenen Verkehre beider Partner deutlich reduziert werden. Bei Mars und Ferrero etwa handelt es sich um Unternehmen derselben Wertschöpfungsstufe, die dieselben Filialen von Aldi, Rewe oder Lidl traditionell getrennt belieferten. Nicht selten mussten teure Stückgutsendungen in Auftrag gegeben werden, wenn eine Filiale Kleinmengen eines Produktes bestellte. Heute beauftragen Wettbewerber gemeinsam einen Transportdienstleister mit der filialgerechten Bündelung der Waren an einem Umschlagplatz und mit dem Transport zwischen Umschlagplatz und den Filialen. Die Zielgebietsverkehre nehmen ab, beide Partner schonen dadurch die Umwelt und profitieren von niedrigeren Frachtraten. Dieser Versuch ist umso bemerkenswerter, als er klassische Widerstände bei horizontalen Kooperationen überwindet: gegenüber der Offenlegung von Transportmengen und -konditionen und der wechselseitigen Abhängigkeit. Denn die gemeinsam verhandelten Frachtraten sind nur solange realisierbar, wie das geplante Mengengerüst von beiden Partnern eingestellt werden kann. Das Risiko von einseitigen Bedarfsschwankungen und der resultierenden Ungleichverteilung der Vorteile aus der Kooperation begrenzen schließlich die **ökonomischen und ökologischen Effekte** dieser Zusammenarbeit. Die Kooperation zwischen *Mars* und *Ferrero* etwa bezieht sich ausschließlich auf die Flächenverteilung der Ware, nicht aber auf die Transporte von den Produktionsstätten zum Umschlagpunkt des Transportdienstleisters.[296]

Auch unabhängige Mittler könnten einen Beitrag zum nachhaltigen Kapazitätsmanagement leisten. Würden anstehende Sendungen mehrerer verladender Unternehmen bereits zusammengefasst und zu Touren kombiniert, bevor sie einem Spediteur oder einer Frachtbörse angeboten werden, könnten zusätzliche Bündelungseffekte entstehen. Sogenannte Fourth Party Logistics Provider (4PL-Dienstleister) könnten eine solche **Sendungsvorverdichtung** leisten, sofern sie ausreichend verladende Unternehmen zum regelmäßigen Zusammenfassen von Sendungen gewinnen.[297] Als neutrale Transportmittler verfügen 4PL-Dienstleister über keine eigenen Logistikzentren oder Fahrzeuge. Sie verknüpfen die Ressourcen und Kompetenzen anderer Dienstleister zu einer Gesamtlösung für

---

[295] Vgl. Bretzke, R.-W./Barkawi, K. (2010), S. 183 ff.

[296] Vgl. Höhmann, I. (2009), online

[297] Vgl. Bretzke, R.-W./Barkawi, K. (2010), S. 183 ff.

den Kunden. Ihre Kernkompetenzen liegen in der Gestaltung unternehmens-
übergreifender Logistiknetzwerke und in der Integration heterogener EDV-
Systeme (Vgl. Zadek, H. (2004), S. 23 f.). Eine so weitgehende unternehmens-
übergreifende Steuerung von Transportabläufen ist heute jedoch allenfalls in
Ansätzen zu beobachten.

12.4.3 Einsatz innovativer Technologien

Anders als die Veränderung von Distributionsstrukturen und operativen Transportabläufen zielen neue Technologien nicht auf die Entkopplung von Ver-
kehrs- und Transportaufkommen durch Bündelung. Innovative Antriebstechni-
ken setzen z. B. primär bei der Senkung des Kraftstoffverbrauchs von Verkehrsträgern an. Der Bedeutung von Maßnahmen zur Steigerung der Energieeffizienz
von Verkehrsträgern für den Gütertransport sind zahlreiche Studien gewidmet.
Wesentliche Erkenntnisse der Trendstudie „Delivering Tomorrow" von *Deutsche
Post DHL* zu diesem Aspekt sind im Folgenden zusammengefasst.[298]

Testeinsätze von **Hybridfahrzeugen** belegen den Effizienzgewinn von bis zu
25% gegenüber herkömmlichen Verbrennungsmotoren für kleine LKW, die vor
allem in der Citylogistik sowie für Brief- und Expresssendungen zum Einsatz
kommen werden. Für kleine Lieferwagen werden sich eher Elektroantriebe als
Hybridantriebe durchsetzen. Zum einen ist der Effizienzgewinn des Hybrid-
antriebes bei kleinen Fahrzeugen mit geringer Kilometerleistung nicht signifi-
kant. Zum anderen weisen Elektrofahrzeuge eine noch geringere Lärmbelastung
auf und öffnen Möglichkeiten für die Innenstadtbelieferung zu Nachtzeiten.
Begrenzt wird der ökonomische Nutzen dieser Elektrofahrzeuge heute noch
durch hohe Anschaffungs- und Betriebskosten, eine unzureichende Lade-
infrastruktur und geringe Reichweiten. Aus ökologischer Perspektive limitiert
die heute überwiegend herkömmliche Stromerzeugung das Ausmaß der CO_2-
Reduktion auf maximal 30% gegenüber konventionellen Antrieben. **Brenn-
stoffzellenbetriebene Fahrzeuge** hingegen sind in naher Zukunft nicht zu
erwarten. Die technische und kommerzielle Marktreife dieser Technologie wird
nicht vor dem Jahr 2030 erwartet. Aber auch für konventionelle Fahrzeug-
antriebe, wie etwa den Dieselmotoren für leichte LKW, sind in den nächsten 25
Jahren Steigerungen der Energieeffizienz um bis zu 50% zu erwarten. Dies ist
umso bedeutsamer, als auch in der Entwicklung alternativer fossiler oder regenerativer Treibstoffe eine Vielzahl von Problemstellungen zu lösen bleibt: z. B.
hohe Anschaffungs- oder Umrüstinvestitionen, hohe Treibstoffkosten sowie die

12

---

[298] Vgl. dazu Deutsche Post AG (Hrsg.) (2010), S. 109 ff.

Nutzung großer Agrarflächen zur Produktion einzelner regenerativer Treibstoffe. Trotz all dieser Hürden scheint zukünftig die Substitution fossiler Treibstoffe durch Biogas aus heutiger Sicht für Logistikanwendungen im Stadtverkehr attraktiv, verspricht sie doch die Reduktion der CO_2-Emissionen um bis zu 80%.

Zeitlich näher könnte dagegen auch in Deutschland der Einsatz **überlanger LKW** für die Überwindung großer Distanzen rücken. Seit der Zulassung der bis zu 25,25 m langen Fahrzeuge zum Januar 2012 auf einem eingrenzten Straßennetz zeigt der Feldversuch einen deutlich reduzierten CO_2-Ausstoß je transportierter Einheit. Auch im Bereich der Containerschifffahrt, der Luftfahrt und des Schienengüterverkehrs finden Entwicklungen von energieeffizienten Antrieben statt, welche im Rahmen dieser Arbeit nicht vollständig genannt werden sollen. Bereits im Einsatz sind z. B. automatische Zugdrachensysteme auf Frachtschiffen, die die Windkraft ergänzend zum herkömmlichen Antrieb nutzen und den Treibstoffverbrauch deutlich senken können.[299]

Ein erheblicher Anteil (371 Mega-Tonnen oder 13%) der von der Güterverkehrsbranche verursachten CO_2-Emissionen entfällt auf Logistikimmobilien. Zahlreiche Studien belegen erzielbare **Senkungen der Energieverbräuche zur Erzeugung von Strom und Heizwärme in Logistikimmobilien** in Höhe von 10-15%.[300] Klimatisierungs- und Lüftungsanlagen erzeugen dabei den größten Anteil der Stromverbräuche. Weitere Stromverbräuche entfallen auf Beleuchtung, den Betrieb von Türen, Toren, Fördertechnik und Kommissionieranlagen sowie den Betrieb von EDV-Systemen. Entsprechend viele Einzelmaßnahmen tragen zur Steigerung der Energieeffizienz von Logistikimmobilien bei, von denen einige in Tabelle 12-1 aufgeführt sind.

So überrascht es nicht, wenn Studien belegen, dass Investitionen von Unternehmen in ressourceneffiziente Technologien zu einem großen Anteil in Logistikimmobilien fließen. Messsysteme zur Erfassung der Umweltwirkungen von Logistikimmobilien bieten Zertifizierungssysteme wie das britische „BREEAM". Die Organisation bewertet Gebäude nach dem Energieverbrauch, der Flächen- und Wassernutzung, nach Materialarten und anderen Kriterien. Danach befindet sich das „grünste Logistikzentrum der Welt", der „G. Park Blue Planet" im westenglischen Staffordshire.[301]

---

[299] Vgl. Skysails (2012), online

[300] Vgl. World Economic Forum (2009) S. 20

[301] Vgl. o.V. (2009), online

Strom-verbraucher	Ressourceneffiziente Techniken	Funktionsweise
Klimatisierungs-anlage	Dämmmaterialien	verhindern, dass Wärme entweicht, so dass der Bedarf an künstlich erzeugter Heizwärme abnimmt
	stromsparende Klimaanlagen	reduzieren den Stromverbrauch
Lüftungsanlage	Kreuzstromwärmetauscher	Rückgewinnung der Wärmeenergie aus Abluft
Türen, Tore	gedämmte Schnelllauftore	Dämmung verhindert das Entweichen und Eindringen von Wärme
		effektives Tormanagement reduziert die Dauer der Toröffnungen
Fördertechnik, Kommissionier-technik	Lift-Motoren mit Rückgewinnung von Bewegungsenergie	Antriebssysteme von Regalliften gewinnen Energie beim Abbremsen von Abwärtsbewegungen zurück
Alternative Stromerzeuger		
	Fotovoltaikanlage	wandelt Sonnenenergie in elektrische Energie um
	Geothermie	wandelt die in der Erdkruste gespeicherte Wärme in elektrische Energie um
	kinetische Bodenplatten	Rückgewinnung der Bremsenergie von Fahrzeugen
Andere Energieverbraucher		
Heizungsanlage	Dunkelstrahler	wandelt Sonnenenergie in elektrische Energie um
		Wärmeerzeugung durch Verbrennung eines Sauerstoff-Gas-Gemisches in geschlossenen Brennern mit Stahlrohren, die die Wärme abstrahlen
	Holzschnitzelanlage	verwendet regenerierbare Rohstoffe zur Beheizung

12

Biomasse-Blockheizkraftwerk	Kraft-Wärme-Kopplung: Gewinnung von elektrischer Energie aus mechanischer Energie und Einspeisen von Nutzwärme

Tab. 12-1: Bausteine ressourceneffizienter Techniken zum Betrieb von Logistikzentren (Eigene Abbildung in Anlehnung an o.V. (2010), S. 18f.)

Auf den Punkt gebracht

Wertschöpfende Prozesse in Unternehmen beeinflussen neben ökonomischen und sozialen Zielsetzungen der Unternehmung auch ökologische Ziele in vielfältiger Weise. Die Handlungsfelder für eine nachhaltige Gestaltung betrieblicher Wertschöpfung sind breit und vielschichtig. Innovative Technologien rücken in der öffentlichen Diskussion oftmals in den Vordergrund. Dabei sind es gerade die Strukturen von Logistiksystemen und Logistikprozesse, die für erhebliche Umwelteinflüsse verantwortlich sind und große Beiträge zur Umwelt- und Ressourcenschonung leisten können. Deren Überprüfung anhand eines erweiterten Zielsystems kann im äußersten Fall zum Verwerfen bekannter und bewährter Konzepte führen.

Die Beziehung ökonomischer und ökologischer Logistikziele zueinander ist nicht immer konfliktär, wie das Beispiel Transportkostensenkung und Reduzierung der CO_2-Emissionen an einigen Stellen belegen konnte. Entsprechend hoch ist die Motivation von Unternehmen, sich bei Harmonie von Ökonomie und Ökologie in der nachhaltigen Gestaltung der Logistik zu engagieren. Weiteren Anpassungsdruck für Unternehmen werden künftig vor allem die zunehmende Internalisierung von Umweltkosten und der Preisanstieg für nicht-regenerative Ressourcen erzeugen.

Literaturtipps

Grundlagenwerk zu nachhaltigem Logistikmanagement:

McKinnon, A./Cullinane, S./Browne, M./Whiteing, A. (Hrsg.) (2010): Green Logistics, London

Zum Weiterlesen und Vertiefen:

Bretzke, W.-R./Barkawi, K. (2010): Nachhaltige Logistik. Antworten auf eine globale Herausforderung, Berlin

Literaturquellen

Bayer AG (2010): Bayer-Nachhaltigkeitsbericht 2010, www.nachhaltigkeit2010.bayer.de, aufgerufen am 1. Oktober 2012

Bretzke, W.-R. (2010): Die Zukunft der Globalisierung: die Veränderung von Wertschöpfungsnetzwerken in Zeiten des Klimawandels, steigender Energiekosten und knapper Verkehrsinfrastrukturkapazitäten, Hamburg

Bretzke, W.-R./Barkawi, K. (2010): Nachhaltige Logistik. Antworten auf eine globale Herausforderung, Berlin

Gössinger, R. (2008): Produktion und Logistik, in: Betriebswirtschaftslehre Band 1, hrsg. v. Corsten, H./Reiß, M., München

Daimler AG (2011): Daimler Nachhaltigkeitsbericht 2011, www.nachhaltigkeit.daimler.com, aufgerufen am 1. Oktober 2012

Deutsche Post AG (Hrsg.) (2010): Delivering Tomorrow. Zukunftstrend Nachhaltige Logistik, Bonn

Deutscher Städtetag (Hrsg.) (2003): Leitfaden City-Logistik. Erfahrungen mit Aufbau und Betrieb von Speditionskooperationen, Berlin

Henkel AG & Co. KGaA (2011): Nachhaltigkeitsbericht 2011, http://nachhaltigkeitsbericht.henkel.de, aufgerufen am 1. Oktober 2012

Höhmann, I. (2009): Die Kooperation endet erst im Regal, in: Handelsblatt vom 28.10.2009, www.handelsblatt.com

Kummer, S. (Hrsg.)/Grün, O./Jammernegg, W. (2009): Grundzüge der Beschaffung, Produktion und Logistik, München

12

McKinnon, A./Cullinane, S./Browne, M./Whiteing, A. (Hrsg.) (2010): Green Logistics, London

Ohno, T. (1988): Toyota Production System: Beyond Large Scale Production, Portland

o.V. (2009): Die grünste Logistik-Immobilie der Welt, http://www.detail.de/architektur/themen/die-gruenste-logistik-immobilie-der-welt-001149.html, aufgerufen am 01.10.2012

o.V. (2010): Viele kleine Bausteine, in: LOG.Kompass, H. 11/2010, S. 18f.

o.V. (2011): Das 37.000-km-Shirt, in: LOG.Kompass, H. 4/2011, S. 19

Pfohl, H.-C. (2010): Logistiksysteme, 7. Auflage, Berlin

Schulte, C. (2009): Logistik, München

Skysails (2012): SkySails-Antrieb für Frachtschiffe, http://www.skysails.info/skysails-marine/skysails-antrieb-fuer-frachtschiffe/, aufgerufen am 11. 05.2012

Stölzle, W./Heusler, K. F./Karrer, M. (2004): Erfolgsfaktor Bestandsmanagement. Konzept, Anwendung, Perspektiven, Zürich

Umweltbundesamt (1997): Richtlinie des Bundesministeriums für Umwelt, Naturschutz und Reaktorsicherheit zur Förderung von Investitionen mit Demonstrationscharakter zur Verminderung von Umweltbelastungen vom 04. Februar 1997

Umweltbundesamt (2012a): Nachhaltige Produktion, http://www.umweltbundesamt.de/nachhaltige-produktion-anlagensicherheit/index.htm, aufgerufen am 02.02.2012

Umweltbundesamt (2012b): cleaner production germany, www.cleaner-production.de, aufgerufen am 1. Oktober 2012

Volkswagen AG (2012): Nachhaltigkeit und Verantwortung, http://www.volkswagenag.com/content/vwcorp/content/de/sustainability_and_responsibility.html, aufgerufen am 1. Oktober 2012

Woehe, G.: Einführung in die allgemeine Betriebswirtschaftslehre, München

World Economic Forum (2009): Supply Chain Decarbonization. The Role of Logistics and Transport in Reducing Supply Chain Carbon Emissions, Genf

Zadek, H. (2004): Der Logistik-Dienstleistungsmarkt, in: Supply Chain Steuerung und Services, hrsg. V. Baumgarten, H. u.a., Berlin, S. 15-28

13 Marketing

von Prof. Dr. Iris Ramme

Lernziele

Die Leser

- lernen, wie die vier Ps des Marketing im Hinblick auf Nachhaltigkeit gestaltet werden können,
- erkennen, welche sozialen oder ökologischen Folgen Marketingmaßnahmen haben können,
- können kritisch beurteilen, welche Auswirkungen die Berücksichtigung sozialer und ökologischer Ziele bei den Marketingmaßnahmen auf die ökonomische Situation des Unternehmens haben können,
- lernen, bei der Marktsegmentierung neben Preisbereitschaft insbesondere Einstellungen zu Nachhaltigkeitsaspekten zu berücksichtigen,
- erkennen, wann nachhaltiges Marketing eine Gratwanderung zwischen konkurrierenden sozialen, ökologischen und ökonomischen Zielen ist und wann sich soziale, ökologische und ökonomische Ziele ergänzen,
- lernen, dass bei der der Markt- und Umfeldanalyse immer mehr Faktoren zu berücksichtigen sind, die sich gegenseitig beeinflussen und oft erst langfristig Wirkung zeigen.

Schlagwortliste

■ Produktpolitik ■ Preispolitik ■ Distributionspolitik ■ Kommunikationspolitik ■ Marketingstrategie ■ Marketingkonzept ■ Marketingcontrolling ■ Corporate Social Responsibility ■ Marke, Innovation ■ Obsoleszenz ■ Verpackung ■ Preisvertrauen ■ Captive Pricing ■ Verschuldung ■ vertrieblicher Dreikampf ■ Greenwashing ■ Vertrauen

13.1 Marketing und Nachhaltigkeit

13.1.1 Marketing

Marketing heißt in der Übersetzung »auf den Markt bringen«. Es gibt viele verschiedene Definitionen des Begriffs Marketing.[302] Am häufigsten wird der amerikanische Marketingverband (AMA, American Marketing Association) zitiert, wenn es um die Definition von Marketing geht. Die erste Definition stammt von 1935. Updates erfolgten 1948, 1960, 1985 und 2004.[303] Die neueste Begriffsbestimmung von 2007 lautet wie folgt:

Definition

„Marketing is the activity, set of institutions, and processes for creating, communicating, delivering, and exchanging offerings that have value for customers, clients, partners, and society at large.“[304]

Die Fokussierung auf die vier Marketinginstrumente Produkt-, Preis-, Distributions- und Kommunikationspolitik[305] ist in den Hintergrund getreten, dafür gewinnt die Orientierung am Kunden und die Berücksichtigung der Gesellschaft („society at large") an Bedeutung.

13.1.2 Nachhaltigkeit

Eine der ältesten Definitionen des Begriffes Nachhaltigkeit dürfte die der Brundlandt-Kommission sein. Hier wird Nachhaltigkeit als Notwendigkeit verstanden, die Bedürfnisse heutiger Generationen zu befriedigen, ohne dass die Möglichkeiten zukünftiger Generationen eingeschränkt werden, ihre eigenen Bedürfnisse zu befriedigen.[306] Damit zielt Nachhaltigkeit vor allem auf Langfristigkeit und Bedürfnisbefriedigung ab. Ein ganz wichtiges Anliegen, das im Brundtland-Bericht bereits 1987 formuliert war, ist der sparsame Umgang mit Ressourcen, um ein langfristiges Überleben der Menschheit zu gewährleisten. [307]

---

[302] Vgl. Ramme, I. (2009), S. 2 und die dort zitierte Literatur

[303] Vgl. Vaaland, T. I./Heide, M./Grønhaug, K. (2008), S. 929

[304] Lotti, M./Lehmann, D. (2007), o.S.

[305] Vgl. Ramme, I. (2009), S. 2

[306] Vgl. Brundtland, G. H. (1987), S. 24

[307] Vgl. Ramme, I. (2009), S. 2

13.1.3 Definition nachhaltiges Marketing

Um nachhaltiges Marketing zu definieren, soll zunächst auf diverse Marktbearbeitungsphilosophien von Unternehmen eingegangen werden. In der Regel werden fünf Marktbearbeitungsphilosophien unterschieden, welche die unterschiedlichen Sichtweisen von Unternehmen widerspiegeln, wie Märkte bearbeitet werden sollen:[308]

1. Produktions-konzept	Das Unternehmen stellt eine hohe Effizienz in der Leistungserstellung in den Vordergrund, die zu niedrigen Kosten führt. Diese werden in Form von niedrigen Preisen an die Konsumenten weitergegeben.
2. Produkt-konzept	Der Anbieter konzentriert sich auf gleichmäßig hohe Qualität und weitere Verbesserungen. Ausgangspunkt ist die Idee, dass hervorragende Produkte immer ihre Abnehmer finden.
3. Verkaufs-konzept	Basis ist die Überlegung, dass die Nachfrager von sich aus das Produkt oder die Dienstleistung nicht in ausreichendem Maße in Anspruch nehmen, sodass der Anbieter aggressiv verkaufen muss. Hier wird nicht der Nachfrager mit seinen Präferenzen in den Mittelpunkt des Interesses gerückt, sondern das zu verkaufende Produkt.
4. Marketing-konzept	Das *Marketingkonzept* stellt die Bedürfnisse und Wünsche des Zielmarktes in den Vordergrund. Es gilt, diese zu ermitteln und das Angebot so anzupassen, dass die Präferenzen der potenziellen Nachfrager befriedigt werden und die Produktion wirtschaftlich erfolgen kann. Die Grundlagen dieser Sichtweise sind Fokussierung auf den Markt, Orientierung am Kunden, ganzheitliches Marketing sowie Gewinn durch zufriedene Kunden.
5. wohlfahrts-bedachtes Marketing-konzept	Diese Marktbearbeitungsphilosophie stellt eine Erweiterung des Marketingkonzepts dar. Zusätzlich wird die Lebensqualität der Gesellschaft berücksichtigt.

Tab. 13-1: Marktbearbeitungsphilosophien

---

[308] Vgl. Ramme, I. (2009), S. 6 ff. und die dort zitierte Literatur

13

Alle Marktbearbeitungsphilosophien sind noch in der Unternehmensrealität zu finden, jedoch sind Produktions- und Produktkonzept inzwischen seltener zu finden als das Marketingkonzept, das den Kunden in den Mittelpunkt stellt. Das wohlfahrtsbedachte Marketingkonzept oder auch Societal Marketing Concept, wurde bereits 1972 von Philip Kotler beschrieben.[309] Die kritische Sicht des Marketing auf der gesellschaftlichen Ebene umfasst die Reizüberflutung durch Werbung, die Überbetonung des Konsums im Vergleich zu anderen gesellschaftlichen Werten, manipulative Absichten der werbungtreibenden Unternehmen, absichtlich vorgezogene Ersatzkäufe (geplante Obsoleszenz), harte Verkaufsmethoden, zu hohe Margen bei Markenprodukten, schlechter Service für sozial Benachteiligte, Verschwendung von Material und Energie und folglich die Schädigung unseres gesamten Ökosystems.[310]

Zu diskutieren ist noch, ob ein Unternehmen die gesellschaftlichen Auswirkungen seiner Unternehmenstätigkeit bedenkt, um die Lebensbedingungen der Menschen langfristig zu sichern, oder ob es sich um ein abgeleitetes Ziel handelt. So werden beispielsweise in einer umweltbewussten Gesellschaft, wie es die der Bundesrepublik Deutschland ist, nur solche Produkte von den Verbrauchern akzeptiert, die ökologische Mindeststandards einhalten.[311] Nachhaltigkeit, Umweltverträglichkeit oder Gerechtigkeit sind zum Hygienefaktor geworden.[312] Vor 20 Jahren hätte eine solche Umweltorientierung keine Imagevorteile verschafft. Je nach Zielgruppe hat die Umweltorientierung eine mehr oder weniger große Bedeutung. So haben die Kunden der *Weleda AG* ein ausgeprägtes Umweltbewusstsein. Daher ist es auch zwingend notwendig – und nicht nur Unternehmensphilosophie – für die Produktion der Arzneimittel und Körperpflegeprodukte nur Rohstoffe aus dem biologisch-dynamischen Anbau zu verwenden, nur ätherische Öle zu verarbeiten oder auf Tierversuche zu verzichten. Kotler sieht die Aufgabe der Unternehmen darin, nicht die kurzfristigen Bedürfnisse des Konsumenten zu befriedigen (wie z.B. ein großes exklusives Auto, wohlschmeckende Süßigkeiten, Genussmittel wie Tabak und Alkohol oder Wegwerfverpackungen), sondern die Langfristfolgen des Konsums auf Gesundheit oder die Umwelt zu berücksichtigen und dies entsprechend zu kommunizieren.[313]

---

[309] Vgl. Kotler, P. (1972), S. 54 und auch Elliott (1990), S. 20 sowie Crane (2202), S. 549

[310] Vgl. Schmidt-Riediger, B. (2008), S. 10 und die dort zitierte Literatur sowie Armstrong, Kotler (2013), S. 482 ff.

[311] Vgl. dazu auch die Ergebnisse der Brigitte Kommunikationsanalyse (2012)

[312] Vgl. Schneider, G. (2012), S. 42

[313] Vgl. Kotler, P. (1972), S. 54

Die Frage, ob Nachhaltigkeit ein Ziel an sich ist, oder instrumentell zu verstehen ist, wird ausführlich bei Ginter diskutiert.

Definition

Nachhaltiges Marketing wird hier in Anlehnung an *Balderjahn* definiert als Konzeption zur marktorientierten Führung eines Unternehmens, so dass die Bedürfnisse der Kunden befriedigt und Unternehmensziele erreicht werden und gleichzeitig die Anforderungen des Marktumfeldes, der Gesellschaft und der natürlichen Umwelt berücksichtigt.[314]

Damit sind soziale und ökologische sowie ökonomische Ziele miteinbezogen. Dieser auch als „Triple P" (profit-people-planet)[315] bezeichnete Ansatz impliziert demnach Orientierung am Kunden, an Unternehmenszielen, an Langfristigkeit und Ressourcenschonung. Der komplette Marketingprozess muss folglich diesen Prinzipien folgen und sich wegbewegen vom reinen Fokus auf Markenmanagement und Kundenorientierung.[316]

13.1.4 Entwicklung des nachhaltigen Marketings

Nachhaltiges Marketing hat sich in den letzten 40 Jahren aus dem Ökomarketing entwickelt. Schmidt-Riediger fasst diese Entwicklung wie folgt (s. Tab. 13-2) zusammen:[317]

In den letzten Jahren gehen Marketing- und Managementtheorien zunehmend davon aus, dass Unternehmen auch ethische und moralische Verpflichtungen haben. Die soziale Komponente, ausgedrückt in Corporate Social Responsibility, gewinnt an Bedeutung.[318]

---

[314] Vgl. Balderjahn, I. (2004), S. 1, weitere Definitionen sind zu finden in Schmidt-Riediger, B. (2008), S. 23

[315] Der Triple-P-Ansatz wurde Mitte der 1990-er Jahre von Elkington zur Messung des Unternehmenserfolgs entwickelt. Vgl. Slaper, T. F./Hall, T. J. (2011), S. 1 und ausführlich Elkington, J. (1997).

[316] Vgl. Elliott (1990), S. 29

[317] Vgl. Schmidt-Riediger, B. (2008), S. 12 ff.

[318] Vgl. Daub, C.H./Ergenzinger, R. (2005), S. 998

13

Stufe	Zeitperiode	Idee
1	1970er	ökologische Aspekte sind im Marketing zu berücksichtigen
2	1980er/ frühe 1990er	Umweltgesetze, umweltbewusste Konsumenten, Umweltfreundlichkeit durch Technologien
3	1990er	Glaubwürdigkeitsprobleme durch wachsende Kosten und Widerstand gegen Veränderungen sowie gleichzeitiger Vormarsch des Stakeholder-Ansatzes
4	21. Jahrhundert	neben ökologischer Komponente nun auch soziale Elemente → nachhaltiges Marketing

Tab. 13-2: Entwicklung nachhaltiges Marketing

13.2 Nachhaltigkeit im Marketingprozess

13.2.1 Der Marketingprozess

Ausgehend von den Unternehmenszielen werden Marketingziele formuliert. Dabei sind hohe Anforderungen an die Operationalität der Zielformulierung zu stellen. Wichtig ist dies zum einen, um den Mitarbeitern klar zu machen, in welche Richtung sich das Unternehmen entwickeln möchte. Zum anderen ermöglicht erst eine sorgfältige Operationalisierung des Ziels, dass eine Erfolgskontrolle angeschlossen werden kann. Denn nur bei einer klar formulierten operationalen Zielvorgabe kann das Ergebnis mit dem gesteckten Ziel verglichen werden. Eine wichtige Unterscheidung der Ziele geschieht durch die Unterteilung in *strategische* und *operative* (taktische) *Ziele*. Strategische Marketingziele beziehen sich auf die Philosophie des Unternehmens, z.B. welche Marktsegmente bearbeitet werden sollen, welchen Wettbewerbern besondere Relevanz eingeräumt werden soll oder welche Preisstrategie eingeschlagen werden soll. Das operative Marketing bezieht sich auf den Einsatz der marketingpolitischen Instrumente wie Preispolitik, Produktpolitik, Kommunikationspolitik und Distributionspolitik.[319] Die folgende Abbildung 13-1 veranschaulicht diese Beziehung, die von Meffert et al. als Marketing-Managementprozess bezeichnet wird[320], hier aber vereinfachend Marketingprozess genannt wird.

---

[319] Vgl. Ramme, I. (2009), S. 8 f.

[320] Vgl. Meffert, H./Burmann, C./Kirchgeorg, M. (2011), S. 20

Abb. 13-1: Marketingprozess

Nachhaltige Zielformulierungen sind dadurch gekennzeichnet, dass sie langfristig angelegt sind und dass die Nachhaltigkeit an sich betont wird. Dies können Umweltziele oder soziale Ziele sein, die mit den ökonomischen Zielen eines Unternehmens – in der Regel Gewinnmaximierung – in Einklang zu bringen sind.

13.2.2 Marketingforschung

Die Marketingforschung stellt Instrumente bereit, die das Marketingmanagement bei der Lösung der verschiedenen aktuellen wie zukünftigen Entscheidungsprobleme unterstützen und umfasst die Analyse der Marketingaktivitäten und des Marketingumfeldes (Mikro- und Makroanalyse).[321] Dabei geht es um die Beschaffung von Informationen

- für die Situationsanalyse (Ist-Zustand),
- für die Prognose über die Entwicklung des Marketingumfeldes und
- für die Abschätzung der Auswirkungen der eigenen Marketingaktivitäten.

KPMG schlägt vor, die bisherige Vorgehensweise bei Prognosen zu überdenken und statt mit Extrapolationen von bisherigen Entwicklungen zu einem ganzheitlichen Ansatz zu wechseln, der untereinander interdependente Faktoren berücksichtigt.[322] Dies erhöht zwar die Komplexität der Planung, zwingt aber zu konsequentem Handeln. KPMG nennt zehn „Sustainability Megaforces", die die Geschäftsentwicklung von Unternehmen beeinflussen werden. Diese sind:

- Klimawandel und dadurch verursachte Produktionsausfälle
- volatile Energie- und Rohstoffmärkte
- Materialknappheit
- Wasserknappheit
- Bevölkerungswachstum
- wachsender Wohlstand
- Verstädterung
- Lebensmittelknappheit
- zunehmende Abhängigkeit von funktionierenden Ökosystemen
- Abholzung

Dazu gehört, dass Unternehmen davon ausgehen müssen, dass sie in Zukunft einen größeren Teil der durch sie verursachten externen Kosten wie Wasserverbrauch, Luftverschmutzung oder Müllverursachung tragen müssen, die zur Zeit noch nicht in den Bilanzen enthalten sind.[323]

---

[321] Vgl. Ramme, I. (2009), S. 21 sowie 53

[322] Vgl. KPMG (2012), S. 1

[323] Vgl. KPMG (2012), S. 8

13.2.3 Strategisches Marketing

Im Vordergrund der strategischen Planung im Marketing steht die Erreichung der Unternehmensziele. Der Erhalt des Unternehmens durch nachhaltige Gewinne gehört ebenso dazu wie die Befriedigung der Bedürfnisse der Kunden. Dabei sollte ein Unternehmen auf Ressourcenschonung bei der Entwicklung und Implementierung der Strategien achten. Dazu gehören die offene Kommunikation mit Mitarbeitern und Kunden, das Aufzeigen von Möglichkeiten in der Personalentwicklung bei Mitarbeitern, die Arbeitszufriedenheit, aber auch schlanke Prozesse bei der strategischen Planung, so dass Planung nicht zum Selbstzweck wird.

13.2.4 Marketingimplementierung und Marketingcontrolling

Bei der Implementierung der Marketingmaßnahmen, also der Umsetzung der 4 Ps im operativen Marketing, ist internes Marketing bedeutsam: Die Mitarbeiter des Unternehmens müssen mit ins Boot geholt werden, um die geplanten Maßnahmen zielgerichtet umsetzen zu können. Ob die angedachten Maßnahmen auch die erhoffte Wirkung bringen, ist mit Kennzahlen für den Erfolg einzelner Maßnahmen oder ganzer Kampagnen zu überprüfen (Marketingcontrolling). Den Zielerreichungsgrad zu bestimmen, gelingt jedoch nur, wenn die Ziele auch operational formuliert wurden.[324] Erfolgskennzahlen sollen jedoch nicht nur Umsatz, Absatz oder Marktanteil sein, sondern auch Nachhaltigkeitsindikatoren. Also auch hier kommt der Triple-P-Ansatz zur Anwendung. Beispiele für Nachhaltigkeitsindikatoren im Zusammenhang mit dem Markenmanagement sind in der Meaningful Brand Index Studie[325] oder in der ImagePower Green Brands-Studie[326] zu finden.

13.3 Nachhaltige Marketingmaßnahmen

13.3.1 Produktpolitik

Jeder Nachfrager verspricht sich von dem Erwerb einer Ware oder von der Inanspruchnahme einer Dienstleistung die Befriedigung eines Bedürfnisses. Er hat dabei ganz spezifische Nutzenerwartungen. Diese beziehen sich auf die Eigenschaften des Produktes, die er bei der Nutzung wahrnimmt. Alle marke-

---

[324] Vgl. Ramme, I. (2009), S. 233

[325] Vgl. Warner, S./Nice, H. (2011)

[326] Vgl. Longsworth, A. et al. (2011)

13

tingpolitischen Aktionen, die sich auf die Variation dieser Produkteigenschaften beziehen, gehören zur Produktpolitik.[327]

Aufgabe der Produktpolitik ist aber nicht (nur) die Verbesserung der technischen Eigenschaften eines Produktes. Ausgangspunkt bilden die Bedürfnisse, Wünsche und Probleme des potenziellen Käufers. Aufgabe der Produktpolitik ist es daher, Entscheidungen über das Produkt und den Produktmix zu treffen, das heißt:[328]

- Entscheidungen über das Produkt:
  - Gestaltung der Produktbeschaffenheit
  - Gestaltung der Verpackung des Produkts
  - Entscheidungen über Markenbildung

- Entscheidungen über den Produktmix mit dem Ziel der Gestaltung von Sortiment und Programm:
  - Entwicklung neuer Produkte (Produktinnovation)
  - Weiterentwicklung von Produkten (Produktmodifikation)
  - Einstellen des Angebots eines Produktes (Produktelimination)
  - Aufnahme neuer Produktlinien (Diversifikation).

Im Zusammenhang mit der Gestaltung der Produktbeschaffenheit werden viele Aspekte des nachhaltigen Marketings berührt. Hier ist langlebiges Material zu nennen, um eine möglichst langfristige Nutzung eines Produktes zu gewährleisten, ferner ressourcenschonendes Rohmaterial bei der Produktion sowie der Fokus auf Reparaturmöglichkeiten und das Recycling von Altprodukten.

Die Verwendung von langlebigem Material führt kurzfristig zu geringerem Absatz, weil ein Ersatzkauf hinausgezögert wird. Jedoch sind höhere Preise – und im Falle von nur moderat höheren Kosten – auch höhere Margen zu erzielen, falls es gelingt, den Abnehmer davon zu überzeugen, dass Langlebigkeit sich langfristig rechnet und ein Beitrag zur Umweltschonung geleistet wird. So verweist Miele darauf, dass ihre Waschmaschinen auf 20 Jahre Lebensdauer ausgelegt sind und keine andere Marke diese Tests besteht.[329] Bei nachhaltig designten Gebrauchsgütern sollte auch darauf geachtet werden, dass das Produkt repariert werden kann und Ersatzteile verfügbar sind. In zunehmendem Maße lohnt sich

---

[327] Vgl. Ramme, I. (2009), S. 105

[328] Vgl. Ramme, I. (2009), S. 105

[329] Vgl. Miele (2013)

eine Reparatur nicht mehr, sei es, weil die Dienstleistung der Reparatur zu teuer ist (Stichwort Lohnkosten), weil die Anschaffung eines neuen Produkts günstiger ist als die Beschaffung von Ersatzteilen oder weil der Preis der Produkte in der Zwischenzeit so gefallen ist, dass eine Reparatur nicht infrage kommt. Dies kommt häufig bei elektronischen Produkten wie Fernsehern, PCs, Handys oder Haushaltsgeräten vor. Jeder einzelne Kunde rechnet hier mit seinem persönlichen Nutzenbündel, jedoch sollte hier ein Umdenken in Richtung Nachhaltigkeit erfolgen. Dies trifft für Unternehmen wie auch für die Seite der Kunden zu.

Als Beispiele aus dem Konsumgüterbereich mögen Damenhandtaschen der Fluggesellschaft KLM gelten, die aus recycelten Flugbegleiteruniformen hergestellt werden, oder Umhängetaschen aus LKW-Planen der Schweizer Firma Freitag.[330]

Über die Verwendung von ressourcenschonendem Rohmaterial und ressourcenschonende Produktion wird bereits viel im Zusammenhang mit Bio- oder Ökoprodukten diskutiert. Dieses Thema hat insbesondere in Deutschland schon eine längere Tradition und viele Verbraucher achten beim Einkauf auf Öko-Labels oder wählen gezielt Produkte aus, die einen schonenden Umgang mit der Natur oder z.B. den Verzicht auf Pestizide versprechen. Jedoch muss ein Anbieter Qualitätsbarrieren abbauen, seien es wahrgenommene oder tatsächliche Qualitätseinbußen. Dies gilt beispielsweise für Süßwaren, die weniger Zucker enthalten, Wurst, die ohne Nitritpökelsalze hergestellt wird, oder Mich, die nicht homogenisiert wird.[331]

Zur Produktbeschaffenheit gehören nicht nur Aspekte der Produktion und Nutzung sondern auch der Entsorgung. Produkte, die umweltgerecht entsorgt werden oder die recycelt werden, tragen zur Nachhaltigkeit bei. Mit dem im Juni 2012 in Kraft getretenen Kreislaufwirtschaftsgesetz (KrWG) gibt es verbindliche Vorgaben, um Abfälle zu vermeiden und zu recyceln.[332] Bereits seit fast 20 Jahren erhalten Autoteile der Marke Mercedes-Benz eine zweite Chance: ein zur Daimler AG gehörender Demontage- und Recyclingbetrieb nimmt Altfahrzeuge zurück, verwertet die noch funktionsfähigen Gebrauchtteile und entsorgt nicht mehr verwendbare Teile umweltgerecht.[333] Volkswagen, Renault und Peugeot verfolgen ein ähnliches Geschäftsmodell.[334]

---

[330] Vgl. Freitag (2013) sowie KLM (2013)
[331] Vgl. Dienel, W. (2000), S. 59
[332] Vgl. BMU (2013)
[333] Vgl. Mercedes-Benz Gebrauchtteile Center (2013)
[334] Vgl. Belly, C. (2012), S. 78

13

Ein weiteres Thema sind Verpackungen. Sofern es sich um ein physisch identifizierbares Produkt handelt, ist die Verpackung das augenfälligste Merkmal des Produktes. Die Verpackung hatte ursprünglich die Funktion, das Produkt vor Beschädigungen zu schützen (Schutzfunktion). So schützen die gebräuchlichen Vakuumverpackungen für Kaffee den Inhalt vor Sonneneinstrahlung und Luftzufuhr, um die Haltbarkeit zu verlängern. Gleichzeitig muss die Verpackung Transport und Lagerhaltung erleichtern (logistische Funktion). Mit zunehmendem Angebot von Fertigwaren kam die akquisitorische Funktion hinzu. Die Verpackung diente dazu, ein Produkt zu identifizieren (z.B. über den Markennamen) und den Konsumenten zum Kauf zu animieren (z.B. über das Design der Verpackung). Mit Einführung von Warenwirtschaftssystemen ist eine Markierung der Produkte mit EAN-Codes erforderlich geworden (warenwirtschaftliche Funktion). Diese werden meist auf der Verpackung angebracht. Auch die Möglichkeit einer Kennzeichnung mit dem grünen Punkt setzt oft eine Verpackung des Produkts voraus. Wichtige Entwicklungen im Zuge zunehmenden Umweltbewusstseins waren in diesem Zusammenhang die Einführung des dualen Systems mit Kennzeichnungspflicht, die Rücknahmepflicht des Handels durch die Verpackungsordnung von 1991, der Trend zu Pfandflaschen und das Einwegpfand.[335]

Wie bereits erwähnt, gehört die Innovation, aber auch die Diversifikation und Differenzierung zu den Instrumenten der Produktpolitik. Neue Produkte sind wichtig für die Wettbewerbsfähigkeit eines Unternehmens. Jedoch hat jeder Ersatz eines Produktes, das noch funktionsfähig ist, zur Folge, dass es entsorgt werden muss. Für hochwertige Gebrauchsgüter wie etwa Autos gibt es einen attraktiven Gebrauchtmarkt, viele Produkte jedoch landen in gutem Zustand auf der Müllhalde. Unter dem Stichwort der geplanten Obsoleszenz ist ein solches Verhalten von Unternehmen schon vor vielen Jahren kritisiert worden. Allerdings ist davon auszugehen, dass Unternehmen es sich langfristig nicht leisten können, Produkte zu entwickeln, die eine absichtlich kurze Haltbarkeit aufweisen, weil dies zur Unzufriedenheit der Kunden führt.[336]

Soziale Einrichtungen wie etwa die Caritas motivieren Verbraucher, noch funktionsfähige Produkte zu spenden, damit sozial benachteiligte Bevölkerungsgruppen diese zu einem günstigen Preis erwerben können. In den USA gibt es beispielsweise oft „Garage Sales", die gebrauchte Produkte günstig weiterverkaufen. Häufig werden Kleidung und Haushaltsgegenstände angeboten und finden

---

[335] Vgl. Ramme, I. (2009), S. 106 f. und die dort zitierte Literatur
[336] Vgl. Armstrong, G./Kotler, P. (2013), S. 485

neue Abnehmer in niedrigeren sozialen Schichten. Es gibt auch Unternehmen, wie z.B. die WMF AG, die sogenannte Eintauschaktionen durchführen. Beim Kauf eines neuen Topfes werden zehn Euro vergütet, wenn der alte Topf eingetauscht wird.[337] Ist dieser noch gut erhalten, wird er sozialen Einrichtungen gespendet. In gewissem Umfang können Unternehmen daher für mehr Recycling sorgen und zusätzlich soziale Ziele verfolgen. Dennoch ist eine Balance zwischen Innovation einerseits und anzustrebenden langen Produktlebenszyklen andererseits eine Herausforderungen für Unternehmen.

Innovation dient jedoch auch der Entwicklung neuer Produkte, die ressourcenschonender sind als die Vorgängergeneration wie z.B. grüne Energien, Autos mit reduziertem CO_2-Emissionen, Fernsehgeräte mit niedrigerem Stromverbrauch, Geschirrspüler mit geringerem Wasserverbrauch oder Gebäude mit niedrigerem Energieverbrauch. Oft haben solche innovativen Produkte größere Marktchancen als Produkte, die zum sparsameren Umgang mit Ressourcen (Curtailment) zwingen.[338] So versuchen vor allem die Premiumhersteller von Automobilen durch Innovationen die CO_2-Belastung zu senken, ohne die Leistung zu verringern.[339]

Die Markierung von Gütern und Dienstleistungen ist ein zentrales Element der Produktpolitik. Die Nachhaltigkeit zielt hier auf den Kern der Marke ab (z.B. Ressourcenschonung, Öko, ethische Aspekte), aber vor allem auf die Langfristigkeit der Marke.[340] Eine Marke dient im Wesentlichen der Differenzierung gegenüber der Konkurrenz. Damit soll erreicht werden, dass ein Konsument genau diese Marke kauft und nicht etwa ein ähnliches Produkt. Die Marke erleichtert zudem die Kommunikation mit dem Konsumenten. Allein die Nennung eines Markennamens wie z.B. Maggi oder die Darstellung eines Markensymbols wie den Mercedes-Stern führt zur Wiedererkennung. Auch Markentreue kann so aufgebaut werden. Nur wenn der Konsument weiß, wie er ein Produkt wiedererkennen kann, wenn er zufrieden war und es ein erneutes Mal kaufen möchte, kann sich Markentreue entwickeln. So kann durch die Markierung eine absatzfördernde Wirkung erzielt werden. Die Vorzugsposition der Marke schafft ferner in der Regel einen preispolitischen Spielraum. So ist das Markenprodukt Aspirin im Vergleich zu den Generika von Ratiopharm erheb-

---

[337] Vgl. WMF (2013)

[338] Vgl. Gupta, S./Ogden, D. T. (2009), S. 376 sowie Jansson, J./Marell, A./Nordlund, A. (2010), S. 366

[339] Vgl. Schneider, G. (2012), S. 42

[340] Vgl. Prax, C. (2013), S. 96

13

lich teurer, aber nicht weniger erfolgreich. Die Vorteile des Markenartikels für den Verbraucher bestehen darin, dass er sich auf eine gleichbleibende Qualität der Marke und auf eine i.d.R. hohe Distributionsdichte verlassen kann. Der Einkauf wird für ihn somit bequemer und kommt einem standardisierten Verhalten gleich.[341]

Das Beispiel der Insolvenz der Drogeriemarktkette Schlecker zeigt sehr deutlich, wie wichtig ein langfristiger Aufbau einer Marke ist. Schlecker hat es wohl versäumt, in die Marke zu investieren und nur auf Preisaggressivität gesetzt und hat so langfristig seine eigene Marke ruiniert. Anders als Ikea oder Aldi erzeugt Schlecker Antipathie.[342] Fassnacht zufolge ist Schlecker „ganz klar an der Marke gescheitert."[343]

Wie erfolgreich eine Marke ist, wird oft in Rankings gemessen. Eines der bekanntesten Rankings ist der von Interbrand ermittelte Markenwert.[344] Hier werden weltweit präsente Marken untersucht und im Hinblick auf ihre Markenstärke und ihren ökonomischen Erfolg in eine Rangfolge gebracht.[345] Doch inzwischen gibt es auch Rankings, die nicht nur den ökonomischen Erfolg messen, sondern den Erfolg einer Marke auch mit der Lebensqualität von Konsumenten verknüpfen. So werden Aspekte wie Nachhaltigkeit der Produkte, Umweltprobleme oder Verantwortungsbewusstsein von Unternehmen mit berücksichtigt.[346] So entscheiden sich Konsumenten beim Kauf eines Produktes zunehmend für Produkte, die Werte wie Gerechtigkeit und gutes Gewissen versprechen.[347]

In der folgenden Tabelle 13-3 ist zusammengefasst, welche Elemente in der Produktpolitik Potenziale für Nachhaltigkeit bergen.

---

[341] Vgl. Ramme, I. (2009), S. 110 f.

[342] Vgl. Campillo-Lundtbeck, S. (2012), S. 2

[343] Fassnacht, M. (2012), S. 4

[344] Zur Methode vgl. Interbrand (2012)

[345] Vgl. Reidel, M. (2011), S. 22

[346] Vgl. Jacob, E. (2011), S. 24 oder ausführlich Havas Media (2011)

[347] Vgl. Bezencon, V./Blili, S. (2010), S. 1305

Produkt	Produktbeschaffenheit	langlebiges Material ressourcenschonende Produktion, Öko-, Bio-Produkte Reparatur statt Ersatz und langfristige Verfügbarkeit von Ersatzteilen
	Verpackung	ressourcenschonende Verpackung
	Entscheidungen über Markenbildung	Entwicklung von nachhaltigen Marken
Produktmix	Produktinnovation, Produktmodifikation, Diversifikation	keine geplante Obsoleszenz Innovation für Nachhaltigkeit
	Produktelimination	Recycling von Altprodukten

Tab. 13-3: Potenziale für nachhaltige Produktpolitik

13.3.2 Preispolitik

Aufgabe der Preispolitik ist die Festlegung der von den (potenziellen) Abnehmern eines Gutes oder einer Dienstleistung zu erbringenden Gegenleistung. Diese Gegenleistung besteht in der Regel aus Geld, kann aber auch ein Gut oder eine Dienstleistung sein (Tauschgeschäft). Im Rahmen der Preispolitik sind Entscheidungen über erstmalige Festsetzungen, Preisänderungen und die Struktur des Preisgefüges zu treffen. Zur Preispolitik gehören auch Liefer- und Zahlungsbedingungen wie z.B. Währung, Zahlungszeitpunkt oder Leasing.[348]

Der Preis ist das einzige Instrument der vier Ps, das einen direkten Einfluss auf den Umsatz hat, da sich der Umsatz aus dem Produkt von Preis und abgesetzter Menge errechnet. Damit wirkt der Preis auf die langfristige Existenzsicherung des Unternehmens ein.[349]

Bei der Preisfestsetzung wird in der Regel die Zahlungsbereitschaft der Zielgruppe ausgelotet und die Kostenstruktur gegenübergestellt, um den Gewinn zu maximieren. Wenn die Grenzkosten dem Grenzertrag entsprechen, ist der Preis mit dem höchsten Gewinnpotenzial gefunden – unter der Bedingung, dass sowohl die Kostenkurve als auch der Nachfrageverlauf korrekt abgeschätzt wurden.[350]

---

[348] Vgl. Ramme, I. (2009), S. 125

[349] Vgl. Diller, H. (2008), S. 21

[350] Vgl. Meffert, H./Burmann, C./Kirchgeorg, M. (2011), S. 535

Die Zahlungsbereitschaft der Nachfrager entspricht dem wahrgenommen Kundenutzen, der durch den Kauf des Produktes entsteht.[351] Dieser Nutzen hängt von vielen Faktoren ab, einer davon ist das Bewusstsein für ethischen Konsum.[352] Einer Studie von Balderjahn und Peyer zufolge ergibt sich eine höhere Preisbereitschaft für Produkte, die nach Auffassung der Konsumenten fair gehandelt wurden.[353] Die Zahlungsbereitschaft ist aber nur in dem Maße höher, wie auch ein Gegenwert für das nachhaltige Produkt erkennbar ist. Wenn z.B. Biogemüse doppelt so teuer ist wie konventionell hergestelltes Gemüse, ist die Mehrzahlungsbereitschaft an seine Grenzen gekommen.[354]

Ein Dilemma entsteht, wenn es um Produkte geht, die lebensnotwendig sind, die sich die Kunden aber nicht leisten können. Hier sei auf die Problematik bei Arzneimitteln hingewiesen, deren hoher Preis oft kritisiert wird, insbesondere, wenn es sich um lebensrettende Produkte handelt, die die Patienten nicht bezahlen können. Insbesondere bei AIDS-Medikamenten für Märkte in Entwicklungsländern gibt es ethische Bedenken.[355]

Hohe Preise (Hochpreispreisstrategie) werden nicht selten als unethisch an sich kritisiert. Dabei werden hohe Kosten der Kommunikation und Distribution und zu hohe Gewinnmargen als Gründe für überzogene Preisfestsetzungen genannt.[356] Solange die Nachfrager jedoch einen Vorteil aus der Bequemlichkeit des Bezugs der Ware (Stichwort Distribution) oder aus der Kommunikation eines vorteilhaften Nutzens ziehen (Stichwort Markenkommunikation) und solange die Gewinnmargen nicht durch unfaire Ausnutzung von Marktmacht entstehen, sind hohe Preise nicht zu beanstanden.

Als nächstes sind Niedrigpreisstrategien zu diskutieren. Diese auf den ersten Blick sehr kundenorientierte Preisstrategie ist kaum nachhaltig, wenn geringe Preise nur durch Lohndumping, Umgehung von Umweltstandards oder Vernachlässigung der Arbeitssicherheit realisiert werden. Daher sollte eine Niedrigpreispolitik vermieden werden, wenn dies nur auf Kosten der Nachwelt möglich ist (Stichwort Sweatshops). Marken sollten nicht in eine Moralfalle geraten, wie es dem Textildiscounter Kik ergangen ist, als beim Einsturz eines Fabrikgebäudes in Bangladesh mit mehreren hundert Toten offenbart wurde, dass auch Kik

---

[351] Vgl. Armstrong, G./Kotler, P. (2013), S. 158

[352] Vgl. Balderjahn, I./Peyer, M. (2012), S. 346

[353] Vgl. Balderjahn, I./Peyer, M. (2012), S. 359

[354] Vgl. Dienel, W. (2000), S. 60

[355] Vgl. Spinello, R. A. (1992), S. 617 oder Buckley, J./Ó Tuama, S. (2005), S. 127

[356] Vgl. Armstrong, G./Kotler, P. (2013), S. 482

dort trotz mangelhafter Sicherheitsstandards produzierte, obwohl Kik für gute Arbeitsbedingungen eintritt.[357]

Schließlich ist noch anzuführen, dass eine langfristige Preisstabilität und Preistransparenz unumgänglich sind, um das Vertrauen des Kunden zu gewinnen und zu erhalten (Preisvertrauen).[358] Dies gilt insbesondere dann, wenn die wahrgenommenen Wechselbarrieren hoch sind, wie z.B. bei Mobilfunkverträgen. Hier ist zuweilen nur dem Kleingedruckten zu entnehmen, dass sich nach Ablauf von zwei Jahren der Preis erhöht. Ein Wechsel ist unbequem und oft nur bei Einhaltung einer Kündigungsfrist möglich.

Zur Preispolitik gehört auch die Festlegung der Struktur des Preisgefüges, wenn nicht das einzelne Produkt, sondern ganze Produktgruppen bepreist werden. Ziel ist hier die Optimierung des Gewinns der Produktgruppe, nicht des einzelnen Produktes.

So werden beim Preisbündel einzelne Produkte zum Produktbündel hinzugefügt, ohne dass der Preis für das zusätzliche Produkt sich im marginalen Preis des Produktbündels proportional widerspiegelt.[359] Dies ist solange zu rechtfertigen, wie das zusätzliche Produkt dem Kunden auch einen zusätzlichen Nutzen bietet. Dient es jedoch nur dem Abverkauf von Ladenhütern, fühlt sich der Kunde betrogen.

Eine Form des Preisbündels ist das sogenannte „captive pricing". Hier muss zur Nutzung des Produktes eine weitere Produktkomponente gekauft werden. Das Produkt an sich hat einen niedrigen oder moderaten Preis, während die notwendige Produktkomponente, wie z.B. die Tintenpatrone für einen Tintenstrahldrucker, hochpreisig ist.[360] Wenn dies nicht transparent ist und der Kunde zu spät bemerkt, dass ihm die Produktkomponenten zu teuer sind, wird er unzufrieden sein und entsprechend reagieren. Wird es jedoch als Kundenbindungsinstrument eingesetzt und entstehen dem Kunden durch einen Systemwechsel hohe Kosten,[361] ist der Einsatz dieses Instruments ethisch fragwürdig.

Wenn Produkte im Preisbündel angeboten werden, kann damit einer Vernichtung des Produktes vorgebeugt werden oder eine gleichmäßigere Kapazitätsauslastung erreicht werden. Dann werden Ressourcen geschont, weil das Produkt dann durch

---

[357] Vgl. Campillo-Lundtbeck, S. (2013), S. 17

[358] Vgl. Diller, H. (2008), S. 162 ff.

[359] Vgl. Armstrong, G./Kotler, P. (2013), S. 274

[360] Vgl. Armstrong, G./Kotler, P. (2013), S. 273

[361] Vgl. Wildemann, H. (2005), S. 15 f.

13

den Preisabschlag einen Käufer findet. Gleiches gilt für Saisonware oder Produkte kurz vor dem Verfallsdatum, die zu niedrigen Preisen auf den Markt kommen.[362]

Was die Zahlungsbedingungen betrifft, muss deutlich darauf hingewiesen werden, dass Transparenz und Verständlichkeit der Bedingungen für die avisierte Zielgruppe im Vordergrund stehen müssen. Der Kunde muss z.B. verstehen, wie viel er letztlich für das Produkt zahlen muss, ob eine Anzahlung erforderlich ist und (wie etwa beim Leasing) unter welchen Bedingungen ein bestimmter Abnahmepreis garantiert ist.[363] Kredite sind noch aus einem anderen Grund oft ein Dilemma im Marketing: Zielgruppen, die sich leicht verführen lassen, kaufen gerne Produkte in „bequemen Teilbeträgen". Wenn sie sich diesen Konsum jedoch nicht leisten können, geraten sie in die Falle der Verschuldung.[364] Hier hat das Marketing eine Verantwortung wahrzunehmen und muss prüfen, ob der Kunde die Raten langfristig zahlen kann, und muss ggf. auf Umsatz verzichten. Unter dem Nachhaltigkeitsaspekt ist dies die bessere Lösung – nicht nur weil Kosten für eventuelle Rechtsstreitigkeiten entstehen, sondern auch weil das Image Schaden nehmen wird.

Preisfestsetzungen	Orientierung an Kundennutzen und Kosten	keine Ausnutzung von hoher Zahlungsbereitschaft für Öko-Produkte ohne Mehrwert
	Berücksichtigung sozialer Belange	Preisdifferenzierung für lebensnotwendige Produkte nach sozialen Kriterien
	Hochpreispolitik	keine Ausgrenzung von einkommensschwachen Konsumenten
	Niedrigpreispolitik	keine niedrigen Preise auf Kosten von Sozial- oder Umweltstandards
Preisänderungen	Preisstabilität und Preisvertrauen	Vermeidung von unerwarteten Preiserhöhungen und/oder ehrliche Kommunikation

---

[362] Vgl. Diller, H. (2008), S. 251f oder Armstrong, G./Kotler, P. (2013), S. 276

[363] Vgl. Armstrong, G./Kotler, P. (2013), S. 285

[364] Vgl. Bundeszentrale für politische Bildung (2013)

Preisgefüge	Preisbündel	Vermeidung von unattraktiven Bündelelementen
	Captive Pricing	klare Kommunikation der Folgekosten
Liefer- und Zah-lungsbedingungen	Kredite und Leasing	Verschuldungsfalle bei be-stimmten Zielgruppen vermei-den

Tab. 13-4: Potenziale für nachhaltige Preispolitik

13.3.3 Distributionspolitik

Die Notwendigkeit der Distribution ergibt sich dadurch, dass i.d.R. weder Zeit noch Ort von Produktion und Konsum zusammenfallen. Die Distributionspolitik umfasst die Regelung bzw. die Festlegung aller Marketingaktivitäten, die darauf ausgerichtet sind, eine Leistung vom Ort ihrer Entstehung unter Überbrückung von Raum und Zeit an die Nachfrager heranzutragen. Daher muss ein Unternehmen den Standort festlegen, die Absatzwege bestimmen und die physische Distribution an den Nachfrager gestalten.[365]

Die Standortpolitik zielt sowohl darauf ab, den Produktionsstandort zu bestimmen als auch Filialstandorten festzulegen, sei es zur Produktion oder zum Verkauf. Hier gilt es, Wege zu minimieren, um Transport zu vermeiden oder zu verringern. Es geht aber auch um den Umweltgedanken und soziale Belange, wenn Produktion nur deshalb in ein anderes Land verlagert wird, weil dort die Umweltauflagen geringer sind oder die Sozialstandards geringer sind. In das Kalkül müssen also nicht nur die reinen Kosten der Verteilung einbezogen werden, sondern auch ökologische und soziale Folgen. Dies trifft auch auf die Wahl von Filialstandorten zu. Eine flächendeckende Versorgung mit Lebensmitteln auf dem Land gibt es in Deutschland schon seit Langem nicht mehr.[366] Betroffen sind davon insbesondere ältere und einkommensschwache Zielgruppen in ländlichen Regionen, die aus Kosten- oder Altersgründen kein Auto besitzen. Die Beschaffungskosten aus Sicht der Konsumenten müssen sich ebenfalls in Grenzen halten. Dies gilt umso mehr, wenn es sich um den Kauf von nachhaltigen Produkten handelt. Wenn ein Konsument für nachhaltige Produkte die gewohnten Einkaufsstätten nicht nutzen kann, entstehen nicht nur

---

[365] Vgl. Ramme, I. (2009), S. 147
[366] Vgl. Lerchenmüller, M. (2003), S. 529

Transaktionskosten in Form von erhöhtem Suchaufwand, sondern auch Transferkosten, weil geeignete Einkaufsmöglichkeiten in der Nähe fehlen.[367]

Zur Distributionspolitik gehört auch die Entscheidung über Absatzwege: direkt oder indirekt. Direkter Vertrieb heißt, dass ein Produkt ohne einen zwischengeschalteten Absatzmittler an den Endkunden verkauft wird. Den Vertrieb übernehmen oft selbständige Handelsvertreter, die von Umsatzprovisionen leben. Hier zeigt sich ein Konflikt: Kurzfristige Umsatzerfolge führen zu guten Provisionseinnahmen, die die Motivation der Vertriebsmitarbeiter erhöhen. Langfristig ist dies nicht immer kundenorientiert. Es muss vermieden werden, dass „verbrannte Erde" hinterlassen wird, d.h. dass ein Vertriebsmitarbeiter zwar ein hohes Umsatzziel erreicht, dann aber den Arbeitsplatz wechselt und die Kunden nicht mehr betreuen kann oder will. Der sogenannte vertriebliche Dreikampf mit den Disziplinen „anhauen", „umhauen" und „abhauen" ist weder kundenorientiert noch ein Zeichen für nachhaltiges Marketing. Hier können entsprechende Provisionsmodelle, die nicht nur kurzfristige Umsatzziele honorieren, einen Beitrag leisten. So hat die Landesbausparkasse ein Modell eingeführt, das den Vertriebsmitarbeitern zusätzlich zur Umsatzprovision auf die abgeschlossene Bausparsumme einen Zusatzbonus zahlt, wenn der Bausparvertrag regelmäßig bespart wird.

Auch die Senkung der Fluktuation trägt zur Nachhaltigkeit vor allem des ökonomischen Erfolgs bei. Hier haben es Unternehmen leichter, die stark erklärungsbedürftige Produkte anbieten, weil die Vertriebsmitarbeiter viel Knowhow benötigen, um erfolgreich verkaufen zu können.

Indirekte Absatzwege beziehen sich auf den Online- und Offline-Handel. Handelsunternehmen sollten kritisch hinterfragen, ob es im Zuge der Nachhaltigkeitsdebatte eine immer größere Sortimentsvielfalt geben muss. Hier muss abgewogen werden, ob wertvolle Ressourcen für die Beschaffung und Wiederauffüllung von Waren verbraucht werden sollen, um dem Kunden jeden Wunsch zu erfüllen, oder ob der Kunde bereit ist, auf Vielfalt zu verzichten. Ein ähnliches Argument gibt es bei der 24h-Lieferung: Das Angebot von vielen Online-Händlern ist attraktiv, führt aber zu einer ökologischen Belastung durch Zunahme des Transports.

Bei der physischen Distribution an den Kunden oder Wiederverkäufer ist eine ressourcenschonende Logistik – Stichwort Carbon Footprint – gefragt. Hier sei auf das Kapitel 12 von Reintjes verwiesen.

---

[367] Vgl. Dienel, W. (2000), S. 60 und 64

Standortpolitik	Produktionsstandort	Berücksichtigung sozialer und ökologischer Belange
	Filialstandort	Berücksichtigung sozialer und ökologischer Belange Flächendeckende Versorgung der Bevölkerung
Absatzwege direkt	Vertrieb	kein vertrieblicher Dreikampf niedrige Fluktuation
Absatzwege indirekt	Handel offline	Sortimentstiefe kritisch hinterfragen
	Handel online	24h-Lieferung kritisch hinterfragen
Physische Distribution	ressourcenschonende Logistik	Berücksichtigung Carbon Footprint

Tab. 13-5: Potenziale für nachhaltige Distributionspolitik

13.3.4 Kommunikationspolitik

Neben der Produktgestaltung, der Preisfestsetzung und der Verteilung der Produkte kommt dem Marketing im Rahmen der Kommunikationspolitik die Aufgabe zu, über die Existenz und die Vorteile des Produktes zu informieren und zum Kauf zu motivieren. Im Rahmen der Informationsfunktion ist auch die Erinnerungsfunktion zu nennen. Dies ist ganz besonders wichtig bei Verbrauchsgütern, die einen kurzen Wiederkaufzyklus haben. Die Motivationsfunktion bezieht sich nicht nur darauf, den potenziellen Kunden zum Kauf zu bewegen, sondern auch darauf, ihn in seiner bereits getätigten Kaufentscheidung zu bestätigen. Die nach dem Kauf eventuell eingetretene Kaufreue soll mit kommunikativen Maßnahmen abgebaut werden.

Man unterscheidet persönliche Kommunikation und Massenkommunikation. Persönliche Kommunikation ist die direkte, von Person an Person gerichtete Kommunikation. Hier sind Rückkopplungen (Feedback) zwischen den Kommunikationspartnern in Form von Rückfragen und abwechselndem Gespräch möglich. Die persönliche Kommunikation ist dadurch flexibler und gilt als glaubwürdiger. Sie hat besonders bei erklärungsbedürftigen und/oder hochpreisigen Produkten eine große Bedeutung (z.B. Investitionsgütermarketing).

13

Unter Massenkommunikation versteht man eine Kommunikationsart, deren Botschaften öffentlich durch technische Verbreitungsmittel bei räumlicher und/oder zeitlicher Distanz der Kommunikationspartner übermittelt werden. Massenkommunikation wendet sich an viele nicht bekannte Empfänger. Eine Rückkopplung ist nicht möglich.

Klassische Instrumente der Kommunikationspolitik sind Werbung, Verkaufsförderung, Öffentlichkeitsarbeit und persönlicher Verkauf. Diesen so genannten Above-the-Line-Aktivitäten stehen die neueren Kommunikationsinstrumente Direktwerbung, Product-Placement, Sponsoring, Events und Merchandising als Below-the-Line-Aktivitäten gegenüber.[368]

Neben der Kommunikationseffizienz, also dem ökonomischen Element der Nachhaltigkeit, können bei allen Instrumenten Ressourcen gespart werden, um die ökologische Komponente einzubeziehen, und soziale Aspekte berücksichtigt werden, wie etwa humane Arbeitsbedingungen der in der Kommunikationsbranche tätigen Menschen. Ressourcen werden beim Druck von Printmaterialien sei es im Direktmarketing, bei der Plakatierung oder bei Anzeigen in Zeitschriften verbraucht. Hier kann versucht werden, auf umweltverträgliche Materialien auszuweichen und die Druckauflage zu verringern. Dies ist dann gleichzeitig ein ökonomischer Aspekt. Bei der Verkaufsförderung oder bei Messeauftritten können Display-Materialien oder Standkomponenten ggf. wiederverwendet werden oder es können umweltfreundliche Produkte verwendet werden.

Unabhängig von der Wahl der Kommunikationsart und der Kommunikationsinstrumente ist die Funktion der Kommunikation entscheidend. Dies gilt auch oder sogar ganz besonders im Zusammenhang mit nachhaltigem Marketing. Daher sollen die Informations- und Motivationsfunktion der kommunikativen Maßnahmen eines Unternehmens im Vordergrund stehen.

Dienel untersucht die Kaufbarrieren bei Öko-Lebensmitteln und kommt zu dem Schluss, dass die Kommunikationspolitik gefragt ist, wenn es darum geht,

- über die Öko-Eigenschaften von Produkten zu informieren,
- Echtheitszweifeln zu begegnen und Glaubwürdigkeit zu schaffen,
- den Eindruck der Irrelevanz des eigenen Handelns zu beseitigen oder zu mindern,
- einen Prestigeverlust zu vermeiden ("Müslityp"),
- Gewohnheiten zu durchbrechen, vor allem bei der Wahl des Händlers oder der Marke,

---

[368] Vgl. zu den vorangegangenen Absätzen Ramme, I. (2009), S. 165 f.

■ Transparenz bei den Preisen zu schaffen, da die Beurteilung der Preiswürdigkeit bei Ökoprodukten für den Verbraucher oft schwierig ist.[369]

Im Kontext der Informationsfunktion stellen Unternehmen Produktvorteile heraus und bauen etwaige Informationsdefizite zu den Eigenschaften des Produktes aber auch zur Verfügbarkeit (Einkaufsstätte) oder zum Gebrauch und der Entsorgung des Produktes ab. Hier gilt es auch, an den Kauf des Produktes zu erinnern, um Loyalität zu schaffen und zu erhalten. Ganz wichtig ist der Aufbau des Vertrauens, die Glaubwürdigkeit zu erhalten und das entgegengebrachte Vertrauen nicht zu enttäuschen. Nachhaltigkeit soll nicht nur ein leeres Wort sein, sondern ein authentisches Versprechen des Unternehmens.[370] Greenwashing, also die Kommunikation eines nachhaltigen oder grünen Images ohne nachhaltig zu sein[371], muss vermieden werden.[372]

Die Motivationsfunktion bezieht sich auf die Motivation zum Kauf eines Produktes oder bei einem bestimmten Händler, aber auch auf die Motivation zu einem gewünschten Verhalten, wie etwa Mülltrennung, Benzinsparen durch umweltbewusstes Fahren oder die Lagerung oder Behandlung von Produkten, um die Lebensdauer oder Verwendungsdauer zu erhöhen. Auf den erhobenen Zeigefinger sollte dabei verzichtet werden.[373]

Die Kommunikationspolitik ist auch beim Abbau von kognitiven Dissonanzen gefragt. Diese entstehen, wenn nach dem Kauf, insbesondere nach einer schwierigen und langwierigen Kaufentscheidung, Zweifel beim Konsumenten aufkommen, ob die getroffen Wahl richtig war. Der Kunde bereut den Kauf.[374] Bei nachhaltigen Produkten kann dies passieren, wenn der Kunde den Kauf bereut (Kaufreue), weil er sich durch den Kauf als „Müslityp" geoutet fühlt oder weil er sich als „Spießer" sieht, der gerade ein langweiliges umweltfreundliches Auto gekauft hat.[375] Mit einem guten Gespür für die Zielgruppe, mit Daten aus der Marktforschung untermauert, sollte dies in der Kommunikationspolitik nicht passieren.

---

[369] Vgl. Dienel, W. (2000), S. 65

[370] Vgl. Prax, C. (2013), S. 96

[371] Vgl. Greenpeace (2013)

[372] Vgl. Prax, C. (2013), S. 99

[373] Vgl. Prax, C. (2013), S. 99

[374] Vgl. Ramme, I. (2009), S. 165

[375] Vgl. Reidel, M. (2012), S. 13

13

Kommunikations-instrumente	Werbung, Direktwerbung, PR, Messeauftritte etc.	Ressourceneinsparung insbesondere bei Papier umweltfreundliche Materialien Wiederverwendung von Material humane Arbeitsbedingungen
Kommunikations-funktion Information	Information zu Produkt und Verhalten	Produkteigenschaften herausstellen
	Erinnerung an Kauf des Produktes und an Verhalten	gewohntes Verhalten aufbrechen
	Vertrauen aufbauen, erhalten und nicht enttäuschen	kein Greenwashing
Kommunikations-funktion Motivation	Motivation zum Kauf und zum Verhalten	Verhaltensänderung bewirken
	Abbau der Kaufreue	Bestärkung in der Entscheidung und Vermeidung von negativen Assoziationen zur Kundengruppe

Tab. 13-6: Potenziale für nachhaltige Kommunikationspolitik

Auf den Punkt gebracht

Ausgehend von der Definition von nachhaltigem Marketing als Konzeption zur marktorientierten Führung eines Unternehmens mit dem Ziel der Bedürfnisbefriedigung beim Kunden und Erreichung der Unternehmensziele unter gleichzeitiger Berücksichtigung der Anforderungen des Marktumfeldes, der Gesellschaft und der natürlichen Umwelt sind diverse Aspekte der Nachhaltigkeit insbesondere bei den vier Ps diskutiert worden.

Nicht immer sind die Empfehlungen ohne Kompromisse umsetzbar, dennoch bleibt zu hoffen, dass Kotlers Aussage von vor über 40 Jahren weiterhin Bestand hat: Marketing befriedigt Kundenbedürfnisse und verbessert ihr Wohlbefinden basierend auf der Theorie, dass was langfristig gut für die Kunden ist, auch gut ist fürs Geschäft.[376]

---

[376] Vgl. Kotler, P. (1972), S. 57

Wünschenswert sind zahlreiche Unternehmen, die ihre Verantwortung für Umwelt und Gesellschaft ernst nehmen und dabei wirtschaftlich erfolgreich sind. Ein Zitat möge dies verdeutlichen:

„Wir sind dabei der festen Überzeugung, dass Ökonomie, Ökologie und Soziales sich nicht gegenseitig ausschließen, sondern gerade die Vereinbarkeit aller drei Aspekte die Basis bilden, um langfristig erfolgreich tätig zu sein."[377]

Literaturtipps

Standardwerk der englischsprachigen Marketingliteratur:
Armstrong, G; Kotler, P. (2013): Marketing – An Introduction, Upper Saddle River, 11. Aufl.

Leicht verständliche Einführung in das Marketing:
Ramme, I. (2009): Marketing – Einführung mit Fallbeispielen, Aufgaben und Lösungen, Stuttgart, 3. Aufl.

Eine der ersten ausführlichen Publikationen über nachhaltiges Marketing:
Schmidt-Riediger, B. (2008): Sustainability Marketing in the German Food Processing Industry. Dissertation an der Technischen Universität München.

Literaturquellen

Armstrong, G; Kotler, P. (2013): Marketing – An Introduction, Upper Saddle River, 11. Aufl.

Balderjahn, I. (2004): Nachhaltiges Marketing-Management: Möglichkeiten einer umwelt- und sozialverträglichen Unternehmenspolitik, Stuttgart.

Balderjahn, I./Peyer, M. (2012): Das Bewusstsein für fairen Konsum: Konzeptualisierung, Messung und Wirkung. In: DBW, 72. Jg. Heft 4, S. 343–364.

Belly, C. (2012): Treue soll sich lohnen. In: Horizont, Heft 14, S. 78.

Bezencon, V./Blili, S. (2010): Ethical products and consumer involvement: what's new? In: European Journal of Marketing, 44. Jg. Heft 9-10, S. 1306–1321.

13

---

[377] Globetrotter (2013)

BMU (2013), online http://www.bmu.de/themen/wasser-abfall-boden/abfall-wirtschaft/abfallpolitik/kreislaufwirtschaft/eckpunkte-des-neuen-kreislaufwirtschaftsgesetzes

Brechtel, D. (2012): Doppelte Zustimmung. In: Horizont, Heft 18, S. 31.

Brechtel, D. (2012): Manifestation der Marke. In: Horizont, Heft 17, S. 37.

Brigitte Kommunikationsanalyse (2012), online http://ems.guj.de/print/port-folio/brigitte/brigitte-studien/

Brundtland, G. H. (1987): Our Common Future. United Nations Brundtland Report (Λ/42/427, 4 August 1987), online http://www.unric.org/html/german/ent-wicklung/rio5/brundtland/A_42_427.pdf.

Buckley, J/Ó Tuama, S. (2005): International pricing and distribution of therapeutic pharmaceuticals: an ethical minefield. In: Business Ethics: A European Review, 14. Jg. Heft 4, S. 127–141.

Bundeszentrale für politische Bildung (2013): Überschuldung privater Haushalte, online: http://www.bpb.de/nachschlagen/zahlen-und-fakten/soziale-situation-in-deutschland/61794/ueberschuldung-privater-haushalte.

Campillo-Lundtbeck, S. (2012): Der Preis der Preisfixierung. In: Horizont, Heft 4, S. 2.

Campillo-Lundtbeck, S. (2012): For you, vor Ort, vorbei. In: Horizont, Heft 4, S. 4.

Campillo-Lundtbeck, S. (2013): Marken in der Moralfalle. In: Horizont, Heft 19, S. 17.

Crane, A./Desmond, J. (2002): Societal marketing and morality. In: European Journal of Marketing, 36. Jg. Heft 5, S. 548–569.

Daub, C.-H./Ergenzinger, R. (2005): Enabling sustainable management through a new multi-disciplinary concept of customer satisfaction. In: European Journal of Marketing, 39. Jg. Heft 9-10, S. 998–1012.

Dienel, W. (2000): Organisationsprobleme im Ökomarketing – eine transaktionskos-tentheoretische Analyse im Absatzkanal konventioneller Lebensmittelhandel. Dissertation an der Humboldt Universität zu Berlin.

Diller, H. (2008): Preispolitik, Stuttgart, 4. Aufl.

Elliott, G. R. (1990): The Marketing Concept - Necessary, but Sufficient? An Envi-ronmental View. In: European Journal of Marketing, 24 Jg. Heft 8, S. 23–30.

Elkington, J. (1997): Cannibals With Forks: The Triple Bottom Line of 21st Century Business, Gabriola Island (Canada).

Fassnacht, M. (2012): Die Frage ist, ob Schlecker überhaupt noch Zeit hat. In: Hori-zont, Heft 4, S. 4.

Freitag (2013), online www.freitag.ch.

Globetrotter (2013): CSR, online https://www.globetrotter.de/wir/verantwortung/csr

Greenpeace (2013): Greenwashing, online: http://stopgreenwash.org

Gupta, S./Ogden, D. T. (2009): To buy or not to buy? A social dilemma perspective on green buying. In: Journal of Consumer Marketing, 26. Jg. Heft 6, S. 376–391.

Havas Media (2011), online http://www.havasmedia.com/2011/11/meaningful-brands-havas-media-launches-global-results/

Interbrand (2012), online http://www.interbrand.com/de/best-global-brands/best-global-brands-methodology/Overview.aspx

Jacob, E. (2011): Marken auf dem Prüfstand. In: Horizont, Heft 47, S. 24.

Jansson, J./Marell, A./Nordlung, A. (2010): Green consumer behavior: determinants of curtailment and eco-innovation adoption. In: Journal of Consumer Marketing, 27. Jg. Heft 4, S. 358–370.

Janter, K. (2012): Zeigen wie der Strom fließt. In: Horizont, Heft 14, S. 54.

Karle, R. (2012): Marke unter Strom setzen. In: Horizont, Heft 18, S. 40.

KLM (2013), online http://www.klmtakescare.com/en/content/a-new-life-for-klm-s-women-s-uniforms

Kotler, P./Levy, S. J. (1969): Broadening the Concept of Marketing. In: Journal of Marketing, 33. Jg., S. 10–15.

Kotler, P. (1972): What consumerism means for marketers. In: Harvard Business Review, 50. Jg. Heft 3, S. 48–57.

KPMG (2012): Expect the Unexpected: Building business value in a changing world, online: www.kpmg.com.

Leonidou, L. C./Leonidou, C. N./Palihawadana, D./Hultman, M. (2011): Evaluating the green advertising practices of international firms: a trend analysis. In: International Marketing Review, 28. Jg. Heft 1, S. 6–33.

Lerchenmüller, M. (2003): Handelsbetriebslehre, Herne, 4. Aufl.

Longsworth, A./Longsworth, A./Meyer, R./Hughes, D. (2011): Green Brands, Global Insights 2011. Price, Packaging, and Perception. Global results from the 2011 ImagePower Green Brands Survey, online: http://de.slide-share.net/WPPGreenBrandsSurvey/2011-green-brands-global-media-deck.

Lotti, M./Lehmann, D. (2007): Memo on AMA Definition of Marketing, 17th Dec, 2007, online: http://www.marketingpower.com/Community/ARC/Pages/Additional/Definition/default.aspx.

Martin, D./Schouten, J. (2012): Sustainable Marketing, Upper Saddle River.

Meffert, H./Burmann, C./Kirchgeorg, M. (2011): Marketing: Grundlagen marktorientierter Unternehmensführung. Konzepte - Instrumente – Praxisbeispiele, Wiesbaden, 12. Aufl.

Mercedes-Benz Gebrauchtteile Center (2013), online http://www.mbgtc.de/Historie/?contTmpl=unternehmen

Miele (2013), online http://miele.de/de/haushalt/produkte/1139_45755.htm# p45752

13

o.V. (2012): Methodology, online, http://www.interbrand.com/de/best-global-brands/best-global-brands-methodology/Overview.aspx.

Pickett-Baker, J./Ozaki, R. (2008): Pro-environmental products: marketing influence on consumer purchase decision. In: Journal of Consumer Marketing, 25. Jg. Heft 5, S. 281–293.

Pimpel, R. (2012): Sippenhaft für Suppenmarken. In: Horizont, Heft 18, S. 19.

Polonski, M. J. (1995): A stakeholder theory approach to designing environmental marketing strategy. In: Journal of business and industrial marketing, 10. Jg. Heft 3, S. 29–46.

Prax, C. (2013): Nachhaltige Nachhaltigkeit. In: Absatzwirtschaft, Sonderausgabe Marken, S. 96–99.

Ramme, I. (2009): Marketing – Einführung mit Fallbeispielen, Aufgaben und Lösungen, Stuttgart, 3. Aufl.

Reidel, M. (2011): IT-Marken jagen Coca Cola. In: Horizont, Heft 40, S. 22.

Reidel, M. (2012): Mehr Power für den Hybrid. In: Horizont, Heft 17, S. 13.

Schaltegger, S. (2012): Nachhaltigkeitsmetamorphose der BWL. In: DBW, 72. Jg. Heft 4, S. 279–290.

Schmidt-Riediger, B. (2008): Sustainability Marketing in the German Food Processing Industry. Dissertation an der Technischen Universität München.

Schneider, G. (2012): Option ohne Antrieb. In: Horizont, Heft 14, S. 42.

Slaper, T. F./Hall, T. J. (2011): The Triple Bottom Line: What Is It and How Does It Work? In: Indiana Business Review, Spring, S. 1–5.

Spinello, R.A. (1992): Ethics, Pricing and the Pharmaceutical Industry. In Journal of Business Ethics, Heft 11, S. 617–626.

Thogersen, J./Haugaard, P./Olesen, A. (2010): Consumer responses to ecolabels. In: European Journal of Marketing, 44. Jg. Heft 11-12, S. 1787–1810.

Vaaland, T. I./Heide, M./Grønhaug, K. (2008): Corporate social responsibility: investigating theory and research in the marketing context. In: European Journal of Marketing, 42. Jg. Heft 9-10, S. 927–953.

Warner, S./Nice, H. (2011): Meaningful Brands – Havas Media launches global results, online http://www.havasmedia.com/2011/11/meaningful-brands-havas-media-launches-global-results.

Wildemann, H. (2005): Wachstumsorientiertes Kundenbeziehungsmanagement statt König-Kunde-Prinzip, online http://www.tcw.de/uploads/html/publikationen/aufsatz/files/Wachstumsorientiertes_Kundenbeziehungsmanagement.pdf.

WMF (2013), online http://www.wmf.de/shop/de_de/tauschaktion_kw02

Zimmer, J. (2012): „Wir müssen die Servicequalität verbessern". Interview mit Holger Böhme. In: Horizont, Heft 14, S. 58.

14 Integrales Management – Neue Perspektiven für eine nachhaltige Entwicklung

von Prof. Dr. Thomas Ginter

Lernziele

Die Leser

■ verstehen, dass der unternehmerische Alltag zunehmend dynamischer und damit komplexer wird und daher eine neue Sicht auf die Funktionsweise von Unternehmen erforderlich ist,

■ kennen den *Integralen Ansatz* von Ken Wilber und dessen Bedeutung für ein nachhaltiges Management,

■ können die grundlegenden Erkenntnisse des Integralen Ansatzes auf das Management von Unternehmen übertragen.

Schlagwortliste

■ Integraler Ansatz ■ Entwicklungsholarchie ■ Zustände ■ Entwicklungsstufen ■ Entwicklungslinien ■ Typologien ■ Vier-Quadranten-Modell

14.1 Problemstellung: Komplexität und ihre Folgen

Kennen Sie die Parabel von den drei blinden Männern, die von einem Raja in Indien aufgefordert wurden, einen Elefanten zu untersuchen?[378] Nachdem die drei Blinden den Elefanten betastet hatten, erklärte der Raja den Männern: Ihr habt soeben einen Elefanten untersucht. Nun sagt mir, was ist ein Elefant? Der erste beschrieb den Elefanten wie eine stattliche Säule, denn er hatte ein Bein untersucht. Der zweite versicherte, dass der Elefant eher mit einer Bürste vergli-

---

[378] Die Geschichte der drei Blinden gibt es in unterschiedlichen Versionen, die ihren Ursprung unter anderem im Buddhismus, dem Jainismus und dem Sufismus haben. Die von mir zitierte Variante stammt aus dem sogenannten Palikanon (Khuddaka Nikaya, Udana (Pali) 54-56), einer alten buddhistischen Schrift aus dem ersten Jahrhundert v. Chr.

chen werden kann, da er sich bei der Analyse dem Schwanz des Tieres gewidmet hatte. Schließlich versicherte der dritte, der die Stoßzähne untersucht hatte, dass der Elefant wohl eher einer Pflugschare glich. Und sogleich begannen die drei Männer darüber zu streiten, wer wohl Recht habe. So, oder so ähnlich versuchen Tag für Tag Funktionsträger in Unternehmen den betrieblichen Kontext zu *begreifen*, so etwa aus der Perspektive der Produktion, des Controllings, des Marketing. Sie alle beschreiben die Situation aus ihrer subjektiven, funktionsbezogenen Sicht und auch wenn in vielen Unternehmen regelmäßig sogenannte „funktionsübergreifende" Meetings und Projekte initiiert werden, gelingt es den Akteuren nur selten das Unternehmen als Ganzes, eingebettet in Markt und Unternehmensumfeld zu erfassen.

Was ist der Grund für diese eingeschränkte Sicht? Im Grunde genommen ist die Fokussierung auf eine spezifische Perspektive etwas überaus Natürliches und manchmal sogar – wie beispielsweise bei einer schwierigen OP an einem offenen Herzen – fraglos zielführend. Wichtig ist dabei jedoch, dass sie die Fähigkeit besitzen, ihre Perspektive ggf. zu verändern oder, falls dies die aktuelle Situation erfordert, eine gänzlich neue Perspektive einzunehmen. Darüber hinaus ist es gerade für Führungskräfte unerlässlich, das sogenannte „Ganze" zu erfassen, was sich jedoch aufgrund der zunehmenden → Komplexität der meisten Managementsituationen als überaus schwierig erweist. Dabei können wir grundsätzlich zwischen Detailkomplexität und dynamischer Komplexität unterscheiden. Während die herkömmlichen Instrumente der Strategischen Planung primär auf die Bewältigung von Detailkomplexität ausgerichtet sind, wie etwa die Durchführung einer Simulation mit einer Vielzahl von Variablen und komplexen Detail-anordnungen, handelt es sich bei der dynamischen Komplexität um Situationen, in denen sich die zugrunde liegenden Ursache-Wirkung-Ketten dem Betrachter nicht unmittelbar erschließen und durchgeführte Interventionen unter Umständen nicht zu naheliegenden Konsequenzen führen oder kurzfristig völlig andere Auswirkungen zeigen als langfristig. So ist etwa das Gleichgewicht zwischen Marktveränderungen und entsprechender Anpassung der Produktionskapazitäten ein dynamisches Problem. Aber auch die nachhaltige Verbesserung der Qualität oder die Steigerung der Kundenzufriedenheit lässt sich nicht unmittelbar auf bestimmte Variablen bzw. Aktivitäten zurückführen.[379]

Akzeptieren wir, dass unsere Welt und damit natürlich auch der unternehmerische Alltag zunehmend dynamischer und damit komplexer wird, so stellt sich

---

[379] Zur Unterscheidung von Detailkomplexität und dynamischer Komplexität siehe unter anderem Senge, P. (2011), S. 89 ff. Ein schöner Aufsatz zum Thema Komplexität findet sich auch bei Malik, F. (2009), S. 21 ff.

uns die Frage, ob das Management überhaupt noch in der Lage ist, anhand der klassischen Instrumentarien der Planung, Organisation und Kontrolle ein Unternehmen zu steuern. Die Antwort liegt meines Erachtens auf der Hand: Die Zuhilfenahme statischer Instrumente zur Steuerung dynamischer Komplexität gleicht dem Versuch, ein Überschallflugzeug auf Sicht zu fliegen. Dabei ist die Fokussierung der Funktionsträger auf Detailaufgaben sicherlich auch ein Ausdruck von Unsicherheit ob der gewaltigen Aufgaben und Veränderungen, mit denen das Management im Zeitalter der Information und Komplexität konfrontiert wird. Neben der Trivialisierung der Komplexität durch Konzentration auf Einzelaufgaben flüchten sich viele Manager darüber hinaus in aktionistische Betriebsamkeit oder blenden dynamische Probleme gar gänzlich aus – same as it ever was! Aber auch der Versuch dynamische Probleme rein rational zu durchdringen, führt nur begrenzt zu einem umfassenden Verständnis der komplexen Unternehmenssituation. Denn nur eine rationale Musterbildung kombiniert mit intuitivem Verstehen lässt uns die relevanten Gegebenheiten tatsächlich erahnen. Um dennoch das Ruder nicht gänzlich aus der Hand zu geben, benötigen wir eine völlig neue Sicht auf die Funktionsweise von Unternehmen; neue Perspektiven für eine nachhaltige Entwicklung!

14.2 Der Integrale Ansatz

Der Einfluss dynamischer Komplexität auf Managementsituationen beschäftigt schon seit Mitte des letzten Jahrhunderts visionäre Denker aus Theorie und Praxis. Dabei spielt insbesondere die Systemtheorie als Orientierungsrahmen eine herausragende Rolle. Einige der Helden dieser Bewegung, deren Arbeiten einen unschätzbaren Beitrag dazu geleistet haben, Unternehmen neu zu denken, sollen zu Beginn dieses Kapitels vorgestellt werden, bevor wir uns dann dem → Integralen Ansatz zuwenden, der zwar nicht unmittelbar der Systemtheorie zuzuordnen ist, sich jedoch in deren Geiste als würdiger Wegbegleiter hin zu einem neuen Managementansatz formiert.

Wegweisend für die Übertragung der Erkenntnisse der Systemtheorie in die moderne Managementforschung war fraglos *Stafford Beer*. Sein Modell des ‚lebensfähigen Systems' basiert auf der Funktionsweise des Zentralnervensystems beim Menschen und dient in vielen systemkybernetischen Ansätzen als Grundlage der organisatorischen Strukturierung von Unternehmen.[380]

---

[380] Für ein vollständiges Verständnis des Modells siehe Beer, S. (1972)

14

Im deutschsprachigen Raum haben sich erstmals *Hans Ulrich*[381] und seine Schüler *Walter Krieg, Peter Gomez, Gilbert Probst, Thomas Dyllick* und *Fredmund Malik* dem Thema angenommen. Hieraus entstand zunächst der St. Galler Systemansatz und – darauf aufbauend – das von *Hans Ullrich* und *Walter Krieg* entwickelte St. Galler Management-Modell, welches dem Management ermöglicht, Aspekte der Unternehmensführung aus einer vermeintlich ganzheitlichen, integrierten Perspektive heraus zu erfassen. Während klassische Management-Ansätze die Komplexität als ein zu reduzierendes Übel verstehen, besteht die Aufgabe des Managements nach diesem Ansatz unter anderem darin, die Komplexität von Lenkungssystemen aufrechtzuerhalten, um – nach dem Motto: komplexe Aufgaben erfordern komplexe Lenkungssysteme - die kontinuierliche Anpassung des Unternehmens an eine sich dynamisch verändernde Unternehmensumwelt zu gewährleisten. Die Anpassung an die Umwelt findet dabei vorrangig durch Selbstorganisation und evolutionäre Anpassungsvorgänge statt; der Manager dient dem entsprechend primär als Katalysator strategischer Entscheidungen und eben nicht als Unternehmenslenker.[382] Eine praxisorientierte Implementierung erfuhr das St. Galler Management-Modell durch *Fredmund Malik*, der 1977 das Management Zentrum St. Gallen (heute Malik Management Zentrum St. Gallen AG) zur Erprobung und Weiterentwicklung der erarbeiteten Ansätze gründete.[383]

Schließlich möchte ich an dieser Stelle noch auf die unschätzbaren Verdienste von *Peter Senge*, dem Direktor des 1991 gegründeten Center for Organizational Learning an der MIT Sloan School of Management hinweisen, der vor allem durch sein Buch ‚Die fünfte Disziplin: Kunst und Praxis der lernenden Organisation‘ und dem darauf aufbauenden ‚Fieldbook‘ auf der Basis sogenannter ‚System-Archetypen‘ die Grundlagen zur Gestaltung einer lernenden Organisation einer breiten Öffentlichkeit zugänglich machte.[384]

Ohne die Leistungen der Pioniere des Systemmanagements schmälern zu wollen, ist es doch so, dass auch sie eben nicht wirklich das Ganze betrachten, sondern sich weitestgehend auf die Systemperspektive beschränken. *Ken Wilber*, mit dessen Theorie wir uns gleich ausführlichen beschäftigen werden, unterstellt der

---

[381] Vgl. hierzu Ulrich, H. (1968)

[382] Vgl. hierzu ausführlich Ulrich, H./Krieg, W. (1973)

[383] Ein Überblick über die Weiterentwicklungen des St. Galler Management-Modells durch Fredmund Malik findet sich in Malik, F. (2007)

[384] Siehe Senge, P. (2011) sowie Senge, P./Kleiner, A./Smith, B./Roberts, C./Ross, R. (1996)

Systemtheorie deshalb auch einen *„subtilen Reduktionismus"*, da die Systemtheorie zwar vorgibt, das Ganze zu erforschen, jedoch nicht dazu geeignet scheint, individuelle und intersubjektive Realitäten zu erklären respektive eine derartige Perspektive einzunehmen.[385] Nach *Wilber* kann Wirklichkeit aus vier unterschiedlichen Perspektiven gesehen werden: aus einer inneren (subjektiv/qualitativ) und einer äußeren (objektiv/quantitativ), sowie aus einer individuellen und einer kollektiven Sicht heraus.[386]

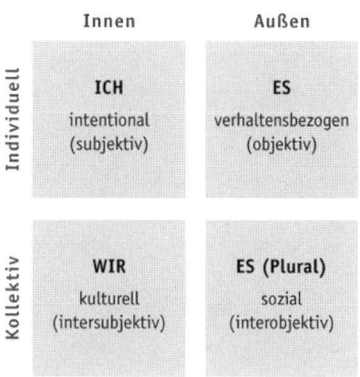

Abb. 14-1: Das → Vier-Quadranten-Modell - Unterschiedliche Perspektiven der Wirklichkeit, vgl. Wilber, K. (2001b), S. 85

So postuliert *Wilber* meines Erachtens zu Recht, dass sich ein vollständiges Bild der Wirklichkeit nur dann erahnen lässt, wenn bei der Betrachtung auch tatsächlich alle vier Perspektiven Berücksichtigung finden. Ansonsten reduziert man eben die Wirklichkeit auf eine Perspektive (wie die Systemtheorie auf den unteren rechten Quadranten), die dann vielfach auch noch als die allein gültige ‚Wahrheit' verkauft wird.

Und schon sind wir mitten drin im → Integralen Ansatz. Im Folgenden werden wir uns zunächst mit der Idee der HOLONS beschäftigen, dann auf die einzelnen Bestandteile der Integralen Theorie – → ZUSTÄNDE, → ENTWICKLUNGSSTUFEN, → ENTWICKLUNGSLINIEN, → TYPOLOGIEN, → QUADRANTEN eingehen, die in der *Wilberschen* Welt zusammengefasst als

---

[385] Vgl. hierzu ausführlich Wilber, K. (2001a), S. 169 ff.

[386] Vgl. hierzu Wilber, K. (2001a), S. 160 ff. sowie Wilber, K. (2001b), S. 85

AQAL (all quadrants/all levels) bezeichnet werden, und schließlich im darauf folgenden Kapitel die Bedeutung des Ansatzes für die Managementforschung aufzeigen. Und los geht's!

HOLONS

„Die Welt insgesamt ist nicht aus Dingen oder Prozessen zusammengesetzt, sondern aus Holons."[387] Aber was verbirgt sich hinter dem Konstrukt Holon? Der Begriff ‚Holon' wurde von *Arthur Koestler* geprägt. *Koestler*, ein 1905 in Budapest geborener Ingenieur, Redakteur, Autor, Reporter und Philosoph hat mit dem Begriff Holon eine Entität bezeichnet, die selbst ein Ganzes und zur selben Zeit ein Teil eines anderen Ganzen ist. Wirklichkeit, so Koestler, besteht also weder nur aus Teilen, noch aus einem letztendlichen Ganzen.[388] So ist ein ganzes Atom Teil eines ganzen Moleküls und das ganze Molekül ist wiederum Teil einer ganzen Zelle und die ganze Zelle wiederum Teil eines ganzen Organismus – nach dem Prinzip transzendieren und einschließen. Die einzelnen Teile machen zwar den Menschen aus, arbeiten jedoch gleichzeitig individuell und autonom.[389]

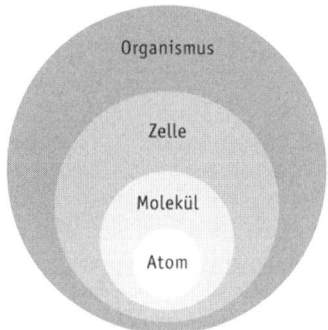

Abb. 14.2: → Entwicklungsholarchie, vgl. Wilber, K. (2004), S. 40ff.

---

[387] Wilber, K. (2001a), S. 57

[388] Zu dem Begriff HOLON vgl. Koestler, A. (1968), S. 59

[389] Vgl. hierzu und zu dem folgenden ausführlich Wilber, K. (2001a), S. 57 ff. sowie als Zusammenfassung Wilber, K. (2004), S. 40 ff.

Holons treten demnach immer in Form einer hierarchisch geordneten Schachtelung auf, was *Wilber* als → Entwicklungsholarchie bezeichnet. Darüber hinaus hat jedes Holon innere/äußere sowie individuelle/kollektive Aspekte, was uns wieder zu dem oben beschriebenen → Vier-Quadranten-Modell von *Wilber* führt.

> **Merke:** Jede komplexe Entität, so auch ein Unternehmen, setzt sich aus → Entwicklungsholarchien zusammen und weist immer sowohl innere/äußere als auch individuelle/kollektive Aspekte auf.

ZUSTÄNDE

Ein Zustand ist die Art und Weise, wie etwas in einem bestimmten Augenblick ist bzw. wahrgenommen wird. Letztendlich beschreibt der Zustand immer die aktuelle Verfassung bzw. den Status eines individuellen Holons (z.B. der Mensch) oder aber eines sozialen Holons (z.B. die Unternehmung). Darüber hinaus können wir zwischen → Zuständen unterscheiden, die eher subjektiv im Inneren wahrgenommen oder aber objektiv im Außen beobachtet werden können. Sicherlich haben Sie es bemerkt – und wieder können wir uns bei der Kategorisierung unterschiedlicher Zustände auf das Vier Quadranten-Modell von *Wilber* beziehen. Demnach verweisen einige Zustände auf subjektive Realitäten im eigenen Inneren (oben links – z.B. glücklich oder traurig) oder aber auf objektiv messbare individuelle Realitäten im Außen (oben rechts – z.B. fiebrig oder fieberfrei). Andere Zustände teilen wir demgegenüber mit anderen auf einer kollektiven kulturellen Ebene (unten links – z.B. Teamgeist oder Opportunismus) oder eben auf einer kollektiven sozialen Ebene (unten rechts – z.B. Krieg oder Frieden). Ein zentrales Merkmal von Zuständen ist dabei, dass sie kommen und gehen; jeder Zustand ist nur von vorübergehender Natur.[390]

> **Merke:** Um den Status quo einer komplexen Entität ganzheitlich zu erfassen, ist es zunächst erforderlich, eine Zustandsbeschreibung vorzunehmen, bei der alle möglichen Realitäten (innen/außen, individuell/kollektiv) Berücksichtigung finden.

---

[390] Vgl. hierzu Wilber, K. (2007), S. 14 f.

14

ENTWICKLUNGSSTUFEN

Während → Zustände vorübergehend sind, sind hingegen Stufen von Dauer. Wenn eine bestimmte Stufe, oder besser → Entwicklungsstufe erst einmal stabil erreicht wurde, steht das konkrete Potential der Stufe dauerhaft praktisch jederzeit zur Verfügung. Als Beispiel kann hier die kindliche Entwicklung herangezogen werden. Hat ein Kind erst einmal das Sprechen gelernt, kann es im weiteren Verlauf seiner Entwicklung im Normalfall jederzeit auf diese Fähigkeit zurückgreifen. *Wilber* sieht daher in den Stufen die tatsächlichen Meilensteine von Wachstum und Entwicklung.[391]

Jede Stufe stellt dabei ein bestimmtes Niveau der Organisation und Komplexität dar. So ist beispielsweise ein Molekül von größerer Komplexität als ein Atom und besitzt daher eine Fülle wichtiger neuer Qualitäten. Die Existenz von Entwicklungsstufen erkennen wir beispielweise auch beim Studium der Menschheitsgeschichte. Die ersten Gemeinschaften organisierten sich als Jäger und Sammler. Nach der Entdeckung des Garten- und Ackerbaus wuchs die Komplexität der eingegangenen Verbindungen und brachte gleichzeitig eine neue Qualität des Austausches auch über den eigenen Clan hinaus mit sich. Die nächste Stufe stellte der Übergang zum Industriezeitalter und der damit einhergehenden Revolutionierung der Produktionsprozesse dar. Auch hier erhöhte sich die Komplexität der Interaktionsprozesse bei gleichzeitiger Emergenz wichtiger neuer Qualitäten. Schließlich erfolgte der Übergang vom Industriezeitalter zum Informationszeitalter mit einer bis dahin nicht gekannten Komplexitätssteigerung und einer Fülle neuer Qualitäten, die es für uns nun zu entdecken bzw. zu nutzen gilt.[392]

Kennzeichnend für derartige → Entwicklungsholarchien ist dabei, dass jede Stufe durchlaufen werden muss. Keine Stufe kann übersprungen werden; die Entwicklung lässt keinerlei Abkürzungen zu.

Merke: Stufen repräsentieren den Grad des Wachstums und der Entwicklung einer komplexen Entität. Mit jeder neuen Stufe wächst das Ausmaß der Komplexität bei gleichzeitiger Emergenz neuer Qualitäten. Entwicklungsstufen können nicht übersprungen werden.

---

[391] Vgl. Wilber, K. (2007), S. 16

[392] Vgl. hierzu Wilber, K. (2007), S. 16 ff. sowie die Beschreibung Wilbers der menschlichen Entwicklungsgeschichte in Wilber, K. (1984)

ENTWICKLUNGSLINIEN

Das Konzept der → Entwicklungslinien basiert auf der Forschung von *Howard Gardner* von der Harvard University über multiple Intelligenzen.[393] Demnach besitzen Menschen zahlreiche unterschiedliche Intelligenzen, so etwa eine sprachlich-linguistische Intelligenz, eine logisch-mathematische Intelligenz, eine körperlich-kinästhetische Intelligenz, eine inter- und intrapersonale Intelligenz usw. Jeder dieser Entwicklungsstränge ist insofern einzigartig, als er sich relativ unabhängig von den anderen Linien entwickeln kann. So ist es möglich, dass man auf einer Linie sehr weit entwickelt ist, während man sich auf einer anderen Linie an unterster Stufe der Entwicklung befindet, wie etwa ein hoch intelligenter skrupelloser Krimineller oder etwa ein kognitiv reduzierter, athletischer Sportler.

Wilber betont, dass derartige Entwicklungsstränge nicht nur im individuellen inneren Bereich, sondern grundsätzlich in allen vier Quadranten existieren, wobei alle Linien die oben beschriebenen grundlegenden Stufen durchlaufen können. Sie markieren jeweils die Stärken und Schwächen innerhalb eines Quadranten und zeigen damit mögliche Ansatzpunkte für Entwicklung auf.[394]

> **Merke:** Durch die Bestimmung der für eine komplexe Entität relevanten → Entwicklungslinien und deren Bewertung ist es möglich, für diese ein umfassendes Stärken-/Schwächenprofil als Basis einer nachhaltigen Entwicklung zu erstellen.

TYPOLOGIEN

→ Typen sind, ganz grundsätzlich, verwandte Gruppen, die ein gemeinsames Merkmal bzw. gemeinsame Merkmale aufweisen. Die Bildung von Typen ist ein methodisches Hilfsmittel, um Erscheinungen bzw. Merkmalsausprägungen so zu ordnen, dass die als wesentlich erachteten Ausprägungen eine besondere Beachtung erfahren. Eine einfache Typologisierung wäre etwa die Unterscheidung zwischen Mann und Frau. So beruht nach *Carol Gilligan* die männliche Logik meist auf Autonomie, Gerechtigkeit und Rechten, während die weibliche Logik primär auf Beziehungen, Fürsorge und Verantwortlichkeit basiert. Män-

---

[393] Siehe hierzu Gardner, H. (2002)
[394] Vgl. Wilber, K. (2007), S. 43 ff.

14

ner neigen zum Tun; Frauen suchen die Gemeinschaft usw.[395] Eine von *Gilligans* Lieblingsgeschichten diesbezüglich geht wie folgt: „*Ein kleiner Junge und ein kleines Mädchen spielen zusammen. Sagt der Junge: Lass uns Seeräuber spielen! Sagt das Mädchen: Lass uns spielen, dass wir Nachbarn sind! Der Junge: Nein, ich will Seeräuber spielen! Na gut, sagt das Mädchen, dann spielst du einen Seeräuber, der nebenan wohnt.*"[396] Das Ergebnis eines derartigen Gruppierungsprozesses ist die Identifikation von Gruppen, die innerhalb eines Typus möglichst ähnlich sind, während sich die Typen untereinander möglichst stark unterscheiden.

Beispiele für Typen finden sich laut *Wilber et al.* überall respektive in jedem Quadranten: Es gibt Typen in der Musik (Jazz, Rock, Klassik usw.), Typen von Beziehungen (Freundschaft, Liebesbeziehung, berufliche Beziehung usw.), Typen von Geographie (Wüste, Wald, Berge usw.), aber auch im wirtschaftlichen Kontext, wie etwa Branchenklassifikationen (Automotive, Elektroindustrie, Lebensmittelindustrie usw.) oder Käufertypologien als Basis der Zielgruppensegmentierung. Zwar haben alle Typen ihre einzigartigen Eigenschaften, Vorzüge und Schwächen, objektiv betrachtet ist jedoch ein bestimmter Typ nicht besser oder schlechter als ein anderer – sie sind schlicht verschieden. Und auch wenn zwei Mitglieder bzw. Elemente eines Typs in ihrer Entwicklung eine unterschiedliche Ausprägung aufweisen, bleibt ihr Typ dabei grundlegend derselbe. So kann ein als ‚Linkshänder‘ typologisierter Mensch ein linkshändiger Wilder, ein linkshändiger Wissenschaftler oder ein linkshändiger Heiliger sein.[397]

Merke: Die Typisierung unterschiedlicher Gruppen dient primär der Identifikation zentraler relevanter Muster mit dem Ziel, einen kreativen Umgang mit den jeweiligen Mustern eines Typus zu finden.

→ VIER-QUADRANTEN-MODELL

Wie bereits oben erwähnt, kann Wirklichkeit aus vier unterschiedlichen Perspektiven gesehen werden: aus einer inneren (subjektiv/qualitativ) und einer äußeren (objektiv/quantitativ), sowie aus einer individuellen und einer kollektiven Sicht heraus. Schauen wir uns die einzelnen Quadranten einmal exemplarisch bezogen auf den Menschen genauer an:

---

[395] Vgl. hierzu ausführlich Gilligan, C. (1999)

[396] Zitiert aus Wilber, K. (2009), S. 47

[397] Vgl. Wilber, K./Patten, T./Leonard, A./Morelli, M. (2010), S. 141 ff.

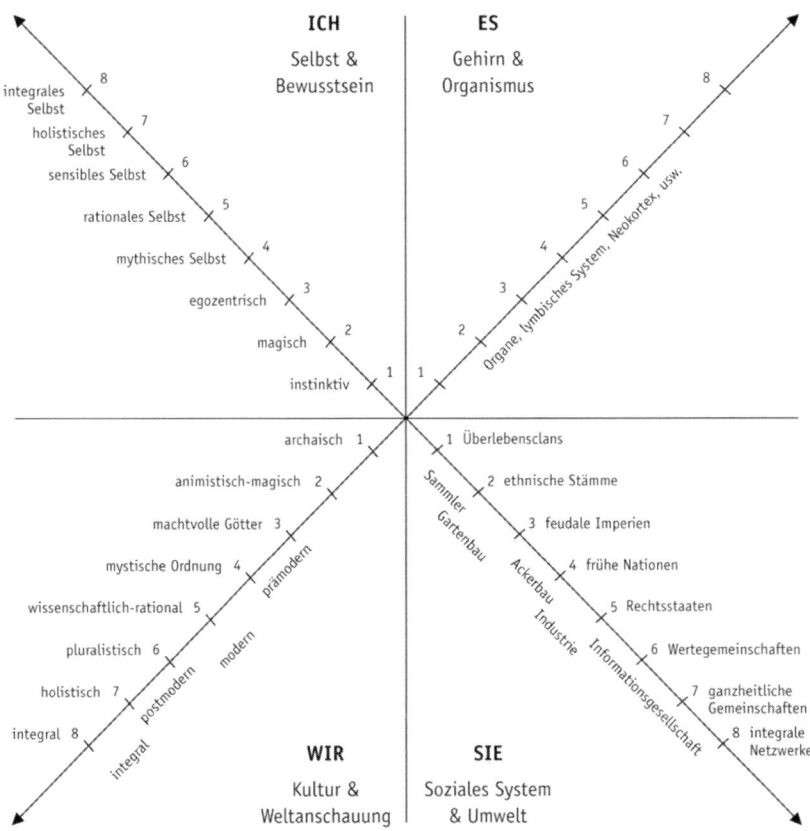

ICH
Selbst &
Bewusstsein

ES
Gehirn &
Organismus

integrales Selbst — 8
holistisches Selbst — 7
sensibles Selbst — 6
rationales Selbst — 5
mythisches Selbst — 4
egozentrisch — 3
magisch — 2
instinktiv — 1

Organe, limbisches System, Neokortex, usw.
8, 7, 6, 5, 4, 3, 2, 1

archaisch 1 — 1 Überlebensclans
animistisch-magisch 2 — 2 ethnische Stämme
machtvolle Götter 3 — 3 feudale Imperien
mystische Ordnung 4 — 4 frühe Nationen
wissenschaftlich-rational 5 — 5 Rechtsstaaten
pluralistisch 6 — 6 Wertegemeinschaften
holistisch 7 — 7 ganzheitliche Gemeinschaften
integral 8 — 8 integrale Netzwerke

prämodern
modern
postmodern
integral

Sammler
Gartenbau
Ackerbau
Industrie
Informationsgesellschaft

WIR
Kultur &
Weltanschauung

SIE
Soziales System
& Umwelt

Abb. 14-3: Die vier Quadranten auf Menschen bezogen, vgl. Wilber, K. (2009), S. 72.

Im **oberen linken Quadranten** befinden sich die Einstellungen, Bedürfnisse, die Persönlichkeit und die Wertvorstellungen des Individuums. Betrachtet man das individuelle Sein jedoch von außen, quasi aus einer objektiven wissenschaftlichen Perspektive heraus, so stoßen wir nicht mehr auf Gedanken, Gefühle und Empfindungen, sondern auf Neurotransmitter, das limbische System, den Neokortex, die DNA usw., alles von außen beobachtbare materielle Komponenten, die dem Wissenschaftler aufzeigen, wie ein individuelles Ereignis sich im äußeren manifestiert. Der **obere rechte Quadrant** zeigt folglich keine Gefühle, sondern Neurotransmitter, keine heftigen Wünsche, sondern das limbische

14

System, keine inneren Visionen, sondern den Neokortex. Aber auch diese beiden Perspektiven spiegeln nur einen Teil des Ganzen wider. Der **untere linke Quadrant** etwa ergänzt die beiden oben beschriebenen individuellen Perspektiven in dem Sinne, dass jedes individuelle ICH immer auch in ein kollektives WIR, sprich in ein kulturelles Umfeld im weitesten Sinne eingebunden ist, dass dann natürlich auch eine äußere Entsprechung respektive ein äußeres Erscheinungsbild aufweist, was sich dann im **unteren rechten Quadranten** wiederspiegelt.[398]

Diese multiperspektivische Sichtweise kann dabei nicht nur auf den Menschen, sondern grundsätzlich auf alle individuellen und sozialen Holons übertragen werden, folglich auch auf Unternehmen.

> **Merke:** Um eine möglichst integrale Sicht auf ein Unternehmen zu erhalten, ist es unerlässlich entsprechend des → **Vier-Quadranten-Modells** alle Quadranten mit einzubeziehen; eine der Perspektiven zu verleugnen oder als unwesentlich abzutun, führt zu einem fahrlässigen Reduktionismus der Wirklichkeit.

Und was hat das nun alles mit einem nachhaltigen Management von Unternehmen zu tun? Dieser Frage widmen wir uns nun abschließend im folgenden Kapitel.

14.3 Das Spannungsfeld des integralen Managements

Übertragen wir zunächst einmal die grundlegenden Erkenntnisse des → Integralen Ansatzes auf das Management von Unternehmen:

> Jedes Unternehmen setzt sich aus → **Entwicklungsholarchien** zusammen und weist immer sowohl innere/äußere als auch individuelle/kollektive Aspekte auf.
>
> Um den Status quo bzw. → **Zustand** eines Unternehmens ganzheitlich zu erfassen, ist es erforderlich, eine Zustandsbeschreibung vorzunehmen, bei

---

[398] Vgl. hierzu Wilber, K. (2009), S. 70 ff.

der alle möglichen Realitäten (innen/außen, individuell/kollektiv) Berücksichtigung finden.

→ **Entwicklungsstufen** repräsentieren den Grad des Wachstums und der Entwicklung eines Unternehmens. Mit jeder neuen Stufe wächst das Ausmaß der Komplexität bei gleichzeitiger Emergenz neuer Qualitäten. → Entwicklungsstufen können nicht übersprungen werden.

Durch die Bestimmung und Bewertung der für ein Unternehmen relevanten → **Entwicklungslinien** ist es möglich, für dieses ein umfassendes Stärken-/Schwächenprofil als Basis einer nachhaltigen Entwicklung zu erstellen.

Die Anwendung von → **Typologien** im unternehmerischen Kontext dient primär der Identifikation zentraler Muster mit dem Ziel, einen kreativen Umgang mit den jeweiligen Mustern eines Typus zu finden.

Um eine möglichst integrale Sicht auf ein Unternehmen zu erhalten, ist es unerlässlich entsprechend des → **Vier-Quadranten-Modells** alle Quadranten mit einzubeziehen; eine der Perspektiven zu verleugnen oder als unwesentlich abzutun, führt zu einem fahrlässigen Reduktionismus der Wirklichkeit.

Dabei wird **postuliert,** dass **NACHHALTIGKEIT** nur realisiert werden kann, wenn die Wechselwirkungen aller vier Quadranten bzw. deren Bedingtheiten erkannt werden respektive die oben aufgeführten Spezifikations-Kriterien (Zustände, Stufen, Linien, Typen) im Managementprozess Berücksichtigung finden.

Lassen Sie uns in diesem Kontext die oben aufgestellten Axiome einmal differenzierter betrachten. Zunächst einmal ist es wichtig, ein Unternehmen grundsätzlich als **soziales Holon** zu begreifen, welches nur durch eine multiperspektivische Betrachtung wirklich verstanden und, darauf aufbauend, nachhaltig entwickelt werden kann. Als Ausgangspunkt einer in diesem Sinne differenzierten Unternehmensanalyse können dabei zunächst unternehmensrelevante **Zustände** als Ausdruck des aktuellen Status des Unternehmens identifiziert bzw. bewertet werden. Für viele Unternehmen sind die Erfolgsmaßstäbe *Produktivität, Wirtschaftlichkeit, Erfolg, Liquidität* und *Rentabilität* Ausdruck der aktuellen Unternehmenssituation. Wenden wir nun aber das vier Quadranten-Modell von *Wilber* an, so sehen wir, das diese Erfolgsparameter lediglich das kollektive Außen wiederspiegeln und dabei immer auch mit weiteren Parametern aus den übrigen drei Quadranten (z.B. *Mitarbeiterzufriedenheit, Betriebsklima, Fluktuations-*

14

quote) interagieren, d.h. mit diesen in einer unmittelbaren Wechselwirkung stehen. Einen Überblick hierzu bietet die folgende Graphik:

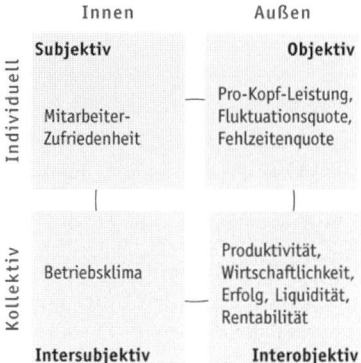

Abb. 14-4: → Zustände als Instrument der Status-quo-Bestimmung

Dabei geht es mitnichten darum, welche der Parameter mehr oder weniger wichtig sind. Vielmehr sind die unterschiedlichen Parameter Ausdruck verschiedener Sichtweisen ein und derselben Begebenheit. Diese Aussage gilt grundsätzlich, so auch für die Betrachtung unterschiedlicher → **Entwicklungsstufen** eines Unternehmens. Beispiele für relevante Stufen im betrieblichen Kontext zeigt Abb. 14-5.

Hat das Unternehmen erst einmal eine bestimmte Entwicklungsstufe stabil erreicht, stehen ihm die konkreten Potentiale der Stufe dauerhaft praktisch jederzeit zur Verfügung. Jede Stufe stellt dabei ein bestimmtes Niveau der Organisation und Komplexität dar. So kann sich ein Unternehmen beispielsweise von einer *Autoritätsstruktur* über ein *strategisches Unternehmen* hin zu einem *sozialen Netzwerk* entwickeln (rechts unten), immer aber mit entsprechenden sich bedingenden Entwicklungsprozessen in den übrigen drei Quadranten. Dementsprechend benötigt z.B. ein als *soziales Netzwerk* organisiertes Unternehmen als kulturelle Basis eine *relativistisch/soziozentrische* Unternehmenskultur (untern links), sozial kompetente *Pluralisten* als Mitarbeiter (oben links), die über breite *prozessorientierte Fähigkeiten* verfügen (oben rechts).[399]

---

[399] Vgl. hierzu auch Bär, M./Krumm, R./Wiehle, H. (2010) sowie Krumm, R. (2012)

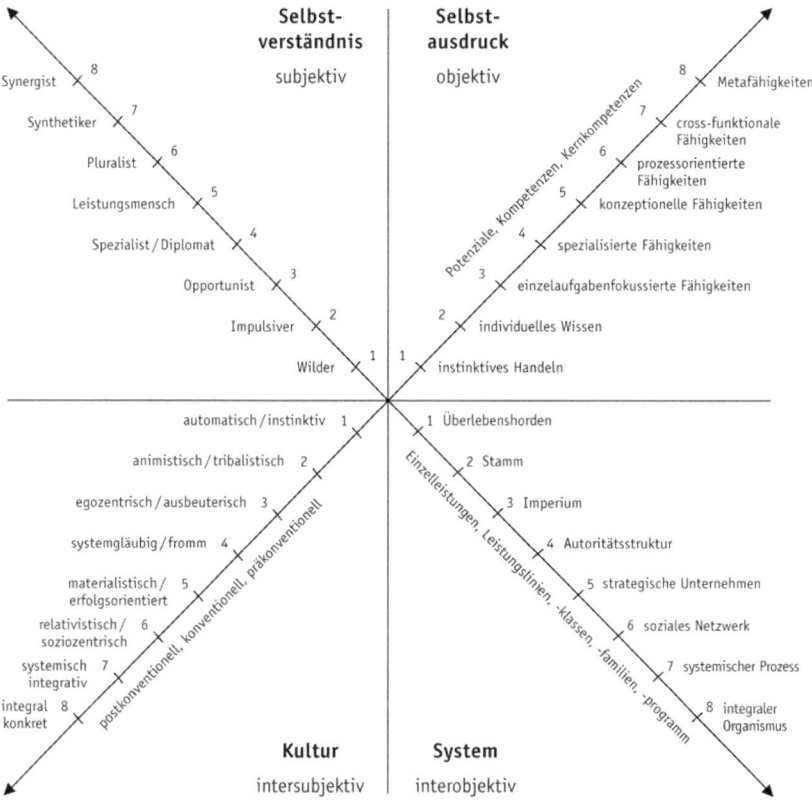

Abb. 14-5: → Entwicklungsstufen eines Unternehmens[400]

Betrachten wir als nächstes die → **Entwicklungslinien** eines Unternehmens. Zur Erinnerung: Mit Hilfe von Entwicklungslinien können wir den Entwicklungsstand in unterschiedlichen Kompetenzbereichen eines Unternehmens identifizieren (Stärken/Schwächen), um darauf aufbauend Gestaltungsempfehlungen für eine nachhaltige Unternehmensentwicklung abzuleiten. Dabei ist es möglich, dass ein Unternehmen auf einer Linie sehr weit entwickelt ist, während es sich auf einer anderen Linie an unterster Stufe der Entwicklung befindet, wie etwa ein hoch effizientes Unternehmen mit einem ausbeuterischen Führungs-

---

[400] Vgl. hierzu auch das vortreffliche Buch von Beck, D. E./Cowan, C. C. (2008), S. 21-64

verhalten oder beispielsweise ein Unternehmen mit einem moralisch hoch ent-wickelten Management ohne Innovationskraft. Eine Auswahl relevanter → Entwicklungslinien eines Unternehmens zeigt das nachfolgende Bild:

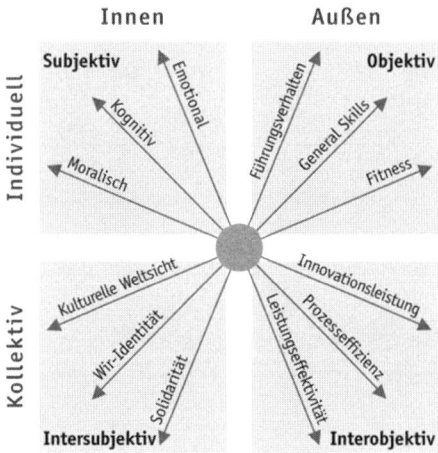

Abb. 14-6: Mögliche → Entwicklungslinien eines Unternehmens

Wenden wir uns abschließend unternehmensrelevanten → **Typologien** zu, immer mit dem Ziel, einen kreativen Umgang mit den jeweiligen Mustern eines Typus zu finden. Dabei können wir auf eine Fülle von Typologien aus der be-triebswirtschaftlichen Forschung zurückgreifen, wie etwa die Persönlichkeitsty-pologie nach Myer-Briggs[401] (oben links), die Verhaltenstypologie nach DISC[402] (oben rechts), die Unternehmenskulturtypologie nach Ansoff[403] (unten links) sowie auf eine Ansammlung unterschiedlichster Systemtypologien, wie etwa die Typologisierung von Unternehmen nach Rechtsform, Größe oder Branche (untern rechts). Das folgende Bild fasst das Gesagte noch einmal prägnant zu-sammen:

---

[401] Vgl. Briggs Myers, I. (1995)

[402] Vgl. Gay, F. (2004)

[403] Vgl. Ansoff, H. I. (1979)

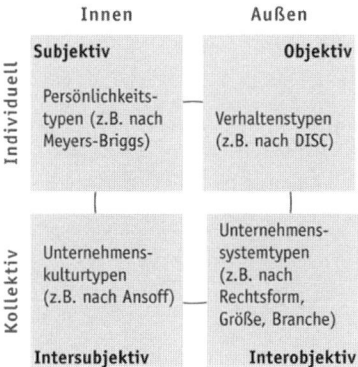

Abb. 14-7: Unternehmenstypologien

Alle zuvor vorgestellten Perspektiven bilden also die Grundlage für ein **nachhaltiges Integrales Management**. Ein so verstandenes Management befindet sich grundsätzlich in einem Spannungsfeld zwischen Wahrheit, Wahrhaftigkeit, systemischem und kulturellem Passen.[404] Während es bei der **Wahrheit** um die Kontrolle und Lenkung des individuellen Verhaltens von außen geht, steht bei der **Wahrhaftigkeit** das psychologische Verständnis im Fokus, wobei Wahrhaftigkeit nur durch Eigeninitiative und Selbstkontrolle manifestiert bzw. entwickelt werden kann. Beim **systemischen Passen** liegt der Fokus demgegenüber auf der Etablierung geeigneter Lenkungsmechanismen als Grundlage der Selbststeuerung des Gesamtsystems, während schließlich beim **kulturellen Passen** die Entwicklung von Unternehmenswerten und Denkmustern in Übereinstimmung mit einer sich stetig verändernden dynamischen Unternehmensumwelt im Zentrum der Betrachtung steht.

---

[404] Vgl. hierzu insbesondere auch die Ausführungen von Barrett, R. (2006)

14

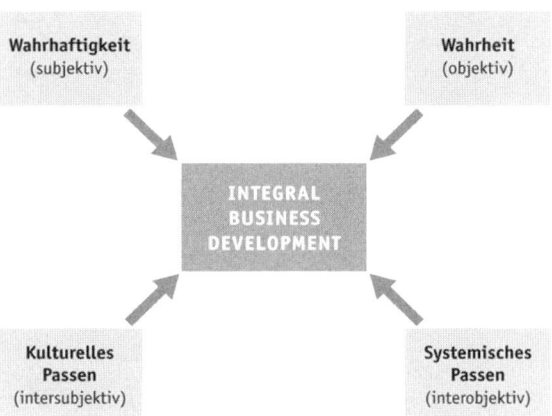

Abb. 14-8: Das Spannungsfeld des Integralen Managements

Abschließen möchte ich diesen Aufsatz mit einem Zitat von Fernando Pessoa, der in seinem „Buch der Unruhe" so trefflich formulierte:

„Jedes Ding ist, je nachdem, wie man es betrachtet, ein Wunder oder ein Hemmnis, ein Alles oder ein Nichts, ein Weg oder ein Problem. Es immer wieder anders betrachten heißt, es erneuern und vervielfältigen."[405]

Auf den Punkt gebracht

Unsere Welt und damit natürlich auch der unternehmerische Alltag wird zunehmend dynamischer und damit auch komplexer. Um diese Komplexität meistern zu können, benötigen wir eine möglichst umfassende Sicht der Wirklichkeit. Der → Integrale Ansatz von Ken Wilber eröffnet uns die Möglichkeit, ein Unternehmen aus unterschiedlichsten Perspektiven zu betrachten respektive zu begreifen. Dabei wird postuliert, dass NACH-HALTIGKEIT nur realisiert werden kann, wenn das Management bei der Ausrichtung des Unternehmens all diese unterschiedlichen Perspektiven berücksichtigt bzw. mit einbezieht.

---

[405] Pessoa, F. (2006), S. 101

Literaturtipps

Ein kompakter Überblick über den Integralen Ansatz:

Wilber, K. (2001): Ganzheitlich handeln - Eine integrale Vision für Wirtschaft, Politik, Wissenschaft und Spiritualität, Freiamt.

Ein Beispiel für den Einsatz des Integralen Ansatzes im Management:

Barrett, R. (2006): Building a Values-Driven Organization, London & New York.

Literaturquellen

Ansoff, H. I. (1979): Strategic Management, Hobocken.

Bär, M./Krumm, R./Wiehle, H (2010): Unternehmen verstehen, gestalten, verändern. Das Graves-Value-System in der Praxis, Wiesbaden.

Barrett, R. (2006): Building a Values-Driven Organization, London & New York.

Beck, D. E./Cowan, C. C. (2011): Spiral Dynamics - Leadership, Werte und Wandel, Bielefeld.

Beer, S. (1972): Brain of the firm, Chichester et al.

Briggs K./Myers, I. (1995): Gifts Differing: Understanding Personality Type, Mountain View.

Cook-Greuter, S. (2008): Selbst-Entwicklung - neun Stufen des zunehmenden Erfassens, in: Integral informiert, Nr. 14, September/Oktober 2008, S. 21-64.

Gardner, H. (1991): Abschied vom I.Q. Die Rahmen-Theorie der vielfachen Intelligenzen, Stuttgart.

Gardner, H. (2002): Intelligenzen. Die Vielfalt des menschlichen Geistes, Stuttgart.

Gay, F. (2004): Das DISG-Persönlichkeitsprofil - Persönliche Stärke ist kein Zufall, Remchingen.

Gilligan, C. (1999): Die andere Stimme, München.

Koestler, A. (1968): Das Gespenst in der Maschine, Bern.

Krumm, R. (2012): 9 Levels of Value Systems, Haiger.

Malik, F. (2007): Management: Das A und O des Handwerks (Management: Komplexität meistern, Band 1), Frankfurt a. M.

14

Malik, F. (2009): Systemisches Management, Evolution, Selbstorganisation. Grundprobleme, Funktionsmechanismen und Lösungsansätze für komplexe Systeme, Bern et al.

Pessoa, F. (2006): Das Buch der Unruhe, Frankfurt a. M.

Senge, P./Kleiner, A./Smith, B./Roberts, C./Ross, R. (1996): Das Fieldbook zur Fünften Disziplin, Stuttgart.

Senge, P. (2011): Die fünfte Disziplin - Kunst und Praxis der lernenden Organisation, Stuttgart.

Ulrich, H. (1968): Die Unternehmung als produktives soziales System, Bern.

Ulrich, H./Krieg, W. (1973): Das St. Galler Management-Modell, Bern/Stuttgart.

Wilber, K. (1984): Halbzeit der Evolution, Bern et al.

Wilber, K. (2001a): Eros, Kosmos, Logos. Eine Jahrtausend-Vision, Frankfurt a. M.

Wilber, K. (2001b): Ganzheitlich handeln. Eine integrale Vision für Wirtschaft, Politik, Wissenschaft und Spiritualität, Freiamt.

Wilber, K. (2004): Eine kurze Geschichte des Kosmos, Frankfurt a. M.

Wilber, K. (2007): Integrale Spiritualität – Spirituelle Intelligenz rettet die Welt, München.

Wilber, K. (2009): Integrale Vision – eine kurze Geschichte der Integralen Spiritualität, München.

Wilber, K./Patten, T./Leonard, A./Morelli, M. (2010): Integrale Lebenspraxiskörperliche Gesundheit, emotionale Balance, geistige Klarheit, spirituelles Erwachen, München.

Über die Autoren

Prof. Dr. Thomas Barth

Autor des Kapitels 10: Instrumente zur Umsetzung der Nachhaltigkeit

Prof. Dr. Thomas Barth ist Professor für Betriebswirtschaft mit dem Schwerpunkten Controlling und Rechnungswesen. Vor seiner Berufung an die Hochschule war er mehrere Jahre bei einem internationalen Wirtschaftsprüfungsunternehmen tätig. Darüber hinaus ist Prof. Barth als Steuerberater in Stuttgart tätig.

Prof. Dr. Horst Blumenstock

Autor des Kapitels 4: Nachhaltiges Personalmanagement

Prof. Dr. Horst Blumenstock ist Professor für Betriebswirtschaft mit den Schwerpunkten Unternehmensführung und Personalmanagement. Vor seiner Berufung an die Hochschule war er mehr als zehn Jahre lang in verschiedenen Funktionen in der betrieblichen Praxis tätig unter anderem als Personalleiter einer großen Mediengruppe. Zusätzlich zu seiner Hochschultätigkeit arbeitet er als Berater vor allem für kleinere und mittlere Unternehmen bzw. Familienunternehmen.

Prof. Dr. Erskin Blunck

Autor des Kapitels 3: Strategisches Nachhaltigkeitsmanagement

Prof. Dr. Erskin Blunck ist Professor für Internationales Management und leitet als Studiendekan den MBA International Management an der HfWU. Nach Studium in Hohenheim, Portland, Oregon sowie Promotion an der Universität Hohenheim 1997 war Prof. Blunck als Strategieberater und Leiter Produktmanagement eines internationalen Elektronikanbieters tätig. Seit April 2004 lehrt und forscht er an der Hochschule in Nürtingen als Professor. Darüber hinaus ist

Prof. Blunck als Strategieberater tätig und begleitet Organisationen in der Funktion des Aufsichtsrats.

Prof. Dr. Dr. Dietmar Ernst

Autor des Kapitels 2: Nachhaltige Betriebswirtschaftslehre

Prof. Dr. Dr. Dietmar Ernst ist Professor für International Finance. Er ist Studiendekan und leitet den Masterstudiengang International Finance. Ferner ist er Direktor des Deutschen Instituts für Corporate Finance (DICF) und des Europäischen Instituts für Financial Engineering und Derivateforschung (EIFD). Zuvor war er Investment-Manager bei einer Private Equity Gesellschaft und über mehrere Jahre im Bereich Mergers & Acquisitions tätig. Dietmar Ernst hat an der Universität Tübingen Internationale Volkswirtschaftslehre studiert und sowohl in Wirtschaftswissenschaften als auch Naturwissenschaften promoviert. Er ist Autor von Lehrbüchern und weiteren Veröffentlichungen.

Prof. Dr. Katja Gabius

Autorin des Kapitels 11: Rechtliche Implikationen der Nachhaltigkeit

Professor Dr. Katja Gabius ist Professorin für Wirtschaftsrecht mit den Schwerpunkten Bankrecht, Gesellschaftsrecht, Kapitalmarktrecht und allgemeines Zivilrecht. Nach ihrer Promotion an der Universität Freiburg war Prof. Gabius zunächst als Rechtsanwältin in einer international ausgerichteten Wirtschaftskanzlei tätig, anschließend verantwortete sie über 10 Jahre den Stabsbereich Recht einer Bank.

Katja Gabius hat nach einer Bankausbildung Jura in Konstanz und Freiburg studiert und lehrt als ordentliche Professorin seit Februar 2008 an der HfWU Nürtingen-Geislingen, zunächst als Studiendekanin für den Studiengang Wirtschaftsrecht, seit März 2012 am Studiengang BW in Nürtingen.

Prof. Dr. Thomas Ginter

Autor des Kapitels 14: Integrales Management – Neue Perspektiven für eine nachhaltige Entwicklung

Prof. Dr. Thomas Ginter ist Professor für Betriebswirtschaft mit den Schwerpunkten Marketing, Management und Vertrieb. Nach seiner Promotion an der FU Berlin war Prof. Ginter zunächst Marketingleiter eines weltweit führenden Herstellers von Industrierobotern. Im April 2001 erhielt Prof. Ginter seinen ersten Ruf an die FH Rosenheim und bekleidete dort bis zu seinem Wechsel an die HS Albstadt-Sigmaringen im Jahre 2004 die Funktion des Studiendekans. Nach einem weiteren Wechsel der Hochschule lehrt Prof. Ginter nun seit 2011 an der HfWU in Nürtingen. Neben seiner Professur ist Prof. Ginter seit 2001 auch als Strategieberater und Organisationsentwickler tätig.

Prof. Dr. Hans-Jürgen Gnam

Autor des Kapitels 7: Betriebliches Umweltmanagement

Prof. Dr. Hans-Jürgen Gnam ist Professor für Umwelt- und Stoffstrommanagement sowie Nachhaltigkeitsbeauftragter an der Hochschule. Er war mehr als zwanzig Jahre lang in verschiedenen Funktionen in der betrieblichen Praxis tätig unter anderem als Managementbeauftragter für Umwelt, Sicherheit und Gesundheits-schutz eines großen, international tätigen Pharmakonzerns. Neben seiner Hochschultätigkeit arbeitet er als Berater für Umwelt-, Arbeits- und Gesundheitsschutzmanagementfragen.

Prof. Dr. Carsten Herbes

Autor des Kapitels 5: Internationales Management und Nachhaltigkeit

Prof. Dr. Carsten Herbes ist seit 2012 Professor für Internationales Management und Erneuerbare Energien sowie geschäftsführender Direktor des Institute for International Research on Sustainable Management and Renewable Energy. Zuvor war er knapp 10 Jahre in einer internationalen Unternehmensberatung in den Büros München und Tokyo tätig, danach in einem Bioenergieunternehmen, zuletzt als Vorstand.

Arbeitsschwerpunkte: Vermarktung, Kosten und soziale Akzeptanz von Erneuerbaren Energien, insbesondere Biogas; internationale Entwicklung von Erneuerbaren Energien; Strategie und Organisation international tätiger Unternehmen; japanische Wirtschaft.

Prof. Dr. Iris Ramme

Autorin des Kapitels 13: Marketing

Prof. Dr. Iris Ramme ist seit 1997 Professorin für Betriebswirtschaft mit den Schwerpunkten Marketing und Marktforschung. Nach ihrer Promotion an der Technischen Universität Dortmund 1989 war Prof. Ramme in der Medienindustrie und in der Finanzdienstleistungsbranche in leitenden Funktionen in der Marktforschung und im Marketing tätig. Neben ihrer Professur ist Prof. Ramme seit 2010 Direktorin für Internationale Hochschulangelegenheiten.

Prof. Dr. Monika Reintjes

Autorin des Kapitels 12: Gestaltung der betrieblichen Wertschöpfung

Prof. Dr. Monika Reintjes ist seit 2010 Professorin für Betriebswirtschaft mit den Schwerpunkten Beschaffungs- und Logistikmanagement. Nach Ihrer Promotion an der Universität Siegen 1997 war Prof. Reintjes von 1997 bis 2009 nach leitenden Funktionen in der IT-Services-Branche und Elektronikindustrie Geschäftsführerin eines mittelständischen Produktions- und Entwicklungsstandortes. Neben Ihrer Professur ist Prof. Reintjes auch als Beraterin in der Elektronikindustrie tätig.

Prof. Dr. Ulrich Sailer

Autor des Kapitels 1: Nachhaltigkeit – eine Einführung, und des Kapitels 9: Controlling

Prof. Dr. Ulrich Sailer ist seit 2001 Professor an der HfWU in Nürtingen, leitet den Studiengang Betriebswirtschaftslehre und ist zugleich Prodekan an der dortigen Fakultät. Seine Interessenschwerpunkte liegen im Bereich Controlling, Finanzen und Management, insbesondere im systemischen Ansatz. Vor seiner Berufung an die Hochschule war er rund 10 Jahre in der Geschäftsleitung mehrerer Unternehmen tätig.

Prof. Dr. Steffen Scheurer

Autor des Kapitels 10: Instrumente zur Umsetzung der Nachhaltigkeit

Prof. Dr. Steffen Scheurer vertritt das Lehrgebiet „Rechnungswesen und Controlling" an der HfWU Nürtingen-Geislingen im Studiengang Gesundheits- und Tourismusmanagement. Zudem ist er der wissenschaftliche Leiter des berufsbegleitenden MBA-Programms „Internationales Projektmanagement". Er ist Autor zahlreicher Artikel und Mitautor eines Lehrbuches zum Thema „Projektmanagement". Zudem ist er in der GPM in verschiedenen Forschungsprojekten engagiert.

Darüber hinaus hat er über 20 Jahre Beratungserfahrung in den Bereichen Projektmanagement, Unternehmensführung und Controlling.

Prof. Dr. Frank Andreas Schittenhelm

Autor des Kapitels 6: Innovationsmanagement und Nachhaltigkeit, und des Kapitels 8: Finanzmanagement und Nachhaltigkeit

Prof. Dr. Frank Andreas Schittenhelm ist seit 2012 an der HfWU Nürtingen-Geislingen Professor für internationales Finanzmanagement. Davor hatte er seit 2001 eine Professur an der Hochschule Esslingen inne. Als Prodekan der dortigen Fakultät Betriebswirtschaft baute er den Master-Studiengang Innovationsmanagement auf und leitete diesen über mehrere Jahre. Neben seiner Hochschultätigkeit ist er als Berater mit dem Themenschwerpunkt Risikomanagement und als Dozent an der Deutschen Aktuar-Akademie tätig.

Vor seiner Berufung zum Professor war er Consultant im Bereich Finanzdienstleistungen.

Prof. Dr. Lisa Schwalbe

Autorin des Kapitels 7: Betriebliches Umweltmanagement

Prof. Dr. Ing. Lisa Schwalbe ist seit 2001 an der HfWU für Ver- und Entsorgungstechnik berufen. Sie leitet die beiden Bachelorstudiengänge, seit 2002 Energie- und Ressourcenmanagement sowie seit 2012 Nachhaltiges Produktmanagement, der von ihr aufgebaut wurde. Vor ihrer Berufung war sie selbständig für die Themen Qualitäts-, Umwelt-, Gesundheits- und Arbeitsschutzmanagement tätig. Davor arbeitete sie für unterschiedliche Branchen in den Bereichen Umwelttechnik, Umweltmesstechnik, Umweltverträglichkeitsprüfung, Umweltmanagement und Abfallwirtschaft.

Neben der Professur ist sie in verschiedenen Unternehmen für Managementsysteme beratend tätig.

Glossar

3-Säulen-Modell

Das Modell begründet, dass Nachhaltigkeit nur dann möglich ist, wenn ökologische, soziale und wirtschaftliche Aspekte gleichermaßen berücksichtigt werden.

Beschaffung

Aufgabe der **Beschaffung** ist die zielorientierte, systematische Gewinnung der benötigten, aber nicht selbst hergestellten Inputfaktoren aus den Beschaffungsmärkten und die Bereitstellung dieser Inputfaktoren zur Aufrechterhaltung der betrieblichen Leistungsprozesse.

Betriebliche Wertschöpfung

Innerhalb der Subsysteme Beschaffung, Produktion, (physische) Distribution und Logistik stößt die betriebliche Wertschöpfung durch die Kombination von Produktionsfaktoren Leistungserstellungsprozesse an, die einen Wertzuwachs erzeugen.

Betriebliches Gesundheitsmanagement

Gestaltung nachhaltiger Strukturen im Unternehmen, die die betriebliche Gesundheitsförderung (BGF) und den Arbeitsschutz zum Ziel haben. BGF hat das Ziel, die Gesundheit der Mitarbeiter zu erhalten, ihre Gesundheitspotentiale zu stärken und ihr Wohlbefinden im Unternehmen zu verbessern. Dies bedeutet, körperliche Belastungen zu vermeiden, den Genuss- und Suchtmittelkonsum einzudämmen sowie psychische Belastungen zu vermeiden.

Brundtland-Bericht/Brundlandt-Kommission

Gro Harlem Brundtland hatte den Vorsitz der von den Vereinten Nationen eingesetzten „World Commission on Environment and Development" inne. Der Abschlussbericht dieser Kommission aus dem Jahre 1987 trägt den Titel „Our Common Future" und wird zumeist als Brundtland-Bericht bezeichnet. Dieser hat das Leitbild der Nachhaltigen Entwicklung maßgeblich geprägt.

Carbon Accounting

Erfassung und Bewertung von Emissionen eines Unternehmens. Dient der externen Rechnungslegung von Emissionsberechtigungen und der Emissionsberichterstattung.

Carbon Controlling

Monetäre oder nicht monetäre Bewertung der Emissionen für Steuerungs- bzw. Entscheidungszwecke.

City-Logistik

Die ganzheitliche Ver- und Entsorgung von innerstädtischen Einzelhandelsgeschäften.

Collateralized Debt Obligations (CDO)

Besicherte handelbare Wertpapiere, die von Emittenten häufig verwendet werden, um eigene Risiken auf den Kapitalmarkt zu übertragen.

Compliance

Im engeren Sinne: Unternehmen halten sich an Recht und Gesetz.

Im weiteren Sinne: Unternehmen halten sich nicht nur an Gesetze, sondern erfüllen auch die gesellschaftlichen Erwartungen.

Corporate Citizenship

Über die eigentliche Geschäftstätigkeit hinausgehendes gesellschaftliches Engagement im lokalen Umfeld der Unternehmen, z.B. Sponsoring, Stiftungen, Spenden.

Corporate Governance

Eine gute und transparente Unternehmensführung, die sich in Deutschland zumeist am Corporate Governance Kodex orientiert. Dieser enthält Regelungen für eine transparente Unternehmensführung und -überwachung und soll damit das Vertrauen in die Unternehmensführung stärken.

Corporate Social Responsibility (CSR)

Konzept, das den Unternehmen als Grundlage dient, auf freiwilliger Basis soziale Belange und Umweltbelange in ihre Unternehmenstätigkeit und in die Wechselbeziehungen mit den Stakeholdern zu integrieren.

(CSR-Definition im Grünbuch der Europäischen Kommission)

Cradle to Cradle

Nach dem von William McDonough und Michael Braungart im Jahre 2002 erstmalig veröffentlichten Cradle to Cradle Ansatz („von der Wiege zur Wiege") werden Leistungsangebote so entworfen, dass sie den Anspruch der Öko-

Effektivität („Eco-Effectiveness") möglichst gut erfüllen. Anstelle der klassischen Lebenszyklusanalyse von Cradle to Grave („von der Wiege bis zur Bahre") tritt eine strategische Ausrichtung des Unternehmens auf ein Leistungsangebot, das den Prinzipien einer Kreislaufwirtschaft gerecht wird.

Deutscher Nachhaltigkeitskodex

Wurde 2011 vom Rat für Nachhaltige Entwicklung der Bundesregierung zur Einführung empfohlen.

Der Deutsche Nachhaltigkeitskodex soll die Nachhaltigkeitsleistungen von Unternehmen in einer Datenbank sichtbar machen, um diese mit einer höheren Verbindlichkeit transparent und vergleichbar zu machen.

DIN EN ISO 14001

Deutsche Fassung der international gültigen Norm mit dem Titel „Umweltmanagementsysteme – Anforderungen mit Anleitung zur Anwendung".

Distribution

Stellt dem Nachfrager die nachgefragten Leistungen in geeigneten Mengen zum Bedarfszeitpunkt am Bedarfsort bereit.

Diversifikationseffekt

Folgerung aus der modernen Portfoliotheorie, nach dem die Streuung der Investition in mehrere Kapitalanlagen eine Reduktion der Risiken nach sich zieht.

EFQM

Die European Foundation for Quality Management (EFQM) entwickelte das EFQM-Modell. Dieser Qualitätsmanagementansatz ist wesentlich umfassender als der ISO 9001. Es müssen alle Erfolgsfaktoren eines Unternehmens berücksichtigt und systematisch verbessert werden. Grundlage des Vorgehens ist eine Selbstbewertung, aus der Stärken und Schwächen hervorgehen. Die Bewertungskriterien berücksichtigen beim EFQM-Modell nicht nur Ergebnisse (die gute Leistungen in der Vergangenheit anzeigen), sondern auch sogenannte Befähiger, d.h. Aktivitäten, bei denen die Unternehmen mit geplantem, systematischem Vorgehen auch zukünftig gute Ergebnisse sicherstellen sollen.

EMAS

Abkürzung für „Eco-Management and Audit Scheme"; Bezeichnung für die Verordnung (EG) Nr. 1221/2009 des Europäischen Parlaments und des Rates vom 25. November 2009 über die freiwillige Teilnahme von Organisationen an einem Gemeinschaftssystem für Umweltmanagement und Umweltbetriebsprüfung.

Entscheidungsorientierte Betriebswirtschaftslehre

Bezeichnung für ein Programm innerhalb der Betriebswirtschaftslehre, das die Bedeutung von Entscheidungen systematisch betont. Begründer dieser Richtung ist Heinen, der damit eine Öffnung des Fachs gegenüber den sozialwissenschaftlichen Nachbardisziplinen einleitete. Aus einer Analyse von Zielentscheidungen ergibt sich die Abkehr von der Vorstellung einer eindimensionalen Zielfunktion in Form von Gewinnmaximierung. Stattdessen wird betont, dass Betriebe mehrere Ziele verfolgen können und daher von einem Zielbündel auszugehen ist. Neben typisch ökonomischen Zielen (Gewinn-, Umsatz- und Wirtschaftlichkeitsstreben; Sicherung des Unternehmenspotenzials) wird dabei auch auf die Bedeutung des Macht- oder Prestigestrebens hingewiesen.

Entwicklungsholarchien

Der Begriff „Holon" wurde von Arthur Koestler geprägt. Er bezeichnet damit eine Entität, die selbst ein Ganzes und zur selben Zeit ein Teil eines anderen Ganzen ist (z.B. Atom – Molekül – Zelle – Organismus). Holons treten immer in Form einer hierarchisch geordneten Schachtelung auf, was als Entwicklungsholarchie bezeichnet werden kann. Man findet diese auch in Unternehmen (z.B. Mitarbeiter – Team – Abteilung – Geschäftsbereich – Unternehmen).

Entwicklungslinien

Das Konzept der Linien basiert auf der Forschung von Howard Gardner von der Harvard University über multiple Intelligenzen. Demnach besitzen Menschen zahlreiche unterschiedliche Intelligenzen, so etwa eine sprachlich-linguistische Intelligenz, eine logisch-mathematische Intelligenz, eine körperlich-kinästhetische Intelligenz, eine inter- und intrapersonale Intelligenz. Durch die Bestimmung und Bewertung der für ein Unternehmen relevanten Entwicklungslinien ist es möglich, für dieses ein umfassendes Stärken-/Schwächenprofil als Basis einer nachhaltigen Entwicklung zu erstellen.

Entwicklungsstufen

Stufen repräsentieren den Grad des Wachstums und der Entwicklung eines Unternehmens. Während Zustände vorübergehend sind, sind hingegen Stufen von Dauer. Wenn eine bestimmte Stufe, oder besser Entwicklungsstufe, erst einmal stabil erreicht wurde, steht das konkrete Potential der Stufe dauerhaft praktisch jederzeit zur Verfügung. Mit jeder neuen Stufe wächst das Ausmaß der Komplexität bei gleichzeitiger Emergenz neuer Qualitäten. So kann sich ein Unternehmen beispielsweise von einer Autoritätsstruktur über ein strategisches Unternehmen hin zu einem sozialen Netzwerk entwickeln. Entwicklungsstufen können nicht übersprungen werden.

Faktortheoretischer Ansatz

Bezeichnung für den von Gutenberg konzipierten betriebswirtschaftlichen Forschungsansatz. Den Mittelpunkt bildet die Vorstellung von einem Prozess der Kombination von Produktionsfaktoren. Der faktortheoretische Ansatz hat die Entwicklung der Betriebswirtschaftslehre nach dem Zweiten Weltkrieg maßgeblich geprägt. Hervorzuheben sind v.a. die Fortschritte auf den Gebieten der Produktions-, Kosten- und Investitionstheorie sowie die Impulse zur Entwicklung quantitativer Methoden. Charakteristisch ist aber auch eine Vernachlässigung von ebenfalls zentralen Aspekten der Leistungserstellung bzw. des Wirtschaftens überhaupt (Unternehmensführung, Personal, Marketing).

Fertigungssynchrone Beschaffung

Die fertigungssynchrone Beschaffung verzichtet im Gegensatz zur Vorratsbeschaffung weitgehend auf Lagerbestände, indem alleine der konkrete Bedarf der Produktion eine Anlieferung zum benötigten Termin auslöst. Die Anlieferung erfolgt also bedarfssynchron in Bezug auf Anliefermengen und -termine.

Fuzzy-Front-End

Frühe (erste) Phase im Innovationsprozess, die der Ideengewinnung dient.

Ganzheitliches Management

Umfassender Managementansatz, der die ökonomische, soziale und ökologische Dimension integriert und Lösungsansätze für die daraus erwachsende Komplexität bietet. Dieser Ansatz erweitert die rational-theoretische und wertfreie traditionelle Betriebswirtschaft mit dem Menschenbild des Homo oeconomicus um den realen Menschen und die Gesellschaft sowie deren Werte.

Global Compact

Aufruf der Vereinten Nationen im Jahre 1999 an die führenden Unternehmen, Minimalstandards im Bereich der Menschenrechte, des Umweltschutzes, der Arbeitsstandards und der Korruptionsbekämpfung zu etablieren.

Global Reporting Initiative (GRI)

Die GRI ist eine gemeinnützige Stiftung, die 1997 gemeinsam von CERES und dem Umweltprogramm der Vereinten Nationen (UNEP) in den USA gegründet wurde. Ziel der Global Reporting Initiative ist die Unterstützung der Nachhaltigkeitsberichterstattung aller Organisationen.

Greenwashing

Unternehmen betreiben Greenwashing, wenn sie sich zu Unrecht ihres nachhaltigen Engagements rühmen, obwohl dies nicht oder nur in einem geringen Umfang vorhanden ist.

Industrieflucht-Hypothese

Besagt, dass sich Unternehmen zur Gewinnmaximierung staatlichen Auflagen, die für sie Kostenbelastungen bedeuten, durch Verlagerungen entziehen werden.

Initial Public Offering (IPO)

Börsengang eines Unternehmens. Die Bewertung des Unternehmens beruht meist auf der Erwartung großer Umsatzzuwächse des Unternehmens in der Zukunft, die mit großer Unsicherheit verbunden sind.

Innovationsdreieck

Beschreibung der Wechselwirkung und Abhängigkeit zwischen Innovationsprozess, Innovationskultur und Innovationsmanager.

Integraler Ansatz

Ein auf Ken Wilber zurückgehender Ansatz, mit dem versucht wird, eine möglichst präzise Landkarte der Wirklichkeit zu zeichnen. Dabei geht Wilber davon aus, dass die Wirklichkeit immer einen absoluten (nicht wandelbaren) und einen relativen (wandelbaren) Aspekt besitzt. Kern des Integralen Ansatzes ist das „Vier-Quadranten-Modell" (siehe unten).

Integratives Nachhaltigkeitsmodell

Aufgrund der zahllosen Wechselwirkungen zwischen ökonomischen, ökologischen und sozialen Belangen können diese nicht getrennt voneinander, sondern nur integriert betrachtet werden.

Integriertes Management

Demnach ist ein Unternehmen als ein offenes System zu verstehen, das in ständiger Interaktion mit seiner Umwelt steht, bei dessen Weiterentwicklung es aber zugleich der Berücksichtigung aller internen Systemebenen bedarf. Die Weiterentwicklung eines Unternehmens muss somit im Rahmen eines ganzheitlichen, oder mit den Worten von Bleicher, integrierten Managementkonzepts erfolgen.

ISO 14001

International anerkannte, von der International Organization for Standardization im Jahre 1996 entwickelte Umweltstandards, nach denen Unternehmen ihr Umweltmanagementsystem zertifizieren lassen können. Kritik erfährt dies, dass zwar die Produktion optimiert und Abfall vermieden wird, nicht aber zukunftsgerichtet das Kerngeschäft und das Produktdesgin weiterentwickelt wird.

ISO 26000

Eine von der International Organization for Standardization im Jahre 2010 veröffentlichte Nachhaltigkeitsleitlinie, welche Standards zur sozialen und gesellschaftlichen Verantwortung von Unternehmen enthält. Durch die umfassende internationale Akzeptanz gilt dies als dominierender Leitfaden für verantwortliches Wirtschaften.

Kernarbeitsnormen (Core Labour Standards) der Internationalen Arbeitsorganisation ILO, (International Labour Organization)

Diese Normen von 1998 legen für alle 185 Mitgliedsstaaten der ILO automatisch Mindeststandards wie Vereinigungsfreiheit, Beseitigung von Zwangs- und Pflichtarbeit, Abschaffung der Kinderarbeit und die Beseitigung der Diskriminierung im Beruf fest und machen damit acht internationale IAO-Übereinkommen verbindlich. In vielen Ländern schwierig durchzusetzen, da es dort eine stark ausgeprägte informelle Ökonomie oder Schattenwirtschaft gibt, in der Gewerkschaften keine Rolle spielen.

Komplexität/komplexe Systeme

Ein komplexes System besteht aus sehr vielen oder gar unzähligen Faktoren, die sich zudem laufend verändern. Man kann es daher nicht im Detail verstehen und es ist auch nicht berechenbar. Auch eine rein erfahrungsbasierte Steuerung stößt durch die laufenden Veränderungen schnell an Grenzen. Ein Ansatz ist, das System als Ganzes und die grundsätzlichen Wirkungszusammenhänge zu erkennen. Ein kompliziertes System besteht zwar ebenfalls aus vielen Faktoren, allerdings ist dieses statisch und daher kann man es, notfalls mit großem Aufwand, verstehen.

Komplizierte Systeme

Komplizierte Systeme bestehen, wie auch komplexe Systeme, aus einer Vielzahl an Faktoren. Allerdings sind komplizierte Systeme statisch. Deshalb kann man diese Systeme, mit entsprechendem Aufwand, verstehen, regeln und Ergebnisse vorhersagen.

Lieferantengesteuerte Bestandsführung

Die lieferantengesteuerte Bestandsführung schaltet zwischen Lieferant und Kunde einen Pufferbestand, aus dem der Kunde das benötigte Material produktionssynchron abruft, und den der Zulieferer entsprechend den Lieferabrufen und vereinbarten Bestandsober- und -untergrenzen wiederauffüllt.

Logistik

Planung, Steuerung, Durchführung und Kontrolle der Materialflüsse und der damit zusammenhängenden Wert- und Informationsflüsse innerhalb eines Unternehmens, aber auch zwischen dem Unternehmen und seinen Kunden und Lieferanten.

Materialflusskostenrechnung

Instrument für die mengenmäßige Erfassung der Materialflüsse und -bestände in Prozessen oder Fertigungslinien sowohl in physikalischen als auch in monetären Einheiten. Ineffizienzen bei der Materialverwendung in der Produktionswirtschaft können mit dieser Analysemethode aufgedeckt werden.

Menschenbild

Vereinfachte, standardisierte Muster von menschlichen Verhaltensweisen, die sich Personen über die Zeit von bestimmten, anderen Menschen zu eigen gemacht haben; subjektive, generalisierte Einstellungen zum „Menschen schlechthin" bzw. vom Vorgesetzten über seinen Mitarbeiter, dessen kognitiven Fähigkeiten und seiner Motivation zur Arbeit.

Modell/Modellierung

Durch die Modellierung wird ein Modell erstellt. Das Modell ist ein Abbild der Realität, wobei es dieser aber nicht vollständig entspricht, sondern der Vorstellung und dem Ziel des Modellierenden unterliegt. Vor jeder Entscheidung hat man ein Modell, zumeist nur implizit, vor Augen. Um Entscheidungen besser zu fundieren, empfiehlt sich, das implizite Modell zu explizieren und damit einer Überprüfung zu unterziehen. Vor allem bei zunehmender Komplexität ist dies zu empfehlen, wobei hierfür sogar geeignete Modellierungssoftware zur Verfügung steht.

Nachhaltige Betriebswirtschaftslehre

Die Nachhaltige Betriebswirtschaftslehre befasst sich mit dem langfristig erfolgreichen Wirtschaften in Unternehmen unter Berücksichtigung der Wechselbeziehungen zu anderen Betrieben und den sie umgebenden Wirtschaftsbereichen. Langfristiger Erfolg wird durch optimalen Einsatz aller Produktionsfaktoren erreicht. Die Interessen aller Anspruchsgruppen werden im Verhandlungsweg zusammengeführt, indem sie in angemessener Weise am Unternehmenshandeln und am Unternehmenserfolg teilhaben.

Nachhaltigkeit

Leitbild für eine zukunftsfähige Entwicklung der Menschheit.

„Nachhaltige Entwicklung heißt, Umweltgesichtspunkte gleichberechtigt mit sozialen und wirtschaftlichen Gesichtspunkten zu berücksichtigen. Zukunftsfähig wirtschaften bedeutet also: Wir müssen unseren Kindern und Enkelkindern ein intaktes ökologisches, soziales und ökonomisches Gefüge hinterlassen. Das eine ist ohne das andere nicht zu haben."

(Grundidee für nachhaltiges Handeln des Rats für Nachhaltige Entwicklung)

Nachhaltigkeitsassessment

Ein Assessmentmodell, das einen Einblick in situations- und strategiebezogene Stärken und Schwächen des Nachhaltigkeitsmanagements auf allen Managementebenen des Unternehmens ermöglicht.

Nachhaltigkeitsbericht (CSR-Bericht)

Offenlegung der für die gesellschaftliche Verantwortung relevanten Informationen und Schaffung von Transparenz über das nachhaltige Wirtschaften. Mittlerweile orientieren sich zahlreiche Unternehmen an den Vorgaben der internationalen Global Reporting Initiative. Analysten, Investoren und die Öffentlichkeit erhalten hierdurch qualitativ hochwertige und vergleichbare Informationen.

Neue Institutionenökonomik

In den 1960er Jahren erfolgte eine Abkehr der Mikroökonomik von der stringenten neoklassischen Gleichgewichtstheorie. Es entstand die Neue Institutionenökonomik. Die Neue Institutionenökonomik analysiert die Güterentstehung nicht vor dem technisch-wirtschaftlichen Hintergrund, sondern vor einem rechtlich-wirtschaftlichen Hintergrund.

Im Mittelpunkt der neuen Institutionenökonomik steht nicht der Besitz an Produktionsfaktoren, sondern das Verfügungsrecht, das durch Vertrag auf ein anderes Wirtschaftssubjekt übertragen werden kann.

OECD-Leitsätze für multinationale Unternehmen

Die 34 OECD-Mitglieder sowie acht weitere Staaten haben sich verpflichtet, multinationale Unternehmen, die auf ihrem Territorium oder von ihrem Territorium aus ihre Geschäfte tätigen, zur Einhaltung der Leitsätze (Menschenrechte, Beschäftigung, Umwelt sowie zusätzlich Korruption) anzuhalten. Für Unternehmen sind die OECD-Leitsätze aber nicht rechtsverbindlich. Verletzungen der Leitsätze können den Nationalen Kontaktstellen gemeldet werden, die Veröffentlichung eines Verstoßes ist aber alles, was dem betroffenen Unternehmen passieren kann.

Pollution-Haven-Hypothese

Besagt, dass stark umweltverschmutzende Industrien ihre Standorte in Länder mit einer schwachen Umweltschutz-Gesetzgebung verlagern. Keine eindeutige empirische Evidenz.

Produktion

Transformation von Inputfaktoren in absetzbare Leistungen oder in Zwischenerzeugnisse, welche in weiteren Transformationsprozessen als Inputfaktoren genutzt werden.

Race-to-the-Bottom-Hypothese (RTB-Hypothese)

Besagt, dass Unternehmen für Investitionen diejenigen Länder auswählen, in denen sie die höchsten Gewinne machen können. Hohe Steuern und strenge Regeln für Umwelt- und Arbeitnehmerschutz schmälern die Gewinne, von daher vermeiden Unternehmen Länder, die eine solche Politik verfolgen. Um eine Kapitalflucht zu vermeiden, werden Länder daher gezwungen sein, immer niedrigere Standards zu setzen. Keine eindeutige empirische Evidenz.

Resilienz

Der Resilienz-Begriff ("resilire" bedeutet "zurückspringen" oder "abprallen") stammt ursprünglich aus der Physik und bedeutet so viel wie "in seinen ursprünglichen Zustand zurückkehren", wobei damit die Eigenschaften von Materialien beschrieben werden, elastisch und flexibel auf äußere Einwirkungen zu reagieren und dabei dennoch ihre Form zu bewahren. In der Biologie wird dieser Begriff ähnlich verwendet, wobei hier die Überlebensfähigkeit eines Systems beschrieben wird, das Störungen ausgesetzt ist. Für eine Übertragung auf die Unternehmensstrategie ist bei biologischen Systemen interessant, dass diese auf den Prinzipien der Diversität, Modularität, direkten Rückmeldung, engen sozialen Netzwerken, Redundanz und Flexibilität aufgebaut sind.

Risiko-Rendite-Analyse

Darstellung einer Kapitalanlage durch die beschreibenden Parameter Rendite und Risiko. Durch eine graphische Darstellung kann eine explizite Berücksichtigung eingegangener Risiken erfolgen.

Selbstorganisation

Unter Selbstorganisation wird in der Systemtheorie die Entwicklung eines Systems aus sich selbst heraus verstanden. Im Gegensatz zur Fremdorganisation gibt es keine außenstehende Instanz, die aufgrund eines Wissensvorsprungs oder einer hierarchischen Höherstellung in das System gestaltend eingreift. Vor allem in komplexen Systemen ist die Selbstorganisation bedeutsam, da einer außenstehenden Institution schlichtweg nicht zugetraut wird, sinnvoll in das System einzugreifen. Diese Gedanken liegen etwa einer dezentralen Organisationsstruktur oder einer Führung über Ziele zugrunde.

Shareholder-Value

Der Shareholder Value (deutsch: Aktionärswert) bezeichnet den Marktwert des Eigenkapitals. Der Shareholder-Value entspricht vereinfacht dem Wert eines Unternehmens aus Sicht der Eigenkapitalgeber und dem davon abhängigen Wert der Anteile. Der Shareholder-Value-Ansatz wurde von Alfred Rappaport entwickelt. Er ist ein betriebswirtschaftliches Konzept, welches die Unternehmensführung nach den zukünftigen Zahlungen (Cashflows) an die Eigenkapitalgeber ausrichtet. Andere Interessengruppen neben den Eigenkapitalgebern werden nicht explizit berücksichtigt.

Shared Value

Der Shared Value Ansatz (deutsch: „gemeinsamer Mehrwert für Unternehmen und Gesellschaft") von Michael Porter und Mark Kramer sucht nach einem Weg zur Überwindung von Abwägungsentscheidungen im Sinne von Trade-Offs. Dies kann über die neue Betrachtung von Produkten und Märkten mit dem Ziel der Erreichung von gemeinsamem Mehrwert und Entdeckung neuer Marktchancen, die Neubewertung der Produktivität der Wertschöpfung sowie über den Aufbau lokaler Cluster zur Verbesserung der Wettbewerbsfähigkeit, Innovationsfähigkeit und Produktivität erreicht werden.

Stage-Gate-Modell

Stufenmodell eines Innovationsprozesses zur erfolgreichen Generierung von Innovationen.

Stakeholder

Stakeholder sind alle Interessen- und Personengruppen, die am nachhaltigen Erfolg eines Unternehmens in irgendeiner Form partizipieren. Dazu gehören beispielsweise die Mitarbeiter, Gemeinden, Kunden, Lieferanten, Darlehensgeber sowie die Eigentümer des Unternehmens (Shareholder). Der Einfluss der Stakeholder auf das Unternehmen unterscheidet sich hinsichtlich ihrer Macht und ihrem grundlegenden Einflussinteresse. Oftmals wird ein gegensätzliches Interesse zwischen den Shareholdern und den restlichen Stakeholdern unterstellt.

Stakeholder-Value

Stakeholder-Value bezeichnet zum einen den Ertragswert bzw. den Nutzen, auf den diejenigen Gruppen Anspruch haben, die in Beziehung zum Unternehmen stehen. Zum anderen steht Stakeholder-Value für eine wertorientierte Unternehmensstrategie, die einen Interessensausgleich zwischen allen Anspruchsgruppen anstrebt. Voraussetzung dafür ist eine sozialökologisch ausgerichtete Wirtschaftsordnung.

Strategieprozess

Die Art, wie eine Strategie entsteht, kann als Strategieprozess bezeichnet werden. Typische Fragen in diesem Zusammenhang sind „wie", „wer" und „wann". Der Strategieprozess kann in die drei Bereiche Strategisches Denken, Strategieentwicklung sowie Veränderungsmanagement (Change Management) unterteilt werden.

Strategisches Personalmanagement

Im Rahmen dieses Ansatzes wird die Abhängigkeit der Unternehmensstrategie von den vorhandenen Humanressourcen unterstellt. Darüber wird Personalmanagement zum strategischen Partner und die Personalstrategie bzw. ein Teilbereich davon muss in die Unternehmensstrategie eingebunden sein. Daraus geht zwingend hervor, dass Personalmaßnahmen sich an ihrem Beitrag zum Unternehmenserfolg messen lassen müssen.

Strategisches Nachhaltigkeitsmanagement

Strategisches Nachhaltigkeitsmanagement widmet sich den strategischen Aspekten zur Realisierung des Drei-Säulenmodells mit den ökonomischen, ökologischen und sozialen Zielen. Die Nachhaltigkeitsziele wirken sich ausgehend vom Organisationszweck auf den Strategieprozess und die Strategieinhalte aus und erfordern eine erweiterte Betrachtung des strategischen Kontexts um die ökologische Dimension.

Sustainability Balanced Scorecard (SBSC)

Die Balanced Scorecard (BSC), einem Instrument zur Strategieumsetzung, wird um die Dimension der Nachhaltigkeit ergänzt. Die Finanz-, Kunden-, Prozess- und Lern-/Entwicklungsperspektive der BSC werden mit der ökonomischen, sozialen und ökologischen Nachhaltigkeit kombiniert, so dass daraus 12 Handlungsfelder der SBSC entstehen. Diesen werden jeweils strategisch bedeutsame Indikatoren zugeordnet, wodurch die Nachhaltigkeit in der Strategie sowie in der Strategieumsetzung verankert wird.

Systemorientierter Ansatz

Der systemorientierte Ansatz wurde von Ulrich begründet. Er betrachtet das Unternehmen als ein System, das sich aus verschiedenen Subsystemen zusammensetzt, die miteinander durch vielfältige Beziehungen verknüpft sind. Der Ansatz beschäftigt sich deshalb eingehend mit dem Verhalten von Systemen auf der Grundlage der formalen Erkenntnisse der Kybernetik sowie der allgemeinen Systemtheorie.

Systemwettbewerb der Nationalstaaten

Staaten konkurrieren um ausländische Investoren und verfallen dabei z.T. in eine strategische Nutzung niedriger Schutzniveaus, z.B. bei Umwelt oder Arbeitnehmerrechten.

Typologien

Typen sind, ganz grundsätzlich, verwandte Gruppen, die ein gemeinsames Merkmal bzw. gemeinsame Merkmale aufweisen. Die Anwendung von Typologien im unternehmerischen Kontext dient primär der Identifikation zentraler Muster mit dem Ziel, einen kreativen Umgang mit den jeweiligen Mustern eines Typus zu finden. Dabei können wir auf eine Fülle von Typologien aus der betriebswirtschaftlichen Forschung zurückgreifen, wie etwa die Persönlichkeitstypologie nach Meyer-Briggs, die Verhaltenstypologie nach DISC oder die Unternehmenskulturtypologie nach Ansoff.

Umweltmanagementsystem (nach EMAS)

Der Teil des gesamten Managementsystems, der die Organisationsstruktur, Planungstätigkeiten, Verantwortlichkeiten, Verhaltensweisen, Vorgehensweisen, Verfahren und Mittel für die Festlegung, Durchführung, Verwirklichung, Überprüfung und Fortführung der Umweltpolitik und das Management der Umweltaspekte umfasst.

Umweltorientierter Ansatz

Stellt Umweltprobleme unserer Industriegesellschaft dar, die zu einem Umdenken in Politik, Wirtschaft und Wissenschaft geführt haben. In der betriebswirtschaftlichen Forschung lassen sich heute zwei Grundströmungen erkennen:
- die ethisch-normative ökologische Betriebswirtschaftslehre
- der ökologieorientierte Ansatz.

Die ethisch-normative Betriebswirtschaftslehre fordert eine grundsätzliche Neuorientierung des wirtschaftlichen Denkens und Handelns, indem die Vereinbarkeit von ökologischer und betriebswirtschaftlicher Sichtweise in den Vordergrund gestellt wird. Beim umweltorientierten Ansatz geht es weniger um eine völlige Umorientierung des betriebswirtschaftlichen Denkens, sondern um eine Einbeziehung ökologischer Fragestellungen in die traditionelle Betriebswirtschaftslehre.

Vendor Managed Inventory

Siehe lieferantengesteuerte Bestandsführung

Venture Capital

Eigenkapital, das in Form von Wagniskapital insbesondere jungen Unternehmen, die ansonsten keinen Zugang zu Finanzierungen hätten, von risikobereiten Investoren zur Verfügung gestellt wird. Die Investitionsdauern sind eher kurz- bis mittelfristig.

Verhaltensorientierte Ansatz

Der verhaltensorientierte Ansatz (Behavioral Approach) versucht, mithilfe von allgemeinen Theorien über menschliches Verhalten soziale und soziotechnische Beziehungen auf Märkten und in Organisationen zu erklären und die wirtschaftlichen Konsequenzen aufzuzeigen.

Vertrauenskultur

Vertrauen zwischen den Organisationsmitgliedern und in die Organisation ist ein zentrales Organisationsprinzip. Erkenn- und spürbar wird die Vertrauenskultur beispielsweise über das kooperativ-partizipative Führungsverhalten der Vorgesetzten, die offene Kommunikation, über die durch reduzierte Kontroll- und Überwachungsprozesse geprägte vertrauensvolle Zusammenarbeit oder die gegenseitige Wertschätzung der Organisationsmitglieder.

Vier-Quadranten-Modell

Wirklichkeit kann nach Ken Wilber aus vier unterschiedlichen Perspektiven gesehen werden: aus einer inneren (subjektiv/qualitativ) und einer äußeren (objektiv/quantitativ) sowie aus einer individuellen und einer kollektiven Sicht heraus. Um eine möglichst integrale Sicht auf ein Unternehmen zu erhalten, ist es unerlässlich, alle vier Quadranten mit einzubeziehen; eine der Perspektiven zu verleugnen oder als unwesentlich abzutun führt zu einem fahrlässigen Reduktionismus der Wirklichkeit.

Weighted Average Cost of Capital (WACC)

Gewichteter Kapitalkostensatz, der bei Methoden zur Bewertung von Investitionen zur Anwendung kommt.

Work-Life-Balance

Die verschiedenen Rollen und Lebensbereiche eines Menschen (Mitarbeiters) befinden sich im Gleichgewicht, unterstützen sich gegenseitig oder behindern sich zumindest nicht. Menschen, die diesen Zustand erreichen, schaffen es, beispielsweise Beruf, Familie, soziale oder Freizeitaktivitäten ihren eigenen Anforderungen und Wünschen entsprechend zu gestalten und gleichzeitig die Erwartungen Dritter zu erfüllen.

Zustände

Ein Zustand ist die Art und Weise, wie etwas in einem bestimmten Augenblick ist bzw. wahrgenommen wird. Um den Status quo eines Unternehmens ganzheitlich zu erfassen, ist es erforderlich, eine Zustandsbeschreibung vorzunehmen (z.B. anhand der Kennzahlen Produktivität, Pro-Kopf-Leistung, Mitarbeiterzufriedenheit, Betriebsklima).

Index

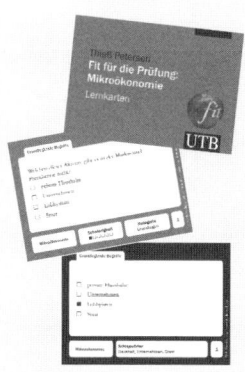